"十四五"应用型本科院校系列教材

主　编　洪　港　贺树立
副主编　巨小维　于莉琦
主　审　赵　辉

高等数学

上册　（第3版）

Advanced Mathematics

哈爾濱工業大學出版社

内 容 简 介

本书是高等院校应用型本科系列教材之一，根据编者多年的教学实践，按照新时代教材改革精神，并结合教育部高等院校课程教学指导委员会提出的《高等数学课程教学基本要求》及应用技术大学培养目标编写而成。具体内容为函数与极限、导数与微分、导数的应用、不定积分、定积分、微分方程与差分方程及上机计算(Ⅰ)等七章。本书还附有习题答案与积分表，配备了学习指导书，并对全书的习题做了详细解答，同时也配备了多媒体教学课件，方便教学。本书结构严谨，逻辑清晰，叙述详细，通俗易懂，突出了应用性。

本书可供应用型本科院校各专业学生及工程类、经济类、管理类院校学生使用，也可供工程技术、科技人员参考。

图书在版编目(CIP)数据

高等数学. 上/洪港，贺树立主编. —3版. —哈尔滨：哈尔滨工业大学出版社，2022.7

“十四五”应用型本科院校系列教材

ISBN 978-7-5767-0083-1

Ⅰ. ①高… Ⅱ. ①洪…②贺… Ⅲ. ①高等数学-高等学校-教材 Ⅳ. ①O13

中国版本图书馆CIP数据核字(2022)第107364号

策划编辑 杜 燕
责任编辑 刘 瑶
出版发行 哈尔滨工业大学出版社
社 址 哈尔滨市南岗区复华四道街10号 邮编 150006
传 真 0451-86414749
网 址 http://hitpress.hit.edu.cn
印 刷 哈尔滨市工大节能印刷厂
开 本 787mm×1092mm 1/16 印张 16.25 字数 371 千字
版 次 2015年8月第1版 2022年7月第3版
2022年7月第1次印刷
书 号 ISBN 978-7-5767-0083-1
定 价 39.80元

《“十四五”应用型本科院校系列教材》编委会

序

哈尔滨工业大学出版社策划的《“十四五”应用型本科院校系列教材》即将付梓，诚可贺也。

该系列教材卷帙浩繁，凡百余种，涉及众多学科门类，定位准确，内容新颖，体系完整，实用性强，突出实践能力培养。不仅便于教师教学和学生学习，而且满足就业市场对应用型人才的迫切需求。

应用型本科院校的人才培养目标是面对现代社会生产、建设、管理、服务等一线岗位，培养能直接从事实际工作、解决具体问题、维持工作有效运行的高等应用型人才。应用型本科与研究型本科和高职高专院校在人才培养上有着明显的区别，其培养的人才特征是：①就业导向与社会需求高度吻合；②扎实的理论基础和过硬的实践能力紧密结合；③具备良好的人文素质和科学技术素质；④富于面对职业应用的创新精神。因此，应用型本科院校只有着力培养“进入角色快、业务水平高、动手能力强、综合素质好”的人才，才能在激烈的就业市场竞争中站稳脚跟。

目前国内应用型本科院校所采用的教材往往只是对理论性较强的本科院校教材的简单删减，针对性、应用性不够突出，因材施教的目的难以达到。因此亟须既有一定的理论深度又注重实践能力培养的系列教材，以满足应用型本科院校教学目标、培养方向和办学特色的需要。

哈尔滨工业大学出版社出版的《“十四五”应用型本科院校系列教材》，在选题设计思路上认真贯彻教育部关于培养适应地方、区域经济和社会发展需要的“应用型本科高级专门人才”精神，根据时任黑龙江省委书记吉炳轩同志提出的关于加强应用型本科院校建设的意见，在应用型本科试点院校成功经验总结的基础上，特邀请黑龙江省9所知名的应用型本科院校的专家、学者联合编写。

本系列教材突出与办学定位、教学目标的一致性和适应性，既严格遵照学科体系的知识构成和教材编写的一般规律，又针对应用型本科人才培养目标及与之相适应的教学特点，精心设计写作体例，科学安排知识内容，围绕应用讲授理论，做到“基础知识够用、实践技能实用、专业理论管用”。同时注意适当融入新理论、新技术、新工艺、新成果，并且制作了与本书配套的PPT多媒体教学课件，形成立体化教材，供教师参考使用。

《“十四五”应用型本科院校系列教材》的编辑出版，是适应“科教兴国”战略对复合型、应用型人才的需求，是推动相对滞后的应用型本科院校教材建设的一种有益尝试，在应用型创新人才培养方面是一件具有开创意义的工作，为应用型人才的培养提供了及时、可靠、坚实的保证。

希望本系列教材在使用过程中，通过编者、作者和读者的共同努力，厚积薄发、推陈出新、细上加细、精益求精，不断丰富、不断完善、不断创新，力争成为同类教材中的精品。

第 3 版前言

为了贯彻《国家中长期教育改革和发展规划纲要(2010—2020 年)》和落实教育部关于抓好教材建设的指示;为了更好地适应培养高等技术应用型人才的需要,促进和加强应用技术大学"高等数学"课程的教学改革和教材建设,由黑龙江东方学院、黑龙江大学等院校的部分教师参与编写了本书。

在编写中,依据教育部课程教学委员会提出的《高等数学教学基本要求》,结合应用技术大学的培养目标,努力体现以应用为目的,以掌握概念、强化应用为教学重点,以必须够用为度的原则,并根据教改与科研实践,在内容上进行了适当的取舍。在保证科学性的基础上,注意处理基础与应用、经典与现代、理论与实践、手算与上机计算的关系。注意讲清概念,建立数学模型,适当削弱数理论证,注重两算(笔算与上机计算)能力以及分析问题、解决问题能力的培养,重视理论联系实际,叙述通俗易懂,既便于教师教,又便于学生学。

本书是在哈尔滨工业大学出版社出版的《高等数学》(主编孔繁亮)的基础上,根据近几年教学改革实践,为进一步适应应用型科技大学总体培养目标的需要,进行全面修订而成的。在修订中,编者保留了原教材的系统与独特风格,即将数学的相关知识与实际应用联系起来,在每一部分数学知识的讲述中引进应用模型,同时注意吸收当前教材改革中一些成功的改革经验以及一线教师的反馈意见与建议,摒弃一些陈旧的例子及复杂运算过程,代之计算机数学软件引入。

本书 90 学时可讲完主要部分,加"*"号的部分可根据专业需要选用(另加学时),或供学生自学。本书可供应用型高等院校工程类、经济类、管理类等专业的高等数学教材使用外,也可供成人教育学院等其他院校作为教材,还可作为工程技术人员、企业管理人员的参考书。

本书由洪港、贺树立任主编;巨小维、于莉琦任副主编;赵辉任主审。

本书编写分工如下:洪港编写第 1 章、第 2 章,贺树立编写第 3 章、第 4 章,巨小维编写第 5 章,于莉琦编写第 6 章、第 7 章。

由于编者水平有限,本书的不足之处在所难免,恳请读者批评指正,以便进一步修改完善。

编　者

2022 年 5 月

目　　录

第 1 章

函数与极限

高等数学研究的主要内容是微积分，函数是微积分的主要研究对象，而极限是微积分的基本分析方法. 因此，函数与极限是微积分的理论基础. 本章介绍函数与极限的基本知识，为微积分的学习奠定基础.

1.1 函 数

1.1.1 邻域

区间是高等数学中常用的实数集，分为有限区间和无限区间，如 $(a,b)=\{x|a<x<b\}$，$[a,+\infty)=\{x \mid x\geqslant a\}$，$\mathbf{R}=(-\infty,+\infty)$ 等，高等数学中另一种常见数集为邻域.

定义 1 设 a 与 δ 是两个实数，且 $\delta>0$，数集 $\{x|a-\delta<x<a+\delta\}$ 称为点 a 的 δ 邻域，记为

$$\bigcup(a,\delta)=\{x|a-\delta<x<a+\delta\}$$

点 a 称为该邻域的中心，δ 称为该邻域的半径(图 1).

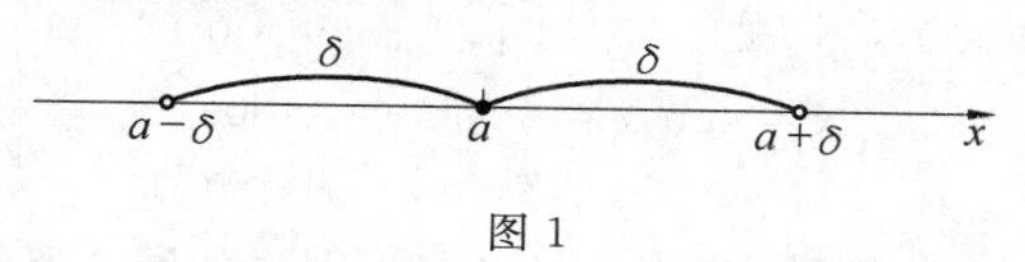

图 1

若把邻域 $\bigcup(a,\delta)$ 的中心去掉，所得到的邻域称为点 a 的去心 δ 邻域，记为 $\mathring{\bigcup}(a,\delta)$，即

$$\mathring{\bigcup}(a,\delta)=\{x|0<|x-a|<\delta\}$$

注：邻域还可以表示为 $\bigcup(a,\delta)=\{x||x-a|<\delta\}$，当不强调邻域半径时，$\bigcup(a,\delta)$ 可简记为 $\bigcup(a)$.

1.1.2　函数

1. 函数的概念

定义 2　设 x 和 y 是两个变量，D 是一个给定的非空数集. 如果对于每个数 $x \in D$，变量 y 按照一定法则总有确定的数值和它对应，则称 y 是 x 的函数，记为

$$y=f(x), x \in D$$

其中，x 称为自变量；y 称为因变量；D 称为定义域，记作 D_f，即 $D_f=D$.

函数定义中，对每个 $x \in D$，按照对应法则 f，总有唯一确定的值 y 与之对应，这个值称为函数 f 在 x 处的函数值，记作 $f(x)$，即 $y=f(x)$. 函数值 $f(x)$ 的全体所构成的集合称为函数 f 的值域，记作 R_f 或 $f(D)$，即

$$R_f=f(D)=\{y \mid y=f(x), x \in D\}$$

函数的定义域与对应法则称为函数的两个要素. 实际问题中函数的定义域由函数的实际意义确定. 抽象函数的定义域则取使得函数表达式有意义的一切实数所构成的集合，这种定义域又称为函数的自然定义域.

函数的表示方法有三种，即列表法、图示法和解析法（公式法）. 根据函数解析式的形式不同，函数也可以分为显函数、隐函数和分段函数三种.

（1）显函数. 函数 y 由 x 的解析式直接表示. 例如，$y=x+\sin x$.

（2）隐函数. 函数的自变量 x 与因变量 y 的对应关系由方程 $F(x,y)=0$ 来确定. 例如，$\cos(x+y)-\mathrm{e}^y=0$.

（3）分段函数. 函数在其定义域的不同范围内，具有不同的解析式. 以下是几个分段函数的例子.

例 1　绝对值函数

$$y=|x|=\begin{cases}x, & x \geqslant 0 \\ -x, & x<0\end{cases}$$

的定义域 $D=(-\infty,+\infty)$，值域 $R_f=[0,+\infty)$，图形如图 2 所示.

例 2　符号函数

$$y=\operatorname{sgn} x=\begin{cases}1, & x>0 \\ 0, & x=0 \\ -1, & x<0\end{cases}$$

的定义域 $D=(-\infty,+\infty)$，值域 $R_f=\{-1,0,1\}$，图形如图 3 所示.

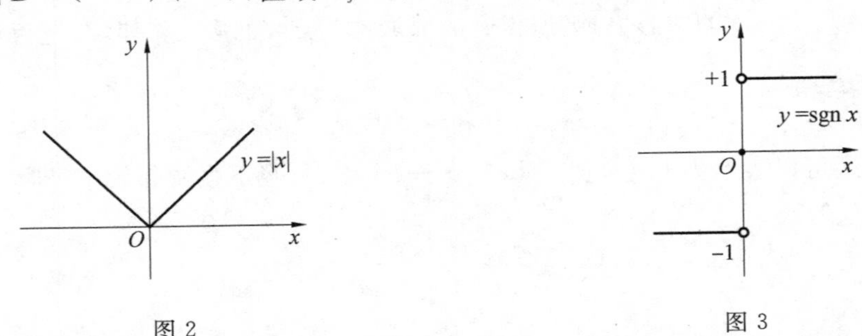

图 2　　　　图 3

关于函数的基本特征，如单调性、有界性、奇偶性、周期性等在中学里已经介绍过，这

里不再重复.

1.1.3　反函数

定义 3　设函数 $y=f(x)$ 的定义域为 D,值域为 W. 对于值域 W 中的任一数值 y,在定义域 D 中存在唯一数值 x 与之对应,且满足关系式

$$f(x)=y$$

则此关系式确定了一个以 y 为自变量,x 为因变量的新函数,即

$$x=\varphi(y) \text{ 或 } x=f^{-1}(y)$$

称此函数为函数 $y=f(x)$ 的反函数.

注意:①$y=f(x)$ 的定义域为 $y=f^{-1}(x)$ 的值域,$y=f(x)$ 的值域为 $y=f^{-1}(x)$ 的定义域;②$y=f^{-1}(x)$ 的图形与 $y=f(x)$ 的图形关于直线 $y=x$ 对称,如图 4 所示;③ 单调函数 $y=f^{-1}(x)$ 与 $y=f(x)$ 具有相同的单调性.

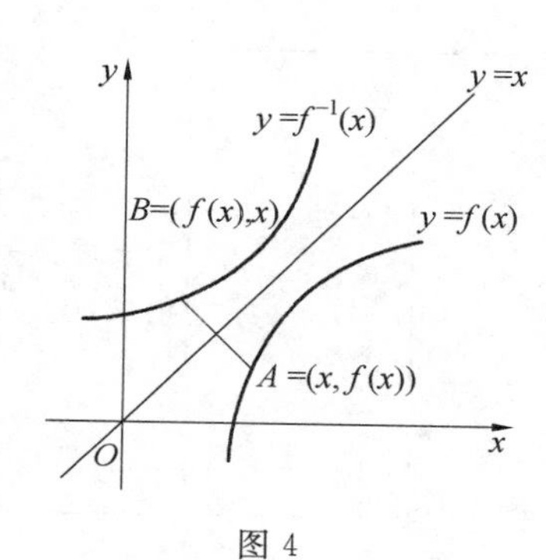

图 4

例 3　求 $y=2+\log_3(x+3)$ 的反函数.

解　由 $y=2+\log_3(x+3)$,得

$$\log_3(x+3)=y-2$$

解得

$$x=3^{y-2}-3$$

故所求反函数为

$$y=3^{x-2}-3$$

1.1.4　复合函数

定义 4　设函数 $y=f(u)$ 的定义域为 D_f,而函数 $u=g(x)$ 的值域为 R_g,若 $R_g \cap D_f \neq \varnothing$,则称函数 $y=f[g(x)]$ 为函数 $y=f(u)$ 和 $u=g(x)$ 的复合函数. 其中,x 为自变量;y 为因变量;u 为中间变量.

注:(1) 不是任何两个函数都可以复合成一个复合函数的.

例如,$f(u)=\arccos u$,$u=g(x)=2+x^2$,由于 $R_g \cap D_f=[2,+\infty)\cap[-1,1]=\varnothing$,故这两个函数不能复合成复合函数.

(2) 复合函数可以由两个以上的函数经过复合构成.

例 4　设函数 $y=f(u)=e^u$,$u=g(x)=1+x^2$,求 $f[g(x)]$.

解　$f[g(x)]=e^{g(x)}=e^{1+x^2}$.

例 5　分解下列复合函数.

(1)$y=\sqrt{\ln \sin x}$;　(2)$y=\sin^2\ln(1+\sqrt{1+x^2})$.

解　(1) 该复合函数是由 $y=\sqrt{u}$,$u=\ln v$,$v=\sin x$ 复合而成.

(2) 该复合函数是由 $y=u^2$,$u=\sin v$,$v=\ln w$,$w=1+\sqrt{1+x^2}$ 复合而成.

1.1.5　初等函数

1. 基本初等函数

常用的函数都是由常量函数、幂函数、指数函数、对数函数、三角函数和反三角函数构

成的,我们将这六类函数称为基本初等函数.由于这些函数在中学已详细介绍过,这里通过表1做简要复习.

表1　基本初等函数

类　别	函　数	定义域与值域	性　质	图　象
常量函数	$y=C$	定义域:$(-\infty,+\infty)$ 值域:$y=C$	偶函数	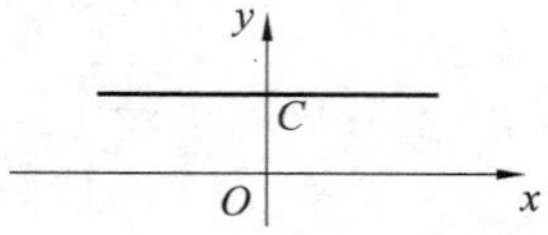
幂函数	$y=x$	定义域:$(-\infty,+\infty)$ 值域:$(-\infty,+\infty)$	奇函数 单调增加	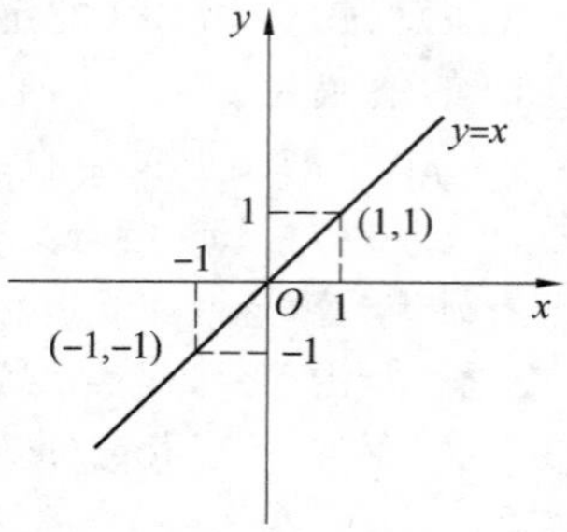
	$y=x^2$	定义域:$(-\infty,+\infty)$ 值域:$[0,+\infty)$	偶函数 在$(-\infty,0)$内, 单调减少; 在$(0,+\infty)$内, 单调增加	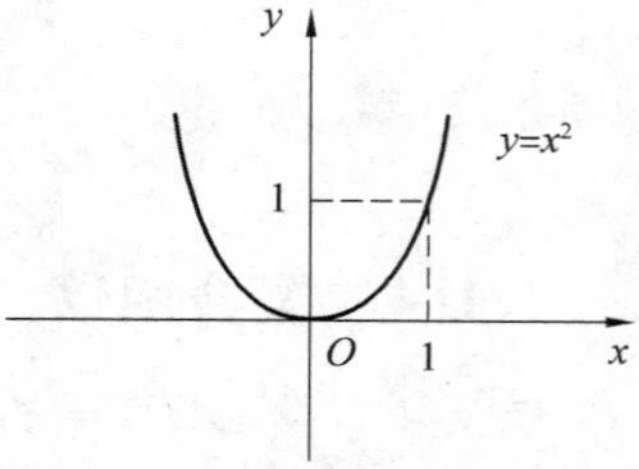
	$y=\frac{1}{x}$	定义域: $(-\infty,0)\cup(0,+\infty)$ 值域: $(-\infty,0)\cup(0,+\infty)$	奇函数 在$(-\infty,0)$内, 单调减少; 在$(0,+\infty)$内, 单调减少	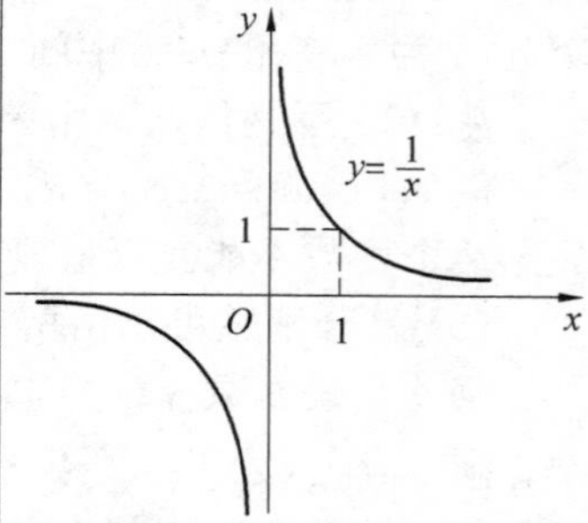
	$y=\frac{1}{x^2}$	定义域: $(-\infty,0)\cup(0,+\infty)$ 值域:$(0,+\infty)$	偶函数 在$(-\infty,0)$内, 单调增加; 在$(0,+\infty)$内, 单调减少	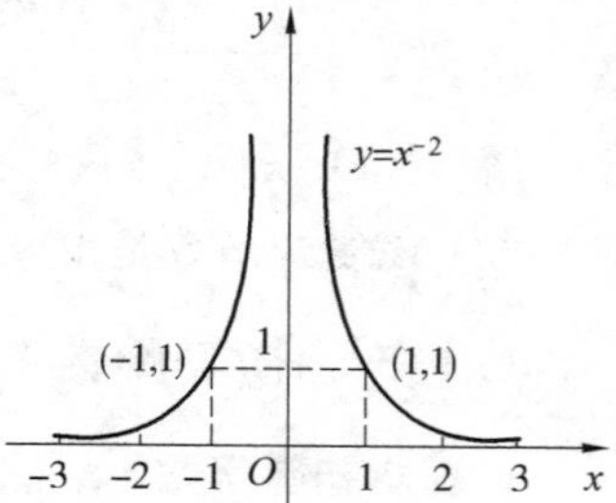

续表1

类别	函数	定义域与值域	性质	图象
指数函数	$y=a^x$ $(a>1)$	定义域：$(-\infty,+\infty)$ 值域：$(0,+\infty)$	单调增加	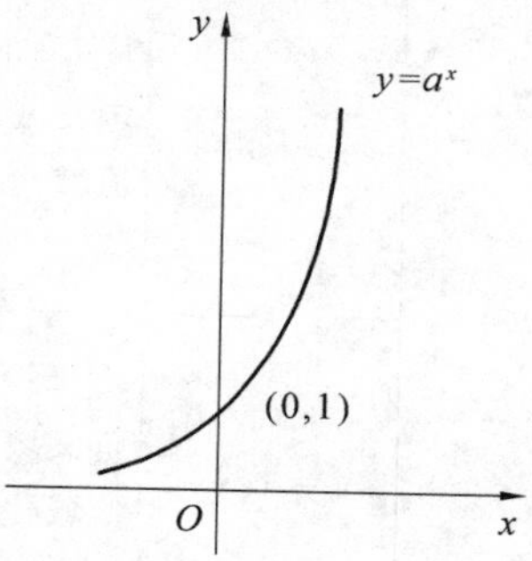
	$y=a^x$ $(0<a<1)$	定义域：$(-\infty,+\infty)$ 值域：$(0,+\infty)$	单调减少	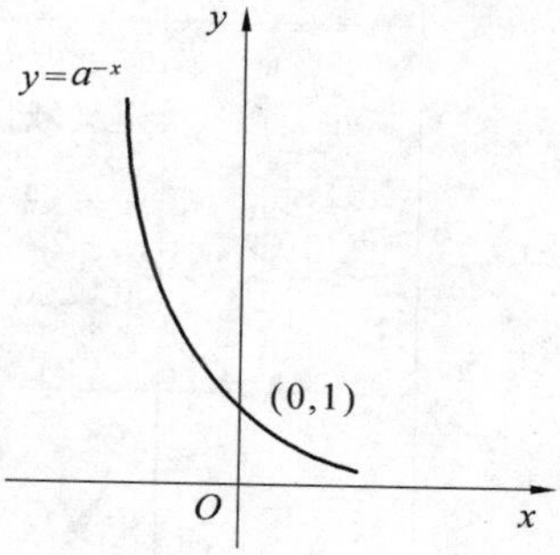
对数函数	$y=\log_a x$ $(a>1)$	定义域：$(0,+\infty)$ 值域：$(-\infty,+\infty)$	单调增加	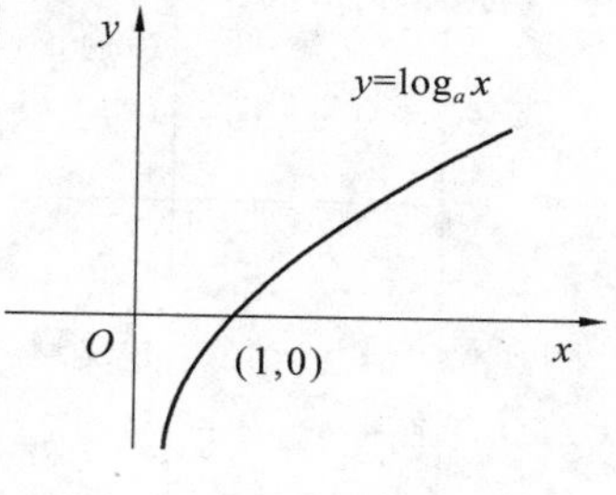
	$y=\log_a x$ $(0<a<1)$	定义域：$(0,+\infty)$ 值域：$(-\infty,+\infty)$	单调减少	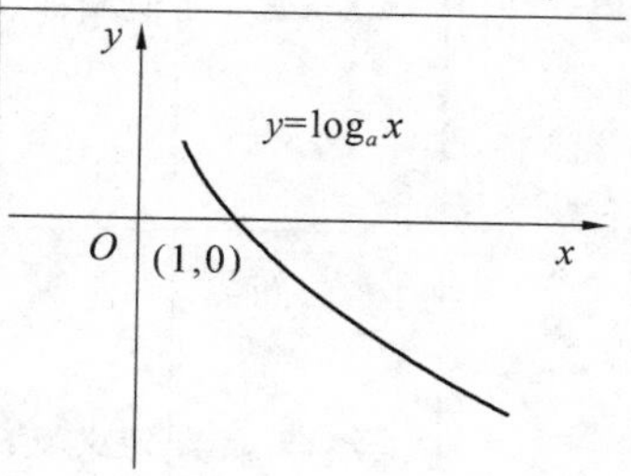

续表 1

类别	函　数	定义域与值域	性　质	图　象
	$y=\sin x$	定义域:$(-\infty,+\infty)$ 值域:$[-1,1]$	奇函数 周期为 2π, 有界	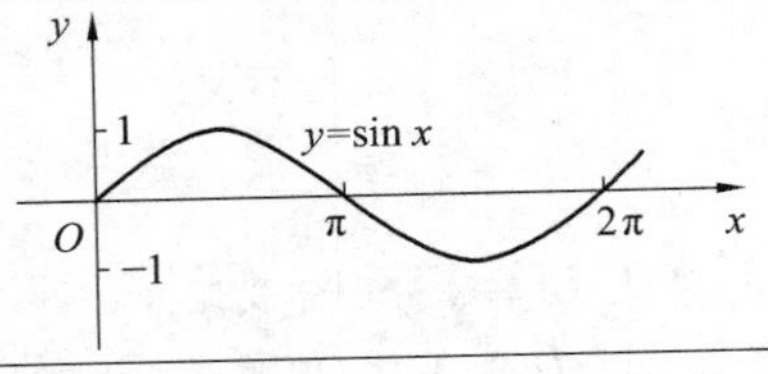
	$y=\cos x$	定义域:$(-\infty,+\infty)$ 值域:$[-1,1]$	偶函数 周期为 2π, 有界	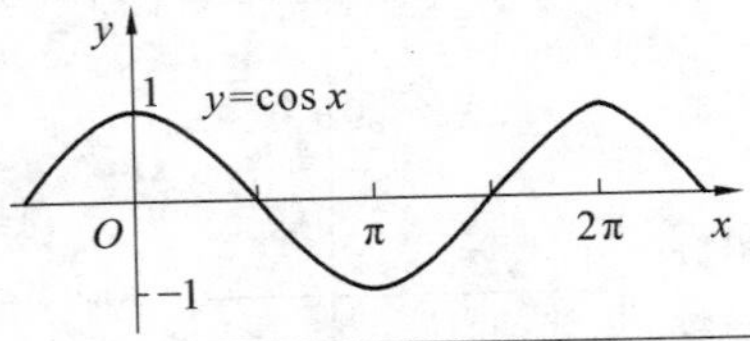
	$y=\tan x$	定义域: $x\neq k\pi+\frac{\pi}{2},k\in\mathbf{Z}$ 值域:$(-\infty,+\infty)$	奇函数 周期为 π,在每个周期内单调增加	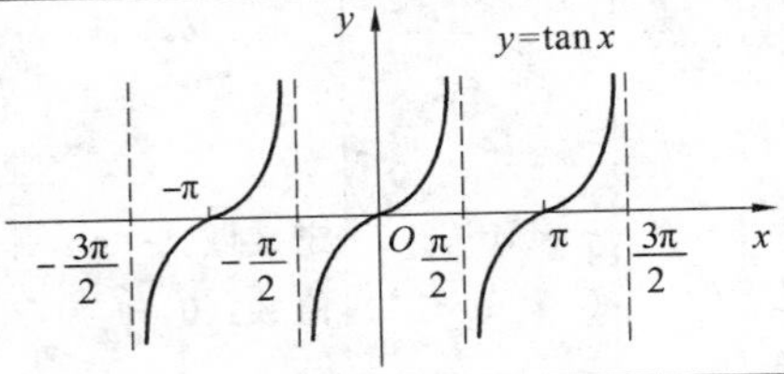
三角函数	$y=\cot x$	定义域: $x\neq k\pi,k\in\mathbf{Z}$ 值域:$(-\infty,+\infty)$	奇函数 周期为 π,在每个周期内单调减少	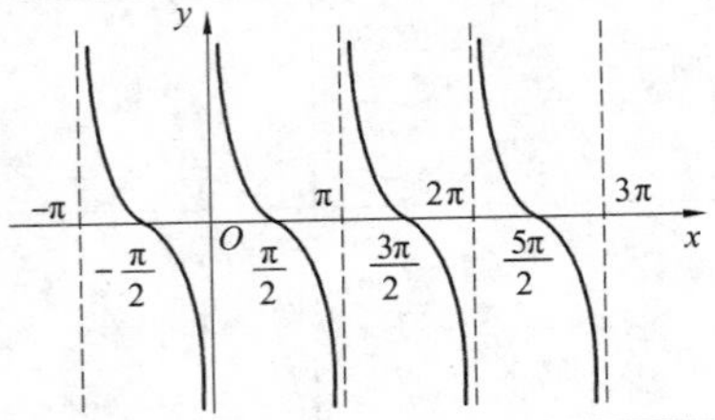
	$y=\sec x=\frac{1}{\cos x}$	定义域: $x\neq k\pi+\frac{\pi}{2},k\in\mathbf{Z}$ 值域: $(-\infty,-1]\cup[1,+\infty)$		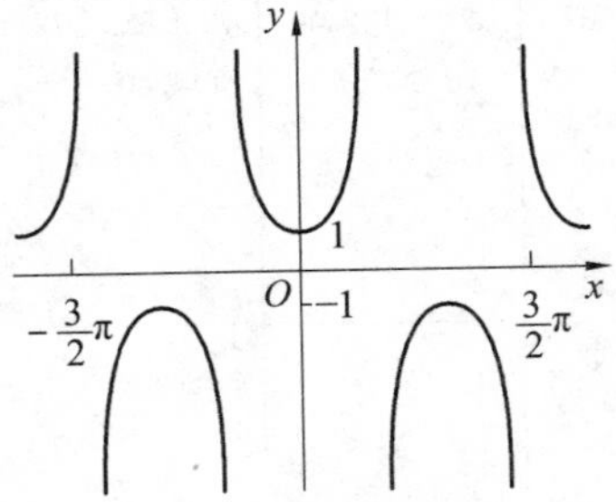
	$y=\csc x=\frac{1}{\sin x}$	定义域:$x\neq k\pi,k\in\mathbf{Z}$ 值域:$(-\infty,-1]\cup[1,+\infty)$		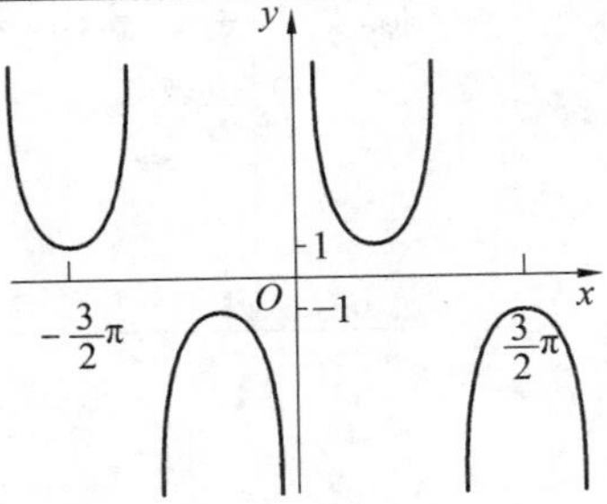

续表 1

类　别	函　数	定义域与值域	性　质	图　象
反三角函数	$y = \arcsin x$	定义域:$[-1,1]$ 值域:$\left[-\frac{\pi}{2},\frac{\pi}{2}\right]$	奇函数 单调增加,有界	
	$y = \arccos x$	定义域:$[-1,1]$ 值域:$[0,\pi]$	单调减少,有界	
	$y = \arctan x$	定义域:$(-\infty,+\infty)$ 值域:$\left(-\frac{\pi}{2},\frac{\pi}{2}\right)$	奇函数 单调增加,有界	
	$y = \operatorname{arccot} x$	定义域:$(-\infty,+\infty)$ 值域:$y\in(0,\pi)$	单调减少,有界	

2. 初等函数

由基本初等函数经过有限次的四则运算和有限次的复合并用一个式子表示的函数称为初等函数.

例如,$y=\ln\dfrac{(1+x)e^x}{\arccos x}$,$y=\sqrt{\sin(2+\ln^2(2x-1))}$ 等都是初等函数.

特别指出，不能认为所有的分段函数都不是初等函数. 例如

$$y=\begin{cases}x, & x\geqslant 0\\ -x, & x<0\end{cases}$$

就是初等函数，因为 $y=\begin{cases}x, & x\geqslant 0\\ -x, & x<0\end{cases}=|x|=\sqrt{x^2}$，它可以由 $y=\sqrt{u}$，$u=x^2$ 复合而成.

3. 双曲函数

在工程技术中，经常会遇到一类函数叫双曲函数的初等函数，它们的定义是：

双曲正弦函数 $\operatorname{sh} x=\dfrac{\mathrm{e}^x-\mathrm{e}^{-x}}{2}$，$x\in(-\infty,+\infty)$；

双曲余弦函数 $\operatorname{ch} x=\dfrac{\mathrm{e}^x+\mathrm{e}^{-x}}{2}$，$x\in(-\infty,+\infty)$；

双曲正切函数 $\operatorname{th} x=\dfrac{\mathrm{e}^x-\mathrm{e}^{-x}}{\mathrm{e}^x+\mathrm{e}^{-x}}$（即$\dfrac{\operatorname{sh} x}{\operatorname{ch} x}$），$x\in(-\infty,+\infty)$；

双曲函数的图形如图 5 所示.

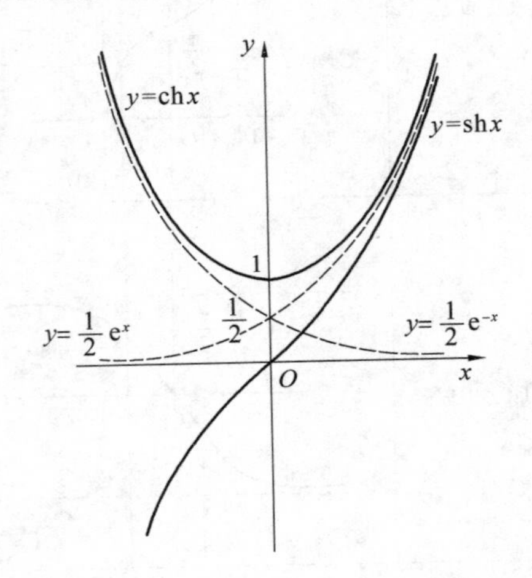

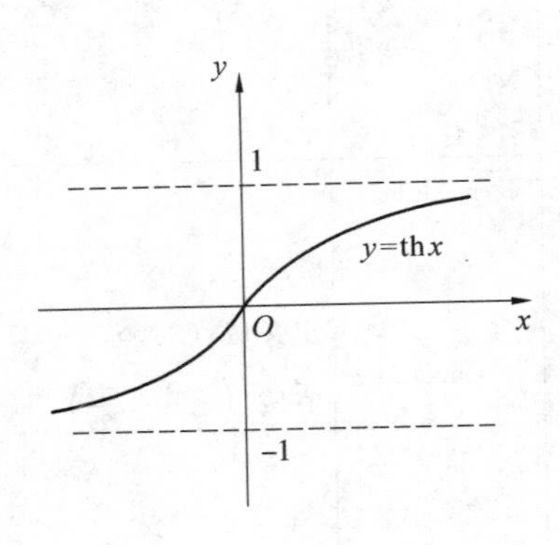

图 5

它们之间有如下关系：

$$\operatorname{sh}(x\pm y)=\operatorname{sh} x\operatorname{ch} y\pm\operatorname{ch} x\operatorname{sh} y$$

$$\operatorname{ch}(x\pm y)=\operatorname{ch} x\operatorname{ch} y\pm\operatorname{sh} x\operatorname{sh} y$$

$$\operatorname{sh} 2x=2\operatorname{sh} x\operatorname{ch} x$$

$$\operatorname{ch} 2x=\operatorname{ch}^2 x+\operatorname{sh}^2 x$$

$$\operatorname{ch}^2 x-\operatorname{sh}^2 x=1$$

这些关系式由双曲函数的定义即可证得，读者可自行证之.

由奇偶函数的定义不难得到 $y=\operatorname{ch} x$ 是偶函数，$y=\operatorname{sh} x$，$y=\operatorname{th} x$ 均为奇函数，但它们不像三角函数那样具有周期性.

双曲函数的反函数称为反双曲函数，定义如下：

$$y=\operatorname{arsh} x=\ln(x+\sqrt{x^2+1})$$

$$y = \operatorname{arch} x = \ln(x + \sqrt{x^2 - 1})$$

$$y = \operatorname{arth} x = \frac{1}{2}\ln\frac{1+x}{1-x}$$

它们是由其对应的双曲函数求得的.

习题 1.1

1. 求下列函数的定义域.

(1) $y = \dfrac{1}{1-x^2} + \sqrt{x+2}$；　　(2) $y = \dfrac{\lg(3-x)}{\sqrt{|x|-1}}$；

(3) $y = \sqrt{\lg\dfrac{5x-x^2}{4}}$；　　(4) $y = \arcsin(1-x^2)$.

2. 下列各组两个函数是否相同？

(1) $f(x) = \dfrac{x}{x}$ 与 $g(x) = 1$；　　(2) $f(x) = x$ 与 $g(x) = \sqrt{x^2}$；

(3) $f(x) = \lg x^2$ 与 $g(x) = 2\lg x$；　　(4) $y = \sin^2 x + \cos^2 x$ 与 $y = 1$.

3. 讨论下列函数的奇偶性.

(1) $y = \lg\dfrac{1-x}{1+x}$；　　(2) $y = \ln(\sqrt{1+x^2} - x)$；

(3) $y = x\sin\dfrac{1}{x}$；　　(4) $y = \dfrac{a^x + a^{-x}}{2}$.

4. 求下列函数的反函数.

(1) $y = 1 + \ln(x+2)$；　　(2) $y = \dfrac{2^x}{2^x+1}$.

5. 下列函数哪些是周期函数？如果是，请指出其周期.

(1) $y = \sin^2 x$；　　(2) $y = 1 + \sin \pi x$.

6. 设函数 $f(x) = \dfrac{x}{1-x}$，求：(1) $f[f(x)]$；(2) $f\{f[f(x)]\}$.

7. 设函数 $f(x) = \begin{cases} 1, & x \geqslant 0 \\ 0, & x < 0 \end{cases}$，求 $f(x-1)$.

8. 下列函数是由哪些简单函数复合而成的？

(1) $y = \sqrt{\ln\sqrt{x}}$；　　(2) $y = \lg^2 \arccos x^3$；　　(3) $y = a^{\sin^2 x}$.

9. 设函数 $f(x)$ 的定义域是 $[0,1]$，求下列函数的定义域.

(1) $f(x^2)$；　　(2) $f(\ln x)$.

10. 已知 $f\left(\dfrac{1}{t}\right) = \dfrac{5}{t} + 2t^2$，求 $f(t)$，$f(t^2+1)$.

11. 火车站行李收费规定如下：当行李不超过 50 kg 时，按每千克 0.15 元收费，当超过 50 kg 时，超重部分按每千克 0.25 元收费，试建立行李收费 $f(x)$（元）与行李质量 x(kg) 之间的函数关系.

12. 要设计一个容积为 $V = 20\pi\ \mathrm{m}^3$ 的有盖圆柱形储油桶，已知上盖单位面积造价是

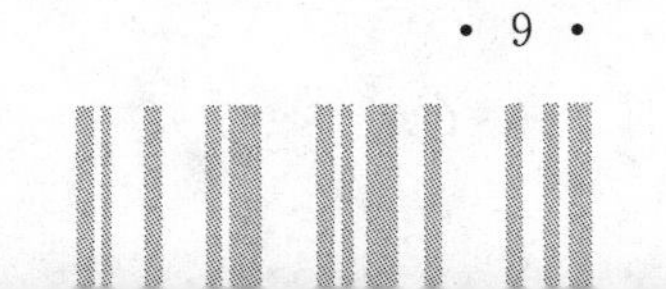

侧面的一半，而侧面单位面积造价又是底面的一半，设上盖的单位面积造价为 a 元 $/\mathrm{m}^2$，试将油桶的总造价 y 表示为油桶半径 r 的函数.

1.2　极限的定义

1.2.1　数列的极限

中学里已经介绍过，按照正整数的顺序排列起来的无穷多个数 $x_1,x_2,\cdots,x_n,\cdots$ 称为无穷数列(简称数列). 下面看一个例子.

例 1　考察下列数列.

(1) $\left\{\dfrac{n}{n+1}\right\}:\dfrac{1}{2},\dfrac{2}{3},\dfrac{3}{4},\cdots,\dfrac{n}{n+1},\cdots$;

(2) $\{2n-1\}:1,3,5,\cdots,2n-1,\cdots$;

(3) $\left\{\dfrac{1-(-1)^n}{2}\right\}:1,0,1,\cdots,\dfrac{1-(-1)^n}{2},\cdots$;

(4) $\left\{(-1)^{n-1}\dfrac{1}{n}\right\}:1,-\dfrac{1}{2},\dfrac{1}{3},-\dfrac{1}{4},\cdots,(-1)^{n-1}\dfrac{1}{n},\cdots$;

(5) $\{a\}:a,a,a,\cdots,a,\cdots$.

当 n 无限增大时(记作 $n\to\infty$)，它的项的变化趋势随着 n 的增大，数列(1) 的各项的值越来越接近于 1；数列(2) 的各项的值越变越大，而且无限增大；数列(3) 的各项的值交替取得 0 与 1 两数，而不是逐渐接近于某一数；数列(4) 的各项值在数 0 两边跳跃，越来越接近于 0；数列(5) 的各项值都相同.

设数列 $\{x_n\}$，当 $n\to\infty$ 时，如果数列的通项 x_n 无限趋近于某个常数 A，则称常数 A 为数列 $\{x_n\}$ 的极限，数列 $\{x_n\}$ 称为收敛数列. 例 1 中数列(1)，(4)，(5) 就是收敛数列，它们的极限分别为 $1,0,a$.

若数列 $\{x_n\}$ 的极限为 A，意味着当 n 无限增大时，x_n 无限地接近于 A. 在数学上用距离来表示接近程度，即用 $|x_n-A|$ 来刻画 x_n 接近 A 的程度. 因为 n 越大，x_n 越接近于 A，即 $|x_n-A|$ 越小，所以对任意的正数 ε，在达到 N 项之后，$|x_n-A|$ 就小于指定的正数 ε，这便是极限的含义.

定义 1　设 $\{x_n\}$ 是一个数列，A 是常数. 若对于任意给定的正数 ε，总存在一个正整数 N，使得当 $n>N$ 时，不等式 $|x_n-A|<\varepsilon$ 恒成立，则称常数 A 为数列 x_n 的极限，记为 $\lim\limits_{n\to\infty}x_n=A$ 或 $x_n\to A(n\to\infty)$. 这时就说数列 x_n 是收敛的，否则称数列 x_n 是发散的.

如果 $\lim\limits_{n\to\infty}x_n=A$，则在任意一个以 A 为中心、ε 为半径的区域 $(A-\varepsilon,A+\varepsilon)$ 内，通常称区间 $(A-\varepsilon,A+\varepsilon)$ 为 A 的 ε — 邻域，记作 $U(A,\varepsilon)$. 数列中总存在一项 x_N，在此项后面的所有项 $x_{N+1},x_{N+2},\cdots$(即除了前 N 项以外)，它们在数轴上对应的点，都位于邻域 $U(A,\varepsilon)$ 内，如图 1 所示. 因为 ε 可以任意小，

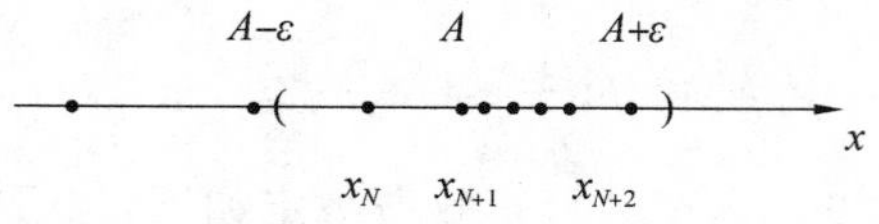

图 1

所以数列的各项所对应的点 x_n 都无限集聚在点 A 附近. 这便是数列极限的几何意义.

定义 1 中的 ε 可以是任意小的正数,它刻画了 x_n 与 A 的接近程度;N 的真正含义是其存在性,它是不唯一的,一般与正数 ε 有关,通常当 ε 减小时,N 将会相应增大;验证极限时,关键对任意给定 $\varepsilon>0$,验证满足条件的 N 的存在性,即找到满足条件的 N.

为书写方便,将定义 1 表达为 $\lim\limits_{n\to\infty} x_n = A \Leftrightarrow \forall\varepsilon>0$, $\exists$ 正整数 N, 当 $n>N$ 时,有 $|x_n-A|<\varepsilon$. 其中,记号"$\forall$"表示"任意给定的"或"对于每一个";"$\exists$"表示"存在"之意.

例 2　用定义证明 $\lim\limits_{n\to\infty}\dfrac{1}{n+1}=0$.

证明　任意给定 $\varepsilon>0$,要使 $\left|\dfrac{1}{n+1}-0\right|=\dfrac{1}{n+1}<\varepsilon$,只要 $n>\dfrac{1}{\varepsilon}-1$. 取 $N=\left[\dfrac{1}{\varepsilon}-1\right]$,则当 $n>N$ 时,必有 $\left|\dfrac{1}{n+1}-0\right|<\varepsilon$. 即 $\lim\limits_{n\to\infty}\dfrac{1}{n+1}=0$.

例 3　当 $|q|<1$ 时,证明:$\lim\limits_{n\to\infty} q^n=0$.

证明　$\forall\varepsilon>0$,要使 $|q^n|=|q|^n<\varepsilon$ 成立,只须 $n\ln|q|<\ln\varepsilon$,由于 $|q|<1$,故 $\ln|q|<0$,有 $n>\dfrac{\ln\varepsilon}{\ln|q|}$. 取 $N=\left[\dfrac{\ln\varepsilon}{\ln|q|}\right]$. 则当 $n>N$ 时,必有 $|q^n|<\varepsilon$,即 $\lim\limits_{n\to\infty} q^n=0\ (|q|<1)$.

1.2.2　函数的极限

1. 当 $x\to\infty$ 时,函数 $f(x)$ 的极限

引例　函数 $f(x)=\dfrac{1}{x}$,当 $x\to\infty$ 时,函数 $f(x)$ 无限地接近于 0,则称 0 是当 $x\to\infty$ 时函数 $f(x)$ 的极限,如图 2 所示.

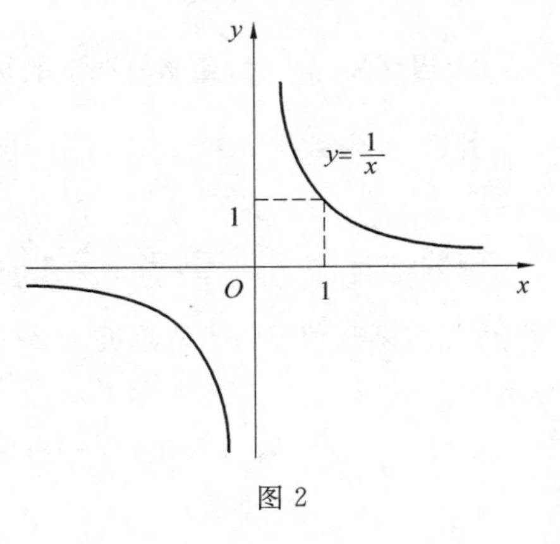

图 2

一般地,当 x 无限增大时,函数 $f(x)$ 无限趋近于某个常数 A,则称当 x 无限增大时,常数 A 为 $f(x)$ 的极限.

定义 2　设 $f(x)$ 对于充分大的 $|x|$ 有定义,A 是某常数. 若对于任意给定的正数 ε,总存在一个正数 X,当 $|x|>X$ 时,使得 $|f(x)-A|<\varepsilon$ 恒成立,则称常数 A 为函数 $f(x)$ 的极限,记为 $\lim\limits_{x\to\infty} f(x)=A$ 或 $f(x)\to A\ (x\to\infty)$. 这时就说函数是收敛的,否则称函数是发散的.

注意,定义 2 中的 ε 刻画了函数 $f(x)$ 与 A 的接近程度,X 刻画了 $|x|$ 充分大的程度.

上述定义可简记为:

$\lim\limits_{x\to\infty} f(x)=A \Leftrightarrow \forall\varepsilon>0, \exists X>0$,当 $|x|>X$ 时,有 $|f(x)-A|<\varepsilon$ 成立.

若考虑当 $x\to+\infty$ 时,函数 $f(x)$ 的极限,只要将定义 2 中的 $|x|>X$ 改为 $x>X$;同理,当 $x\to-\infty$ 时,函数 $f(x)$ 的极限,只要将定义 2 中的 $|x|>X$ 改为 $x<-X$ 即可.

习惯上把上述定义叫作极限的 $\varepsilon-X$ 定义. 其几何意义是:不论直线 $y=A-\varepsilon$ 和 $y=$

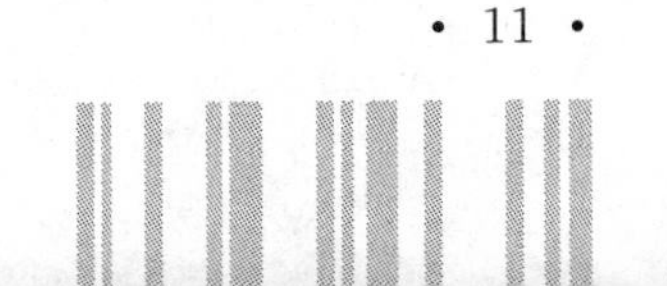

$A+\varepsilon$ 所夹的带形域多么窄，只要 x 离原点充分远（即 $|x|>X$），函数 $f(x)$ 的图形都在该带形域内，如图 3 所示.

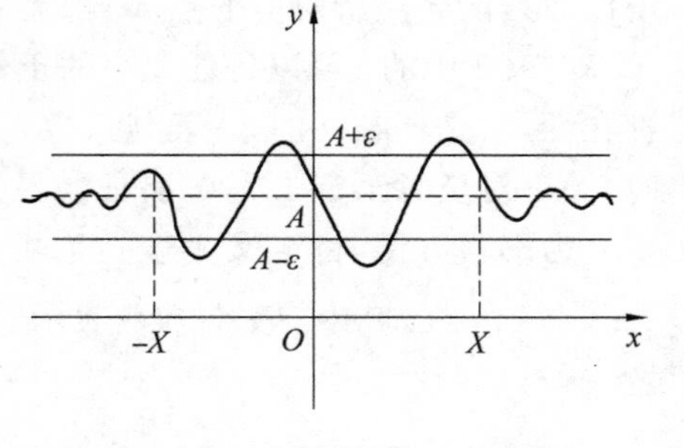

图 3

定理 1　$\lim\limits_{x\to\infty} f(x)=A$ 的充分必要条件是 $\lim\limits_{x\to+\infty} f(x)=\lim\limits_{x\to-\infty} f(x)=A$.

例 4　用定义证明 $\lim\limits_{x\to\infty}\dfrac{1}{x}=0$.

证明　$\forall\varepsilon>0$，要使 $\left|\dfrac{1}{x}-0\right|=\dfrac{1}{|x|}<\varepsilon$，只要 $|x|>\dfrac{1}{\varepsilon}$ 即可. 取 $X=\dfrac{1}{\varepsilon}$，则当 $|x|>X$ 时，有 $\left|\dfrac{1}{x}-0\right|<\varepsilon$，即 $\lim\limits_{x\to\infty}\dfrac{1}{x}=0$.

例 5　证明 $\lim\limits_{x\to+\infty}\dfrac{x-1}{x+1}=1$.

证明　不妨设 $x>-1$，$\forall\varepsilon>0$，要使 $\left|\dfrac{x-1}{x+1}-1\right|=\dfrac{2}{x+1}<\varepsilon$ 成立，只要 $x>\dfrac{2}{\varepsilon}-1$（限定 $0<\varepsilon<2$）. 取 $X=\dfrac{2}{\varepsilon}-1$. 于是，$\forall\varepsilon>0$，$\exists X=\dfrac{2}{\varepsilon}-1$，对于 $\forall x>X$，有 $\left|\dfrac{x-1}{x+1}-1\right|<\varepsilon$. 即 $\lim\limits_{x\to+\infty}\dfrac{x-1}{x+1}=1$.

2. 当 $x\to x_0$ 时，函数 $f(x)$ 的极限

引例　函数 $f(x)=x+1$，当 x 趋近于 1 时，可以看到它们所对应的函数值趋近于 2，如图 4 所示.

函数 $f(x)=\dfrac{x^2-1}{x-1}$，当 $x\neq 1$ 时，$f(x)=x+1$，由此可见，当 x 不等于 1 而趋近于 1 时，对应的函数值 $f(x)$ 就趋近于 2，如图 5 所示.

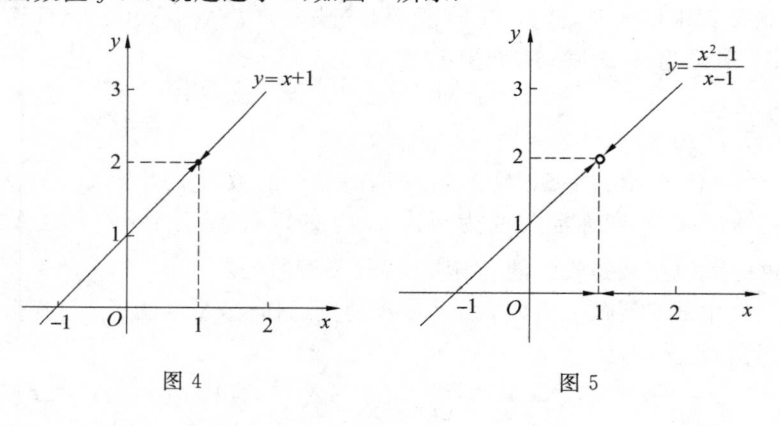

图 4　　　　图 5

上述两个引例和 $x\to\infty$ 时的极限存在情形相似，这里是“当 x 趋近于 x_0，且 $x\neq x_0$ 时，对应的函数值 $f(x)$ 无限地趋近于某一确定的常数 A”.

一般地，当 x 无限趋近于 x_0 时，函数 $f(x)$ 无限趋近于某个常数 A，则称常数 A 为函

数 $f(x)$ 当 x 无限接近 x_0 时的极限.

定义 3　设函数 $f(x)$ 在 x_0 的某个去心邻域内有定义，A 是常数，若对于任意给定的正数 ε，总存在一个正数 δ，使得当 $0<|x-x_0|<\delta$ 时，总有 $|f(x)-A|<\varepsilon$ 成立，则称常数 A 为函数 $f(x)$ 当 $x\to x_0$ 时的极限，记为 $\lim\limits_{x\to x_0} f(x)=A$ 或 $f(x)\to A(x\to x_0)$. 这时就说函数是收敛的，否则称函数是发散的.

上述定义可简记为：

$\lim\limits_{x\to x_0} f(x)=A \Leftrightarrow \forall\varepsilon>0, \exists\delta>0$，当 $0<|x-x_0|<\delta$ 时，有 $|f(x)-A|<\varepsilon$.

对上述定义做几点说明：

(1) 定义中的 ε 具有任意性和稳定性，ε 是一个很小的正数，它表达了函数 $f(x)$ 与 A 的接近程度，它具有任意性，同时又具有相对稳定性，ε 一旦给出，它就稳定了. 只有相对稳定，才能找出 δ.

(2) 定义中的 δ 与 ε 有关，δ 随 ε 变化而变化. 一般来说，当 ε 减小时，δ 相应随 ε 减小而减小；同时由 ε 找出 δ，δ 不是唯一的.

(3) 从几何图形上看，$0<|x-x_0|<\delta \Leftrightarrow x_0-\delta<x<x_0+\delta$，表示点 x 落在 $(x_0-\delta,x_0)\cup(x_0,x_0+\delta)$ 内. 通常称点集 $(x_0-\delta,x_0+\delta)$ 为 x_0 的 $\delta-$邻域，记作 $U(x_0,\delta)$，称 $(x_0-\delta,x_0)\cup(x_0,x_0+\delta)$ 为 x_0 的去心 $\delta-$邻域，记作 $\mathring{U}(x_0,\delta)$，显然，$0<|x-x_0|<\delta$ 表示 x 落在 x_0 的去心邻域 $\mathring{U}(x_0,\delta)$ 内，$|f(x)-A|<\varepsilon \Leftrightarrow A-\varepsilon<f(x)<A+\varepsilon$，表示 $f(x)$ 落在 $(A-\varepsilon,A+\varepsilon)$ 内，即点 A 的 ε 邻域 $U(A,\varepsilon)$ 内. 那么 $\lim\limits_{x\to x_0} f(x)=A$ 的几何意义是，对于任意给定的不论多么小的正数 ε，可以作出两条带形区域，总存在 x_0 的去心邻域 $\mathring{U}(x_0,\delta)$，在这个邻域内 $y=f(x)$ 的图形落在这两条直线所夹的带形区域内，如图 6 所示.

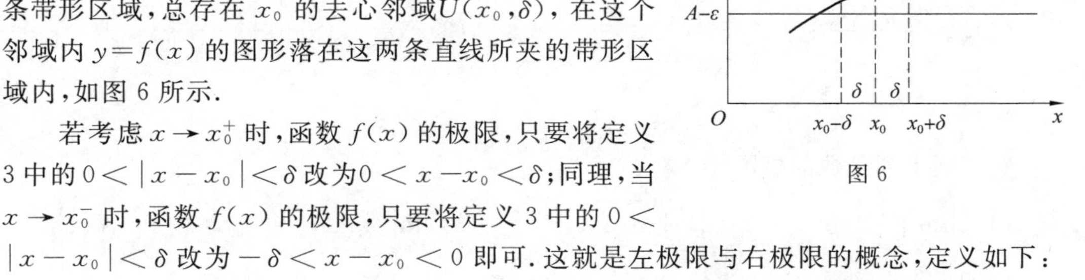

图 6

若考虑 $x\to x_0^+$ 时，函数 $f(x)$ 的极限，只要将定义 3 中的 $0<|x-x_0|<\delta$ 改为 $0<x-x_0<\delta$；同理，当 $x\to x_0^-$ 时，函数 $f(x)$ 的极限，只要将定义 3 中的 $0<|x-x_0|<\delta$ 改为 $-\delta<x-x_0<0$ 即可. 这就是左极限与右极限的概念，定义如下：

$\forall\varepsilon>0, \exists\delta>0$，当 $-\delta<x-x_0<0$ 时，有 $|f(x)-A|<\varepsilon$，则称 A 是函数 $f(x)$ 在 $x\to x_0^-$ 时的左极限，记作 $\lim\limits_{x\to x_0^-} f(x)=A$ 或 $f(x_0-0)=A$.

$\forall\varepsilon>0, \exists\delta>0$，当 $0<x-x_0<\delta$ 时，有 $|f(x)-A|<\varepsilon$，则称 A 是函数 $f(x)$ 在 $x\to x_0^+$ 时的右极限，记作 $\lim\limits_{x\to x_0^+} f(x)=A$ 或 $f(x_0+0)=A$.

这两种极限统称单侧极限，显然有下面的定理.

定理 2　$\lim\limits_{x\to x_0} f(x)=A$ 存在的充分必要条件为 $\lim\limits_{x\to x_0^+} f(x)=\lim\limits_{x\to x_0^-} f(x)=A$.

例 6　证明：$\lim\limits_{x\to 1}\dfrac{x^2-1}{x-1}=2$.

证明 $\forall\varepsilon>0$,要使$\left|\dfrac{x^2-1}{x-1}-2\right|=\left|\dfrac{x^2-2x+1}{x-1}\right|=|x-1|<\varepsilon$成立,只须取$\delta=\varepsilon$,于是对 $\forall\varepsilon>0$,$\exists\delta$,当$0<|x-1|<\delta$时,都有$\left|\dfrac{x^2-1}{x-1}-2\right|<\varepsilon$. 即$\lim\limits_{x\to1}\dfrac{x^2-1}{x-1}=2$.

例 7 证明:$\lim\limits_{x\to x_0}C=C$,此处$C$为一常数.

证明 由于$|f(x)-A|=|C-C|=0$,所以对于 $\forall\varepsilon>0$,任取一正数δ,当$0<|x-x_0|<\delta$时,都能有 $|f(x)-A|=0<\varepsilon$成立. 所以$\lim\limits_{x\to x_0}C=C$.

例 8 证明$\lim\limits_{x\to x_0}x=x_0$.

证明 由于$|f(x)-A|=|x-x_0|$,所以对于 $\forall\varepsilon>0$,取正数$\delta=\varepsilon$,当$0<|x-x_0|<\delta$时,都有$|f(x)-A|=|x-x_0|<\varepsilon$成立. 故$\lim\limits_{x\to x_0}x=x_0$.

例 9 设$f(x)=\begin{cases}x+1, & x<0\\ x^2, & 0\leqslant x\leqslant1\\ 1, & x>1\end{cases}$,求$f(x)$在$x=0$和$x=1$处的极限.

解 因为$\lim\limits_{x\to0^-}f(x)=\lim\limits_{x\to0^-}(x+1)=1$,$\lim\limits_{x\to0^+}f(x)=\lim\limits_{x\to0^+}x^2=0$,即$f(x)$在$x=0$处的左右极限不相等,故它在$x=0$处的极限不存在.

因为$\lim\limits_{x\to1^-}f(x)=\lim\limits_{x\to1^-}x^2=1$,$\lim\limits_{x\to1^+}f(x)=\lim\limits_{x\to1^+}1=1$,即在$x=1$处左右极限相等,故它在$x=1$处的极限存在且为1.

习题 1.2

1. 当$n\to\infty$时,观察并写出下列数列的极限.

(1)$x_n=\dfrac{2n^2+1}{n^2}$; (2)$x_n=\dfrac{1}{1\times2}+\dfrac{1}{2\times3}+\cdots+\dfrac{1}{n(n+1)}$;

(3)$x_n=(-1)^n\dfrac{1}{n}$; (4)$x_n=(-1)^n$.

2. 判断下列函数的极限.

(1) $\lim\limits_{x\to+\infty}\left(\dfrac{1}{5}\right)^x$; (2) $\lim\limits_{x\to-\infty}5^x$; (3) $\lim\limits_{x\to\frac{\pi}{2}}\sin x$; (4) $\lim\limits_{x\to0^+}\ln x$.

3. 设$f(x)=\begin{cases}x, & x\leqslant1\\ 2x-1, & x>1\end{cases}$,求$\lim\limits_{x\to1}f(x)$.

4. 设$f(x)=\begin{cases}2x+3, & x<1\\ 3, & x=1\\ 1, & x>1\end{cases}$,求$\lim\limits_{x\to1}f(x)$.

1.3 无穷小量与无穷大量

在极限研究中,极限为0的函数发挥着重要作用. 下面进行专门的讨论.

1.3.1　无穷小量

定义1　如果$\lim\limits_{x\to x_0} f(x)=0$或$\lim\limits_{x\to\infty} f(x)=0$，则称函数$f(x)$为当$x\to x_0$或$x\to\infty$时的无穷小量(简称为无穷小).

简单表述如下：

$\lim\limits_{\substack{x\to x_0\\(x\to\infty)}} f(x)=0\Leftrightarrow\forall\varepsilon>0,\exists\delta>0$(或$X>0$)，使当$0<|x-x_0|<\delta$(或$|x|>X$)时，有$|f(x)|<\varepsilon$.

例如，当$x\to0$时，函数$x^3,\sin x,\tan x$都是无穷小；当$x\to+\infty$时，函数$\dfrac{1}{x^2},\left(\dfrac{1}{2}\right)^x,\dfrac{\pi}{2}-\arctan x$都是无穷小.

需要说明的是，无穷小不是“很小的常数”，无穷小离不开自变量的变化. 它是以零为极限的变量.

根据极限定义，不难得到无穷小量与函数极限之间的关系.

定理1　$\lim\limits_{x\to x_0} f(x)=A$的充分必要条件是$f(x)=A+\alpha(x)$，其中当$x\to x_0$时，$\alpha(x)$是无穷小量.

***证明**　必要性. 因为$\lim\limits_{x\to x_0} f(x)=A$，所以$\forall\varepsilon>0,\exists\delta>0$，当$0<|x-x_0|<\delta$时，有$|f(x)-A|<\varepsilon$，令$\alpha(x)=f(x)-A$，由定义1知，$\alpha(x)=f(x)-A$是无穷小量.

充分性. 设$f(x)=A+\alpha$，其中A为常数，α是$x\to x_0$的无穷小，于是$|f(x)-A|=|\alpha|$，设当$x\to x_0$时，$\alpha(x)$是无穷小量. 则$\forall\varepsilon>0,\exists\delta>0$，当$0<|x-x_0|<\delta$时，有$|\alpha(x)|<\varepsilon$，即$|f(x)-A|<\varepsilon$. 所以$\lim\limits_{x\to x_0} f(x)=A$.

定理2　有限个无穷小量的代数和是无穷小量.

***证明**　仅以两个无穷小量和的情况为例证明. 设当$x\to x_0$时，α,β都是无穷小量，有$\lim\limits_{x\to x_0}\alpha=0$及$\lim\limits_{x\to x_0}\beta=0$，于是$\forall\varepsilon>0,\exists\delta_1>0$，当$0<|x-x_0|<\delta_1$时，有$|\alpha|<\dfrac{\varepsilon}{2}$；$\exists\delta_2>0$，当$0<|x-x_0|<\delta_2$时，有$|\beta|<\dfrac{\varepsilon}{2}$. 取$\delta=\min\{\delta_1,\delta_2\}$，则当$0<|x-x_0|<\delta$时，有

$$|\alpha+\beta|\leqslant|\alpha|+|\beta|<\frac{\varepsilon}{2}+\frac{\varepsilon}{2}=\varepsilon$$

即当$x\to x_0$时，$\alpha+\beta$也是无穷小量.

定理3　有界函数与无穷小量的乘积是无穷小量.

***证明**　设函数y在$\mathring{U}(x_0,\delta_1)$内有界，即$\exists M>0$，对于$\forall x\in\mathring{U}(x_0,\delta_1)$，有$|y|\leqslant M$；又当$x\to x_0$时，$\alpha$是无穷小量，即$\lim\limits_{x\to x_0}\alpha=0$，于是，$\forall\varepsilon>0,\exists\delta_2>0$，当$0<|x-x_0|<\delta_2$时，有$|\alpha|<\dfrac{\varepsilon}{M}$. 取$\delta=\min\{\delta_1,\delta_2\}$，则当$0<|x-x_0|<\delta$时，有

$$|y\cdot\alpha|\leqslant|y|\cdot|\alpha|<M\cdot\frac{\varepsilon}{M}=\varepsilon$$

即当 $x\to x_0$ 时，$y\cdot\alpha$ 也是无穷小量.

例如，$\lim\limits_{x\to 0}x^2\cdot\sin\frac{1}{x}=0$. 由于 $\lim\limits_{x\to 0}x^2=0$，$\left|\sin\frac{1}{x}\right|\leqslant 1$，因此，由定理 3 知，$\lim\limits_{x\to 0}x^2\cdot\sin\frac{1}{x}=0$.

定理 4 有限个无穷小量的乘积是无穷小量.

定理 4 的证明略.

1.3.2 无穷小量的阶

两个无穷小量的和、差及乘积仍是无穷小，但两个无穷小量的商，却会出现不同的情况. 例如，当 $x\to 0$ 时，$2x$，x^2，$\sqrt{1+x}-1$ 都是无穷小，而

$$\lim_{x\to 0}\frac{x^2}{2x}=0,\lim_{x\to 0}\frac{2x}{x^2}=\infty,\lim_{x\to 0}\frac{\sqrt{1+x}-1}{2x}=\lim_{x\to 0}\frac{x}{2x(\sqrt{1+x}+1)}=\frac{1}{4}$$

两个无穷小之比的极限的各种不同情况，反映了不同的无穷小趋于零的快慢程度. 就上面的例子来说，在 $x\to 0$ 的过程中，x^2 比 $2x$ 快些；$\sqrt{1+x}-1$ 与 $2x$ 的快慢相仿.

下面通过无穷小量之比的极限来描述两个无穷小趋于零的速度快慢.

定义 2 设 $x\to x_0$（或 $x\to\infty$）时，α 与 β 都是在同一变化过程中的无穷小，且 $\beta\neq 0$.

(1) 若 $\lim\frac{\alpha}{\beta}=0$，则称 α 是比 β 高阶的无穷小，记为 $\alpha=o(\beta)$.

(2) 若 $\lim\frac{\alpha}{\beta}=\infty$，则称 α 是比 β 低阶的无穷小.

(3) 若 $\lim\frac{\alpha}{\beta}=b\neq 0$，则称 α 与 β 是同阶无穷小.

(4) 若 $\lim\frac{\alpha}{\beta^k}=C\neq 0,k>0$，则称 α 是关于 β 的 k 阶无穷小.

(5) 若 $\lim\frac{\alpha}{\beta}=1$，则称 α 与 β 是等价无穷小，记为 $\alpha\sim\beta$.

例如，由于 $\lim\limits_{x\to 0}\frac{\sqrt{1+x}-1}{\frac{x}{2}}=\lim\limits_{x\to 0}\frac{2}{\sqrt{1+x}+1}=1$，得到当 $x\to 0$ 时，$\sqrt{1+x}-1$ 与 $\frac{x}{2}$ 是等价的无穷小量. 又 $\lim\limits_{n\to\infty}\frac{\frac{1}{n}}{\frac{1}{n^2}}=\infty$，即当 $n\to\infty$ 时，$\frac{1}{n}$ 是比 $\frac{1}{n^2}$ 低阶的无穷小.

1.3.3 无穷大量

与无穷小相反的一类变量是无穷大量.

定义 3 如果 $\lim\limits_{x\to x_0}f(x)=\infty$ 或 $\lim\limits_{x\to\infty}f(x)=\infty$，则称函数 $f(x)$ 当 $x\to x_0$ 或 $x\to\infty$

时，为无穷大量(或无穷大). 即函数 $f(x)$ 为无穷大量是指，当 $x\to x_0$(或 $x\to\infty$)时，函数 $f(x)$ 的绝对值可以无限增大.

上述定义可简述如下：$\forall M>0$(不论多么大)，$\exists\delta>0$(或 $X>0$)，当 $0<|x-x_0|<\delta$(或 $|x|>X$)时，有 $|f(x)|>M$，则称 $f(x)$ 为当 $x\to x_0$(或 $x\to\infty$)时的无穷大.

例如，当 $x\to 1$ 时，$\frac{1}{x-1}$ 为无穷大量；当 $x\to+\infty$ 时，2^x 为无穷大量.

注意，无穷大不是数，不能把无穷大与很大的数混为一谈.

定理 5　(1) 若当 $x\to x_0$(或 $x\to+\infty$)时，函数 $f(x)$ 是无穷大，则函数 $\frac{1}{f(x)}$ 是无穷小；(2) 若当 $x\to x_0$(或 $x\to+\infty$)时，函数 $f(x)$ 是无穷小，且 $f(x)\neq 0$，则函数 $\frac{1}{f(x)}$ 是无穷大.

* **证明**　只证明(2)中当 $x\to x_0$ 时的情况. $\forall M>0$，由于当 $x\to x_0$ 时，函数 $f(x)$ 是无穷小，对于 $\varepsilon=\frac{1}{M}>0$，$\exists\delta>0$，当 $0<|x-x_0|<\delta$ 时，有 $|f(x)|<\frac{1}{M}$ 或 $\left|\frac{1}{f(x)}\right|>M$. 即当 $x\to x_0$ 时，函数 $\frac{1}{f(x)}$ 为无穷大.

习题 1.3

1. 指出下列各题中哪些是无穷小量？哪些是无穷大量？

(1) $2x^2$，当 $x\to 0$ 时；　　(2) $\frac{1}{x-1}$，当 $x\to 1$ 时；

(3) $x\cos\frac{1}{x}$，当 $x\to 0$ 时；　　(4) $\ln x$，当 $x\to 0^+$ 时；

(5) $\tan x$，当 $x\to\frac{\pi}{2}$ 时；　　(6) e^{-x}，当 $x\to+\infty$ 时.

2. 函数 $f(x)=\frac{1}{(x-1)^2}$ 在自变量的什么变化过程中为无穷小？又在自变量的什么变化过程中为无穷大？

3. 求下列函数的极限.

(1) $\lim\limits_{x\to 0}x^2\sin\frac{1}{x}$；　　(2) $\lim\limits_{x\to 1}(x-1)\cos\frac{1}{x-1}$；

(3) $\lim\limits_{x\to\infty}\frac{\sin x}{x}$.

1.4　极限的性质及运算法则

1.4.1　函数极限的性质

定理 1(唯一性)　若极限 $\lim\limits_{x\to x_0}f(x)$ 存在，则它的极限值是唯一的.

定理 2(有界性)　若$\lim\limits_{x \to x_0} f(x)=a$,则存在某个$\delta_0>0$与$M>0$,当$0<|x-x_0|<\delta_0$时,有$|f(x)|\leqslant M$.

* **证明**　取$\varepsilon=1$,$\exists \delta_0>0$,当$0<|x-x_0|<\delta_0$时,有$|f(x)-a|<1$,因为$|f(x)|=|f(x)-a+a|\leqslant|f(x)-a|+|a|<1+|a|$,从而$|f(x)|\leqslant|a|+1$.取$M=|a|+1$,有$|f(x)|\leqslant M$.

定理 3(保号性)　设$\lim\limits_{x \to x_0} f(x)=a$.如果$a>0$(或$a<0$),则存在$\delta>0$,当$0<|x-x_0|<\delta$时,$f(x)>0$(或$f(x)<0$).

* **证明**　以$a>0$的情形证之.由于$\lim\limits_{x \to x_0} f(x)=a$,取$\varepsilon=\dfrac{a}{2}$,$\exists \delta>0$,当$0<|x-x_0|<\delta$时,有$|f(x)-a|<\dfrac{a}{2}$,即得$\dfrac{a}{2}<f(x)<\dfrac{3a}{2}$.

可见$f(x)>0$.

对于$a<0$的情形类似可证.

推论 1　设$\lim\limits_{x \to x_0} f(x)=a$,且在$x_0$的某个去心邻域内$f(x)\geqslant 0$(或$f(x)\leqslant 0$),则必有$a\geqslant 0$(或$a\leqslant 0$).

1.4.2　函数极限的四则运算

定理 4　设$\lim f(x)=a$,$\lim g(x)=b$,则:

(1) $\lim[f(x)\pm g(x)]=\lim f(x)\pm\lim g(x)=a\pm b$;

(2) $\lim f(x)\cdot g(x)=\lim f(x)\cdot\lim g(x)=ab$;

(3) 当$b\neq 0$时,$\lim\dfrac{f(x)}{g(x)}=\dfrac{\lim f(x)}{\lim g(x)}=\dfrac{a}{b}$.

* **证明**　以(2)中$\lim\limits_{x \to x_0} f(x)\cdot g(x)=\lim\limits_{x \to x_0} f(x)\cdot\lim\limits_{x \to x_0} g(x)=ab$的情形证之.

由于$\lim\limits_{x \to x_0} f(x)=a$,根据定理 2 知,$f(x)=a+\alpha(x)$,其中$\lim\limits_{x \to x_0}\alpha(x)=0$;同理,由$\lim\limits_{x \to x_0} g(x)=b$,$g(x)=b+\beta(x)$,其中$\lim\limits_{x \to x_0}\beta(x)=0$.所以有

$$f(x)g(x)=[a+\alpha(x)][b+\beta(x)]=ab+a\beta(x)+b\alpha(x)+\alpha(x)\beta(x)$$

由于当$x\to x_0$时,$\alpha(x)$,$\beta(x)$为无穷小量,得到$b\alpha(x)$,$a\beta(x)$,$\alpha(x)\cdot\beta(x)$为无穷小量,即

$$\lim_{x \to x_0} f(x)\cdot g(x)=\lim_{x \to x_0} f(x)\cdot\lim_{x \to x_0} g(x)=ab$$

注意,定理 4 的“lim”下方没有标明自变量的变化过程,意思是指以上定理对自变量的同一种变化过程都成立;定理 4 的(1)、(2) 可推广到有限多个函数的和或积的情形;作为(2) 的特殊情形,有以下推论.

推论 2　(1) $\lim Cf(x)=C\lim f(x)$;(2) $\lim[f(x)]^n=[\lim f(x)]^n$,$n\in\mathbf{N}^+$.

例 1　求$\lim\limits_{x\to 2}\dfrac{x^2+1}{x^3+3x+1}$.

解　$\lim\limits_{x\to 2}\dfrac{x^2+1}{x^3+3x+1}=\dfrac{\lim\limits_{x\to 2}(x^2+1)}{\lim\limits_{x\to 2}(x^3+3x+1)}=\dfrac{\lim\limits_{x\to 2}x^2+\lim\limits_{x\to 2}1}{\lim\limits_{x\to 2}x^3+\lim\limits_{x\to 2}3x+\lim\limits_{x\to 2}1}=$

$$\frac{(\lim\limits_{x\to 2}x)^2+\lim\limits_{x\to 2}1}{(\lim\limits_{x\to 2}x)^3+3\lim\limits_{x\to 2}x+\lim\limits_{x\to 2}1}=\frac{2^2+1}{2^3+3\cdot 2+1}=\frac{5}{15}=\frac{1}{3}.$$

可以看出，对于有理整函数(多项式)和有理分式函数(分母不为零)，求其极限时，只要把自变量 x 的极限值代入函数即可.

例 2　求 $\lim\limits_{x\to -2}\frac{2+x}{4-x^2}$.

解　$\lim\limits_{x\to -2}\frac{2+x}{4-x^2}=\lim\limits_{x\to -2}\frac{2+x}{(2-x)(2+x)}=\lim\limits_{x\to -2}\frac{1}{2-x}=\frac{1}{4}$.

对于分子、分母有公因式的有理分式，求其极限时，先约分，后再把自变量的极限值代入即可.

例 3　求 $\lim\limits_{x\to\infty}\frac{5x^3-2x^2+1}{7x^3+2x^2-1}$.

解　$\lim\limits_{x\to\infty}\frac{5x^3-2x^2+1}{7x^3+2x^2-1}=\lim\limits_{x\to\infty}\frac{5-\frac{2}{x}+\frac{1}{x^3}}{7+\frac{2}{x}-\frac{1}{x^3}}=\frac{5}{7}$.

例 4　求 $\lim\limits_{x\to\infty}\frac{2x^2+1}{4x^4+x^2+2}$.

解　$\lim\limits_{x\to\infty}\frac{2x^2+1}{4x^4+x^2+2}=\lim\limits_{x\to\infty}\frac{\frac{2}{x^2}+\frac{1}{x^4}}{4+\frac{1}{x^2}+\frac{2}{x^4}}=\frac{0}{4}=0$.

对于当 $x\to\infty$ 时多项式之比的极限，通常的做法是分子、分母同除以分母的最高次项后再求其极限.

习题 1.4

1. 求下列极限.

(1) $\lim\limits_{x\to -2}(2x^2+5x-1)$；

(2) $\lim\limits_{x\to\sqrt{3}}\frac{x^2-3}{x^4+x^2+1}$；

(3) $\lim\limits_{x\to 0}(1-\frac{2}{x-3})$；

(4) $\lim\limits_{x\to 2}\frac{x^2-3}{x-2}$；

(5) $\lim\limits_{x\to 1}\frac{x^2-1}{2x^2-x-1}$；

(6) $\lim\limits_{x\to 0}\frac{4x^3-2x^2+x}{3x^2+2x}$；

(7) $\lim\limits_{x\to -3}\frac{x^2-9}{x+3}$；

(8) $\lim\limits_{x\to 1}\frac{x^2+x+1}{x-1}$；

(9) $\lim\limits_{x\to 1}\frac{x^2-2x+1}{x^3-1}$；

(10) $\lim\limits_{x\to\infty}\frac{2x+3}{7x-2}$；

(11) $\lim\limits_{x\to\infty}\frac{100x}{2+3x^2}$；

(12) $\lim\limits_{x\to\infty}\frac{x^4-8x+1}{3x^2+8}$；

(13) $\lim\limits_{x\to\infty}\frac{x^2-3}{x^4+x^2+1}$；

(14) $\lim\limits_{n\to\infty}\frac{(2n-1)^{20}(3n+1)^{30}}{(5n+1)^{50}}$；

(15) $\lim\limits_{x\to1}\left(\dfrac{1}{1-x}-\dfrac{3}{1-x^2}\right)$；　　(16) $\lim\limits_{x\to\infty}(\sqrt{x^2+1}-\sqrt{x^2-1})$.

2. 如果 $f(x)=\begin{cases}x^2+2, & x>2\\ x+a, & x\leqslant 2\end{cases}$，当 $x\to 2$ 时极限存在，求 a 的值.

3. 设$\lim\limits_{x\to1}\dfrac{x^2+ax+b}{x-1}=3$，试求常数 a,b.

1.5　极限存在准则及两个重要极限

1.5.1　极限存在准则

1. 夹逼准则

准则 1　若数列 $\{x_n\}$，$\{y_n\}$ 及 $\{z_n\}$ 满足：

(1) $y_n\leqslant x_n\leqslant z_n(n=1,2,\cdots)$；

(2) $\lim\limits_{n\to\infty}y_n=a$，$\lim\limits_{n\to\infty}z_n=a$，则数列 $\{x_n\}$ 的极限存在且$\lim\limits_{n\to\infty}x_n=a$.

准则 1′　设函数 $f(x)$，$g(x)$，$h(x)$ 在 $\mathring{U}(x_0,\delta_0)$（或对于充分大的 $|x|$）有定义，且满足以下条件：

(1) $g(x)\leqslant f(x)\leqslant h(x)$；

(2) $\lim g(x)=A$，$\lim h(x)=A$.

则 $\lim f(x)=A$.

* **证明**　仅以 $x\to x_0$ 的情形证明.

$\forall\varepsilon>0$，$\exists\delta_1>0(\delta_1<\delta_0)$，当 $0<|x-x_0|<\delta_1$ 时，有 $|g(x)-A|<\varepsilon$，从而 $A-\varepsilon<g(x)$；$\exists\delta_2>0(\delta_2<\delta_0)$，当 $0<|x-x_0|<\delta_2$ 时，有 $|h(x)-A|<\varepsilon$，从而 $h(x)<A+\varepsilon$. 取 $\delta=\min\{\delta_1,\delta_2\}$，则当 $0<|x-x_0|<\delta$ 时，有

$$A-\varepsilon<g(x)\leqslant f(x)\leqslant h(x)<A+\varepsilon$$

所以有 $\lim\limits_{x\to x_0}f(x)=A$.

对于 $n\to\infty$，$x\to\infty$ 的情形同样适用. 准则 1 与准则 1′ 称为夹逼准则.

例 1　求极限$\lim\limits_{n\to\infty}\left(\dfrac{1}{\sqrt{n^2+1}}+\dfrac{1}{\sqrt{n^2+2}}+\cdots+\dfrac{1}{\sqrt{n^2+n}}\right)$.

解　由于

$$\frac{n}{\sqrt{n^2+n}}\leqslant\frac{1}{\sqrt{n^2+1}}+\frac{1}{\sqrt{n^2+2}}+\cdots+\frac{1}{\sqrt{n^2+n}}\leqslant\frac{n}{\sqrt{n^2+1}}$$

而

$$\lim_{n\to\infty}\frac{n}{\sqrt{n^2+n}}=1,\lim_{n\to\infty}\frac{n}{\sqrt{n^2+1}}=1$$

由夹逼定理，得

$$\lim_{n\to\infty}\left(\frac{1}{\sqrt{n^2+1}}+\frac{1}{\sqrt{n^2+2}}+\cdots+\frac{1}{\sqrt{n^2+n}}\right)=1$$

2. 单调有界准则

准则 2　单调有界数列必有极限.

对于准则 2，我们不做证明，可以利用几何意义进行体会，假设数列 $\{x_n\}$ 单调增加，且有上界 M，则 x_n 无限趋近于一个定点 A(图 1)，也就是数列 $\{x_n\}$ 趋于一个极限.

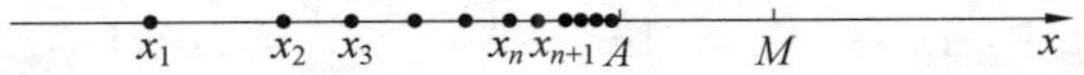

图 1

例 2　设有数列 $x_1=\sqrt{3}$，$x_2=\sqrt{3+x_1}$，…，$x_n=\sqrt{3+x_{n-1}}$，…，求 $\lim\limits_{n\to\infty} x_n$.

解　显然，$x_n<x_{n+1}$，故 $\{x_n\}$ 是单调增加的. 下面用数学归纳法证明数列 $\{x_n\}$ 有界.

因为 $x_1=\sqrt{3}<3$，假设 $x_k<3$，则有

$$x_{k+1}=\sqrt{3+x_k}<\sqrt{3+3}<3$$

故 $\{x_n\}$ 是有界的. 根据单调有界准则，$\lim\limits_{n\to\infty} x_n$ 存在.

设 $\lim\limits_{n\to\infty} x_n=A$，因为

$$x_{n+1}=\sqrt{3+x_n}$$

即

$$x_{n+1}^2=3+x_n$$

所以

$$\lim_{n\to\infty} x_{n+1}^2=\lim_{n\to\infty}(3+x_n)$$

即

$$A^2=3+A$$

解得 $A=\dfrac{1+\sqrt{13}}{2}$ 或 $A=\dfrac{1-\sqrt{13}}{2}<0$(舍去). 所以

$$\lim_{n\to\infty} x_n=\frac{1+\sqrt{13}}{2}$$

1.5.2　两个重要极限

1. $\lim\limits_{x\to 0}\dfrac{\sin x}{x}=1$

证明　以点 O 为圆心，作半径为 1 的圆，设 $\angle AOP=x$，且 $0<x<\dfrac{\pi}{2}$，如图 2 所示，点 A 处的切线 AT 与 OP 的延长线交于点 T，作 $PN\perp OA$. 显然有 $\triangle OAP$ 的面积小于扇形 OAP 的面积，小于 $\triangle OAT$ 的面积，即 $\dfrac{1}{2}\sin x<\dfrac{x}{2}<\dfrac{1}{2}\tan x$. 以 $\dfrac{1}{2}\sin x$ 除以各项，得

$$1<\frac{x}{\sin x}<\frac{1}{\cos x}$$

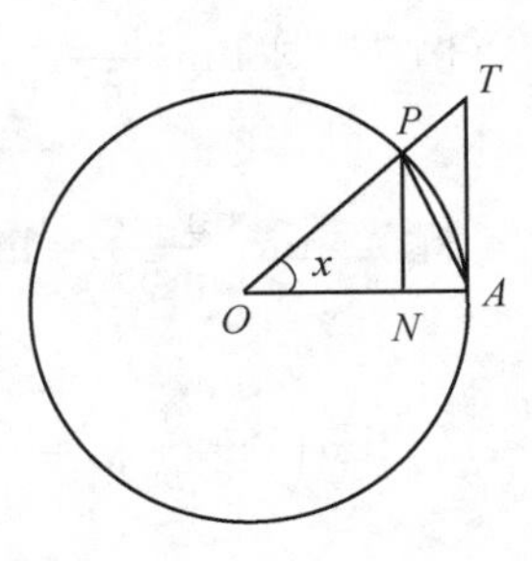

图 2

对此不等式的每项取倒数,易知

$$\cos x < \frac{\sin x}{x} < 1$$

由于$\lim\limits_{x \to 0^+} \cos x = 1$,$\lim\limits_{x \to 0^+} 1 = 1$,由夹逼准则 1′ 容易得到,有$\lim\limits_{x \to 0^+} \frac{\sin x}{x} = 1$.

如果$-\frac{\pi}{2} < x < 0$,$\lim\limits_{x \to 0^-} \frac{\sin x}{x} = \lim\limits_{(-x) \to 0^+} \frac{\sin(-x)}{-x} = 1$,所以有

$$\lim_{x \to 0} \frac{\sin x}{x} = 1$$

由$\lim\limits_{x \to 0} \frac{\sin x}{x} = 1$,得到$\lim\limits_{x \to 0} \frac{x}{\sin x} = 1$,且当 $x \to 0$ 时,有 $\sin x \sim x$.

例 3　求$\lim\limits_{x \to 0} \frac{\tan x}{x}$.

解　$\lim\limits_{x \to 0} \frac{\tan x}{x} = \lim\limits_{x \to 0} \frac{\sin x}{x} \cdot \lim\limits_{x \to 0} \frac{1}{\cos x} = 1$. 亦有当 $x \to 0$ 时,$\tan x \sim x$.

例 4　求 $\lim\limits_{x \to 0} \frac{1 - \cos x}{x^2}$.

解　$\lim\limits_{x \to 0} \frac{1 - \cos x}{x^2} = \lim\limits_{x \to 0} \frac{2\sin^2 \frac{x}{2}}{x^2} = \frac{1}{2} \lim\limits_{x \to 0} \frac{\sin^2 \frac{x}{2}}{\left(\frac{x}{2}\right)^2} = \lim\limits_{x \to 0} \frac{1}{2} \left(\frac{\sin \frac{x}{2}}{\frac{x}{2}}\right)^2 = \frac{1}{2}$.

亦有当 $x \to 0$ 时, $1 - \cos x \sim \frac{x^2}{2}$.

例 5　求$\lim\limits_{x \to 0} \frac{\arcsin x}{x}$.

解　令 $u = \arcsin x$,当 $x \to 0$ 时,有 $u \to 0$,于是

$$\lim_{x \to 0} \frac{\arcsin x}{x} = \lim_{u \to 0} \frac{u}{\sin u} = 1$$

亦有当 $x \to 0$ 时, $\arcsin x \sim x$. 同理,当 $x \to 0$ 时, $\arctan x \sim x$.

例 6　求$\lim\limits_{x \to \infty} x \sin \frac{1}{x}$.

解　由于$\lim\limits_{x \to \infty} x \sin \frac{1}{x} = \lim\limits_{x \to \infty} \frac{\sin \frac{1}{x}}{\frac{1}{x}}$,而$\lim\limits_{x \to \infty} \frac{\sin \frac{1}{x}}{\frac{1}{x}} = 1$,故 $\lim x \sin \frac{1}{x} = 1$.

例 7　求$\lim\limits_{x \to 0} \frac{\sin 4x}{\tan 5x}$.

解　$\lim\limits_{x \to 0} \frac{\sin 4x}{\tan 5x} = \lim\limits_{x \to 0} \frac{\frac{\sin 4x}{4x} \cdot 4x}{\frac{\tan 5x}{5x} \cdot 5x} = \frac{4}{5}$.

2. $\lim\limits_{x \to \infty} \left(1 + \frac{1}{x}\right)^x = \mathrm{e}$

可证数列 $x_n = \left(1 + \frac{1}{n}\right)^n$ 单调增加有上界($x_n < 3$),根据单调有界准则得,

$\lim\limits_{n\to\infty}\left(1+\dfrac{1}{n}\right)^n$ 存在，常用无理数 e(e＝2.718 28…)表示该极限，即

$$\lim_{n\to\infty}\left(1+\frac{1}{n}\right)^n=\mathrm{e}$$

于是对一般的实数 x，有 $\lim\limits_{x\to\infty}\left(1+\dfrac{1}{x}\right)^x=\mathrm{e}$. 利用复合函数极限运算法则得 $\lim\limits_{x\to 0}(1+x)^{\frac{1}{x}}=\mathrm{e}$.

例 8　求 $\lim\limits_{x\to\infty}\left(1-\dfrac{1}{x}\right)^{x-2}$.

解　$\lim\limits_{x\to\infty}\left(1-\dfrac{1}{x}\right)^{x-2}=\lim\limits_{x\to\infty}\left(1-\dfrac{1}{x}\right)^x\cdot\lim\limits_{x\to\infty}\left(1-\dfrac{1}{x}\right)^{-2}=\lim\limits_{x\to\infty}\left(1-\dfrac{1}{x}\right)^x=$

$\lim\limits_{x\to\infty}\left(1-\dfrac{1}{x}\right)^{-x\cdot(-1)}=\left[\lim\limits_{x\to\infty}\left(1-\dfrac{1}{x}\right)^{-x}\right]^{-1}=\mathrm{e}^{-1}$.

例 9　求 $\lim\limits_{x\to\infty}\left(\dfrac{x}{1+x}\right)^x$.

解　$\lim\limits_{x\to\infty}\left(\dfrac{x}{1+x}\right)^x=\lim\limits_{x\to\infty}\dfrac{1}{\left(1+\dfrac{1}{x}\right)^x}=\dfrac{1}{\lim\limits_{x\to\infty}\left(1+\dfrac{1}{x}\right)^x}=\dfrac{1}{\mathrm{e}}$.

例 10　求 $\lim\limits_{x\to 0}(1+3x)^{\frac{1}{x}+1}$.

解　$\lim\limits_{x\to 0}(1+3x)^{\frac{1}{x}+1}=\lim\limits_{x\to 0}(1+3x)^{\frac{1}{x}}\cdot\lim\limits_{x\to 0}(1+3x)=\lim\limits_{x\to 0}(1+3x)^{\frac{1}{x}}=$

$\lim\limits_{x\to 0}(1+3x)^{\frac{1}{3x}\cdot 3}=[\lim\limits_{x\to 0}(1+3x)^{\frac{1}{3x}}]^3=\mathrm{e}^3$.

1.5.3　重要极限的应用

连续复利：假设初始本金为 P，银行存款年利率为 r. 按复利计算：若每年计息一次，则 t 年后本利和 S 为 $S(t)=P(1+r)^t$；若每年计息 n 次，每期利率按 $\dfrac{r}{n}$ 计算，到 t 年末共计复利 nt 次，则 t 年后本利和 S 为 $S_n(t)=P\left(1+\dfrac{r}{n}\right)^{tn}$. 令 $n\to\infty$，则表示利息随时计入本金. 这样，t 年末的本利和为

$$S(t)=\lim_{n\to\infty}S_n(t)=\lim_{n\to\infty}P\left(1+\frac{r}{n}\right)^{tn}=P\lim_{n\to\infty}\left(1+\frac{r}{n}\right)^{\frac{n}{r}\cdot rt}=P\mathrm{e}^{rt}$$

$S(t)=P\mathrm{e}^{rt}$ 称为连续复利公式，此公式仅作为存期较长情况下存款利息的一种近似估计，在实际应用中并不使用它来计算存款利息.

例 11　求按连续复利(年利率为 6%)计算的 1 年期的 1 000 元的最终收益.

解　$1\,000\cdot\mathrm{e}^{6\%\times 1}=1\,000\cdot\mathrm{e}^{0.06}\approx 1\,061.836\,5$，所以最终收益约为 1 061.84 元.

例 12　孩子出生后，父母拿出 P 元作为初始投资，希望到孩子 20 岁生日时增长到 100 000 元，如果投资按 8% 连续复利计算，则初始投资应该是多少？

解　利用公式 $S(t)=P\mathrm{e}^{rt}$，则有

$$100\,000=P\mathrm{e}^{0.08\times 20}$$

于是得

$$P = 100\,000\mathrm{e}^{-1.6} \approx 20\,189.65$$

说明父母现在必须存储 20 189.65 元，到孩子 20 岁生日时才能增长到 100 000 元.

习题 1.5

1. 求下列极限.

(1) $\lim\limits_{x\to 0}\dfrac{\sin 7x}{x}$；

(2) $\lim\limits_{x\to 0}\dfrac{\tan 2x}{\sin 5x}$；

(3) $\lim\limits_{x\to 1}\dfrac{\sin(x-1)}{x^2-1}$；

(4) $\lim\limits_{x\to \infty} x\sin\dfrac{3}{x}$；

(5) $\lim\limits_{x\to 0}\dfrac{x^2}{\sin^2\dfrac{x}{3}}$；

(6) $\lim\limits_{x\to 0}\dfrac{\tan x-\sin x}{x}$；

(7) $\lim\limits_{x\to 0}\dfrac{x-\sin x}{x+\sin x}$；

(8) $\lim\limits_{x\to 0}\dfrac{1-\cos 2x}{x\sin x}$.

2. 求下列极限.

(1) $\lim\limits_{x\to \infty}\left(1+\dfrac{1}{x}\right)^{5x}$；

(2) $\lim\limits_{x\to \infty}\left(1-\dfrac{1}{x}\right)^{2x}$；

(3) $\lim\limits_{x\to \infty}\left(1+\dfrac{4}{x}\right)^{x+5}$；

(4) $\lim\limits_{x\to 0}(1-2x)^{\frac{1}{x}}$；

(5) $\lim\limits_{x\to 0}\left(\dfrac{3-x}{3}\right)^{\frac{2}{x}}$；

(6) $\lim\limits_{x\to \infty}\left(\dfrac{x-1}{x+1}\right)^{x}$；

(7) $\lim\limits_{x\to 0}(1+\tan x)^{\cot x}$；

(8) $\lim\limits_{x\to 1^+}(1+\ln x)^{\frac{3}{\ln x}}$.

3. 利用极限存在准则证明.

(1) $\lim\limits_{n\to \infty} n\left(\dfrac{1}{n^2+\pi}+\dfrac{1}{n^2+2\pi}+\cdots+\dfrac{1}{n^2+n\pi}\right)=1$；

(2) 数列$\sqrt{2}$，$\sqrt{2+\sqrt{2}}$，$\sqrt{2+\sqrt{2+\sqrt{2}}}$，… 的极限存在，并求极限.

4. 已知$\lim\limits_{x\to 0}(1+kx)^{\frac{1}{x}}=\mathrm{e}^5$（$k$ 为常数），求 k 值.

5. 已知 $\lim\limits_{x\to +\infty}\left(\dfrac{x+c}{x-c}\right)^{x}=4$，求 c 值.

6. 有 2 000 元存入银行，按年利率 6% 进行连续复利计算，问 20 年后的本利和为多少？

7. 孩子出生后，父母拿出 P 元作为初始投资，希望到孩子 20 岁生日时增长到 50 000 元，如果投资按 6% 连续复利计算，则初始投资应该是多少？

1.6　函数的连续性

连续性是函数的重要特征之一，现实世界中的许多变量都是连续变化的，如温度的变化、水的流动、植物的生长等，都可以看成是随着时间 t 在连续不断地变化着的函数. 这反映在数学上就是函数的连续性，它是与函数极限的概念密切相关的另一基本概念.

1.6.1　函数连续性的概念

为便于讨论，先引入函数改变量的概念.

设函数 $y=f(x)$ 在 $U(x_0)$ 内有定义，自变量 x 由 x_0 变到 x_1，则差 x_1-x_0 称为自变量的改变量，记为 Δx，这时 $x_1=x_0+\Delta x$，于是自变量由 x_0 变到 $x_0+\Delta x$，又可表述为"自变量在点 x_0 处产生一个改变量 Δx". 此时相应的函数由 $f(x_0)$ 变到 $f(x_0+\Delta x)$，则称差 $f(x_0+\Delta x)-f(x_0)$ 为函数 $y=f(x)$ 在点 x_0 处的改变量，记为 Δy，即 $\Delta y=f(x_0+\Delta x)-f(x_0)$.

定义1　设函数 $f(x)$ 在 $U(x_0)$ 内有定义，如果当自变量改变量 Δx 趋于0时，相应的函数改变量 Δy 也趋于0，即

$$\lim_{\Delta x\to 0}\Delta y=\lim_{\Delta x\to 0}[f(x_0+\Delta x)-f(x_0)]=0$$

则称函数 $y=f(x)$ 在点 x_0 连续.

例1　证明：$f(x)=\sin x$ 在定义域内连续.

证明　任取 $x_0\in\mathbf{R}$，让自变量在 x_0 处产生一个改变量 Δx，则相应的

$$\Delta y=\sin(x_0+\Delta x)-\sin x_0=2\sin\frac{\Delta x}{2}\cos\left(x_0+\frac{\Delta x}{2}\right)$$

$$\lim_{\Delta x\to 0}\Delta y=\lim_{\Delta x\to 0}2\sin\frac{\Delta x}{2}\cos\left(x_0+\frac{\Delta x}{2}\right)$$

由于 $\lim\limits_{\Delta x\to 0}\sin\frac{\Delta x}{2}=0$，$\left|\cos\left(x_0+\frac{\Delta x}{2}\right)\right|\leqslant 1$，根据有界变量与无穷小量的乘积还是无穷小量，得

$$\lim_{\Delta x\to 0}\Delta y=0$$

即 $f(x)=\sin x$ 在点 x_0 连续. 又由于 x_0 的任意性，故 $f(x)=\sin x$ 在实数范围内是连续的.

如果 $\lim\limits_{\Delta x\to 0}[f(x_0+\Delta x)-f(x_0)]=0$，令 $x=x_0+\Delta x$，则 $\Delta x\to 0$ 时，$x\to x_0$，有 $\lim\limits_{x\to x_0}f(x)=f(x_0)$. 于是得到定义1的另一种表述形式.

定义2　设函数 $y=f(x)$ 在 $U(x_0)$ 有定义，若

$$\lim_{x\to x_0}f(x)=f(x_0)$$

则称函数 $y=f(x)$ 在点 x_0 连续.

该定义也可表述为：$f(x)$ 在点 x_0 连续 $\Leftrightarrow\forall\varepsilon>0,\exists\delta>0$，当 $0<|x-x_0|<\delta$ 时，有 $|f(x)-f(x_0)|<\varepsilon$.

下面说明左连续及右连续的概念.

如果 $\lim\limits_{x\to x_0^-}f(x)=f(x_0-0)$ 存在且等于 $f(x_0)$，即

$$f(x_0-0)=f(x_0)$$

就说函数 $f(x)$ 在点 x_0 左连续. 如果 $\lim\limits_{x\to x_0^+}f(x)=f(x_0+0)$ 存在且等于 $f(x_0)$，即

$$f(x_0+0)=f(x_0)$$

就说函数 $f(x)$ 在点 x_0 右连续.

定义 2 常用来研究分段函数在分段点处的连续性.

例 2　研究函数 $f(x)=\begin{cases}1+x\sin\dfrac{1}{x}, & x<0\\ 1, & x=0\\ \dfrac{\sin x}{x}, & x>0\end{cases}$，在点 $x=0$ 的连续性.

解　由于 $\lim\limits_{x\to0^-}f(x)=\lim\limits_{x\to0^-}\left(1+x\sin\dfrac{1}{x}\right)=1$，$\lim\limits_{x\to0^+}f(x)=\lim\limits_{x\to0^+}\dfrac{\sin x}{x}=1$，所以 $\lim\limits_{x\to0}f(x)=1$. 又由于 $f(0)=1$，得到 $\lim\limits_{x\to0}f(x)=f(0)=1$.

故 $f(x)$ 在点 $x=0$ 连续.

如果函数 $f(x)$ 在开区间 (a,b) 内每一点都连续，则称函数 $f(x)$ 在开区间 (a,b) 内连续；如果函数 $f(x)$ 在开区间 (a,b) 内连续，同时在点 a 右连续，在点 b 左连续，则称函数 $f(x)$ 在闭区间 $[a,b]$ 上连续.

1.6.2　函数的间断点

如果函数 $y=f(x)$ 在点 x_0 处不满足连续性定义的条件，则称函数 $f(x)$ 在点 x_0 处间断（或不连续）. 点 x_0 称为函数 $f(x)$ 的间断点或不连续点.

如果函数 $f(x)$ 在点 x_0 处不连续，则必为下列三种情况之一：

(1) 函数 $f(x)$ 在点 x_0 处无定义；

(2) 函数 $f(x)$ 在点 x_0 处有定义，但 $\lim\limits_{x\to x_0}f(x)$ 不存在；

(3) 函数 $f(x)$ 在点 x_0 处有定义，$\lim\limits_{x\to x_0}f(x)$ 存在，但 $\lim\limits_{x\to x_0}f(x)\neq f(x_0)$.

下面举例说明函数间断点的几种类型.

例如，① $f(x)=\dfrac{1-x^2}{1-x}$，由于 $f(x)$ 在 $x=1$ 点无定义，所以 $f(x)$ 在 $x=1$ 点间断；② $f(x)=\begin{cases}x^2-1, & x\leqslant1\\ x, & x>1\end{cases}$，$f(1)=0$，而 $f(1-0)=0$，$f(1+0)=1$，得到 $\lim\limits_{x\to1}f(x)$ 不存在，所以 $f(x)$ 在 $x=1$ 点间断；③ $f(x)=\begin{cases}x\sin\dfrac{1}{x}, & x\neq0\\ 1, & x=0\end{cases}$，$f(0)=1$，而 $\lim\limits_{x\to0}f(x)=\lim\limits_{x\to0}x\sin\dfrac{1}{x}=0$，$\lim\limits_{x\to0}f(x)\neq f(0)$，所以 $f(x)$ 在点 $x=0$ 间断.

设点 x_0 为函数 $f(x)$ 的间断点，如果 $f(x)$ 在点 x_0 的左右极限存在，则称点 x_0 是函数 $f(x)$ 的第一类间断点.

设点 x_0 是函数 $f(x)$ 的第一类间断点，如果 $f(x_0-0)=f(x_0+0)$，则称点 x_0 是函数 $f(x)$ 的可去间断点；如果 $f(x_0-0)\neq f(x_0+0)$，则称点 x_0 是函数 $f(x)$ 的跳跃间断点.

上面例子中 ①、③ 是第一类可去间断点，② 是第一类跳跃间断点.

设 $f(x)$ 在点 x_0 的左右极限至少有一个不存在，则称点 x_0 为 $f(x)$ 的第二类间断点.

设点 x_0 是函数 $f(x)$ 的第二类间断点，如果 $\lim\limits_{x\to x_0} f(x)=\infty$，则称点 x_0 是函数 $f(x)$ 的无穷间断点；如果 $\lim\limits_{x\to x_0} f(x)$ 不存在且非无穷大，则称点 x_0 是函数 $f(x)$ 的振荡间断点.

例 3　研究下列函数的间断点，并指明类型.

(1) $f(x)=\begin{cases}-1, & x<0\\ 0, & x=0\\ 1, & x>0\end{cases}$　　(2) $f(x)=\begin{cases}\dfrac{1}{x}, & x\neq 0\\ 0, & x=0\end{cases}$

(3) $f(x)=\begin{cases}\sin\dfrac{1}{x}, & x\neq 0\\ 0, & x=0\end{cases}$

解　(1) $\lim\limits_{x\to 0^-} f(x)=-1$，$\lim\limits_{x\to 0^+} f(x)=1$，但 $\lim\limits_{x\to 0} f(x)$ 不存在，所以 $x=0$ 是第一类跳跃间断点，如图 1 所示.

(2) 因为 $\lim\limits_{x\to 0}\dfrac{1}{x}=\infty$，故 $x=0$ 是第二类无穷间断点，如图 2 所示.

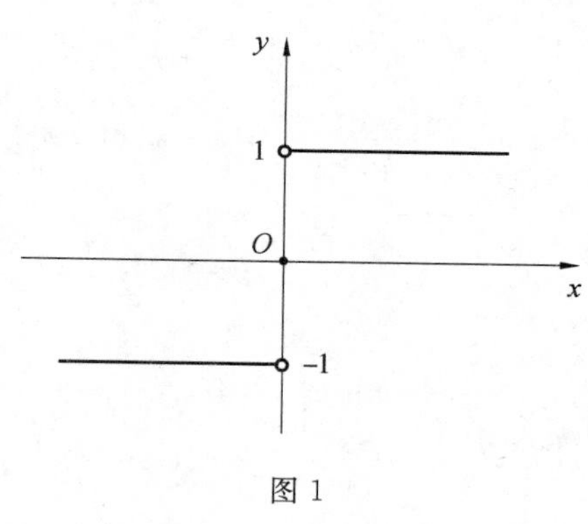

图 1

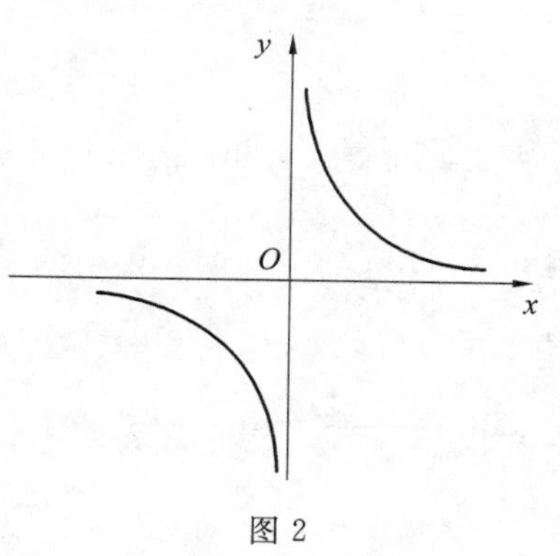

图 2

(3) 由于 $\lim\limits_{x\to 0}\sin\dfrac{1}{x}$ 不存在(且非 ∞)，$\sin\dfrac{1}{x}$ 在 ± 1 之间摆动，无确定的变化趋势，所以 $x=0$ 是 $f(x)$ 的第二类振荡间断点，如图 3 所示.

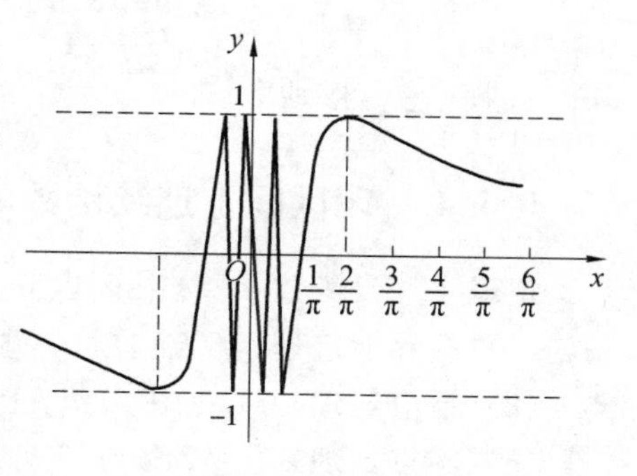

图 3

1.6.3　连续函数的运算

由函数在某点连续的定义和极限的四则运算法则，可得下列结论.

定理 1　设函数 $f(x)$ 与 $g(x)$ 都在点 x_0 连续，则函数 $f(x)\pm g(x)$，$f(x)g(x)$，$\dfrac{f(x)}{g(x)}\,(g(x_0)\neq 0)$ 在点 x_0 也连续.

由复合函数极限运算法则可得下列结论.

定理 2 设函数 $y=\varphi(x)$ 在点 x_0 连续，且 $y_0=\varphi(x_0)$，又函数 $z=f(y)$ 在点 y_0 连续，则复合函数 $z=f[\varphi(x)]$ 在点 x_0 连续.

由于 $\lim\limits_{x\to x_0} f[\varphi(x)]=f(u_0)=f[\lim\limits_{x\to x_0}\varphi(x)]$，可得在连续的条件下，极限运算和函数运算可以交换次序.

定理 3 单调增加(或减少)的连续函数的反函数也是单调增加(或减少)的连续函数.(证明从略)

综合定理 1、定理 2、定理 3 可得如下结论：基本初等函数在其定义域内都是连续的；初等函数在其定义区间上都是连续的.

例 4 求 $\lim\limits_{x\to 5}(\sqrt{x-4}+\sqrt{6-x})$.

解 $\lim\limits_{x\to 5}(\sqrt{x-4}+\sqrt{6-x})=\lim\limits_{x\to 5}\sqrt{x-4}+\lim\limits_{x\to 5}\sqrt{6-x}=1+1=2$.

例 5 求 $\lim\limits_{x\to+\infty} x[\ln(1+x)-\ln x]$.

解 方法一：

$$\lim_{x\to+\infty} x[\ln(1+x)-\ln x]=\lim_{x\to+\infty} x\ln\frac{1+x}{x}=\lim_{x\to+\infty} x\ln\left(1+\frac{1}{x}\right)=$$

$$\lim_{x\to+\infty}\ln\left(1+\frac{1}{x}\right)^x=\ln\lim_{x\to+\infty}\left(1+\frac{1}{x}\right)^x=\ln \mathrm{e}=1.$$

方法二：令 $t=\dfrac{1}{x}$，$\lim\limits_{x\to+\infty} x[\ln(1+x)-\ln x]=\lim\limits_{t\to 0^+}\dfrac{\ln(1+t)}{t}=1\,(t\to 0,\ln(1+t)\sim t)$.

例 6 求 $\lim\limits_{x\to 0}\dfrac{a^x-1}{x}\,(a>0,a\neq 1)$.

解 令 $t=a^x-1$，$x=\log_a(t+1)$，得

$$\lim_{x\to 0}\frac{a^x-1}{x}=\lim_{t\to 0}\frac{t}{\log_a(t+1)}=\lim_{t\to 0}\frac{1}{\frac{1}{t}\log_a(t+1)}=\lim_{t\to 0}\frac{1}{\log_a(t+1)^{\frac{1}{t}}}=$$

$$\frac{1}{\log_a\lim\limits_{t\to 0}(t+1)^{\frac{1}{t}}}=\frac{1}{\log_a \mathrm{e}}=\ln a$$

如果 $a=\mathrm{e}$，得到 $\lim\limits_{x\to 0}\dfrac{\mathrm{e}^x-1}{x}=1$，也有 $x\to 0$，$\mathrm{e}^x-1\sim x$.

1.6.4 闭区间上连续函数的性质

定理 4 设函数 $f(x)$ 在闭区间 $[a,b]$ 上连续，则：

(1)(有界性定理) $f(x)$ 在 $[a,b]$ 上有界.

(2)(最值定理) $f(x)$ 在 $[a,b]$ 上必有最小值和最大值.

(3)(零点定理) 若 $f(a)$ 与 $f(b)$ 异号，在 (a,b) 内至少存在一点 ξ，使 $f(\xi)=0$.

(4)(介值性定理) 在 $[a,b]$ 上至少存在一点 ξ，使 $f(\xi)=c$（M 与 m 分别是 $f(x)$ 在 $[a,b]$ 上的最大值和最小值，c 是 M，m 之间的任意数).

证明 以(4)为例证明. 如果 $m=M$，则函数 $f(x)$ 在 $[a,b]$ 上是常数，定理显然成立. 如果 $m<M$，则在 $[a,b]$ 上必存在两点 x_1 和 x_2，使 $f(x_1)=M$，$f(x_2)=m$.

不妨设 $x_1 < x_2$. 构造辅助函数 $\varphi(x)=f(x)-c$,则 $\varphi(x)$ 在 $[a,b]$ 上连续,且有

$$\varphi(x_1)=f(x_1)-c>0, \varphi(x_2)=f(x_2)-c<0$$

由零点定理,在区间 (x_1,x_2) 内至少存在一点 ξ,使 $\varphi(\xi)=f(\xi)-c=0$,即 $f(\xi)=c$,如图4所示.

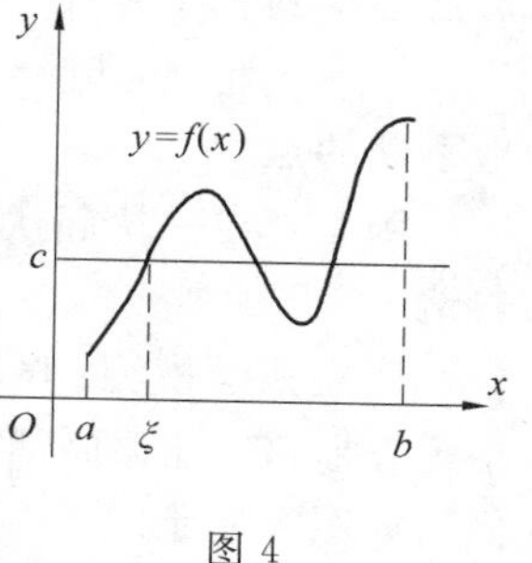

图4

注意:① 如果把定理条件换成开区间内连续,结论不一定成立. 例如,$f(x)=\frac{1}{x}$ 在 $(0,1)$ 内连续,但它无界;又如,函数 $f(x)=\tan x$ 在 $\left(-\frac{\pi}{2},\frac{\pi}{2}\right)$ 连续,但 $\lim\limits_{x\to-\frac{\pi}{2}^+}\tan x=-\infty$, $\lim\limits_{x\to\frac{\pi}{2}^-}\tan x=+\infty$,所以 $f(x)$ 在 $\left(-\frac{\pi}{2},\frac{\pi}{2}\right)$ 内就取不到最大值与最小值.

② 如果函数 $f(x)$ 在 $[a,b]$ 上有间断点,结论不一定成立. 例如,函数

$$f(x)=\begin{cases}-x+1, & 0\leqslant x<1\\ 1, & x=1\\ -x+3, & 1<x\leqslant 2\end{cases}$$

在闭区间 $[A_0,2]$ 上有一间断点 $x=1$,它取不到最大值和最小值,如图5所示.

零点定理的几何意义:在闭区间 $[a,b]$ 上定义的连续曲线 $y=f(x)$,如果在两个端点 a 与 b 的图象分别在 x 轴的两侧,则此连续曲线至少与 x 轴有一个交点,交点的横坐标即 ξ,如图6所示.

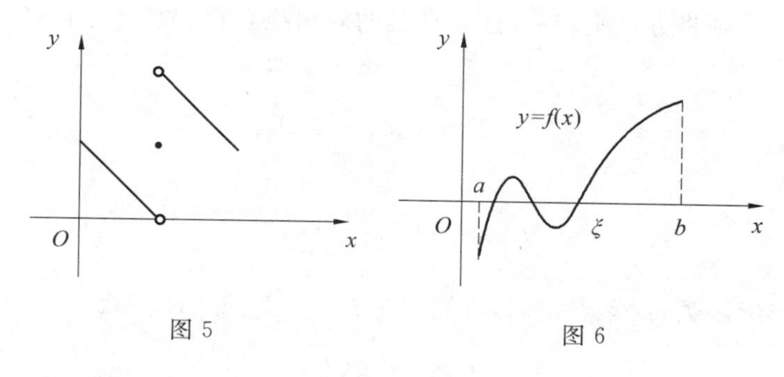

图5　　　　图6

例7　证明:方程 $x\cdot 2^x=1$ 至少有一个小于1的正根.

证明　设 $f(x)=x\cdot 2^x-1$,显然,$f(x)$ 在 $[0,1]$ 上连续,且 $f(0)=-1$, $f(1)=1$. 由零点定理可知,在 $(0,1)$ 内至少存在一点 ξ,使得 $f(\xi)=0$. 即方程 $x\cdot 2^x=1$ 至少有一个小于1的正根.

例8　两个人分别拉着一根橡皮筋的两端,向着相反的方向移动,橡皮筋上是否存在原地不动的点.

分析　建立数学模型:假设橡皮筋两端分别位于 x 轴上点 $x=a$ 与 $x=b$ 处,于是橡皮筋上的任意点 $x\in[a,b]$,设点 x 被拉动后的坐标为 $f(x)$,寻找是否存在点 $x_0\in[a,b]$,使得 $f(x_0)=x_0$.

证明　设函数 $F(x)=f(x)-x$,由于橡皮筋在拉伸前后都是连续的,所以函数

$F(x)$ 在$[a,b]$上连续，如图 7 所示，$f(a)<a$，$f(b)>b$，于是 $F(a)<0$，$F(b)>0$，由零点定理得到至少存在一点 $x_0\in(a,b)$，使得 $F(x_0)=0$，即 $f(x_0)=x_0$，故橡皮筋上存在原地不动的点.

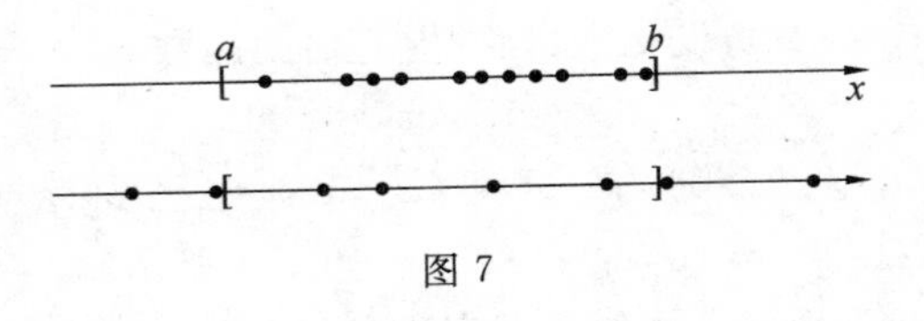

图 7

例 9　在一块起伏不平的地面上，能否找到一个适当的位置让一个方桌的四脚同时着地.

建立数学模型：假设(1) 方桌的四个角构成平面上的严格正方形；(2) 地面高度不会出现间断(即不会出现台阶式地面)，如图 8 所示.

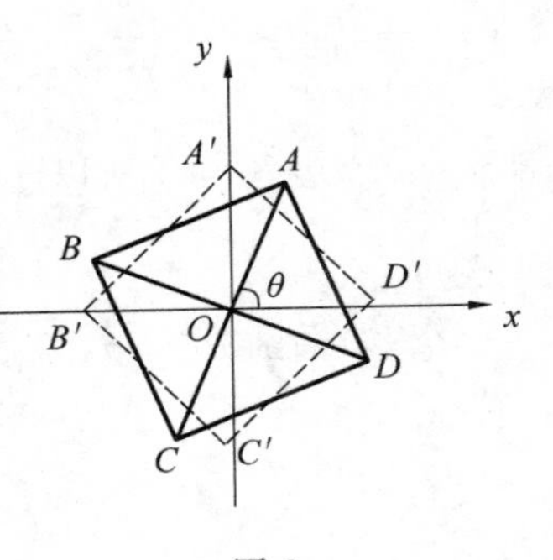

图 8

以正方形的中心为坐标原点，当方桌绕中心转动时，正方形对角线连线向量$\overrightarrow{CA}$与 x 轴所成之角为θ. 设A，C两角与地面距离之和为 $g(\theta)$，B，D 两角与地面距离之和为 $f(\theta)$. 不失一般性，设 $g(0)=0$. 由于方桌在任何时刻总有三只脚可以同时着地，即对于任何 θ，$f(\theta)$ 与 $g(\theta)$ 中总有一个为零. 由假设(2)，$f(\theta)$ 与 $g(\theta)$ 都是 θ 的连续函数. 于是，方桌问题归结为这样的数学问题：对于连续函数 $f(\theta)$ 与 $g(\theta)$，其中 $g(0)=0$，$f(0)\geqslant 0$，且对于任意 θ，皆有 $f(\theta)\cdot g(\theta)=0$，证明：存在 θ_0，使 $f(\theta_0)=g(\theta_0)=0$.

证明　若 $f(0)=0$，则取 $\theta_0=0$ 即可证明结论.

若 $f(0)>0$，则将方桌旋转$\frac{\pi}{2}$，这时方桌的对角线互换，故 $f\left(\frac{\pi}{2}\right)=0$，$g\left(\frac{\pi}{2}\right)>0$. 构造函数

$$h(\theta)=f(\theta)-g(\theta)$$

则易有

$$h(0)>0,h\left(\frac{\pi}{2}\right)<0$$

显然，$h(\theta)$ 是连续函数，由零点定理，可知存在 $\theta_0\in\left(0,\frac{\pi}{2}\right)$，使 $h(\theta_0)=0$. 即

$$f(\theta_0)=g(\theta_0)$$

又由于 $f(\theta_0)\cdot g(\theta_0)=0$，故有

$$f(\theta_0)=g(\theta_0)=0$$

问题得以解决.

习题 1.6

1. 证明函数 $f(x)=\begin{cases}1-x^2, & x\geqslant 1\\ x-1, & x<1\end{cases}$，在 $x=1$ 处连续.

2. 设 $f(x)=\begin{cases}x, & 0\leqslant x<1\\ -x^2+4x-2, & 1\leqslant x<3\\ 2-x, & x\geqslant 3\end{cases}$，试讨论函数 $f(x)$ 在 $x=1$ 及 $x=3$ 处的

连续性.

3. 求下列函数的连续区间.

(1) $y=\ln(1+x)$；

(2) $y=\cos^2\left(1-\dfrac{1}{x}\right)$；

(3) $f(x)=\begin{cases}-x^2, & -\infty<x\leqslant -1\\ 2x+1, & -1<x\leqslant 1\\ 4-x, & 1<x<+\infty\end{cases}$.

4. 函数 $f(x)=\begin{cases}x^2-1, & 0\leqslant x\leqslant 1\\ x+1, & x>1\end{cases}$，在 $x=\dfrac{1}{2}$，$x=1$，$x=2$ 处是否连续？

5. 求下列函数的间断点并指出类型.

(1) $y=\dfrac{1}{x+1}$；

(2) $y=x\sin\dfrac{1}{x}$；

(3) $y=\dfrac{x^2-1}{x^2-3x+2}$；

(4) $y=(1+x)^{\frac{1}{x}}$.

6. 判断下列函数在 $x=0$ 处是否连续.

(1) $f(x)=\begin{cases}(1-x)^{\frac{1}{x}}, & x\neq 0,\\ \mathrm{e}, & x=0.\end{cases}$

(2) $f(x)=\begin{cases}1+\cos x, & x\leqslant 0,\\ \dfrac{\ln(1+2x)}{x}, & x>0.\end{cases}$

7. 设 $f(x)=\begin{cases}ax^2+bx, & x<1\\ 3, & x=1\\ 2a-bx, & x>1\end{cases}$，试确定 a,b 的值，使 $f(x)$ 在 $x=1$ 处连续.

8. 设函数 $f(x)=\begin{cases}\dfrac{\mathrm{e}^{2x}-1}{x}, & x>0\\ a, & x=0\\ \cos x+b, & x<0\end{cases}$ 在 $(-\infty,+\infty)$ 内连续，求常数 a,b 的值.

9. 求下列函数的极限.

(1) $\lim\limits_{x\to 2}\sqrt{2x^2+5x-1}$；

(2) $\lim\limits_{x\to 0}\dfrac{2-\cos x}{\cot(1+x)}$；

(3) $\lim\limits_{x\to 0}\dfrac{\ln(1+x^2)}{\sin(1+x^2)}$；

(4) $\lim\limits_{x\to \frac{1}{2}}x\ln\left(1+\dfrac{1}{x}\right)$；

(5) $\lim\limits_{x\to 0}\dfrac{x^2}{1-\sqrt{1+x^2}}$；

(6) $\lim\limits_{x\to 0}\dfrac{\ln(1+5x)}{x}$.

(7) $\lim\limits_{x\to 0}\dfrac{\ln(1+2x)}{\tan 5x}$；

10. 求证方程 $x^5-3x=1$ 至少有一个实根介于1和2之间.

11. 证明：超越方程 $\mathrm{e}^x+\sin x=2$ 至少存在一个小于1的正根.

12. 设 $f(x)$ 在 $[0,1]$ 上连续，且 $f(0)=0$，$f(1)=3$. 证明：存在 $\xi\in(0,1)$，使 $f(\xi)=\mathrm{e}^{\xi}$.

第 2 章

导数与微分

微积分学由相互区别又相互联系的两个部分 —— 微分学与积分学组成. 导数与微分以及它们的运算和应用统称为微分学,它是从数量关系方面描述物质运动的数量工具. 本章主要讨论导数和微分的概念以及其计算方法. 至于导数的应用将在第 3 章讨论.

2.1 导数的概念

2.1.1 引例

1. 变速直线运动的瞬时速度

设某一物体做变速直线运动,从某时刻(不妨设为0)到时刻 t 所通过的路程为 s. 显然路程 s 是时间 t 的函数,即 $s=f(t)$.

如果物体做匀速直线运动,可以用平均速度反映其快慢. 在 $[t_0, t_0+\Delta t]$ 这一段时间里的平均速度为

$$\bar{v}=\frac{\Delta s}{\Delta t}=\frac{f(t_0+\Delta t)-f(t_0)}{\Delta t}$$

如果物体做变速直线运动,但当时间间隔 Δt 很小时,物体的运动来不及有太大的变化,可以认为物体在时间区间 $[t_0, t_0+\Delta t]$ 内近似地做匀速运动. 在 $[t_0, t_0+\Delta t]$ 时间段上的平均速度 $\bar{v}$ 近似于 $v(t_0)$,当 $\Delta t\to 0$ 时,平均速度 $\bar{v}\to v(t_0)$. 即物体在时刻 t_0 的瞬时速度 $v(t_0)$ 定义为

$$v(t_0)=\lim_{\Delta t\to 0}\bar{v}=\lim_{\Delta t\to 0}\frac{f(t_0+\Delta t)-f(t_0)}{\Delta t}$$

2. 曲线的切线的斜率

设曲线 C 的方程为 $y=f(x)$,$P_0(x_0, y_0)$ 为 C 上一点,研究曲线 C 过点 P_0 处的切线斜率,如图 1 所示. 考虑曲线上的另一点 $P(x_0+\Delta x, y_0+\Delta y)$,连接 P_0,P 两点,得割线 P_0P,其斜率为 $\tan\varphi=\dfrac{\Delta y}{\Delta x}=\dfrac{f(x_0+\Delta x)-f(x_0)}{\Delta x}$. 割线 P_0P 的极限位置就是曲线过点 P_0 的切线,其斜率为

$$\tan\alpha=\lim_{\Delta x\to 0}\tan\varphi=\lim_{\Delta x\to 0}\frac{\Delta y}{\Delta x}=\lim_{\Delta x\to 0}\frac{f(x_0+\Delta x)-f(x_0)}{\Delta x}$$

3. 总产量的变化率

设总产量 Q 是投入量 x 的函数，即 $Q=Q(x)$，当资本的投入由 x_0 变到 $x_0+\Delta x$ 时，总产量的平均变化率是

$$\frac{\Delta Q}{\Delta x}=\frac{Q(x_0+\Delta x)-Q(x_0)}{\Delta x}$$

如果极限

$$\lim_{\Delta x\to 0}\frac{\Delta Q}{\Delta x}=\lim_{\Delta x\to 0}\frac{Q(x_0+\Delta x)-Q(x_0)}{\Delta x}$$

存在，此极限值就叫作总产量在投入量为 x_0 时的瞬间变化率.

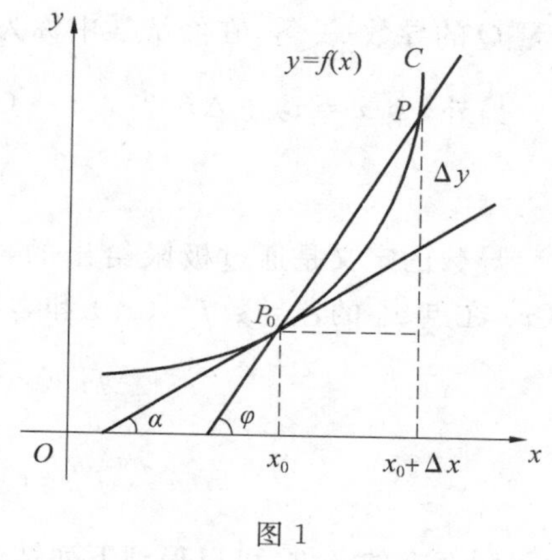

图 1

虽然上面三个问题的实际意义不同，但抽象出的数学模型是一样的. 即是求当自变量的改变量 $\Delta x\to 0$ 时，函数改变量 Δy 与自变量的改变量 Δx 之比 $\frac{\Delta y}{\Delta x}$ 的极限且结构相同，就得到函数的变化率 —— 导数的概念.

2.1.2　导数的概念

定义　设函数 $y=f(x)$ 在点 x_0 的某邻域 $U(x_0)$ 内有定义，当自变量在点 x_0 产生一个改变量 $\Delta x(\Delta x\neq 0)$ 时，函数 y 的改变量 $\Delta y=f(x_0+\Delta x)-f(x_0)$. 如果

$$\lim_{\Delta x\to 0}\frac{\Delta y}{\Delta x}=\lim_{\Delta x\to 0}\frac{f(x_0+\Delta x)-f(x_0)}{\Delta x}$$

存在，则称函数 $f(x)$ 在点 x_0 可导，点 x_0 为 $f(x)$ 的可导点，并称此极限值为函数 $f(x)$ 在点 x_0 的导数（或微商），记为 $y'\Big|_{x=x_0}$，$f'(x_0)$，$\frac{\mathrm{d}y}{\mathrm{d}x}\Big|_{x=x_0}$ 或 $\frac{\mathrm{d}f(x)}{\mathrm{d}x}\Big|_{x=x_0}$，即

$$\frac{\mathrm{d}y}{\mathrm{d}x}\Big|_{x=x_0}=\lim_{\Delta x\to 0}\frac{f(x_0+\Delta x)-f(x_0)}{\Delta x}$$

或

$$f'(x_0)=\lim_{\Delta x\to 0}\frac{f(x_0+\Delta x)-f(x_0)}{\Delta x}$$

如果上述极限不存在，则称函数 $f(x)$ 在点 x_0 不可导. 特别当上述极限为无穷大时，此时导数不存在，但也称函数 $f(x)$ 在点 x_0 处的导数为无穷大.

结合引例可以看出：

(1) 导数的物理意义. 如果物体沿直线运动的规律是 $s=s(t)$，则物体在时刻 t_0 的瞬时速度 v_0 是 $s(t)$ 在 t_0 的导数 $s'(t_0)$.

(2) 导数的几何意义. 如果曲线的方程是 $y=f(x)$，则曲线在点 $P(x_0,y_0)$ 的切线斜率是 $f(x)$ 在 x_0 的导数 $f'(x_0)$.

(3) 边际的概念. 总产量函数 $Q=Q(x)$ 对投入量 x 的导数 $\frac{\mathrm{d}Q}{\mathrm{d}x}$；成本函数 $C=C(Q)$ 对

产量 Q 的导数$\frac{\mathrm{d}C}{\mathrm{d}Q}$等，在经济学中称为“边际”，如“边际产量”“边际成本”.

另外，令 $x=x_0+\Delta x$，当 $\Delta x\to 0$ 时，$x\to x_0$，得到导数的另一种形式为

$$f'(x_0)=\lim_{x\to x_0}\frac{f(x)-f(x_0)}{x-x_0}$$

导数的定义是通过极限给出的，而极限又有左极限和右极限之分，由此引出函数 $f(x)$ 在点 x_0 的左导数$f'_-(x_0)$和右导数$f'_+(x_0)$，即

$$f'_-(x_0)=\lim_{x\to x_0^-}\frac{f(x)-f(x_0)}{x-x_0}$$

$$f'_+(x_0)=\lim_{x\to x_0^+}\frac{f(x)-f(x_0)}{x-x_0}$$

由极限存在的条件，可以得到下列结论：

$f(x)$ 在 x_0 可导 $\Leftrightarrow f'_-(x_0)$ 和$f'_+(x_0)$ 都存在且相等.

例 1　讨论函数 $f(x)=\begin{cases}x, & x<0,\\ \sin x, & x\geqslant 0,\end{cases}$ 在点 $x=0$ 的可导性.

解　当 $\Delta x>0$ 时，有

$$\frac{\Delta y}{\Delta x}=\frac{f(\Delta x)-f(0)}{\Delta x}=\frac{\sin(\Delta x)}{\Delta x}$$

$$f'_+(0)=\lim_{\Delta x\to 0^+}\frac{\Delta y}{\Delta x}=\lim_{\Delta x\to 0^+}\frac{\sin(\Delta x)}{\Delta x}=1$$

当 $\Delta x<0$ 时，有

$$\frac{\Delta y}{\Delta x}=\frac{f(\Delta x)-f(0)}{\Delta x}=\frac{\Delta x}{\Delta x}=1$$

$$f'_-(0)=\lim_{\Delta x\to 0^-}\frac{\Delta y}{\Delta x}=1$$

由于$f'_-(0)=f'_+(0)$，得到$f'(0)=1$.

若函数 $f(x)$ 在区间 I 内的每一点都可导，则称函数 $f(x)$ 在区间 I 内可导.

若函数 $f(x)$ 在区间 I 内可导，则 $\forall x\in I$，都存在唯一确定的导数值$f'(x)$与之对应，则称$f'(x)$ 为函数 $f(x)$ 在区间 I 上的导函数，也简称为导数，记为$f'(x)$，y'，$\frac{\mathrm{d}y}{\mathrm{d}x}$ 或 $\frac{\mathrm{d}f(x)}{\mathrm{d}x}$，且有

$$f'(x)=\lim_{\Delta x\to 0}\frac{f(x+\Delta x)-f(x)}{\Delta x}$$

例 2　已知：(1) $y=x^2$；(2) $y=x^3$；(3) $y=\frac{1}{x}$；(4) $y=\sqrt{x}$. 求 y'.

解　(1) 因为

$$\Delta y=(x+\Delta x)^2-x^2=2x\Delta x-(\Delta x)^2$$

$$\frac{\Delta y}{\Delta x}=\frac{2x\Delta x-(\Delta x)^2}{\Delta x}=2x-\Delta x$$

所以

$$y'=\lim_{\Delta x\to 0}\frac{\Delta y}{\Delta x}=\lim_{\Delta x\to 0}(2x-\Delta x)=2x$$

即

$$y'=(x^2)'=2x$$

(2) 因为

$$\Delta y=(x+\Delta x)^3-x^3=3x^2\Delta x+3x(\Delta x)^2+(\Delta x)^3$$

$$\frac{\Delta y}{\Delta x}=\frac{3x^2\Delta x+3x(\Delta x)^2+(\Delta x)^3}{\Delta x}=3x^2+3x(\Delta x)+(\Delta x)^2$$

所以

$$y'=\lim_{\Delta x\to 0}\frac{\Delta y}{\Delta x}=\lim_{\Delta x\to 0}[3x^2+3x\Delta x+(\Delta x)^2]=3x^2$$

即

$$y'=(x^3)'=3x^2$$

(3) 因为

$$\Delta y=\frac{1}{x+\Delta x}-\frac{1}{x}$$

$$\frac{\Delta y}{\Delta x}=\frac{\frac{1}{x+\Delta x}-\frac{1}{x}}{\Delta x}=-\frac{\frac{\Delta x}{x(x+\Delta x)}}{\Delta x}$$

所以

$$y'=\lim_{\Delta x\to 0}\frac{\Delta y}{\Delta x}=-\lim_{\Delta x\to 0}\frac{1}{x(x+\Delta x)}=-\frac{1}{x^2}$$

即

$$y'=\left(\frac{1}{x}\right)'=-\frac{1}{x^2}=-x^{-2}$$

(4) 因为

$$\Delta y=\sqrt{x+\Delta x}-\sqrt{x}$$

$$\frac{\Delta y}{\Delta x}=\frac{\sqrt{x+\Delta x}-\sqrt{x}}{\Delta x}$$

所以

$$y'=\lim_{\Delta x\to 0}\frac{\sqrt{x+\Delta x}-\sqrt{x}}{\Delta x}=\lim_{\Delta x\to 0}\frac{\Delta x}{\Delta x(\sqrt{x+\Delta x}+\sqrt{x})}=\frac{1}{2\sqrt{x}}$$

即

$$y'=(\sqrt{x})'=\frac{1}{2\sqrt{x}}=\frac{1}{2}x^{-\frac{1}{2}}$$

同理可以求得，$(x^n)'=nx^{n-1}$（n 为正整数）. 后面还会证明，如果将 n 换为任意实数 μ，则结果仍然成立，即

$$(x^\mu)'=\mu x^{\mu-1}$$

特殊地

$$C'=0\ (C\ 为常数)$$

例 3　求 $y=\sin x$ 的导函数.

解　$\forall x \in \mathbf{R}$，当 $x:x \to x+\Delta x$ 时，有

$$\Delta y = f(x+\Delta x)-f(x)=\sin(x+\Delta x)-\sin x$$

$$\frac{\Delta y}{\Delta x}=\frac{\sin(x+\Delta x)-\sin x}{\Delta x}=\frac{2\cos\left(x+\frac{\Delta x}{2}\right)\sin\frac{\Delta x}{2}}{\Delta x}=\cos\left(x+\frac{\Delta x}{2}\right)\frac{\sin\frac{\Delta x}{2}}{\frac{\Delta x}{2}}$$

$$y'=\lim_{\Delta x\to 0}\frac{\Delta y}{\Delta x}=\lim_{\Delta x\to 0}\cos\left(x+\frac{\Delta x}{2}\right)\frac{\sin\frac{\Delta x}{2}}{\frac{\Delta x}{2}}=\lim_{\Delta x\to 0}\cos\left(x+\frac{\Delta x}{2}\right)\cdot\lim_{\Delta x\to 0}\frac{\sin\frac{\Delta x}{2}}{\frac{\Delta x}{2}}=\cos x$$

即 $(\sin x)'=\cos x$.

同理可以求得

$$(\cos x)'=-\sin x$$

例 4　求 $y=\log_a x\ (a>0,a\neq 1)$ 的导数.

解　对 $\forall x>0$，当 $x:x\to x+\Delta x$ 且 $x+\Delta x>0$ 时，有

$$\Delta y=f(x+\Delta x)-f(x)=\log_a(x+\Delta x)-\log_a x=\log_a\left(1+\frac{\Delta x}{x}\right)E$$

$$\frac{\Delta y}{\Delta x}=\frac{1}{\Delta x}\log_a\left(1+\frac{\Delta x}{x}\right)=\frac{1}{x}\frac{x}{\Delta x}\log_a\left(1+\frac{\Delta x}{x}\right)=\frac{1}{x}\log_a\left(1+\frac{\Delta x}{x}\right)^{\frac{x}{\Delta x}}$$

$$y'=\lim_{\Delta x\to 0}\frac{\Delta y}{\Delta x}=\lim_{\Delta x\to 0}\frac{1}{x}\log_a\left(1+\frac{\Delta x}{x}\right)^{\frac{x}{\Delta x}}=\frac{1}{x}\log_a\left[\lim_{\Delta x\to 0}\left(1+\frac{\Delta x}{x}\right)^{\frac{x}{\Delta x}}\right]=\frac{1}{x}\log_a \mathrm{e}$$

即 $(\log_a x)'=\dfrac{1}{x}\log_a \mathrm{e}$.

特别地

$$(\ln x)'=\frac{1}{x}$$

2.1.3　导数的几何意义

若函数 $y=f(x)$ 在 x_0 处可导，则曲线 $y=f(x)$ 在点 $P_0(x_0,y_0)$ 处有切线，且切线的斜率为 $k=f'(x_0)$. 于是曲线 $y=f(x)$ 在点 (x_0,y_0) 处的切线方程为

$$y-y_0=f'(x_0)(x-x_0)$$

特别地，当 $f'(x_0)=0$ 时，切线方程为 $y-y_0=0$；当 $f'(x_0)=\infty$ 时，切线方程为 $x-x_0=0$.

而曲线 $y=f(x)$ 在点 (x_0,y_0) 处的法线方程为

$$y-y_0=-\frac{1}{f'(x_0)}(x-x_0),\quad f'(x_0)\neq 0$$

例 5　求曲线 $y=x^2$ 在点 $(-1,1)$ 处的切线方程和法线方程.

解　由于 $y'=2x$，$y'|_{x=-1}=-2$，于是切线方程为

$$y-1=-2(x+1)$$

法线方程为

$$y-1=\frac{1}{2}(x+1)$$

2.1.4　可导与连续的关系

定理　若函数 $f(x)$ 在点 x_0 可导，则函数 $f(x)$ 在点 x_0 连续.

证明　当 $x:x_0 \to x_0+\Delta x$ 且 $\Delta x \neq 0$ 时，函数的改变量 $\Delta y=f(x_0+\Delta x)-f(x_0)$，于是

$$\lim_{\Delta x \to 0} \Delta y=\lim_{\Delta x \to 0}\frac{\Delta y}{\Delta x}\cdot \Delta x=\lim_{\Delta x \to 0}\frac{\Delta y}{\Delta x}\cdot \lim_{\Delta x \to 0} \Delta x=f'(x_0)\cdot 0=0$$

即函数 $f(x)$ 在点 x_0 连续.

注意：定理的逆不成立，即函数 $f(x)$ 在点 x_0 连续，但在点 x_0 不一定可导. 下面举例说明.

例 6　讨论函数 $f(x)=|x|$ 在点 $x=0$ 的连续性及可导性.

解　因为

$$f(0+0)=\lim_{x \to 0^+} f(x)=\lim_{x \to 0^+} x=0$$

$$f(0-0)=\lim_{x \to 0^-} f(x)=\lim_{x \to 0^-}(-x)=0$$

所以 $f(x)=|x|$ 在点 $x=0$ 连续.

当 $x>0$ 时，有

$$\frac{f(x)-f(0)}{x-0}=\frac{x}{x}=1$$

$$f'_+(0)=\lim_{x \to 0^+}\frac{f(x)-f(0)}{x-0}=1$$

当 $x<0$ 时，有

$$\frac{f(x)-f(0)}{x-0}=\frac{-x}{x}=-1$$

$$f'_-(0)=\lim_{x \to 0^-}\frac{f(x)-f(0)}{x-0}=-1$$

由于 $f'_-(0) \neq f'_+(0)$，因此 $f(x)=|x|$ 在 $x=0$ 处不可导.

上述结果容易从图 2 看出，曲线 $f(x)=|x|$ 在 $x=0$ 处是连续不间断的曲线，但在 $x=0$ 处出现“尖点”，切线不存在，从而切线斜率(即函数的导数) 不存在.

再如，函数 $f(x)=\sqrt[3]{x}$ 在 $x=0$ 处连续，但在点 $x=0$ 处不可导(图 3).

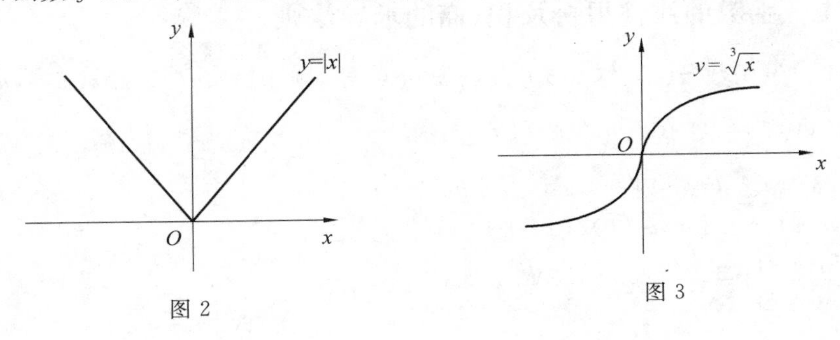

图 2　　　　图 3

由于$\lim\limits_{x\to 0} f(x)=\lim\limits_{x\to 0}\sqrt[3]{x}=0$，得知 $f(x)=\sqrt[3]{x}$ 在 $x=0$ 处连续. 又因为

$$\lim_{x\to 0}\frac{f(x)-f(0)}{x-0}=\lim_{x\to 0}\frac{\sqrt[3]{x}}{x}=\lim_{x\to 0}\frac{1}{\sqrt[3]{x^2}}=\infty$$

得知 $f(x)=\sqrt[3]{x}$ 在 $x=0$ 处不可导.

综上所述，函数连续只是函数可导的必要条件，而不是充分条件.

习题 2.1

1. 设 $f(x)$ 在点 x_0 处可导，求下列各式的值.

(1) $\lim\limits_{\Delta x\to 0}\dfrac{f(x_0+2\Delta x)-f(x_0)}{\Delta x}$；　(2) $\lim\limits_{\Delta x\to 0}\dfrac{f(x_0-\Delta x)-f(x_0)}{\Delta x}$；

(3) $\lim\limits_{\Delta x\to 0}\dfrac{f(x_0+\Delta x)-f(x_0)}{\Delta x}$；　(4) $\lim\limits_{h\to 0}\dfrac{f(x_0-2h)-f(x_0)}{h}$.

2. 求曲线 $y=x^3$ 在(1,1)处的切线方程.

3. 利用导数定义，求函数 $y=\ln(1+x^2)$ 在 $x=0$ 处的导数.

4. 已知 $f(x)=\begin{cases}x^2, & x\geqslant 0\\ -x, & x<0\end{cases}$，求 $f'_+(0)$ 及 $f'_-(0)$，并且说明 $f'(0)$ 是否存在.

5. 求曲线 $y=\sqrt{x}$ 在 $x=4$ 处的切线方程与法线方程.

6. 若函数 $f(x)=\begin{cases}e^x, & x<0\\ a+bx, & x\geqslant 0\end{cases}$ 在 $x=0$ 处可导，求 a 和 b 的值.

7. 讨论函数 $f(x)=\begin{cases}x^2+1, & x\leqslant 1\\ 3-x, & x>1\end{cases}$ 在 $x=1$ 处的连续性和可导性.

8. 函数 $f(x)=\begin{cases}x^2\sin\dfrac{1}{x}, & x\neq 0\\ 0, & x=0\end{cases}$，在点 $x=0$ 是否连续？是否可导？

2.2　求导法则与导数公式

利用导数的定义，我们已经求出了一些函数的导数. 但是对于一些较复杂的函数，直接按定义求它们的导数会很烦琐，因此本节将建立求导数运算的基本公式和法则，以简化求导过程.

2.2.1　函数的线性组合及积、商的求导法则

定理 1　设函数 $u(x)$ 与 $v(x)$ 在点 x 处可导，则函数 $au(x)+bv(x)$，$u(x)v(x)$，$\dfrac{u(x)}{v(x)}$(其中 $v(x)\neq 0$) 在点 x 处也可导，且有

(1) $[au(x)\pm bv(x)]'=au'(x)\pm bv'(x)$；

(2) $[u(x)v(x)]'=u'(x)v(x)+u(x)v'(x)$；

(3) $\left[\dfrac{u(x)}{v(x)}\right]'=\dfrac{u'(x)v(x)-u(x)v'(x)}{[v(x)]^2}$.

证明　以(1)、(2) 为例证之.

(1) 设 $y=au(x)+bv(x)$,有

$$\Delta y=[au(x+\Delta x)+bv(x+\Delta x)]-[au(x)+bv(x)]=$$
$$a[u(x+\Delta x)-u(x)]+b[v(x+\Delta x)-v(x)]=a(\Delta u)+b(\Delta v)$$
$$\frac{\Delta y}{\Delta x}=a\frac{\Delta u}{\Delta x}+b\frac{\Delta v}{\Delta x}$$

于是

$$\lim_{\Delta x\to 0}\frac{\Delta y}{\Delta x}=\lim_{\Delta x\to 0}a\frac{\Delta u}{\Delta x}+b\lim_{\Delta x\to 0}\frac{\Delta v}{\Delta x}=au'(x)+bv'(x)$$

即函数 $au(x)+bv(x)$ 在点 x 处可导,且

$$[au(x)+bv(x)]'=au'(x)+bv'(x)$$

将(1) 推广到有限个函数的线性组合情形,有

$$[a_1u_1(x)+a_2u_2(x)+\cdots+a_nu_n(x)]'=a_1u_1'(x)+a_2u_2'(x)+\cdots+a_nu_n'(x)$$

(2) 设 $y=u(x)v(x)$,有

$$\Delta y=u(x+\Delta x)v(x+\Delta x)-u(x)v(x)=$$
$$u(x+\Delta x)v(x+\Delta x)-u(x+\Delta x)v(x)+u(x+\Delta x)v(x)-u(x)v(x)=$$
$$u(x+\Delta x)[v(x+\Delta x)-v(x)]+v(x)[u(x+\Delta x)-u(x)]=$$
$$u(x+\Delta x)\Delta v+v(x)\Delta u$$
$$\frac{\Delta y}{\Delta x}=u(x+\Delta x)\frac{\Delta v}{\Delta x}+v(x)\frac{\Delta u}{\Delta x}$$

由于可导必连续,知道函数 $u(x)$ 在点 x 处连续,即 $\lim\limits_{\Delta x\to 0}u(x+\Delta x)=u(x)$. 于是

$$\lim_{\Delta x\to 0}\frac{\Delta y}{\Delta x}=\lim_{\Delta x\to 0}u(x+\Delta x)\cdot\lim_{\Delta x\to 0}\frac{\Delta v}{\Delta x}+v(x)\cdot\lim_{\Delta x\to 0}\frac{\Delta u}{\Delta x}=u(x)v'(x)+u'(x)v(x)$$

即函数 $u(x)v(x)$ 在点 x 可导,且

$$[u(x)v(x)]'=u(x)v'(x)+u'(x)v(x)$$

特别地

$$[Cu(x)]'=Cu'(x),\quad C\text{是常数}$$

将(2) 推广到有限个函数乘积的情形,有

$$[u_1(x)u_2(x)\cdots u_n(x)]'=u_1'(x)u_2(x)\cdots u_n(x)+u_1(x)u_2'(x)\cdots u_n(x)+\cdots+$$
$$u_1(x)u_2(x)\cdots u_n'(x)$$

例 1　设 $y=x^5+\sqrt{x}-\dfrac{1}{x}+\cos x-5$,求 y'.

解　$y'=\left(x^5+\sqrt{x}-\dfrac{1}{x}+\cos x-5\right)'=(x^5)'+(\sqrt{x})'-\left(\dfrac{1}{x}\right)'+(\cos x)'-5'=$

$5x^4+\dfrac{1}{2\sqrt{x}}+\dfrac{1}{x^2}-\sin x.$

例 2　设 $y=(x^2+1)\sin x$,求 y'.

解　$y'=(x^2+1)'\sin x+(x^2+1)(\sin x)'=2x\sin x+(x^2+1)\cos x.$

例 3　求函数 $y=5\log_2 x-2x^4$ 的导数.

解　$y'=(5\log_2 x-2x^4)'=(5\log_2 x)'-(2x^4)'=5(\log_2 x)'-2(x^4)'=$

$5\cdot\dfrac{1}{x}\log_2 \mathrm{e}-8x^3.$

例4　求 $y=\tan x$ 的导数.

解　$y'=(\tan x)'=\left(\dfrac{\sin x}{\cos x}\right)'=\dfrac{(\sin x)'\cos x-\sin x(\cos x)'}{\cos^2 x}=\dfrac{\cos^2+\sin^2 x}{\cos^2 x}=$

$\dfrac{1}{\cos^2 x}=\sec^2 x.$

即$(\tan x)'=\sec^2 x.$

同理,$(\cot x)'=-\csc^2 x.$

例5　求 $y=\sec x$ 的导数.

解　$y'=(\sec x)'=\left(\dfrac{1}{\cos x}\right)'=-\dfrac{(\cos x)'}{\cos^2 x}=\dfrac{\sin x}{\cos^2 x}=\sec x\cdot\tan x.$

即 $(\sec x)'=\sec x\tan x.$

同理,$(\csc x)'=-\csc x\cot x.$

2.2.2　反函数的求导法则

定理2　设函数 $x=\varphi(y)$ 在区间 I_y 内单调、可导,且 $\varphi'(y)\neq 0$,则它的反函数 $y=f(x)$ 在区间 $I_x=\{x\mid x=\varphi(y),y\in I_y\}$ 内也单调、可导,且有

$$f'(x)=\frac{1}{\varphi'(y)}$$

* **证明**　由于 $x=\varphi(y)$ 在区间 I_y 内单调、可导(此时必连续),可知 $x=\varphi(y)$ 的反函数 $y=f(x)$ 存在,且在区间 I_x 内单调、连续.

任取 $x\in I$,当 $x:x\to x+\Delta x,\Delta x\neq 0$ 时,由函数 $f(x)$ 的单调性可知 $\Delta y\neq 0$,于是

$$\frac{\Delta x}{\Delta y}=\frac{1}{\dfrac{\Delta y}{\Delta x}}$$

由函数 $f(x)$ 的连续性可知,当 $\Delta x\to 0$ 时,$\Delta y\to 0$,有

$$f'(x)=\lim_{\Delta x\to 0}\frac{\Delta y}{\Delta x}=\lim_{\Delta y\to 0}\frac{1}{\dfrac{\Delta x}{\Delta y}}=\frac{1}{\varphi'(y)}$$

例6　求 $y=a^x(a>0,a\neq 1)$ 的导数.

解　指数函数 $y=a^x$ 与对数函数 $x=\log_a y$ 互为反函数,有

$$(a^x)'=\frac{1}{(\log_a y)'}=\frac{1}{\dfrac{1}{y}\log_a \mathrm{e}}=y\ln a=a^x\ln a$$

即

$$(a^x)'=a^x\ln a$$

特别地

$$(\mathrm{e}^x)'=\mathrm{e}^x$$

例7　求 $y=\arcsin x$ 的导数.

解　$y=\arcsin x$ 在 $(-1,1)$ 内单调且连续，所以反函数 $x=\sin y$ 存在且在 $-\frac{\pi}{2}<y<\frac{\pi}{2}$ 内单调增加、连续，值域为 $-1<x<1$. 由反函数的求导法则，有

$$(\arcsin x)'=\frac{1}{(\sin y)'}=\frac{1}{\cos y}$$

当 $-\frac{\pi}{2}<y<\frac{\pi}{2}$ 时，$\cos y>0$，得到 $\cos y=\sqrt{1-\sin^2 y}=\sqrt{1-x^2}$，从而有

$$(\arcsin x)'=\frac{1}{\sqrt{1-x^2}}$$

用类似的方法可得

$$(\arccos x)'=-\frac{1}{\sqrt{1-x^2}},(\arctan x)'=\frac{1}{1+x^2},(\operatorname{arccot} x)'=-\frac{1}{1+x^2}$$

2.2.3　复合函数的求导法则

定理 3（链式法则）　设函数 $u=g(x)$ 在点 x 处可导，而函数 $y=f(u)$ 在相应点 $u=g(x)$ 处也可导，则复合函数 $y=f[g(x)]$ 在点 x 处可导，且

$$\frac{\mathrm{d}y}{\mathrm{d}x}=f'(u)\cdot g'(x) \text{ 或 } \frac{\mathrm{d}y}{\mathrm{d}x}=\frac{\mathrm{d}y}{\mathrm{d}u}\cdot\frac{\mathrm{d}u}{\mathrm{d}x}$$

* **证明**　设自变量 x 在点 x 处取得改变量 Δx，中间变量 u 取得相应的改变量 $\Delta u=g(x+\Delta x)-g(x)$，从而函数 y 取得相应的改变量 $\Delta y=f(u+\Delta u)-f(u)$.

当 $\Delta u\neq 0$ 时，有 $\frac{\Delta y}{\Delta x}=\frac{\Delta y}{\Delta u}\cdot\frac{\Delta u}{\Delta x}$. 因为 $u=g(x)$ 在点 x 处可导，所以 $u=g(x)$ 在点 x 处一定连续. 于是当 $\Delta x\to 0$ 时，$\Delta u\to 0$. 有

$$\lim_{\Delta x\to 0}\frac{\Delta y}{\Delta x}=\lim_{\Delta x\to 0}\frac{\Delta y}{\Delta u}\cdot\lim_{\Delta x\to 0}\frac{\Delta u}{\Delta x}=\lim_{\Delta u\to 0}\frac{\Delta y}{\Delta u}\cdot\lim_{\Delta x\to 0}\frac{\Delta u}{\Delta x}$$

即

$$\{f[g(x)]\}'=f'(u)g'(x)$$

或

$$\frac{\mathrm{d}y}{\mathrm{d}x}=\frac{\mathrm{d}y}{\mathrm{d}u}\frac{\mathrm{d}u}{\mathrm{d}x}$$

定理 3 的结果可以推广到有限个函数多次复合而成的情形. 例如：

设 $y=f(u),u=\varphi(v),v=\psi(x)$ 都可导，则

$$\frac{\mathrm{d}y}{\mathrm{d}x}=f'(u)\cdot\varphi'(v)\cdot\psi'(x)$$

例 8　求 $y=\sin 5x$ 的导数.

解　由于 $y=\sin 5x$ 可以看成由 $y=\sin u,u=5x$ 复合而成. 因此

$$\frac{\mathrm{d}y}{\mathrm{d}x}=\frac{\mathrm{d}y}{\mathrm{d}u}\cdot\frac{\mathrm{d}u}{\mathrm{d}x}=\cos u\cdot 5=5\cos 5x$$

例 9　求函数 $y=\ln\sin(2x+1)$ 的导数.

解　$y=\ln\sin(2x+1)$ 可以看成由 $y=\ln u,u=\sin v,v=2x+1$ 复合而成，因此

$$\frac{dy}{dx}=\frac{dy}{du}\cdot\frac{du}{dv}\cdot\frac{dv}{dx}=\frac{1}{u}\cdot\cos v\cdot 2=$$

$$\frac{1}{\sin(2x+1)}\cdot\cos(2x+1)\cdot 2=$$

$$2\cot(2x+1)$$

对复合函数的分解比较熟练后，就不必再写出中间变量，可采用下面例题的方法来计算.

例 10　求 $y=\tan^3\ln x$ 的导数.

解　$y'=3[\tan(\ln x)]^2\cdot[\tan(\ln x)]'=3\tan^2\ln x\cdot\dfrac{1}{[\cos(\ln x)]^2}\cdot(\ln x)'=$

$3\tan^2\ln x\cdot\dfrac{1}{\cos^2\ln x}\cdot\dfrac{1}{x}=\dfrac{3\tan^2\ln x}{x\cos^2\ln x}.$

例 11　求 $y=\sin^2x+\sin x^2$ 的导数.

解　$y'=(\sin^2x)'+(\sin x^2)'=2\sin x(\sin x)'+\cos x^2(x^2)'=$

$2\sin x\cos x+2x\cos x^2=\sin 2x+2x\cos x^2.$

例 12　求 $y=e^{x^2}\sin\dfrac{1}{x}$ 的导数.

解　$y'=(e^{x^2})'\sin\dfrac{1}{x}+e^{x^2}\left(\sin\dfrac{1}{x}\right)'=e^{x^2}(x^2)'\sin\dfrac{1}{x}+e^{x^2}\cos\dfrac{1}{x}\left(\dfrac{1}{x}\right)'=$

$2xe^{x^2}\sin\dfrac{1}{x}-\dfrac{1}{x^2}e^{x^2}\cos\dfrac{1}{x}=e^{x^2}\left(2x\sin\dfrac{1}{x}-\dfrac{1}{x^2}\cos\dfrac{1}{x^2}\right).$

例 13　求 $y=\dfrac{x}{2}\sqrt{a^2-x^2}+\dfrac{a^2}{2}\arcsin\dfrac{x}{a}$ 的导数$(a>0)$.

解　$y'=\dfrac{1}{2}\cdot\sqrt{a^2-x^2}+\dfrac{x}{2}\cdot\dfrac{1}{2\sqrt{a^2-x^2}}(a^2-x^2)'+$

$\dfrac{a^2}{2}\dfrac{1}{\sqrt{1-\left(\dfrac{x}{a}\right)^2}}\left(\dfrac{x}{a}\right)'=$

$\dfrac{1}{2}\cdot\sqrt{a^2-x^2}+\dfrac{x}{2}\cdot\dfrac{1}{2\sqrt{a^2-x^2}}(-2x)+\dfrac{a^2}{2}\dfrac{1}{\sqrt{1-\left(\dfrac{x}{a}\right)^2}}\cdot\dfrac{1}{a}=$

$\dfrac{1}{2}\cdot\sqrt{a^2-x^2}-\dfrac{x^2}{2\sqrt{a^2-x^2}}+\dfrac{a^2}{2\sqrt{a^2-x^2}}=\sqrt{a^2-x^2}.$

2.2.4　基本初等函数的导数公式

(1) $(C)'=0$，其中 C 是常数；

(2) $(x^\mu)'=\mu x^{\mu-1}$，其中 μ 是实数；

(3) $(\log_a x)'=\dfrac{1}{x}\log_a e$；

(4) $(\ln x)'=\dfrac{1}{x}$；

(5) $(a^x)'=a^x\ln a$；

(6) $(e^x)'=e^x$；

(7) $(\sin x)'=\cos x$；

(8) $(\cos x)'=-\sin x$；

(9) $(\tan x)'=\sec^2x$；

(10) $(\cot x)'=-\csc^2x$；

(11) $(\sec x)'=\tan x\sec x$；　(12) $(\csc x)'=-\cot x\csc x$；

(13) $(\arcsin x)'=\dfrac{1}{\sqrt{1-x^2}}$；　(14) $(\arccos x)'=-\dfrac{1}{\sqrt{1-x^2}}$；

(15) $(\arctan x)'=\dfrac{1}{1+x^2}$；　(16) $(\text{arccot}\, x)'=-\dfrac{1}{1+x^2}$；

(17) $(\text{sh}\, x)'=\text{ch}\, x$；　(18) $(\text{ch}\, x)'=\text{sh}\, x$.

习题 2.2

1. 求下列函数的导数.

(1) $y=x^3+\dfrac{1}{x^3}+3$；　(2) $y=\sqrt{x}-\dfrac{1}{\sqrt{x}}+\sqrt{2}$；

(3) $f(x)=2x^3-5x^2+\ln 3$；　(4) $f(x)=3\sin x+2\ln x+\cos\dfrac{\pi}{3}$；

(5) $y=\cos x-2e^x+\csc x$；　(6) $y=x^5+5^x$；

(7) $y=x^2\sin x$；　(8) $f(x)=x^3\ln x$；

(9) $u=\varphi\cos\varphi+\sin\varphi$；　(10) $y=x\sec x+\tan x$；

(11) $y=\dfrac{x-1}{x+1}$；　(12) $y=\dfrac{\ln x}{x}$；

(13) $y=\dfrac{1+\sqrt{x}}{1-\sqrt{x}}$；　(14) $u=\dfrac{\sin x}{1+\cos x}$；

(15) $f(x)=\dfrac{1-\ln x}{1+\ln x}$；　(16) $y=\dfrac{1+\sin x}{1+\cos x}$；

(17) $y=x\sin x\ln x$；　(18) $y=2e^x\cos x$.

2. 求下列函数在指定点处的导数.

(1) $y=2x^3+3x^2+6x$，求 $y'|_{x=0}$，$y'|_{x=1}$；

(2) $y=x^3\ln x$，求 $\dfrac{dy}{dx}\Big|_{x=2}$.

3. 曲线 $y=(x^2-1)(x+1)$ 上哪些点处的切线平行于 x 轴？

4. 若直线 $y=2x+b$ 是抛物线 $y=x^2$ 在某点处的法线，求 b 的值.

5. 过点 $A(1,2)$ 引抛物线 $y=2x-x^2$ 的切线，求此切线的方程.

6. 求下列函数的导数.

(1) $y=(2x^2+1)^{10}$；　(2) $y=\tan\dfrac{1}{x}$；

(3) $y=2\sin\dfrac{x^2}{2}-\cos x^2$；　(4) $y=\sec(4-3x)$；

(5) $y=(3x^2+x-1)^3$；　(6) $f(x)=\log_2(x^2+1)$；

(7) $y=\ln\tan 2x$；　(8) $y=\sin^2 x^2-\cos^2 x^2$；

(9) $y=3e^{2x}+2\cos 3x$；　(10) $y=\sqrt{1+2x}+\dfrac{1}{1+2x}$；

(11) $y=\sqrt[3]{8-x}$；　(12) $y=\ln[\ln(\ln^3 x)]$；

(13) $y=\ln 3x \cdot \sin 2x$；

(14) $\rho=\cot \frac{\varphi}{2}+\csc 3\varphi$；

(15) $y=e^{\sqrt{x}}+\sqrt{e^x}$；

(16) $s=(t+1)\cos^2 2t$；

(17) $y=2^{\sin x}+\sin 2^x$；

(18) $y=\ln(\csc x-\cot x)$；

(19) $y=\frac{x}{2}\sqrt{a^2-x^2}$.

2.3　高阶导数　线性变换与算子 D

2.3.1　高阶导数

一般来说，若函数 $y=f(x)$ 的导数 $f'(x)$ 在点 x 处可导，则称导数 $f'(x)$ 在点 x 处的导数为函数 $y=f(x)$ 的二阶导数，记作 y''，$f''(x)$，$\frac{d^2y}{dx^2}$ 或 $\frac{d^2f(x)}{dx^2}$.

类似地，定义函数 $y=f(x)$ 的三阶导数为 $f''(x)$ 的导数，记作 y'''，$f'''(x)$，$\frac{d^3y}{dx^3}$ 或 $\frac{d^3f(x)}{dx^3}$.

定义 1　函数 $y=f(x)$ 的 n 阶导数为 $y=f(x)$ 的 $(n-1)$ 阶导数 $f^{(n-1)}(x)$ 的导数，记作 $y^{(n)}$，$f^{(n)}(x)$，$\frac{d^ny}{dx^n}$ 或 $\frac{d^nf(x)}{dx^n}$.

由上述定义可知，高阶导数的计算是求导方法的反复使用.

例 1　求 $y=e^{-x}\cos x$ 的二阶导数.

解

$$y'=e^{-x}(-x)'\cos x-e^{-x}\sin x=-e^{-x}(\cos x+\sin x)$$

$$y''=e^{-x}(\cos x+\sin x)-e^{-x}(-\sin x+\cos x)=2e^{-x}\sin x$$

例 2　求 $y=a_0x^n+a_1x^{n-1}+\cdots+a_{n-1}x+a_n$ 的各阶导数.

解

$$y'=na_0x^{n-1}+(n-1)a_1x^{n-2}+\cdots+a_{n-1}$$

$$y''=n(n-1)a_0x^{n-2}+(n-1)(n-2)a_1x^{n-3}+\cdots+2a_{n-2}$$

可见，每经过一次求导运算，多项式的次数就减少一次，项数减少一项，连续求导下去，易知

$$y^{(n)}=n!\ a_0$$

是一个常数，由此

$$y^{(n+1)}=y^{(n+2)}=\cdots=0$$

即 n 次多项式的一切高于 n 阶的导数都是零.

例 3　求 $y=e^{ax}$ 的 n 阶导数.

解　$y=e^{ax}$，$y'=ae^{ax}$，$y''=a^2e^{ax}$，…，$y^{(n)}=a^ne^{ax}$.

例 4　求 $y=\ln(1+x)$ 的 n 阶导数.

解

$$y'=\frac{1}{1+x},\ y''=-\frac{1}{(1+x)^2},\ y'''=\frac{1\times 2}{(1+x)^3}$$

$$\vdots$$

$$y^{(n)}=(-1)^{n-1}\frac{(n-1)!}{(1+x)^n}$$

例 5　求 $y=\sin x$ 的 n 阶导数.

解

$$y'=\cos x=\sin\left(x+\frac{\pi}{2}\right)$$

$$y''=\cos\left(x+\frac{\pi}{2}\right)=\sin\left(x+2\cdot\frac{\pi}{2}\right)$$

$$\vdots$$

$$y^{(n)}=\sin\left(x+n\cdot\frac{\pi}{2}\right)$$

即

$$(\sin x)^{(n)}=\sin\left(x+n\cdot\frac{\pi}{2}\right)$$

同理

$$(\cos x)^{(n)}=\cos\left(x+n\cdot\frac{\pi}{2}\right)$$

如果函数 $u(x)$,$v(x)$ 都具有 n 阶导数,则其代数和的 n 阶导数是它们的 n 阶导数的代数和,即

$$(u\pm v)^{(n)}=u^{(n)}\pm v^{(n)}$$

由莱布尼茨(Leibniz)公式,有

$$(uv)'=u'v+uv'$$

$$(uv)''=u''v+2u'v'+uv''$$

$$(uv)'''=u'''v+3u''v'+3u'v''+uv'''$$

容易看出,它们右边的系数恰好与牛顿二项式的系数相同.应用数学归纳法不难证明由此推广的一般公式

$$(uv)^{(n)}=u^{(n)}v+\mathrm{C}_n^1u^{(n-1)}v'+\mathrm{C}_n^2u^{(n-2)}v''+\cdots+\mathrm{C}_n^ku^{(n-k)}v^{(k)}+\cdots+uv^{(n)}$$

成立,其中 $\mathrm{C}_n^k=\dfrac{n(n-1)\cdots(n-k+1)}{k!}$.

例 6　设 $y=x^2\mathrm{e}^{2x}$,求 $y^{(20)}$.

解　设 $u=\mathrm{e}^{2x}$,$v=x^2$,则 $u'=2\mathrm{e}^{2x}$,$u''=2^2\mathrm{e}^{2x}$,$\cdots$,$u^{(20)}=2^{20}\mathrm{e}^{2x}$;$v'=2x$,$v''=2$,$v'''=0$,$\cdots$.

由莱布尼茨公式,有

$$\begin{aligned}y^{(20)}&=u^{(20)}v+\mathrm{C}_{20}^1u^{(19)}v'+\mathrm{C}_{20}^2u^{(18)}v''=\\&2^{20}\cdot\mathrm{e}^{2x}\cdot x^2+20\cdot2^{19}\cdot\mathrm{e}^{2x}\cdot2x+190\cdot2^{18}\cdot\mathrm{e}^{2x}\cdot2=\\&2^{20}\mathrm{e}^{2x}(x^2+20x+95)\end{aligned}$$

2.3.2　线性变换与算子 D

现在从映射的角度来揭示导数运算所具有的一个重要特征.通常把这里出现的映射称为变换.

例 7　设 $y=L(x)=ax$(a 为常数)是一个线性函数,把 $L(x)$ 看作是一个由 $\mathbf{R}$ 到 $\mathbf{R}$ 的变换(即映射),它具有以下性质:

(1) 可加性. $\forall x_1, x_2 \in \mathbf{R}$ 有 $L(x_1+x_2)=L(x_1)+L(x_2)$.

证明　$L(x_1+x_2)=a(x_1+x_2)=ax_1+ax_2=L(x_1)+L(x_2)$.

(2) 齐次性. $\forall x \in \mathbf{R}$,有 $L(kx)=kL(x)$(k 为常数).

证明　$L(kx)=a(kx)=k(ax)=kL(x)$.

许多变换都具有这两条性质.下面给出线性变换的定义.

定义 2　设 f 为一个由 A 到 B 的变换,具有以下性质;

(1) 可加性. $\forall x_1, x_2 \in A$,有 $f(x_1+x_2)=f(x_1)+f(x_2)$;

(2) 齐次性. $\forall x \in A$,有 $f(kx)=kf(x)$(k 为常数).

则称 f 是由 A 到 B 的线性变换.

例如,$y=ax$ 是一个由 $\mathbf{R}$ 到 $\mathbf{R}$ 的线性变换;$y=x^3$ 不满足上述定义中的条件,故不是一个线性变换.

再回到导数问题上来,先介绍一个工程技术问题中常用的记号.

定义 3　设函数 f 是可导的,记号 $\mathrm{D}f$ 表示f',即

$$(\mathrm{D}f)(x)=\mathrm{D}f(x)=f'(x)$$

$$\mathrm{D}y=y'=\frac{\mathrm{d}y}{\mathrm{d}x}$$

记号"D"称为一阶微分算子.

例 8　设 $f(x)=x^2$,则$(\mathrm{D}f)(x)=\mathrm{D}f(x)=f'(x)=2x$.

设 $y=\sin x$,则 $\mathrm{D}y=y'=(\sin x)'=\cos x$.

类似地,还可以定义各阶微分算子(假设 $f(x)$ 的各阶导数都存在)如下:

$$\mathrm{D}^0 f=f,\ \mathrm{D}f=f',\ \mathrm{D}^2 f=\mathrm{D}(\mathrm{D}f)=D(f')=f''$$

$$\mathrm{D}^3 f=\mathrm{D}(\mathrm{D}^2 f)=\mathrm{D}(f'')=f''',\cdots,\mathrm{D}^n f=f^{(n)}$$

对于每个可导函数 f,通过D(求导数)都有一个f'与之对应,因此D可以看作是一种变换(映射).令C表示一切可导函数组成的集合,用P表示由某一个函数求导而得函数组成的集合,于是对于每个元素(函数)$f\in C$,通过D都有唯一的元素(导函数)$f'\in P$与之对应.可见,D是一个由 C 到 P 的变换,这个变换具有线性变换的性质.

(1) $\forall f,g \in C$. 有 $\mathrm{D}(f+g)=\mathrm{D}f+\mathrm{D}g$;

(2) $\forall f \in C$ 及 k(常数),有 $\mathrm{D}(kf)=k\mathrm{D}(f)$.

因此,D是一个由 C 到 P 的线性变换.由于一个线性变换可以看作是一个算子,所以D也称为 C 到 P 的线性算子,或称为线性微分算子.

习题 2.3

1. 求下列函数的二阶导数.

(1) $y=\dfrac{1}{1+x}$;　　(2) $y=(x+3)^4$;

(3) $y=x\cos x$;　　(4) $y=\mathrm{e}^{2x}+x^{2\mathrm{e}}$;

(5) $f(x)=\ln(1-x^2)$;　　(6) $f(x)=(1+x^2)\arctan x$.

2. 求下列函数的 n 阶导数.

（1）$y=\mathrm{e}^{kx}$；　　　　（2）$y=\ln(1+x)$.

3. 设 $f(x)=(x+10)^6$，求 $f'''(2)$.

4. 设 $y=f(\ln x)+\ln f(x)$，其中 $f(x)$ 具有二阶导数，求 $\dfrac{\mathrm{d}^2 y}{\mathrm{d}x^2}$.

5. 设 $0<x<\dfrac{\pi}{2}$ 且 $f'(\sin x)=1-\cos x$，求 $f''(x)$.

6. 验证函数 $y=c_1\mathrm{e}^{\lambda x}+c_2\mathrm{e}^{-\lambda x}$（$\lambda,c_1,c_2$ 是常数）满足关系式：$y''-\lambda^2 y=0$.

2.4　隐函数及由参数方程所确定的函数的导数

2.4.1　隐函数导数

函数 $y=\sin x$，$y=\ln x+\sqrt{1-x^2}$ 等，这种形式函数的特点是：等号左端是因变量 y，而右端是只含有自变量的式子，当自变量取定义域内任一值时，都有着对应的函数值 y，这种形式表达的函数称为显函数. 而有些函数的表达形式却不是这样，例如，方程 $x+y^3-1=0$，它表示一个函数. 当变量 x 在 $(-\infty,+\infty)$ 内任意取值时，变量 y 总有确定的值与之对应. 这样的函数称为隐函数.

设 $F(x,y)=0$ 为含有两个未知数 x 和 y 的方程. 如果存在函数 $y=f(x)$（不论这个函数能否表示成显函数），将其代入所设方程，能使方程变为恒等式

$$F[x,f(x)]=0,\quad x\in D_f$$

其中，D_f 为非空数集. 则称函数 $y=f(x)$ 是由方程 $F(x,y)=0$ 确定的一个隐函数.

本节只讨论隐函数存在且可导的情形. 有些隐函数可以转换成显函数，例如，方程 $x+y^3-1=0$，可转化为 $y=\sqrt[3]{1-x}$，即可求导. 而有些隐函数很难转化为显函数. 例如，$y^5+2y-x-3x^7=0$. 于是有必要探讨隐函数的求导问题.

隐函数的求导方法：把方程 $F(x,y)=0$ 中的 y 看作 x 的函数 $y(x)$，将方程两端对 x 求导数，遇到 y 时导数为 y'；遇到 y 的函数 $\varphi(y)$，把它看成是 x 的复合函数，导数为 $\varphi'(y)\cdot y'$，然后由所得的关系式中解出 y'. 下面通过实例说明这种方法.

例 1　求 $x^3+y^3=a$（a 是常数）所确定的隐函数 $y=f(x)$ 的导数.

解　方程两端同时对 x 求导，注意 y 是 x 的函数，y^3 是以 y 为中间变量的 x 复合函数，得

$$(x^3)'+(y^3)'=0$$

$$3x^2+3y^2y'=0$$

解出 y'，得

$$y'=-\frac{x^2}{y^2},\quad y\neq 0$$

例 2　求由方程 $\mathrm{e}^{xy}+x^2y=1$ 所确定的隐函数 $y=f(x)$ 的导数.

解　方程两边同时对 x 求导，得

$$\mathrm{e}^{xy}(y+xy')+2xy+x^2y'=0$$

解出 y'，得

$$y'=-\frac{2xy+ye^{xy}}{xe^{xy}+x^2}$$

例 3　求由方程 $xy+3x^2-5y-7=0$ 所确定的隐函数 $y=f(x)$ 的导数 y'.

解　将方程两端对 x 求导数，注意 y 是 x 的函数，有

$$(y+xy')+6x-5y'=0$$

解得

$$y'=\frac{6x+y}{5-x},\quad x\neq 5$$

例 4　求曲线 $y=1+xe^y$ 在点(0,1)处的切线方程.

解　将方程两端对 x 求导数，注意 y 是 x 的函数，有

$$y'=e^y+xe^y\cdot y'$$

解得 $y'=\dfrac{e^y}{1-xe^y}$，$y'\big|_{\substack{x=0\\y=1}}=e$. 从而，切线的方程为

$$y-1=e(x-0)$$

即

$$y=ex+1$$

例 5　求由方程 $x-y+\dfrac{1}{2}\sin y=0$ 所确定的隐函数 y 的二阶导数$\dfrac{d^2y}{dx^2}$.

解　将方程两端对 x 求导数，注意 y 是 x 的函数，有

$$1-\frac{dy}{dx}+\frac{1}{2}\cos y\cdot\frac{dy}{dx}=0$$

解得

$$\frac{dy}{dx}=\frac{2}{2-\cos y}$$

上式两边再对 x 求导，得

$$\frac{d^2y}{dx^2}=\frac{-2\sin y\dfrac{dy}{dx}}{(2-\cos y)^2}=\frac{-4\sin y}{(2-\cos y)^3}$$

2.4.2　对数求导法

对于某些函数，例如若干个因子的连乘积和幂指函数，利用普通方法求导比较复杂，甚至难以进行. 这时可以采用先取对数，再求导的方法使求导过程简化，这种方法即对数求导法.

例 6　求幂指函数 $y=x^x\,(x>0)$ 的导数.

解　将等式两端取对数，得

$$\ln y=x\ln x$$

按隐函数求导法，将方程两端对 x 求导，得

$$\frac{1}{y}\cdot y'=\ln x+1$$

解出　$$y' = y(\ln x + 1) = x^x(\ln x + 1)$$

例 7　求 $y = x^\mu$（μ 是实数）的导数.

解　将等式 $y = x^\mu$ 两端取自然对数,得

$$\ln y = \mu \ln x$$

这时可以按隐函数求导法求导,也可以转化为复合函数 $y = e^{\mu \ln x}$,由复合函数求导法则有

$$y' = (e^{\mu \ln x})' = e^{\mu \ln x}(\mu \ln x)' = e^{\mu \ln x} \cdot \mu \cdot \frac{1}{x} = \mu x^{\mu - 1}$$

即　$$(x^\mu)' = \mu x^{\mu - 1}$$

例 8　求函数 $y = \sqrt{\dfrac{(x-1)\cos 3x}{(2x+3)(3-4x)}}$ 的导数.

解　先将等式两边取绝对值后再取对数,有

$$\ln |y| = \frac{1}{2}(\ln |x-1| + \ln \cos 3x - \ln |2x+3| - \ln |3-4x|)$$

上式两端对 x 求导数,得

$$\frac{1}{y}y' = \frac{1}{2}\left(\frac{1}{x-1} - 3\tan 3x - \frac{2}{2x+3} + \frac{4}{3-4x}\right)$$

解得

$$y' = \frac{1}{2}\sqrt{\frac{(x-1)\cos 3x}{(2x+3)(3-4x)}}\left(\frac{1}{x-1} - 3\tan 3x - \frac{2}{2x+3} + \frac{4}{3-4x}\right)$$

2.4.3　由参数方程所确定的函数的导数

参数方程的一般形式是 $\begin{cases} x = \varphi(t) \\ y = \psi(t) \end{cases}$ $(\alpha \leqslant t \leqslant \beta)$. 若 $x = \varphi(t)$ 与 $y = \psi(t)$ 都可导,且 $\varphi'(t) \neq 0$,又函数 $x = \varphi(t)$ 单调存在反函数 $t = \varphi^{-1}(x)$,则 y 是 x 的复合函数,即

$$y = \psi(t), t = \varphi^{-1}(x)$$

由复合函数与反函数的求导法则,有

$$\frac{dy}{dx} = \frac{dy}{dt}\frac{dt}{dx} = \psi'(t)[\varphi^{-1}(x)]' = \psi'(t)\frac{1}{\varphi'(t)} = \frac{\psi'(t)}{\varphi'(t)}$$

即

$$\frac{dy}{dx} = \frac{\dfrac{dy}{dt}}{\dfrac{dx}{dt}} = \frac{\psi'(t)}{\varphi'(t)}$$

例 9　已知椭圆的参数方程为 $\begin{cases} x = a\cos t \\ y = b\sin t \end{cases}$,计算该椭圆曲线在 $t = \dfrac{\pi}{4}$ 处的切线方程.

解　当 $t = \dfrac{\pi}{4}$ 时,椭圆上相应点 M_0 的坐标是 $\left(\dfrac{\sqrt{2}}{2}a, \dfrac{\sqrt{2}}{2}b\right)$.

按参数方程求导法,得

$$\frac{dy}{dx} = \frac{(b\sin t)'}{(a\cos t)'} = \frac{b\cos t}{-a\sin t} = -\frac{b}{a}\cot t$$

则曲线在点 M_0 的切线斜率为

$$\left.\frac{\mathrm{d}y}{\mathrm{d}x}\right|_{t=\frac{\pi}{4}}=-\frac{b}{a}$$

于是椭圆在点 M_0 处的切线方程为

$$y-\frac{\sqrt{2}}{2}b=-\frac{b}{a}\left(x-\frac{\sqrt{2}}{2}a\right)$$

化简后得

$$bx+ay-\sqrt{2}ab=0$$

参数方程 $\begin{cases}x=\varphi(t)\\y=\psi(t)\end{cases}(\alpha\leqslant t\leqslant\beta)$ 确定 y 为 x 的函数，如果 $x=\varphi(t)$ 与 $y=\psi(t)$ 都是二阶可导的，且 $\varphi'(t)\neq 0$，那么又可以确定 y 对 x 的二阶导数 $\frac{\mathrm{d}^2y}{\mathrm{d}x^2}$，即

$$\frac{\mathrm{d}^2y}{\mathrm{d}x^2}=\frac{\mathrm{d}}{\mathrm{d}x}\left(\frac{\mathrm{d}y}{\mathrm{d}x}\right)=\frac{\mathrm{d}}{\mathrm{d}x}\left[\frac{\psi'(t)}{\varphi'(t)}\right]=\frac{\mathrm{d}}{\mathrm{d}t}\left[\frac{\psi'(t)}{\varphi'(t)}\right]\cdot\frac{\mathrm{d}t}{\mathrm{d}x}=$$
$$\frac{\psi''(t)\varphi'(t)-\psi'(t)\varphi''(t)}{\varphi'^{2}(t)}\cdot\frac{1}{\varphi'(t)}=\frac{\psi''(t)\varphi'(t)-\psi'(t)\varphi''(t)}{\varphi'^{3}(t)}$$

即

$$\frac{\mathrm{d}^2y}{\mathrm{d}x^2}=\frac{\psi''(t)\varphi'(t)-\psi'(t)\varphi''(t)}{\varphi'^{3}(t)}$$

例 10　计算由摆线的参数方程 $\begin{cases}x=a(\theta-\sin\theta)\\y=a(1-\cos\theta)\end{cases}$ 所确定的函数 $y=y(x)$ 的二阶导数 $\frac{\mathrm{d}^2y}{\mathrm{d}x^2}$.

解　如图 1 所示，由参数方程求导法，得

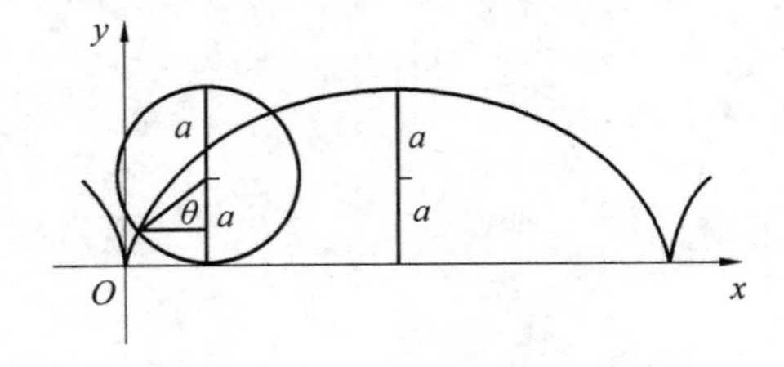

图 1

$$\frac{\mathrm{d}y}{\mathrm{d}x}=\frac{a(1-\cos\theta)'}{a(\theta-\sin\theta)'}=\frac{a\sin\theta}{a(1-\cos\theta)}=\frac{\sin\theta}{1-\cos\theta}=\cot\frac{\theta}{2},\quad \theta\neq 2n\pi,n\in\mathbf{Z}$$

$$\frac{\mathrm{d}^2y}{\mathrm{d}x^2}=\frac{\mathrm{d}}{\mathrm{d}x}\left(\cot\frac{\theta}{2}\right)=\frac{\mathrm{d}}{\mathrm{d}\theta}\left(\cot\frac{\theta}{2}\right)\cdot\frac{1}{\frac{\mathrm{d}x}{\mathrm{d}\theta}}=$$
$$-\frac{1}{2}\csc^2\frac{\theta}{2}\cdot\frac{1}{a(1-\cos\theta)}=-\frac{1}{a(1-\cos\theta)^2},\quad \theta\neq 2n\pi,n\in\mathbf{Z}$$

2.4.4　相关变化率

设 $x=x(t)$ 与 $y=y(t)$ 都是可导函数，且 x 与 y 之间存在某种函数关系，从而变化率之间也存在某种对应的函数关系，这两个相互关联的变化率称为相关变化率.

例 11　一气球从离开观察员 500 m 处离地铅直上升，其速率为 140 m/min，求当气球高度为 500 m 时，观察员视线的仰角的增加率为多少？

解　设气球上升 t min 后，其高度为 h，观察员视线的仰角为 α，则

$$\tan\alpha=\frac{h}{500}$$

其中 $\alpha=\alpha(t)$，$h=h(t)$. 求导得

$$\sec^2\alpha\cdot\frac{\mathrm{d}\alpha}{\mathrm{d}t}=\frac{1}{500}\cdot\frac{\mathrm{d}h}{\mathrm{d}t}$$

当 $h=500$ m 时，$\tan\alpha=1$，$\alpha=\frac{\pi}{4}$，$\frac{\mathrm{d}h}{\mathrm{d}t}=140$ m/min，于是观察员视线仰角的增加率为

$$\sec^2\frac{\pi}{4}\cdot\frac{\mathrm{d}\alpha}{\mathrm{d}t}=\frac{1}{500}\cdot 140$$

即 $2\frac{\mathrm{d}\alpha}{\mathrm{d}t}=\frac{1}{500}\cdot 140$，得 $\frac{\mathrm{d}\alpha}{\mathrm{d}t}=0.14$ rad/min.

习题 2.4

1. 求下列隐函数 $y=f(x)$ 的导数.

(1) $x^3+6xy+y^3=3$；　(2) $xy=\mathrm{e}^{x+y}$；

(3) $y=1-x\mathrm{e}^y$；　(4) $x\cos y=\sin(x-y)$.

2. 用对数求导法求下列函数 $y=f(x)$ 的导数.

(1) $y=\left(\dfrac{x}{1+x}\right)^x$；　(2) $y=(\sin x)^x$；

(3) $y=(1+x)^x$；　(4) $y=\sqrt{\dfrac{(x+2)(3-x)}{x-4}}$.

3. 求由下列方程所确定的隐函数的二阶导数.

(1) $y=\sin(x+y)$；　(2) $x^2-y^2=1$.

4. 求由下列参数方程所确定的函数的导数.

(1) $\begin{cases}x=t^4\\y=4t\end{cases}$；　(2) $\begin{cases}x=\theta(1-\sin\theta)\\y=\theta\cos\theta\end{cases}$.

5. 求由下列参数方程所确定的函数的二阶导数.

(1) $\begin{cases}x=a\cos t\\y=b\sin t\end{cases}$；　(2) $\begin{cases}x=3\mathrm{e}^{-t}\\y=2\mathrm{e}^{t}\end{cases}$.

6. 一长为 5 m 的梯子斜靠在墙上，如果梯子下端以 5 m/s 的速率滑离开墙壁，试求梯子下端离墙 3 m 时，梯子上端向下滑落的速率.

7. 将水注入深为 8 m，上顶直径为 8 m 的正圆锥形容器中，其速率为 4 m³/min，当水

深为 5 m 时，其表面上升的速率为多少？

8. 设 $P(4,-1)$ 为椭圆 $\frac{x^2}{6}+\frac{y^2}{3}=1$ 外的一点，过点 P 作椭圆的切线，求该切线的方程.

2.5　微　分

导数表示函数在点 x 处的变化率，描述函数在点 x 处相对于自变量变化的快慢程度. 有时需要了解函数在某点当自变量取得一个微小的改变量时，函数取得的相应改变量及其近似值的大小. 一般而言，函数改变量的计算是比较困难的，为了能找到函数改变量的近似表达式，我们引进微分的概念.

2.5.1　微分的概念

先看一例. 一块正方形的金属薄片受温度变化的影响，其边长由 x_0 变到 $x_0+\Delta x$，如图 1 所示，问此薄片的面积改变了多少？

设此薄片的边长为 x，面积为 S，则 $S=x^2$. 金属薄片受温度变化的影响，可以看成是 $x: x_0 \to x_0+\Delta x$，这时函数 S 相应的改变量为 ΔS，即

$$\Delta S=(x_0+\Delta x)^2-x_0^2=2x_0\Delta x+(\Delta x)^2$$

即 ΔS 由两部分组成，一部分 $2x_0\Delta x$（即图 1 中两个长方形阴影部分的面积之和）是 Δx 的线性函数，当 $|\Delta x|$ 微小时，它是 ΔS 的主要部分，称为 ΔS 的线性主部；另一部分为 $(\Delta x)^2$（即图 1 中右上方小正方形的面积），当 $\Delta x \to 0$ 时，它是较 Δx 高阶的无穷小量.

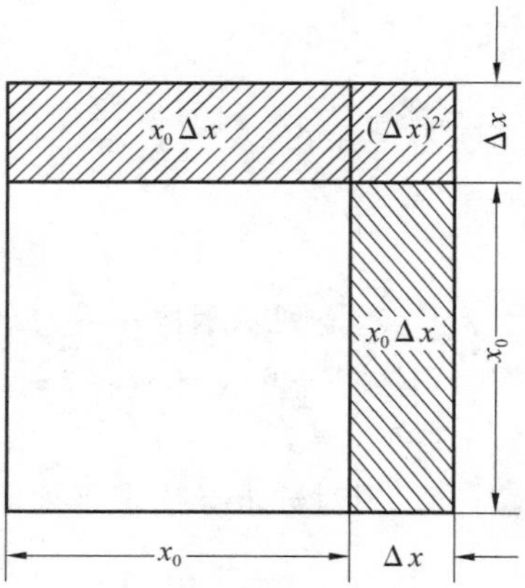

图 1

由此可见，当 $|\Delta x|$ 微小时，面积的改变量 ΔS 可由它的线性主部 $2x_0\Delta x$ 近似代替，即

$$\Delta S \approx 2x_0\Delta x$$

对于一般的函数 $y=f(x)$，如果存在上述近似公式，则无论从理论分析还是实际应用上看，都有着十分重要的意义.

定义 1　设函数 $y=f(x)$ 在某区间 I 内有定义，当自变量 x 在点 x_0 处产生一个改变量 Δx（其中 $x_0, x_0+\Delta x \in I$）时，函数的改变量 $\Delta y=f(x_0+\Delta x)-f(x_0)$ 与 Δx 有下列关系：

$$\Delta y=A\Delta x+o(\Delta x)$$

其中，A 是与 Δx 无关的常数，则称函数 $f(x)$ 在点 x_0 处可微，称 $A\Delta x$ 为函数 $f(x)$ 在点 x_0 处的微分，记为 $\mathrm{d}y|_{x=x_0}$，即

$$\mathrm{d}y|_{x=x_0}=A\Delta x$$

上式中 A 是什么？可导与可微又是什么关系？来看下面的定理.

定理 1　函数 $y=f(x)$ 在点 x_0 处可微的充分必要条件是函数 $y=f(x)$ 在点 x_0 处可导，并且

$$dy|_{x=x_0}=f'(x_0)\Delta x$$

证明　必要性. 设函数 $y=f(x)$ 在点 x_0 处可微，由微分的定义，有

$$\Delta y=A\Delta x+o(\Delta x)$$

其中，A 是与 Δx 无关的常数，$\Delta x\neq 0$. 上式两端同除以 Δx，得

$$\frac{\Delta y}{\Delta x}=A+\frac{o(\Delta x)}{\Delta x}$$

取极限，得

$$A=\lim_{\Delta x\to 0}\frac{\Delta y}{\Delta x}=f'(x_0)$$

即函数 $y=f(x)$ 在 x_0 处可导，且 $A=f'(x_0)$.

充分性. 设函数 $y=f(x)$ 在 x_0 处可导，有

$$\lim_{\Delta x\to 0}\frac{\Delta y}{\Delta x}=f'(x_0)$$

由极限与无穷小的关系，有

$$\frac{\Delta y}{\Delta x}=f'(x_0)+\alpha$$

其中 $\lim\limits_{\Delta x\to 0}\alpha=0$. 两端同乘 Δx，有

$$\Delta y=f'(x_0)\Delta x+\alpha\Delta x$$

由于 $\lim\limits_{\Delta x\to 0}\frac{\alpha\Delta x}{\Delta x}=0$，$f'(x_0)$ 是与 Δx 无关的常数，所以函数 $y=f(x)$ 在点 x_0 处可微.

可见，函数 $y=f(x)$ 在点 x_0 处可微与可导是等价的.

函数 $y=f(x)$ 在任意点 x 处的微分，称为函数的微分，记为 dy 或 $df(x)$，有

$$dy=f'(x)\Delta x$$

如果 $y=x$，则 $dx=x'\Delta x=1\cdot\Delta x=\Delta x$（即自变量的微分等于自变量的改变量），则函数的微分为

$$dy=f'(x)dx$$

从而

$$\frac{dy}{dx}=f'(x)$$

即函数的导数等于函数的微分与自变量的微分之商，故又称导数为微商.

由于求微分的问题归结为求导数的问题，因此，把求导数与求微分的方法统称为微分法.

例 1　求函数 $y=x^2$ 当自变量 x 由 1 改变到 1.01 时的微分.

解　由于 $dy=f'(x)dx=2xdx$，由已知条件 $x=1$，$dx=\Delta x=0.01$，得

$$dy=2\times 1\times 0.01=0.02$$

例 2　求函数 $y=\ln\sin 3x$ 在点 $x=\frac{\pi}{12}$ 处的微分.

解

$$dy=(\ln\sin 3x)'dx=\frac{1}{\sin 3x}\cdot\cos 3x\cdot 3dx=3\cot(3x)dx$$

$$dy|_{x=\frac{\pi}{12}}=3\cot(3x)|_{x=\frac{\pi}{12}}dx=3dx$$

注意:(1) 如果函数 $y=f(x)$ 在点 x_0 处可微,由定义可得,$\Delta y-\mathrm{d}y=o(\Delta x)$,可知,$\Delta y-\mathrm{d}y$ 是比自变量改变量 Δx 高阶的无穷小量.

(2) 如果函数 $y=f(x)$ 在点 x_0 处可微,且 $f'(x_0)\neq 0$. 由定义可得

$$\Delta y-\mathrm{d}y=o(\Delta x)$$

移项并同除以 $\mathrm{d}y$,得

$$\frac{\Delta y}{\mathrm{d}y}=\frac{\mathrm{d}y+o(\Delta x)}{\mathrm{d}y}=1+\frac{o(\Delta x)}{f'(x_0)\Delta x}=1+\frac{1}{f'(x_0)}\cdot\frac{o(\Delta x)}{\Delta x}$$

取极限,得

$$\lim_{\Delta x\to 0}\frac{\Delta y}{\mathrm{d}y}=1$$

可知,当 $f'(x_0)\neq 0$ 时,Δy 与 $\mathrm{d}y$ 是等价无穷小.

2.5.2　微分的几何意义

现在从图 2 上直观地探讨微分的几何意义.

我们知道,导数 $f'(x_0)$ 的几何意义是曲线 $y=f(x)$ 在点 $P(x_0,y_0)$ 的切线斜率 $\tan\alpha=f'(x_0)$. 当自变量 x 在点 x_0 处产生一个改变量 Δx 时,相应的函数的改变量 $\Delta y=NQ$,而点 $P(x_0,y_0)$ 处切线 PM 上纵坐标的改变量为

$$NM=\tan\alpha\cdot PN=f'(x_0)\cdot\Delta x=\mathrm{d}y$$

即

$$\mathrm{d}y=NM$$

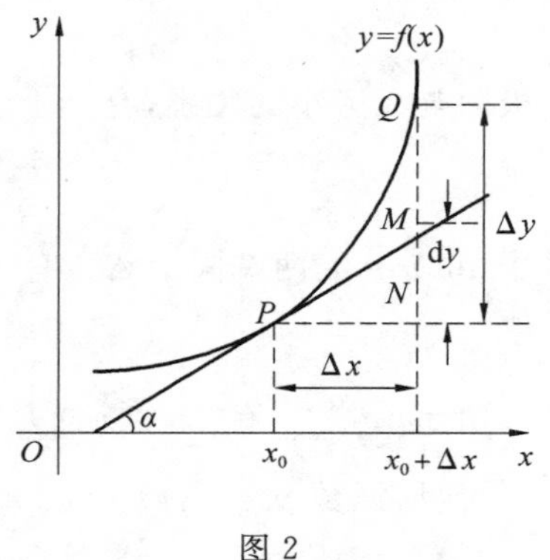

图 2

由此可见,函数 $y=f(x)$ 在点 x_0 处的微分的几何意义就是函数 $y=f(x)$ 在点 x_0 处切线的纵坐标改变量.

2.5.3　基本初等函数的微分公式与微分的运算法则

因为可微与可导是等价的,且 $\mathrm{d}y=f'(x)\mathrm{d}x$. 由导数的运算法则和导数公式可得到相应的微分运算法则和微分公式.

1. 基本初等函数的微分公式

(1) $\mathrm{d}(C)=0$,其中 C 是常数;　(2) $\mathrm{d}(x^{\mu})=\mu x^{\mu-1}\mathrm{d}x$,其中 μ 是实数;

(3) $\mathrm{d}(\log_a x)=\dfrac{1}{x}\log_a \mathrm{e}\mathrm{d}x$;　(4) $\mathrm{d}(\ln x)=\dfrac{1}{x}\mathrm{d}x$;

(5) $\mathrm{d}(a^x)=a^x\ln a\mathrm{d}x$;　(6) $\mathrm{d}(\mathrm{e}^x)=\mathrm{e}^x\mathrm{d}x$;

(7) $\mathrm{d}(\sin x)=\cos x\mathrm{d}x$;　(8) $\mathrm{d}(\cos x)=-\sin x\mathrm{d}x$;

(9) $\mathrm{d}(\tan x)=\sec^2 x\mathrm{d}x$;　(10) $\mathrm{d}(\cot x)=-\csc^2 x\mathrm{d}x$;

(11) $\mathrm{d}(\sec x)=\tan x\sec x\mathrm{d}x$;　(12) $\mathrm{d}(\csc x)=-\cot x\csc x\mathrm{d}x$;

(13) $\mathrm{d}(\arcsin x)=\dfrac{1}{\sqrt{1-x^2}}\mathrm{d}x$;　(14) $\mathrm{d}(\arccos x)=-\dfrac{1}{\sqrt{1-x^2}}\mathrm{d}x$;

(15) $\mathrm{d}(\arctan x)=\dfrac{1}{1+x^2}\mathrm{d}x$;　(16) $\mathrm{d}(\mathrm{arccot}\, x)=-\dfrac{1}{1+x^2}\mathrm{d}x$;

(17) $\mathrm{d}(\mathrm{sh}\ x)=\mathrm{ch}\ x\mathrm{d}x$；　(18) $\mathrm{d}(\mathrm{ch}\ x)=\mathrm{sh}\ x\mathrm{d}x$.

2. 微分的四则运算法则

(1) $\mathrm{d}(au\pm bv)=a\mathrm{d}u\pm b\mathrm{d}v$；　(2) $\mathrm{d}(u\cdot v)=v\mathrm{d}u+u\mathrm{d}v$；

(3) $\mathrm{d}(Cu)=C\mathrm{d}u$；　(4) $\mathrm{d}\left(\frac{u}{v}\right)=\frac{v\mathrm{d}u-u\mathrm{d}v}{v^2}(v\neq 0)$.

以商的微分法则为例证明，其他类似可证，得

$$\mathrm{d}\left(\frac{u}{v}\right)=\left(\frac{u}{v}\right)'\mathrm{d}x=\frac{u'v-uv'}{v^2}\mathrm{d}x=\frac{(u'\mathrm{d}x)v-u(v'\mathrm{d}x)}{v^2}=$$
$$\frac{(\mathrm{d}u)v-u(\mathrm{d}v)}{v^2}=\frac{v\mathrm{d}u-u\mathrm{d}v}{v^2}$$

3. 微分形式不变性

设 $y=f(u)$，$u=\varphi(x)$，则复合函数 $y=f[\varphi(x)]$ 的微分为 $\mathrm{d}y=y'_x\mathrm{d}x=f'(u)\varphi'(x)\mathrm{d}x$. 由于 $\varphi'(x)\mathrm{d}x=\mathrm{d}u$，所以复合函数 $y=f[\varphi(x)]$ 的微分又可以写成

$$\mathrm{d}y=f'(u)\mathrm{d}u$$

即无论 u 是自变量还是中间变量，微分形式 $\mathrm{d}y=f'(u)\mathrm{d}u$ 保持不变. 这一性质称为微分形式的不变性.

例 3　求 $y=2x+\sin x$ 的微分.

解　$\mathrm{d}y=(2x+\sin x)'\mathrm{d}x=(2+\cos x)\mathrm{d}x$.

例 4　求 $y=\sin(2x+1)$ 的微分.

解　$\mathrm{d}y=\mathrm{d}[\sin(2x+1)]=\cos(2x+1)\mathrm{d}(2x+1)=2\cos(2x+1)\mathrm{d}x$.

例 5　求 $y=\mathrm{e}^{1-3x}\cos x$ 的微分.

解　$\mathrm{d}y=\mathrm{d}(\mathrm{e}^{1-3x}\cos x)=\cos x\mathrm{d}(\mathrm{e}^{1-3x})+\mathrm{e}^{1-3x}\mathrm{d}(\cos x)=$
$\cos x\cdot\mathrm{e}^{1-3x}\cdot(-3)\mathrm{d}x+\mathrm{e}^{1-3x}(-\sin x)\mathrm{d}x=$
$-\mathrm{e}^{1-3x}(3\cos x+\sin x)\mathrm{d}x$.

例 6　求由方程 $\ln\sqrt{x^2+y^2}=\arctan\frac{y}{x}$ 所确定的隐函数 $y=y(x)$ 的微分.

解　方法一：先变形为

$$\frac{1}{2}\ln(x^2+y^2)=\arctan\frac{y}{x}$$

方程两边对 x 求导，有

$$\frac{1}{2}\cdot\frac{1}{x^2+y^2}(x^2+y^2)'=\frac{1}{1+\left(\frac{y}{x}\right)^2}\left(\frac{y}{x}\right)'$$

继续求导，有

$$\frac{1}{2}\cdot\frac{1}{x^2+y^2}(2x+2yy')=\frac{1}{1+\left(\frac{y}{x}\right)^2}\cdot\frac{xy'-y}{x^2}$$

整理 $x+yy'=xy'-y$，解得

$$y'=\frac{x+y}{x-y}$$

于是

$$dy=\frac{x+y}{x-y}dx$$

方法二：先变形为

$$\frac{1}{2}\ln(x^2+y^2)=\arctan\frac{y}{x}$$

方程两边取微分，有

$$\frac{1}{2}d[\ln(x^2+y^2)]=d\left(\arctan\frac{y}{x}\right)$$

$$\frac{1}{2}\cdot\frac{1}{x^2+y^2}d(x^2+y^2)=\frac{1}{1+\left(\frac{y}{x}\right)^2}d\left(\frac{y}{x}\right)$$

进一步求微分，有

$$\frac{1}{2}\cdot\frac{1}{x^2+y^2}(2xdx+2ydy)=\frac{1}{1+\left(\frac{y}{x}\right)^2}\cdot\frac{xdy-ydx}{x^2}$$

整理 $xdx+ydy=xdy-ydx$，解得

$$dy=\frac{x+y}{x-y}dx$$

2.5.4　微分在近似计算中的应用

在一些工程问题和经济问题中，经常会遇到复杂的计算公式，直接用这些公式计算有时很困难，通常利用微分可以将这些复杂的计算公式转化为简单的近似公式.

通过前面的讨论可知，如果函数 $y=f(x)$ 在点 x_0 处可微，有

$$\Delta y=dy+o(\Delta x)=f'(x_0)\Delta x+o(\Delta x)$$

忽略掉高阶无穷小，有

$$\Delta y\approx dy$$

即

$$\Delta y=f(x_0+\Delta x)-f(x_0)\approx f'(x_0)\Delta x$$

或

$$f(x_0+\Delta x)\approx f(x_0)+f'(x_0)\Delta x$$

特别地，当 $x_0=0,\Delta x=x$ 且 $|x|$ 充分小时，上式写为

$$f(x)\approx f(0)+f'(0)x$$

利用上式可以推得几个常用的近似公式(当 $|x|$ 充分小时)：

(1) $\sin x\approx x$；　　(2) $\tan x\approx x$；

(3) $e^x\approx 1+x$；　　(4) $\frac{1}{1+x}\approx 1-x$；

(5) $\ln(1+x)\approx x$；　　(6) $\sqrt[n]{1\pm x}\approx 1\pm\frac{x}{n}$.

以(6)为例证明. 设 $f(x)=\sqrt[n]{1\pm x}$，则

$$f(0)=1,f'(x)=\pm\frac{1}{n}(1\pm x)^{\frac{1}{n}-1},f'(0)=\pm\frac{1}{n}$$

由公式 $f(x)\approx f(0)+f'(0)x$,有

$$\sqrt[n]{1\pm x}\approx 1\pm\frac{x}{n}$$

例 7　求 $\tan 31^\circ$ 的近似值.

解　设 $f(x)=\tan x, x_0=30^\circ=\frac{\pi}{6}, x=31^\circ=\frac{31\pi}{180}, \Delta x=1^\circ=\frac{\pi}{180}$,则

$$f'(x)=\sec^2 x, f'\left(\frac{\pi}{6}\right)=\sec^2\frac{\pi}{6}=\frac{4}{3}, \tan\frac{\pi}{6}=\frac{1}{\sqrt{3}}$$

由公式 $f(x_0+\Delta x)\approx f(x_0)+f'(x_0)\Delta x$,有

$$\tan 31^\circ=\tan\frac{31\pi}{180}\approx\tan\frac{\pi}{6}+\sec^2\frac{\pi}{6}\cdot\frac{\pi}{180}=\frac{1}{\sqrt{3}}+\frac{4}{3}\frac{\pi}{180}\approx$$

$$0.577\ 35+0.023\ 27=0.600\ 62$$

而 $\tan 31^\circ$ 的准确值是 0.600 860 6….

例 8　求$\sqrt[5]{34}$ 的近似值.

解　当$|x|$很小时,有$(1+x)^{\frac{1}{n}}\approx 1+\frac{x}{n}$.所以有

$$\sqrt[5]{34}=\sqrt[5]{2^5+2}=\sqrt[5]{2^5\left(1+\frac{1}{2^4}\right)}=2\left(1+\frac{1}{2^4}\right)^{\frac{1}{5}}\approx 2\left(1+\frac{1}{5}\cdot\frac{1}{16}\right)=2+\frac{1}{40}=2.025$$

例 9　在半径为 1 cm 的金属球表面上镀一层厚度为 0.01 cm 的铜,估计要用多少克铜(铜的密度为 8.9 g/cm^3)?

解　镀层的体积等于两个同心球体的体积之差,因此也就是球体体积

$$V=\frac{4}{3}\pi R^3$$

在 $R_0=1$ 处,当 R 产生改变量 $\Delta R=0.01$ 时,改变量 ΔV 为

$$\Delta V\approx \mathrm{d}V=V'(R_0)\Delta R=4\pi R_0^2\Delta R=0.13$$

故要用的铜约为 $0.13\times 8.9=1.16$(g).

2.5.5　微分对边际分析量的解释

设函数 $y=f(x)$ 在点 x 处可导,在经济学中称 $f'(x)$ 为"边际",它表示函数到达 x 前一个单位(或后一个单位)时 y 的变化率.当 x 由 x_0 增加一个单位,即 $\Delta x=1$ 时,由微分的应用可知,函数的增量为

$$\Delta y\Big|_{\substack{x=x_0\\ \Delta x=1}}\approx \mathrm{d}y=f'(x)\Delta x\Big|_{\substack{x=x_0\\ \Delta x=1}}=f'(x_0)$$

这就是说,当自变量 x 在 x_0 处改变一个单位时,函数 $f(x)$ 近似地改变了 $f'(x_0)$ 个单位.它可以用来讨论当自变量取某一值时的边际投入、边际收益、边际利润等.

例 10　求函数 $y=2x^2$ 在 $x=5$ 时的边际函数值.

解　因为 $y'=4x, y'\Big|_{x=5}=20$,所以边际函数值为 20.这表明,在 $x=5$ 处,当 x 改变一个单位(增加或减少)时,函数 $f(x)$ 近似改变了 20 个单位(增加或减少).

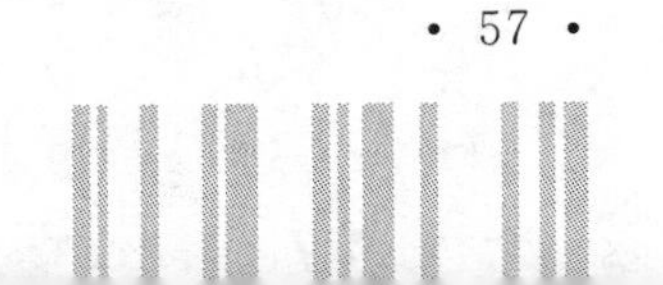

习题 2.5

1. 求下列函数的微分.

(1) $y=\frac{1}{x}+\sqrt{x}$;

(2) $y=(x^2-x+1)^3$;

(3) $y=\cos 3x$;

(4) $y=\ln(1+2x^2)$;

(5) $y=x\sin 2x$;

(6) $y=e^x+e^{-x}$;

(7) $y=e^{\cos 2x}$;

(8) $y=x^2+2^x$;

(9) $y=\tan^2 x$;

(10) $y=\arcsin\sqrt{x}$.

2. 已知 $y=x^3-x$,在 $x=2$ 处,计算当 Δx 分别为 1,0.1,0.01 时的 Δy 与 $\mathrm{d}y$.

3. 水管壁的正截面是一个圆环,它的内半径为 R_0,壁厚为 h,利用微分来计算这个圆环面积的近似值.

4. 计算下列各函数的近似值.

(1) $\ln 0.98$;　(2) $e^{1.01}$;　(3) $\sqrt[5]{1.03}$;　(4) $\sqrt[3]{1\,010}$.

第3章 导数的应用

在第2章中介绍了微分学的两个基本概念——导数与微分及其计算方法，本章以微分中值定理为基础，进一步介绍利用导数研究函数的单调性和凹凸性，求函数的极限、极值、最值及函数作图.

3.1 微分中值定理

3.1.1 罗尔定理

定理1 罗尔(Rolle)定理 设函数 $f(x)$ 满足：

(1) 在 $[a,b]$ 上连续；

(2) 在 (a,b) 内可导；

(3) $f(a)=f(b)$.

则在 (a,b) 内至少存在一点 ξ，使 $f'(\xi)=0$.

如图1所示，罗尔定理的几何意义是在区间 $[a,b]$ 两端点纵坐标相同的连续曲线弧上，如果除端点外处处有不垂直于 x 轴的切线，则此曲线弧上至少有一点 C，使得过点 C 的切线平行于 x 轴.

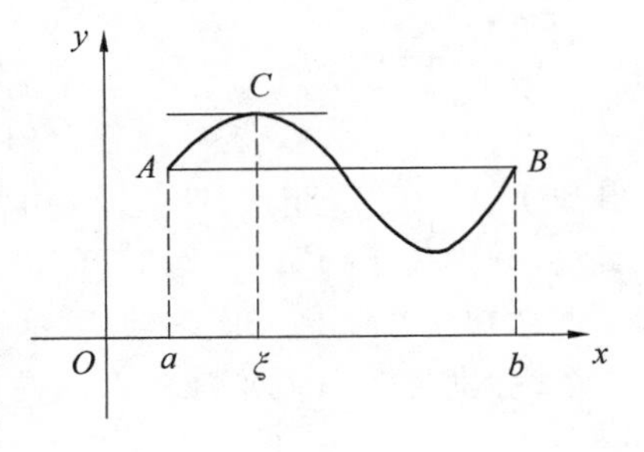

图1

证明 由于 $f(x)$ 在 $[a,b]$ 上连续，根据闭区间上连续函数的性质，$f(x)$ 在 $[a,b]$ 上必有最大值 M 和最小值 m.

① 如果 $m=M$，则 $f(x)$ 在 $[a,b]$ 区间内恒为常数，即

$$f(x)=m=M$$

这时在 (a,b) 内恒有 $f'(x)=0$. 于是对 (a,b) 内任一点 ξ，都有 $f'(\xi)=0$.

② 如果 $m<M$，因为 $f(a)=f(b)$，则 M 与 m 中至少有一个不等于 $f(a)$. 设 $M\neq f(a)$，于是在 (a,b) 内至少有一点 ξ，使得 $f(\xi)=M$. 我们来证明 $f'(\xi)=0$.

事实上，因为 $f(\xi)=M$，所以不论 Δx 取正还是取负，只要 $\xi+\Delta x\in(a,b)$，就有

$$f(\xi+\Delta x)\leqslant f(\xi)$$

由 $f(x)$ 在点 ξ 可导以及极限的保号性可知

$$f'_{+}(\xi)=\lim_{\Delta x\to 0^{+}}\frac{f(\xi+\Delta x)-f(\xi)}{\Delta x}\leqslant 0$$

$$f'_{-}(\xi)=\lim_{\Delta x\to 0^{-}}\frac{f(\xi+\Delta x)-f(\xi)}{\Delta x}\geqslant 0$$

由于$f'(\xi)=f'_{+}(\xi)=f'_{-}(\xi)$，所以有$f'(\xi)=0$.

需要指出的是，罗尔定理的条件是结论成立的充分条件，而非必要条件. 三个条件中缺少任何一个条件，都可能导致结论不成立. 例如，①$y=|x|$ 在$[-1,1]$上的点 $x=0$ 不可导，导致定理结论不成立；②$y=x$ 在$[-1,1]$上的端点值不等，导致定理结论不成立；③$y=\begin{cases}1-x, & 0\leqslant x\leqslant 1\\ 3-x, & 1<x\leqslant 2\end{cases}$在$[0,2]$上不连续，导致定理结论不成立.

例 1　证明方程 $\sin x+x\cos x=0$ 在区间$(0,\pi)$内至少有一个实根.

证明　由于$(x\sin x)'=\sin x+x\cos x$，故设辅助函数 $F(x)=x\sin x$，则有

$$F'(x)=\sin x+x\cos x$$

显然，函数 $F(x)$ 在$[0,\pi]$上连续，在$(0,\pi)$内可导，且 $F(0)=F(\pi)=0$. 因此，由罗尔定理，至少存在一点 $\xi\in(0,\pi)$，使得 $F'(\xi)=\sin\xi+\xi\cos\xi=0$，即方程 $\sin x+x\cos x=0$ 在区间$(0,\pi)$内至少有一个实根.

证明方程有解，通常可以采用零点定理或者罗尔定理两种方法. 方法选择的重要依据之一是实根即中值 ξ 的取值范围. 如例 1 中取值范围是开区间$(0,\pi)$，若改用零点定理，可设 $f(x)=\sin x+x\cos x$，由于 $f(0)\cdot f(\pi)\leqslant 0$，由零点定理只能证明实根 $\xi\in[0,\pi]$，因此，例 1 的结论不能采用零点定理证明. 应注意两者的差别.

例 2　已知函数 $f(x)=(x-1)(x-2)(x-3)(x-4)$，不求导数，判定方程 $f'(x)=0$ 的实根个数.

解　因为 $f(x)=(x-1)(x-2)(x-3)(x-4)$ 在$[1,4]$上可导，又

$$f(1)=f(2)=f(3)=f(4)$$

得知 $f(x)$ 在$[1,2]$，$[2,3]$，$[3,4]$上都满足罗尔定理的条件. 因此 $f'(x)=0$ 至少有三个实根，分别位于$(1,2)$，$(2,3)$，$(3,4)$三个区间内.

又知 $f'(x)$ 是三次多项式，故 $f'(x)=0$ 至多有三个实根. 于是 $f'(x)=0$ 的实根唯有三个，分别位于$(1,2)$，$(2,3)$，$(3,4)$三个区间内.

3.1.2　拉格朗日定理

定理 2　拉格朗日(Lagrange)定理　设函数 $f(x)$ 满足：

(1) 在$[a,b]$上连续；

(2) 在(a,b)内可导. 则至少存在一点 $\xi\in(a,b)$，使得

$$f'(\xi)=\frac{f(b)-f(a)}{b-a}$$

或

$$f(b)-f(a)=f'(\xi)(b-a)$$

由图 2 可以看出，$\dfrac{f(b)-f(a)}{b-a}$ 就是割线$\overline{AB}$ 的斜率，而$f'(\xi)$ 就是 $y=f(x)$ 在这条曲线上点$C(\xi,f(\xi))$处的切线斜率. 于是，拉格朗日定理的几何意义表述为：如果在$[a,b]$ 区间上有一条连续曲线 $y=f(x)$，曲线上每一点处都有切线，则曲线 $y=f(x)$ 上至少有一点 $C(\xi,f(\xi))$，过点 C 的切线与割线$\overline{AB}$ 平行.

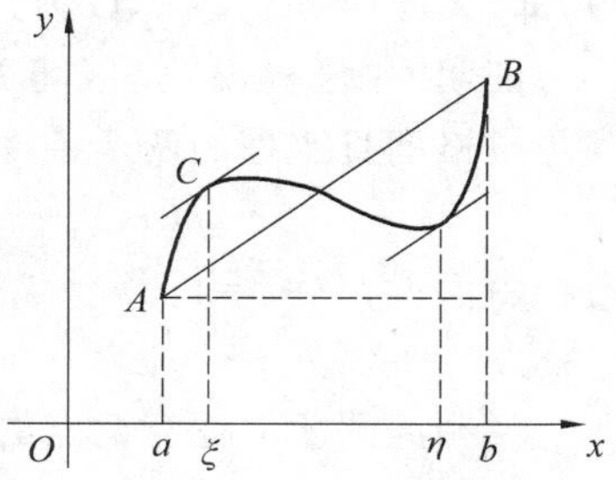

图 2

分析　罗尔定理是拉格朗日定理当 $f(a)=f(b)$ 时的特殊情况，故可以运用罗尔定理来证明拉格朗日定理.

将要证明的等式变形为

$$f'(\xi)-\frac{f(b)-f(a)}{b-a}=0$$

即

$$\left[f(x)-\frac{f(b)-f(a)}{b-a}\cdot x\right]'_{x=\xi}=0$$

为此，构造一个辅助函数 $F(x)$，其中

$$F(x)=f(x)-\frac{f(b)-f(a)}{b-a}\cdot x$$

于是要证明的结论为：在(a,b) 内至少存在一点 ξ，使得$f'(\xi)=0$.

证明　构造辅助函数

$$F(x)=f(x)-\frac{f(b)-f(a)}{b-a}\cdot x$$

可知 $F(x)$ 在$[a,b]$ 上连续，在(a,b) 内可导，又

$$F(b)-F(a)=f(b)-\frac{f(b)-f(a)}{b-a}\cdot b-\left[f(a)-\frac{f(b)-f(a)}{b-a}\cdot a\right]=$$

$$[f(b)-f(a)]\left(1-\frac{b}{b-a}+\frac{a}{b-a}\right)=0$$

得到 $F(b)=F(a)$，故 $F(x)$ 满足罗尔定理的条件.

于是，在(a,b) 内至少存在一点 ξ，使$F'(\xi)=0$，即

$$f'(\xi)-\frac{f(b)-f(a)}{b-a}=0$$

亦即

$$f'(\xi)=\frac{f(b)-f(a)}{b-a}$$

或

$$f(b)-f(a)=f'(\xi)(b-a)$$

由 $a<\xi<b$，可以令 $\xi=a+\theta(b-a)(0<\theta<1)$，于是拉格朗日定理又写成

$$f(b)-f(a)=f'[a+\theta(b-a)](b-a),\quad 0<\theta<1$$

所以拉格朗日定理一共有三种形式，要学会灵活应用.

推论 1　如果函数 $f(x)$ 在区间 I 上的导数恒为零，则函数 $f(x)$ 在区间 I 上是一个常

数，即 $f(x)=C(x\in I, C$ 为某一常数).

证明 设 x_1,x_2 是区间 I 上任意两点，不妨设 $x_1<x_2$，于是 $f(x)$ 在区间 $[x_1,x_2]$ 上满足拉格朗日定理的两个条件，因此有

$$f(x_2)-f(x_1)=f'(\xi)(x_2-x_1),\quad \xi\in(x_1,x_2)$$

由假设 $f'(\xi)=0$，得

$$f(x_1)=f(x_2)$$

说明区间 I 上任意两点的函数值相等，故函数 $f(x)$ 在区间 I 上是一个常数.

推论 2 如果在区间 I 上恒有 $f'(x)=g'(x)$，则在区间 I 上 $f(x)=g(x)+C$（C 为某一常数）.

证明 由于 $f'(x)=g'(x)$，得到 $[f(x)-g(x)]'=0$，由推论知

$$f(x)=g(x)+C$$

例 3 证明：当 $x>0$ 时，$\frac{x}{1+x}<\ln(1+x)<x$.

证明 设 $f(x)=\ln(1+x)$，则 $f(x)$ 在 $[0,x]$ 上满足拉格朗日定理的条件，有

$$f(x)-f(0)=f'(\xi)(x-0),\quad 0<\xi<x$$

又 $f(0)=0$，$f'(x)=\frac{1}{1+x}$，于是

$$\ln(1+x)=\frac{x}{1+\xi}$$

又因为 $0<\xi<x$，有 $\frac{1}{1+x}<\frac{1}{1+\xi}<1$，所以

$$\frac{x}{1+x}<\ln(1+x)<x$$

例 4 证明不等式 $\arctan x_2-\arctan x_1\leqslant x_2-x_1$，其中 $x_1<x_2$.

证明 设 $f(x)=\arctan x$，$f(x)$ 在 $[x_1,x_2]$ 上满足拉格朗日定理的条件，因此有

$$\arctan x_2-\arctan x_1=\frac{1}{1+\xi^2}(x_2-x_1),\quad \xi\in(x_1,x_2)$$

因为 $\frac{1}{1+\xi^2}\leqslant 1$，所以有 $\arctan x_2-\arctan x_1\leqslant x_2-x_1\ (x_1<x_2)$.

例 5 当 $x>0$ 时，求证 $\ln(x+1)-\ln x>\frac{1}{1+x}$.

证明 设 $f(x)=\ln x\ (x>0)$，显然，$f(x)$ 在 $[x,x+1]$ 上满足拉格朗日定理的条件，因此有

$$\ln(x+1)-\ln x=\frac{1}{\xi}(x+1-x),\quad \xi\in(x,x+1)$$

又因为 $x<\xi<x+1$，所以

$$\frac{1}{x+1}<\xi<\frac{1}{x}$$

故

$$\ln(x+1)-\ln x>\frac{1}{1+x}$$

从而证明不等式成立.

* **例 6**　设函数 $f(x)$ 在 $[a,b]$ 上连续，在 (a,b) 内可导，且 $f(a)=f(b)=0$. 证明：至少存在一点 $\xi\in(a,b)$，使得

$$f(\xi)+f'(\xi)=0$$

证明　将欲证等式两端同乘 e^{ξ}，得

$$[f(\xi)+f'(\xi)]e^{\xi}=[e^{x}f(x)]'\big|_{x=\xi}=0$$

若令 $F(x)=e^{x}f(x)$，则 $F(x)$ 在 $[a,b]$ 上连续，在 (a,b) 内可导. 且 $F(a)=F(b)=0$，于是至少存在一点 $\xi\in(a,b)$，使得

$$F'(\xi)=[f(\xi)+f'(\xi)]e^{\xi}=0$$

因为 $e^{\xi}>0$，故有

$$f(\xi)+f'(\xi)=0,\quad \xi\in(a,b)$$

例 7　试证：$\arcsin x+\arccos x=\dfrac{\pi}{2}$，其中 $-1<x<1$.

证明　对任意 $x\in(-1,1)$，有

$$(\arcsin x+\arccos x)'=\frac{1}{\sqrt{1-x^2}}-\frac{1}{\sqrt{1-x^2}}=0$$

由推论 1 可知

$$\arcsin x+\arccos x=C,\quad C\text{ 为某一常数}$$

为了确定常数 C，令 $x=0$，有 $C=\arcsin 0+\arccos 0=\dfrac{\pi}{2}$，即

$$\arcsin x+\arccos x=\frac{\pi}{2},\quad -1<x<1$$

3.1.3　柯西定理

定理 3　柯西(Cauchy)定理　设函数 $f(x)$ 与 $g(x)$ 满足：

(1) 在闭区间 $[a,b]$ 上连续；

(2) 在开区间 (a,b) 内可导；

(3) 对任意 $x\in(a,b)$，都有 $g'(x)\neq 0$.

则至少存在一点 $\xi\in(a,b)$ 使得

$$\frac{f(b)-f(a)}{g(b)-g(a)}=\frac{f'(\xi)}{g'(\xi)}$$

分析　将结论变形为

$$\frac{f(b)-f(a)}{g(b)-g(a)}\cdot g'(\xi)-f'(\xi)=0,\quad a<\xi<b$$

上式可以写成

$$\left[f(x)-\frac{f(b)-f(a)}{g(b)-g(a)}\cdot g(x)\right]'\bigg|_{x=\xi}=0$$

令 $F(x)=f(x)-\dfrac{f(b)-f(a)}{g(b)-g(a)}\cdot g(x)$，验证 $F(x)$ 满足罗尔定理的条件即可.

证明　首先指出 $g(b)-g(a)\neq 0$. 事实上，若 $g(b)=g(a)$，由罗尔定理知，在 (a,b)

内至少存在一点 ξ，使 $g'(\xi)=0$，此与条件(3) 矛盾.

构造辅助函数 $F(x)=f(x)-\dfrac{f(b)-f(a)}{g(b)-g(a)}\cdot g(x)$，可知 $F(x)$ 在 $[a,b]$ 上连续，在 (a,b) 内可导，且有

$$F(b)-F(a)=f(b)-\frac{f(b)-f(a)}{g(b)-g(a)}\cdot g(b)-\left[f(a)-\frac{f(b)-f(a)}{g(b)-g(a)}\cdot g(a)\right]=$$

$$[f(b)-f(a)]-\frac{f(b)-f(a)}{g(b)-g(a)}\cdot[g(b)-g(a)]=0$$

即 $F(b)=F(a)$，从而 $F(x)$ 满足了罗尔定理的三个条件. 于是，在 (a,b) 内至少存在一点 ξ，使得 $F'(\xi)=0$，即

$$f'(\xi)-\frac{f(b)-f(a)}{g(b)-g(a)}\cdot g'(\xi)=0$$

从而有

$$\frac{f(b)-f(a)}{g(b)-g(a)}=\frac{f'(\xi)}{g'(\xi)}$$

容易看出，在柯西定理中，当 $g(x)=x$ 时，$g'(x)=1$，$g(a)=a$，$g(b)=b$，则有

$$\frac{f(b)-f(a)}{b-a}=f'(\xi)$$

即拉格朗日定理是柯西定理当 $g(x)=x$ 时的特殊情况.

由于这三个定理都与自变量区间上的某一个中间值有关，故称为罗尔中值定理、拉格朗日中值定理、柯西中值定理，统称为中值定理.

* **例 8**　设 $0<a<b$，函数 $f(x)$ 在 $[a,b]$ 上连续，在 (a,b) 内可导. 证明：至少存在一点 $\xi\in(a,b)$，使得

$$f(\xi)-\xi f'(\xi)=\frac{bf(a)-af(b)}{b-a}$$

证明　将欲证等式右端变形为

$$f(\xi)-\xi f'(\xi)=\frac{\dfrac{f(b)}{b}-\dfrac{f(a)}{a}}{\dfrac{1}{b}-\dfrac{1}{a}}$$

由右端可见，令 $F(x)=\dfrac{f(x)}{x}$，$G(x)=\dfrac{1}{x}$，于是 $F(x)$，$G(x)$ 在 $[a,b]$ 上满足柯西中值定理的条件，至少存在一点 $\xi\in(a,b)$，使得

$$\frac{F'(\xi)}{G'(\xi)}=\frac{F(b)-F(a)}{G(b)-G(a)}=\frac{\dfrac{f(b)}{b}-\dfrac{f(a)}{a}}{\dfrac{1}{b}-\dfrac{1}{a}}=\frac{bf(a)-af(b)}{b-a}$$

又 $F'(x)=\dfrac{xf'(x)-f(x)}{x^2}$，$G'(x)=-\dfrac{1}{x^2}$，代入上式得

$$f(\xi)-\xi f'(\xi)=\frac{F'(\xi)}{G'(\xi)}=\frac{bf(a)-af(b)}{b-a}$$

习题 3.1

1. 函数 $y=x\sqrt{3-x}$ 在$[0,3]$上是否满足罗尔定理的条件？若满足，求出定理中ξ的值.

2. 函数 $y=\ln\sin x$ 在$\left[\frac{\pi}{6},\frac{5\pi}{6}\right]$上是否满足，拉格朗日定理的条件？若满足，求出定理中ξ的值.

3. 设函数 $f(x)=(x-1)(x-2)(x-3)$，不求导数，判断方程$f'(x)=0$有几个实根.

*4. 设 $f(x)$ 在$[0,1]$上连续，在$(0,1)$内可导，且 $f(1)=0$. 求证：$\exists\xi\in(0,1)$，使 $f'(\xi)=-\frac{f(\xi)}{\xi}$.

*5. 若函数 $f(x)$ 在(a,b)内具有二阶导数，且 $f(x_1)=f(x_2)=f(x_3)$，其中 $a<x_1<x_2<x_3<b$. 证明：在(x_1,x_3)内至少有一点ξ，使得$f''(\xi)=0$.

6. 证明下列不等式.

(1) 当 $x>1$ 时，$e^x>e\cdot x$；　　(2) 设 $x>0$，证明：$\ln(1+x)<x$.

7. 证明下列等式成立.

(1) $2\arctan x+\arcsin\frac{2x}{1+x^2}=\pi(x\geqslant 1)$；

(2) $\arctan x-\frac{1}{2}\arccos\frac{2x}{1+x^2}=\frac{\pi}{4}(x\geqslant 1)$.

8. 设 $f(x)$ 在$[0,c]$上连续，其导数 $f'(x)$ 在$(0,c)$内存在且单调减少；$f(0)=0$. 试证明 $f(a+b)\leqslant f(a)+f(b)$，其中常数 a,b 满足条件 $0\leqslant a\leqslant b\leqslant a+b\leqslant c$.

9. 试证 $4ax^3+3bx^2+2cx=a+b+c$ 在$(0,1)$内至少有一个根.

3.2　洛必达法则

约定用“0”表示无穷小，用“∞”表示无穷大. 由于$\frac{0}{0}$，$\frac{\infty}{\infty}$型的极限可能有各种不同的结果，把$\frac{0}{0}$，$\frac{\infty}{\infty}$称为未定式. 约定用“1”表示以 1 为极限的一类函数，未定式还有以下五种：$\infty-\infty$，$0\cdot\infty$；0^0，1^∞，∞^0.

洛必达法则是以导数为工具，计算上述七种未定式极限问题的一种简洁而有效的方法.

3.2.1　$\frac{0}{0}$ 型未定式

定理 1(洛必达法则)　设函数 $f(x)$ 和 $g(x)$ 满足：

(1) 在点 a 的某个去心邻域 $\mathring{U}(a)$ 内可导，且 $g'(x)\neq 0$；

(2) $\lim\limits_{x\to a} f(x)=\lim\limits_{x\to a} g(x)=0$；

(3) $\lim\limits_{x\to a}\dfrac{f'(x)}{g'(x)}=A$(或 ∞).

则有

$$\lim_{x\to a}\frac{f(x)}{g(x)}=\lim_{x\to a}\frac{f'(x)}{g'(x)}=A(\text{或 }\infty)$$

* **证明**　由于极限 $\lim\limits_{x\to a}\dfrac{f(x)}{g(x)}$ 存在与否，与函数值 $f(a)$ 和 $g(a)$ 无关，故不妨补充定义 $f(a)=g(a)=0$，由定理1的条件(1)可知，$f(x)$ 与 $g(x)$ 在点 a 的某去心邻域内连续，设 x 为该邻域内的任一点($x\neq a$)，则由定理的条件(2)可知，$f(x)$ 与 $g(x)$ 在 $[a,x]$(或 $[x,a]$)上，满足柯西定理的条件. 于是至少存在一点 $\xi\in(a,x)$(或 $\xi\in(x,a)$)，使得

$$\frac{f(x)}{g(x)}=\frac{f(x)-f(a)}{g(x)-g(a)}=\frac{f'(\xi)}{g'(\xi)}$$

注意到当 $x\to a$ 时，有 $\xi\to a$，将上式两端取极限，由定理的条件(3)，有

$$\lim_{x\to a}\frac{f(x)}{g(x)}=\lim_{\xi\to a}\frac{f'(\xi)}{g'(\xi)}=\lim_{x\to a}\frac{f'(x)}{g'(x)}=A(\text{或 }\infty)$$

即

$$\lim_{x\to a}\frac{f(x)}{g(x)}=\lim_{x\to a}\frac{f'(x)}{g'(x)}=A(\text{或 }\infty)$$

例 1　求极限 $\lim\limits_{x\to 2}\dfrac{x^4-16}{x-2}$. $\left(\dfrac{0}{0}\text{ 型}\right)$

解　由洛必达法则，有

$$\lim_{x\to 2}\frac{x^4-16}{x-2}=\lim_{x\to 2}\frac{4x^3}{1}=32$$

例 2　求极限 $\lim\limits_{x\to 0}\dfrac{(1+x)^{\alpha}-1}{x}$，其中 α 为常数. $\left(\dfrac{0}{0}\text{ 型}\right)$

解　由洛必达法则，有

$$\lim_{x\to 0}\frac{(1+x)^{\alpha}-1}{x}=\lim_{x\to 0}\frac{\alpha(1+x)^{\alpha-1}}{1}=\alpha$$

例 3　求极限 $\lim\limits_{x\to a}\dfrac{\sin x-\sin a}{x-a}$. $\left(\dfrac{0}{0}\text{ 型}\right)$

解　由洛必达法则，有

$$\lim_{x\to a}\frac{\sin x-\sin a}{x-a}=\lim_{x\to a}\frac{(\sin x-\sin a)'}{(x-a)'}=\lim_{x\to a}\frac{\cos x}{1}=\cos a$$

求一个函数的极限时，如求 $\dfrac{0}{0}$ 型未定式的极限时，若 $\lim\limits_{x\to a}\dfrac{f'(x)}{g'(x)}$ 仍为 $\dfrac{0}{0}$ 型未定式，且 $f'(x)$，$g'(x)$ 都满足洛必达法则的条件，则洛必达法则可重复使用.

例 4　求极限 $\lim\limits_{x\to 0}\dfrac{6\sin x-6x+x^3}{x^5}$. $\left(\dfrac{0}{0}\text{ 型}\right)$

解　由洛必达法则，有

$$\lim_{x\to 0}\frac{6\sin x-6x+x^3}{x^5}=\lim_{x\to 0}\frac{6\cos x-6+3x^2}{5x^4}=\lim_{x\to 0}\frac{-6\sin x+6x}{20x^3}=$$

$$\lim_{x\to 0}\frac{-6\cos x+6}{60x^2}=\lim_{x\to 0}\frac{6\sin x}{120x}=\frac{1}{20}$$

例 5　求极限$\lim\limits_{x\to 0}\frac{x-\sin x}{x^3}$. $\left(\frac{0}{0}型\right)$

解　由洛必达法则,有

$$\lim_{x\to 0}\frac{x-\sin x}{x^3}=\lim_{x\to 0}\frac{1-\cos x}{3x^2}=\lim_{x\to 0}\frac{\sin x}{6x}=\frac{1}{6}$$

注意,以上讨论的是当$x\to a$时的$\frac{0}{0}$型未定式极限的洛必达法则,对于自变量$x\to\infty$时的$\frac{0}{0}$型未定式极限,也可以使用洛必达法则.

例 6　求极限$\lim\limits_{x\to+\infty}\frac{\pi-2\arctan x}{\ln\left(1+\frac{1}{x}\right)}$. $\left(\frac{0}{0}型\right)$

解　由洛必达法则,有

$$\lim_{x\to+\infty}\frac{\pi-2\arctan x}{\ln\left(1+\frac{1}{x}\right)}=\lim_{x\to+\infty}\frac{-\frac{2}{1+x^2}}{\frac{1}{1+\frac{1}{x}}\cdot\left(-\frac{1}{x^2}\right)}=\lim_{x\to+\infty}\frac{2(x+x^2)}{1+x^2}=\lim_{x\to+\infty}\frac{2\left(\frac{1}{x}+1\right)}{1+\frac{1}{x^2}}=2$$

在每次使用洛必达法则之前,都应尽可能地先化简(如通过无穷小的等价关系化简),然后考虑是否使用洛必达法则,若发现用其他的方法很方便,就不必用洛必达法则.

例 6 就可以通过等价性先化简,再进行极限计算.则有

$$\lim_{x\to+\infty}\frac{\pi-2\arctan x}{\ln\left(1+\frac{1}{x}\right)}=\lim_{x\to+\infty}\frac{\pi-2\arctan x}{\frac{1}{x}}=\lim_{x\to+\infty}\frac{-\frac{2}{1+x^2}}{-\frac{1}{x^2}}=$$

$$\lim_{x\to+\infty}\frac{2x^2}{1+x^2}=\lim_{x\to+\infty}\frac{2}{1+\frac{1}{x^2}}=2$$

例 7　求极限$\lim\limits_{x\to 0}\frac{x^2\sin\frac{1}{x}}{\sin x}$. $\left(\frac{0}{0}型\right)$

解　这是$\frac{0}{0}$型未定式,由于导数之比的极限$\lim\limits_{x\to 0}\frac{2x\sin\frac{1}{x}-\cos\frac{1}{x}}{\cos x}$不存在,所以不能使用洛必达法则.但可以有

$$\lim_{x\to 0}\frac{x^2\sin\frac{1}{x}}{\sin x}=\lim_{x\to 0}\left(\frac{x}{\sin x}\cdot x\sin\frac{1}{x}\right)=\lim_{x\to 0}\frac{x}{\sin x}\cdot\lim_{x\to 0}x\sin\frac{1}{x}=0$$

例 7 说明,洛必达法则的条件(3) 仅是充分条件,当$\lim\limits_{\substack{x\to a\\(x\to\infty)}}\frac{f'(x)}{g'(x)}$不存在时,不能断定$\lim\limits_{\substack{x\to a\\(x\to\infty)}}\frac{f(x)}{g(x)}$也不存在,只能说明此时不能使用洛必达法则,而需改用其他方法讨论.

3.2.2　$\dfrac{\infty}{\infty}$型未定式

设函数 $f(x)$ 与 $g(x)$ 满足：

(1) 在点 a 的某个去心邻域 $\mathring{U}(a)$ 内可导，且 $g'(x)\neq 0$；

(2) $\lim\limits_{x\to a} f(x)=\lim\limits_{x\to a} g(x)=\infty$；

(3) $\lim\limits_{x\to a}\dfrac{f'(x)}{g'(x)}=A$(或 ∞).

则有

$$\lim_{x\to a}\frac{f(x)}{g(x)}=\lim_{x\to a}\frac{f'(x)}{g'(x)}=A(\text{或 }\infty)$$

在洛必达法则中，将 $x\to a$ 换成 $x\to\infty$，结论也成立.

例 8　求极限 $\lim\limits_{x\to+\infty}\dfrac{(\ln x)^2}{\sqrt{x}}$. $\left(\dfrac{\infty}{\infty}\text{型}\right)$

解　由洛必达法则，可得

$$\lim_{x\to+\infty}\frac{(\ln x)^2}{\sqrt{x}}=\lim_{x\to+\infty}\frac{2(\ln x)\cdot\frac{1}{x}}{\frac{1}{2}x^{-\frac{1}{2}}}=\lim_{x\to+\infty}\frac{4\ln x}{x^{\frac{1}{2}}}=$$

$$\lim_{x\to+\infty}\frac{4\cdot\frac{1}{x}}{\frac{1}{2}x^{-\frac{1}{2}}}=\lim_{x\to+\infty}\frac{8}{x^{\frac{1}{2}}}=0$$

例 9　求极限 $\lim\limits_{x\to+\infty}\dfrac{\ln x}{x^n}(n>0)$. $\left(\dfrac{\infty}{\infty}\text{型}\right)$

解　由洛必达法则，有

$$\lim_{x\to+\infty}\frac{\ln x}{x^n}=\lim_{x\to+\infty}\frac{\frac{1}{x}}{nx^{n-1}}=\lim_{x\to+\infty}\frac{1}{nx^n}=0$$

例 10　求极限 $\lim\limits_{x\to+\infty}\dfrac{e^x}{x^2}$. $\left(\dfrac{\infty}{\infty}\text{型}\right)$

解　由洛必达法则，有

$$\lim_{x\to+\infty}\frac{e^x}{x^2}=\lim_{x\to+\infty}\frac{e^x}{2x}=\lim_{x\to+\infty}\frac{e^x}{2}=\infty$$

例 11　求极限 $\lim\limits_{x\to\frac{\pi}{2}^+}\dfrac{\ln\left(x-\frac{\pi}{2}\right)}{\tan x}$. $\left(\dfrac{\infty}{\infty}\text{型}\right)$

解　由洛必达法则，有

$$\lim_{x\to\frac{\pi}{2}^+}\frac{\ln\left(x-\frac{\pi}{2}\right)}{\tan x}=\lim_{x\to\frac{\pi}{2}^+}\frac{\frac{1}{x-\frac{\pi}{2}}}{\frac{1}{\cos^2 x}}=\lim_{x\to\frac{\pi}{2}^+}\frac{\cos^2 x}{x-\frac{\pi}{2}}=$$

$$\lim_{x\to\frac{\pi}{2}^+}\frac{-2\cos x\sin x}{1}=0$$

例 12　求极限$\lim\limits_{x\to\frac{\pi}{2}}\frac{\tan x}{\tan 3x}$. $\left(\frac{\infty}{\infty}\text{型}\right)$

解　由洛必达法则,有

$$\lim_{x\to\frac{\pi}{2}}\frac{\tan x}{\tan 3x}=\lim_{x\to\frac{\pi}{2}}\frac{\frac{1}{\cos^2 x}}{\frac{3}{\cos^2 3x}}=\frac{1}{3}\lim_{x\to\frac{\pi}{2}}\frac{\cos^2 3x}{\cos^2 x}=$$

$$\frac{1}{3}\lim_{x\to\frac{\pi}{2}}\frac{2\cos 3x\cdot(-3\sin 3x)}{2\cos x\cdot(-\sin x)}=\lim_{x\to\frac{\pi}{2}}\frac{\sin 6x}{\sin 2x}=$$

$$\lim_{x\to\frac{\pi}{2}}\frac{6\cos 6x}{2\cos 2x}=3$$

例 13　求极限$\lim\limits_{x\to 0^+}\frac{\ln\cot x}{\ln x}$.

解　由洛必达法则,有

$$\lim_{x\to 0^+}\frac{\ln\cot x}{\ln x}=\lim_{x\to 0^+}\frac{\frac{1}{\cot x}\cdot\left(-\frac{1}{\sin^2 x}\right)}{\frac{1}{x}}=$$

$$-\lim_{x\to 0^+}\frac{x}{\sin x\cos x}=$$

$$-\lim_{x\to 0^+}\frac{x}{\sin x}\cdot\lim_{x\to 0^+}\frac{1}{\cos x}=-1$$

3.2.3　其他型未定式

对于$\infty-\infty$,$0\cdot\infty$型的未定式,只需将它们通过简单的变形即可转化为$\frac{0}{0}$或$\frac{\infty}{\infty}$型未定式,然后用洛必达法则来计算.

例 14　求极限$\lim\limits_{x\to 0}x^2 e^{\frac{1}{x^2}}$.($0\cdot\infty$ 型)

解　$\lim\limits_{x\to 0}x^2 e^{\frac{1}{x^2}}=\lim\limits_{x\to 0}\frac{e^{\frac{1}{x^2}}}{\frac{1}{x^2}}=\lim\limits_{x\to 0}\frac{e^{\frac{1}{x^2}}\left(-\frac{2}{x^3}\right)}{-\frac{2}{x^3}}=\lim\limits_{x\to 0}e^{\frac{1}{x^2}}=+\infty$.

例 15　求极限$\lim\limits_{x\to+\infty}x\left(\frac{\pi}{2}-\arctan x\right)$.($0\cdot\infty$ 型)

解　$\lim\limits_{x\to+\infty}x\left(\frac{\pi}{2}-\arctan x\right)=\lim\limits_{x\to+\infty}\frac{\frac{\pi}{2}-\arctan x}{\frac{1}{x}}=$

$$\lim_{x\to+\infty}\frac{-\frac{1}{1+x^2}}{-\frac{1}{x^2}}=$$

$$\lim_{x\to+\infty}\frac{x^2}{1+x^2}=1.$$

例 16　求极限$\lim\limits_{x\to0}\left(\dfrac{1}{x}-\dfrac{1}{e^x-1}\right)$.($\infty-\infty$ 型)

解　$\lim\limits_{x\to0}\left(\dfrac{1}{x}-\dfrac{1}{e^x-1}\right)=\lim\limits_{x\to0}\dfrac{e^x-1-x}{x(e^x-1)}=\lim\limits_{x\to0}\dfrac{e^x-1-x}{x^2}=$

$$\lim_{x\to0}\frac{e^x-1}{2x}=\lim_{x\to0}\frac{x}{2x}=\frac{1}{2},\quad e^x-1\sim x$$

例 17　求极限$\lim\limits_{x\to1}\left(\dfrac{x}{x-1}-\dfrac{1}{\ln x}\right)$.($\infty-\infty$ 型)

解　$\lim\limits_{x\to1}\left(\dfrac{x}{x-1}-\dfrac{1}{\ln x}\right)=\lim\limits_{x\to1}\dfrac{x\ln x-x+1}{(x-1)\ln x}=$

$$\lim_{x\to1}\frac{\ln x+1-1}{\dfrac{x-1}{x}-\ln x}=$$

$$\lim_{x\to1}\frac{\dfrac{1}{x}}{\dfrac{1}{x^2}+\dfrac{1}{x}}=\frac{1}{2}.$$

对于 0^0,1^∞,∞^0 型的未定式,例如$\lim f(x)^{g(x)}$,需借助等式

$$f(x)^{g(x)}=e^{\ln f(x)^{g(x)}}=e^{g(x)\ln f(x)}$$

取极限,得

$$\lim f(x)^{g(x)}=\lim e^{\ln f(x)^{g(x)}}=\lim e^{g(x)\ln f(x)}=e^{\lim g(x)\ln f(x)}$$

然后再通过简单的变形即可转化为$\dfrac{0}{0}$型或$\dfrac{\infty}{\infty}$型未定式,然后用洛必达法则来计算.

例 18　求极限$\lim\limits_{x\to1}x^{\frac{1}{1-x}}$.($1^\infty$ 型)

解　$\lim\limits_{x\to1}x^{\frac{1}{1-x}}=e^{\lim\limits_{x\to1}\frac{\ln x}{1-x}}$,其中

$$\lim_{x\to1}\frac{\ln x}{1-x}=\lim_{x\to1}\frac{\dfrac{1}{x}}{-1}=-1$$

故有

$$\lim_{x\to1}x^{\frac{1}{1-x}}=e^{\lim\limits_{x\to1}\frac{\ln x}{1-x}}=e^{-1}$$

例 19　求极限$\lim\limits_{x\to0^+}x^x$.(0^0 型)

解　$\lim\limits_{x\to0^+}x^x=e^{\lim\limits_{x\to0^+}x\ln x}$,其中

$$\lim_{x\to0^+}x\ln x=\lim_{x\to0^+}\frac{\ln x}{\dfrac{1}{x}}=\lim_{x\to0^+}\frac{\dfrac{1}{x}}{-\dfrac{1}{x^2}}=\lim_{x\to0^+}(-x)=0$$

故有

$$\lim_{x\to0^+}x^x=\lim_{x\to0^+}e^{x\ln x}=e^0=1$$

例 20　求极限 $\lim\limits_{x\to+\infty} x^{\frac{1}{x}}$.（$\infty^0$ 型）

解　$\lim\limits_{x\to+\infty} x^{\frac{1}{x}}=e^{\lim\limits_{x\to+\infty}\frac{\ln x}{x}}$，其中

$$\lim_{x\to+\infty}\frac{\ln x}{x}=\lim_{x\to+\infty}\frac{\ln x}{x}=\lim_{x\to+\infty}\frac{\frac{1}{x}}{1}=0$$

故有

$$\lim_{x\to+\infty} x^{\frac{1}{x}}=\lim_{x\to+\infty} e^{\frac{\ln x}{x}}=e^0=1$$

例 21　求极限 $\lim\limits_{x\to+\infty}(x+e^x)^{\frac{1}{x}}$.（$\infty^0$ 型）

解　$\lim\limits_{x\to+\infty}(x+e^x)^{\frac{1}{x}}=e^{\lim\limits_{x\to+\infty}\frac{\ln(x+e^x)}{x}}$，其中

$$\lim_{x\to+\infty}\frac{\ln(x+e^x)}{x}=\lim_{x\to+\infty}\frac{\frac{1+e^x}{x+e^x}}{1}=\lim_{x\to+\infty}\frac{e^x}{1+e^x}=\lim_{x\to+\infty}\frac{e^x}{e^x}=1$$

故有

$$\lim_{x\to+\infty}(x+e^x)^{\frac{1}{x}}=e^{\lim\limits_{x\to+\infty}\frac{\ln(x+e^x)}{x}}=e^1=e$$

习题 3.2

1. 用洛必达法法则求下列极限.

(1) $\lim\limits_{x\to 0}\frac{\sin ax}{\tan bx}$；　　(2) $\lim\limits_{x\to a}\frac{x^m-a^m}{x^n-a^n}$；

(3) $\lim\limits_{x\to 0}\frac{x-\sin x}{x^2}$；　　(4) $\lim\limits_{x\to\frac{\pi}{2}}\frac{\ln\sin x}{(\pi-2x)^2}$；

(5) $\lim\limits_{x\to+\infty}\frac{\ln x}{x}$；　　(6) $\lim\limits_{x\to+\infty}\frac{\ln(1+e^x)}{e^x}$；

(7) $\lim\limits_{x\to+\infty}\frac{x^3}{e^x}$；　　(8) $\lim\limits_{x\to+\infty}\frac{x^2+\ln x}{x\ln x}$；

(9) $\lim\limits_{x\to 0}\frac{x-\arctan x}{x^3}$；　　(10) $\lim\limits_{x\to+\infty}\frac{x^n}{e^x}$（$n$ 为正整数）.

2. 求下列函数的极限.

(1) $\lim\limits_{x\to 1}(1-x)\tan\frac{\pi x}{2}$；　　(2) $\lim\limits_{x\to 0^+}x\ln x$；

(3) $\lim\limits_{x\to\infty}\left[x-x^2\ln\left(1+\frac{1}{x}\right)\right]$；　　(4) $\lim\limits_{x\to 0}\left(\frac{1}{x}-\csc x\right)$.

3. 求下列函数的极限.

(1) $\lim\limits_{x\to 0^+}x^{\sin x}$；　　(2) $\lim\limits_{x\to 0^+}\left(\frac{1}{x}\right)^{\tan x}$；

(3) $\lim\limits_{x\to 0}\left(\frac{\sin x}{x}\right)^{\frac{1}{1-\cos x}}$；　　(4) $\lim\limits_{x\to e}(\ln x)^{\frac{1}{1-\ln x}}$；

(5) $\lim\limits_{x\to\infty}\left(1+\frac{3}{x}+\frac{5}{x^2}\right)^x$.

4. 设函数 $f(x)$ 二次可微，且 $f(0)=0, f'(0)=1, f''(0)=2$，试求：$\lim\limits_{x\to 0}\dfrac{f(x)-x}{x^2}$.

5. 当 a 与 b 为何值时，$\lim\limits_{x\to 0}\left(\dfrac{\sin 3x}{x^3}+\dfrac{a}{x^2}+b\right)=0$.

*3.3　泰勒公式

对复杂的客观现象分析研究时，总希望能用简单的函数来近似地表达复杂的函数. 多项式函数是较为简单的函数，只需要对自变量进行有限次的算术运算，就能求出其函数值. 因此，经常用多项式来近似地表达函数. 本节将研究具有 $n+1$ 阶导数的函数，可以通过函数在该点的函数值及各阶导数值组成的 n 次多项式近似地表达.

在学习微分近似计算的应用时知道，如果 $f(x)$ 在点 x_0 处可导，则有

$$f(x)\approx f(x_0)+f'(x_0)(x-x_0)$$

例如，当 $|x|$ 很小时，$e^x\approx 1+x$，$\ln(1+x)\approx x$. 这些近似式都是用一次多项式来近似表达函数的例子. 但是这种近似表达存在明显的不足. 首先，精确度不高；其次误差不能估计. 因此，当精度要求较高并且需要进行误差估计时，就需要用高次的多项式来近似地表示函数并给出相应的误差估计式.

设函数 $f(x)$ 在含有 x_0 的开区间 (a,b) 内具有直到 $n+1$ 阶导数，寻找一个关于 $x-x_0$ 的 n 次多项式

$$P_n(x)=a_0+a_1(x-x_0)+a_2(x-x_0)^2+\cdots+a_n(x-x_0)^n$$

用它来近似表达 $f(x)$，要求 $R_n(x)=f(x)-P_n(x)$ 是比 $(x-x_0)^n$ 高阶的无穷小，并且给出误差 $|f(x)-P_n(x)|$ 的具体表达式.

假设 $P_n^{(k)}(x_0)=f^{(k)}(x_0)(k=0,1,2,\cdots,n)$，则有

$$a_0=f(x_0), a_1=f'(x_0), a_2=\frac{f''(x_0)}{2!},\cdots, a_n=\frac{f^{(n)}(x_0)}{n!}$$

于是

$$P_n(x)=f(x_0)+f'(x_0)(x-x_0)+\frac{f''(x_0)}{2!}(x-x_0)^2+\cdots+\frac{f^{(n)}(x_0)}{n!}(x-x_0)^n \tag{1}$$

式(1)中 $P_n(x)$ 称为 $f(x)$ 在点 x_0 处关于 $x-x_0$ 的 n 阶泰勒多项式.

定理　泰勒(Taylor)中值定理　如果函数 $f(x)$ 在含有点 x_0 的某个开区间 (a,b) 内具有直到 $n+1$ 阶的导数，那么对于 $x\in(a,b)$，有

$$f(x)=f(x_0)+f'(x_0)(x-x_0)+\frac{f''(x_0)}{2!}(x-x_0)^2+\cdots+\frac{f^{(n)}(x_0)}{n!}(x-x_0)^n+R_n(x) \tag{2}$$

其中

$$R_n(x)=\frac{f^{(n+1)}(\xi)}{(n+1)!}(x-x_0)^{n+1},\quad \xi \text{ 在 } x_0 \text{ 与 } x \text{ 之间} \tag{3}$$

式(2)称为 $f(x)$ 在点 x_0 处关于 $x-x_0$ 的 n 阶泰勒公式；式(3)称为拉格朗日型余项.

若存在正数 M，当 $x \in (a,b)$ 时，有 $|f^{(n+1)}(x)| \leqslant M$，则有估计式

$$|R_n(x)| = \left|\frac{f^{(n+1)}(\xi)}{(n+1)!}(x-x_0)^{n+1}\right| \leqslant \frac{M}{(n+1)!}|x-x_0|^{n+1}$$

从而

$$\lim_{x \to x_0}\frac{R_n(x)}{(x-x_0)^n} = 0$$

故当 $x \to x_0$ 时，误差 $R_n(x)$ 是比 $(x-x_0)^n$ 高阶的无穷小，即

$$R_n(x) = o[(x-x_0)^n] \tag{4}$$

$R_n(x)$ 的表达式(4) 称为佩亚诺型余项.

在不需要余项的精确表达式时，n 阶泰勒公式可写成

$$f(x) = f(x_0) + f'(x_0)(x-x_0) + \frac{f''(x_0)}{2!}(x-x_0)^2 + \cdots + \frac{f^{(n)}(x_0)}{n!}(x-x_0)^n + o[(x-x_0)^n] \tag{5}$$

式(5) 称为 $f(x)$ 按 $x-x_0$ 的幂展开的具有佩亚诺型余项的 n 阶泰勒公式.

当 $n=0$ 时，泰勒公式变成拉格朗日中值公式

$$f(x) = f(x_0) + f'(\xi)(x-x_0),\quad \xi \text{ 在 } x_0 \text{ 与 } x \text{ 之间}$$

若取 $x_0=0$ 时，ξ 在 0 与 x 之间，可记 $\xi=\theta x\,(0<\theta<1)$，从而泰勒公式变成如下形式

$$f(x) = f(0) + f'(0)x + \frac{f''(0)}{2!}x^2 + \cdots + \frac{f^{(n)}(0)}{n!}x^n + \frac{f^{(n+1)}(\theta x)}{(n+1)!}x^{n+1},\quad 0<\theta<1 \tag{6}$$

式(6) 称为 $f(x)$ 的具有拉格朗日型余项的 n 阶麦克劳林公式. 则

$$f(x) = f(0) + f'(0)x + \frac{f''(0)}{2!}x^2 + \cdots + \frac{f^{(n)}(0)}{n!}x^n + o[(x-x_0)^n] \tag{7}$$

式(7) 称为 $f(x)$ 具有佩亚诺型余项的 n 阶麦克劳林公式.

例 1　求 $f(x)=\mathrm{e}^x$ 的具有佩亚诺型余项的 n 阶麦克劳林公式.

解　因为 $f'(x)=f''(x)=\cdots=f^{(n)}(x)=\mathrm{e}^x$，所以

$$f(0)=f'(0)=f''(0)=\cdots=f^{(n)}(0)=1$$

注意到 $f^{(n+1)}(\theta x)=\mathrm{e}^{\theta x}\,(0<\theta<1)$，代入公式得

$$\mathrm{e}^x = 1 + x + \frac{x^2}{2!} + \cdots + \frac{x^n}{n!} + \frac{\mathrm{e}^{\theta x}}{(n+1)!}x^{n+1},\quad 0<\theta<1$$

由公式可知 $\mathrm{e}^x \approx 1 + x + \frac{x^2}{2!} + \cdots + \frac{x^n}{n!}$，估计误差(设 $x>0$) 为

$$|R_n(x)| = \left|\frac{\mathrm{e}^{\theta x}}{(n+1)!}x^{n+1}\right| < \frac{\mathrm{e}^x}{(n+1)!}x^{n+1},\quad 0<\theta<1$$

取 $x=1$，$\mathrm{e} \approx 1 + 1 + \frac{1}{2!} + \cdots + \frac{1}{n!}$，其误差为

$$|R_n| < \frac{\mathrm{e}}{(n+1)!} < \frac{3}{(n+1)!}$$

于是，e^x 的具有佩亚诺型余项的 n 阶麦克劳林公式为

$$e^x=1+x+\frac{x^2}{2!}+\cdots+\frac{x^n}{n!}+o(x^n)$$

同理可得下面一些常用函数的麦克劳林公式：

$$e^x=1+x+\frac{x^2}{2!}+\cdots+\frac{x^n}{n!}+o(x^n)$$

$$\sin x=x-\frac{x^3}{3!}+\frac{x^5}{5!}-\cdots+(-1)^n\frac{x^{2n+1}}{(2n+1)!}+o(x^{2n+2})$$

$$\cos x=1-\frac{x^2}{2!}+\frac{x^4}{4!}-\frac{x^6}{6!}+\cdots+(-1)^n\frac{x^{2n}}{(2n)!}+o(x^{2n+1})$$

$$\ln(1+x)=x-\frac{x^2}{2}+\frac{x^3}{3}-\cdots+(-1)^n\frac{x^{n+1}}{n+1}+o(x^{n+1})$$

$$\frac{1}{1-x}=1+x+x^2+\cdots+x^n+o(x^n)$$

$$(1+x)^m=1+mx+\frac{m(m-1)}{2!}x^2+\cdots+\frac{m(m-1)\cdots(m-n+1)}{n!}x^n+o(x^n)$$

* **例 2**　试说明在求极限$\lim\limits_{x\to0}\frac{\tan x-\sin x}{x^3}$时，为什么不能用 $\tan x$ 与 $\sin x$ 的等价无穷小 x 分别替换它们？

解　由于 $\tan x=x+\frac{x^3}{3}+o(x^3)$，$\sin x=x-\frac{x^3}{3!}+o(x^3)$，于是

$$\tan x-\sin x=\frac{x^3}{2}+o(x^3)$$

这说明函数 $\tan x-\sin x$ 与$\frac{x^3}{2}$是等价的无穷小，因此只能用$\frac{x^3}{2}$来替代 $\tan x-\sin x$，而不能用 $x-x$ 来替代它.

* **例 3**　利用带有佩亚诺余项的麦克劳林公式，求下列函数的极限：

$$\lim_{x\to0}\frac{\cos x\ln(1+x)-x}{x^2}$$

解　由于 $\cos x=1-\frac{1}{2!}x^2+o(x^2)$，$\ln(1+x)=x-\frac{x^2}{2}+o(x^2)$，于是

$$\cos x\ln(1+x)-x=\left[1-\frac{1}{2!}x^2+o(x^2)\right]\cdot\left[x-\frac{x^2}{2}+o(x^2)\right]-x$$

对上式进行运算时，把所有比 x^2 高阶的无穷小的代数和都记为 $o(x^2)$，就得

$$\cos x\ln(1+x)-x=x-\frac{1}{2}x^2+o(x^2)-x=-\frac{1}{2}x^2+o(x^2)$$

故有

$$\lim_{x\to0}\frac{\cos x\ln(1+x)-x}{x^2}=\lim_{x\to0}\frac{-\frac{1}{2}x^2+o(x^2)}{x^2}=-\frac{1}{2}$$

习题 3.3

1. 求函数 $f(x)=\frac{1}{x}$ 按 $(x+1)$ 的幂展开的带有拉格朗日型余项的 n 阶泰勒公式.

2. 求函数 $f(x)=\tan x$ 带有拉格朗日型余项的二阶麦克劳林公式.

3. 用三阶泰勒公式求下列各数的近似值,并估计其误差.

(1) $\sqrt[3]{30}$;　　　　(2) $\sin 18°$.

4. 利用函数的泰勒展开式求下列函数的极限.

(1) $\lim\limits_{x\to\infty}\left[x-x^2\ln\left(1+\frac{1}{x}\right)\right]$;　　　　(2) $\lim\limits_{x\to 0}\frac{\sin x-x\cos x}{\sin^3 x}$;

(3) $\lim\limits_{x\to 0}\frac{\cos x-\mathrm{e}^{-\frac{x^2}{2}}}{x^2[x+\ln(1-x)]}$.

5. 设 $x>0$,证明 $x-\frac{x^2}{2}<\ln(1+x)$.

3.4　函数的单调性和极值

本节将以导数为工具,介绍判断函数单调性、极值的简便且具有一般性的方法.

3.4.1　函数的单调性

设 $f(x)$ 在 $[a,b]$ 上连续,在 (a,b) 内可导.先从几何直观上考察图 1 和图 2.

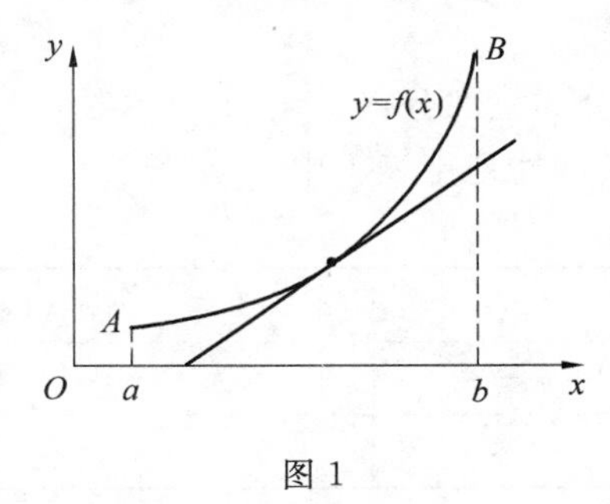

图 1

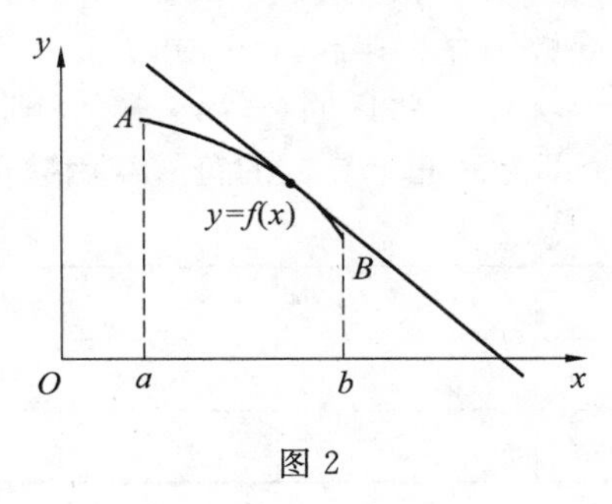

图 2

由图 1 和图 2 可以看出,曲线在区间 $[a,b]$ 上单调增加(或单调减少),曲线在区间 $[a,b]$ 上任一点处切线的斜率为非负(或非正),即对任一 $x\in(a,b)$,有 $f'(x)\geqslant 0$(或 $f'(x)\leqslant 0$).

由此可见,函数的单调性与导数的符号有着密切的联系.下面给出利用导数判别函数单调性的定理.

定理 1　设 $f(x)$ 在 $[a,b]$ 上连续,在 (a,b) 内可导.

(1) 如果在 (a,b) 内恒有 $f'(x)>0$,则 $f(x)$ 在 $[a,b]$ 上单调增加;

(2) 如果在 (a,b) 内恒有 $f'(x)<0$,则 $f(x)$ 在 $[a,b]$ 上单调减少.

证明　(1) 对 $\forall x_1,x_2\in[a,b]$,且 $x_1<x_2$,在区间 $[x_1,x_2]$ 上应用拉格朗日中值定理,至少存在一点 $\xi\in(x_1,x_2)$,使得 $f(x_2)-f(x_1)=f'(\xi)(x_2-x_1)$.

由定理 1 条件可知,$x_2-x_1>0$,且在 (a,b) 内 $f'(x)>0$,而 $\xi\in(x_1,x_2)$,所以 $f'(\xi)>0$,从而 $f(x_2)>f(x_1)$. 即 $y=f(x)$ 在 $[a,b]$ 上单调增加.

同理可证(2).

注意,如果将$[a,b]$改为其他区间,结论仍成立.

例 1　判定 $y=x-\sin x$ 在$[0,2\pi]$上的单调性.

解　在$(0,2\pi)$内,$y'=1-\cos x>0$,故有 $y=x-\sin x$ 在$[0,2\pi]$上单调增加.

例 2　证明:对任一实数 x,$\mathrm{e}^x \geqslant x+1$.

解　设 $f(x)=\mathrm{e}^x-x-1$,则有 $f'(x)=\mathrm{e}^x-1$.

在$(-\infty,0)$内,$f'(x)<0$,知 $f(x)=\mathrm{e}^x-x-1$ 在$(-\infty,0]$内单调减少,且 $f(0)=0$,得到 $f(x)>f(0)$,即 $\mathrm{e}^x>x+1$;在$(0,+\infty)$内,$y'>0$,知 $y=\mathrm{e}^x-x-1$ 在$[0,+\infty)$内单调增加,且 $f(0)=0$,得到 $f(x)>f(0)$,即 $\mathrm{e}^x>x+1$.故对任一实数 x,都有 $\mathrm{e}^x\geqslant x+1$.

函数的单调性是一个区间上的性质,要用导数在这一区间上的符号来判定函数的单调性,而不能用一点处的导数符号来判别一个区间上的单调性.

如果函数在定义区间上不是单调的,但是在各个部分区间上单调,这样的区间称为函数的单调区间.导数等于零的点和不可导点,作为单调区间的分界点.

例 3　确定函数 $f(x)=(2x-5)\sqrt[3]{x^2}$ 的单调区间.

解　函数的定义域为$(-\infty,+\infty)$,且

$$f'(x)=\frac{10}{3}x^{\frac{2}{3}}-\frac{10}{3}x^{-\frac{1}{3}}=\frac{10}{3}\cdot\frac{x-1}{\sqrt[3]{x}},\quad x\neq 0$$

当 $x=0$ 时,导数不存在;当 $x=1$ 时,$f'(x)=0$.

用点 $x=0$,$x=1$ 将区间$(-\infty,+\infty)$划分为三部分:$(-\infty,0]$,$[0,1]$,$[1,+\infty)$.

现将各个部分区间上导数的符号与函数单调性列于表 1 中.

表 1

x	$(-\infty,0)$	0	$(0,1)$	1	$(1,+\infty)$
$f'(x)$	$+$	不存在	$-$	0	$+$
$f(x)$	↗		↘		↗

例 4　确定函数 $f(x)=x^3-3x$ 的单调减区间.

解　因 $f'(x)=3x^2-3=3(x+1)(x-1)$,当 $x\in(-\infty,-1)$时,$f'(x)>0$,函数 $f(x)$ 在$(-\infty,-1)$内单调增加;而 $x\in(-1,1)$时,$f'(x)<0$,函数 $f(x)$ 在$(-1,1)$内单调减少;当 $x\in(1,+\infty)$时,$f'(x)>0$,函数 $f(x)$ 在$(1,+\infty)$内单调增加,如图 3 所示.

例 5　确定函数 $f(x)=x^3$ 的增减性.

解　因为 $f'(x)=3x^2\geqslant 0$,且只有当 $x=0$ 时,$f'(0)=0$,所以 $f(x)=x^3$ 在$(-\infty,+\infty)$内是单调增加的,如图 4 所示.

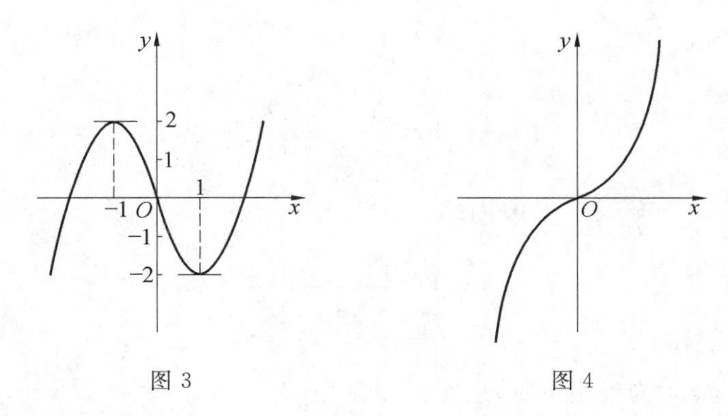

图 3　　　　图 4

3.4.2　函数的极值

定义　设函数 $y=f(x)$ 在点 x_0 的某邻域 $U(x_0)$ 内有定义，若对任意 $x\in \mathring{U}(x_0)$，都有 $f(x)<f(x_0)$（或 $f(x)>f(x_0)$），则 $f(x_0)$ 称为函数 $f(x)$ 的极大值（或极小值），x_0 称为函数的极大值点（或极小值点）. 极大值、极小值统称为极值；极大值点、极小值点统称为极值点.

通过极值的定义以及早已学过的最大(小)值的定义，不难发现极值有别于最大(小)值. 首先，极值反映的是局部特征，如图 5 所示.

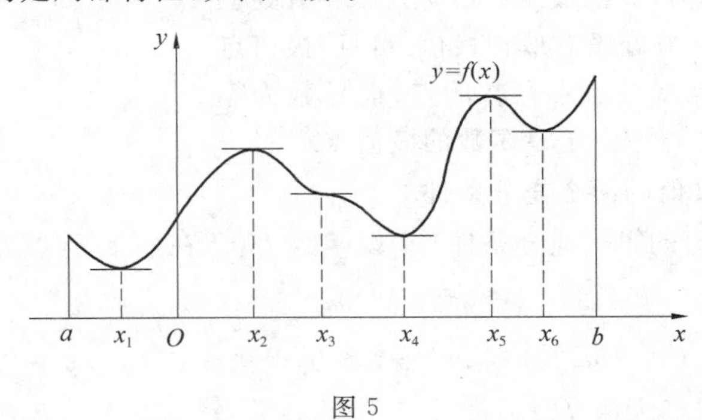

图 5

极值是指在局部的范围内的某点，函数 $f(x)$ 达到一个相对大(或小)值；而最大(小)值是函数的整体特征，是指函数在整个定义区间上的最大和最小. 其次，极值都在“内点”处取得，即在局部的范围内，它要求有一个“双侧”的比较. 而最大(小)值即可以是“内点”，也可以是端点. 第三，当连续函数的极值点唯一时，极大(小)值即为最大(小)值；另一方面，当最大(小)值在内点取得时，最大(小)值即为极大(小)值.

从图 5 中不难看到，在可导的条件下，极值点处的切线平行于 x 轴. 即该点的导数为 0. 于是，得到了下面的结论.

定理 2（极值存在的必要条件）　设函数 $f(x)$ 在点 x_0 处可导，且在点 x_0 处取得极值，那么 $f'(x_0)=0$.

证明　不妨设 $f(x_0)$ 为极大值，即对于任意的 $x\in U(x_0)$，且 $x\neq x_0$，都有

$$f(x)<f(x_0)$$

当 $x < x_0$ 时，$\dfrac{f(x)-f(x_0)}{x-x_0} > 0$，因此

$$f'_-(x_0)=\lim_{x\to x_0^-}\frac{f(x)-f(x_0)}{x-x_0}\geqslant 0$$

当 $x > x_0$ 时，$\dfrac{f(x)-f(x_0)}{x-x_0} < 0$，因此

$$f'_+(x_0)=\lim_{x\to x_0^+}\frac{f(x)-f(x_0)}{x-x_0}\leqslant 0$$

从而 $f'(x_0)=0$.

类似可证，$f(x_0)$ 为极小值时，也有 $f'(x_0)=0$.

导数为零的点（即方程 $f'(x)=0$ 的根）称为函数 $f(x)$ 的驻点（稳定点）.

定理 2 指出，在可导的情况下，极值点一定是驻点. 但是反过来，驻点却不一定是极值点. 例如，$f(x)=x^3$ 的导数为 $f'(x)=3x^2$，$f'(0)=0$，但 $x=0$ 不是极值点，如图 6 所示.

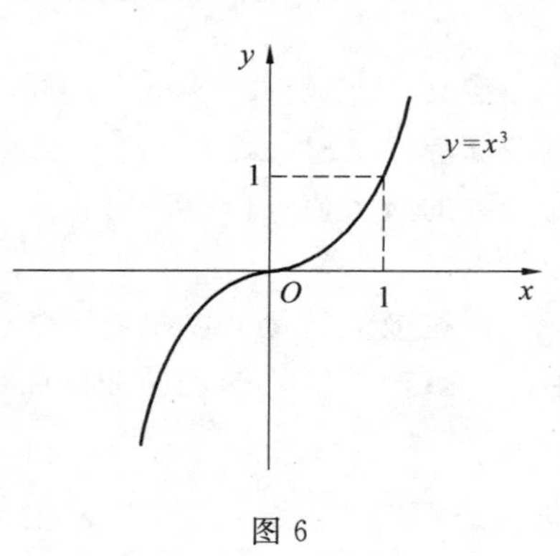

图 6

此外，导数不存在的点也只是可能的极值点，而非必定的极值点. 例如，$y=|x|$ 在点 $x=0$ 处不可导，函数在 $x=0$ 处取得极小值；而函数 $y=\sqrt[3]{x}$ 在点 $x=0$ 处也不可导，但函数在 $x=0$ 处没有取得极值. 可见，极值点一定是导数为零的点或导数不存在的点；而导数为零的点或导数不存在的点不一定是函数的极值点.

下面给出判别极值的两个充分条件.

定理 3（判别极值的第一充分条件）　设函数 $f(x)$ 在点 x_0 连续，在 x_0 的某去心邻域 $\mathring{U}(x_0,\delta)$ 内可导：

(1) 如果当 $x\in(x_0-\delta,x_0)$ 时，$f'(x)>0$，而当 $x\in(x_0,x_0+\delta)$ 时，$f'(x)<0$，则 $f(x)$ 在点 x_0 处取得极大值 $f(x_0)$；

(2) 如果当 $x\in(x_0-\delta,x_0)$ 时，$f'(x)<0$，而当 $x\in(x_0,x_0+\delta)$ 时，$f'(x)>0$，则函数 $f(x)$ 在点 x_0 处取得极小值 $f(x_0)$；

(3) 如果当 $x\in(x_0-\delta,x_0)\cup(x_0,x_0+\delta)$ 时，$f'(x)$ 不变号，则点 x_0 不是函数 $f(x)$ 的极值点.

证明　以(1) 为例证明. 当 $x\in(x_0-\delta,x_0)$ 时，$f'(x)>0$，得到函数单调增加，即 $f(x)<f(x_0)$；当 $x\in(x_0,x_0+\delta)$ 时，$f'(x)<0$，得到函数单调减少，即 $f(x)<f(x_0)$. 因此对于任意 $x\in\mathring{U}(x_0,\delta)$，都有

$$f(x)<f(x_0)$$

从而函数 $f(x)$ 在点 x_0 处取得极大值 $f(x_0)$.

问题(2) 的结论类似可证.

问题(3)，由于当 $x\in\mathring{U}(x_0,\delta)$ 时，$f'(x)$ 不变号，即 $f'(x)>0$ 或 $f'(x)<0$，因此得

到函数在 $U(x_0,\delta)$ 内单调增加或单调减少. 因此 $f(x)$ 在点 x_0 处没有极值.

由此得到判别函数极值的步骤如下：

(1) 确定函数 $f(x)$ 的定义域；

(2) 求出 $f'(x)$，找出定义域内 $f'(x)=0$ 或 $f'(x)$ 不存在的点，用这些点将函数的定义域分成若干区间；

(3) 判断 $f'(x)$ 在各个区间上的符号，确定是否有极值，如果有，是极大值还是极小值.

例 6　求函数 $f(x)=2x^3-3x^2-12x+21$ 的极值.

解　(1) $f(x)$ 的定义域是 $(-\infty,+\infty)$；

(2) 求导，得

$$f'(x)=6x^2-6x-12=6(x+1)(x-2)$$

令 $f'(x)=0$，解得 $x_1=-1, x_2=2$；

(3) 列表 2.

表 2

x	$(-\infty,-1)$	-1	$(-1,2)$	2	$(2,+\infty)$
$f'(x)$	$+$	0	$-$	0	$+$
$f(x)$	↗	极大点	↘	极小点	↗

由表 2 可见，函数 $f(x)$ 在 $x=-1$ 处取得极大值 28，函数 $f(x)$ 在 $x=2$ 处取得极小值 1.

例 7　讨论函数 $f(x)=(x-1)\sqrt[3]{x^2}$（图 7）的单调性和极值.

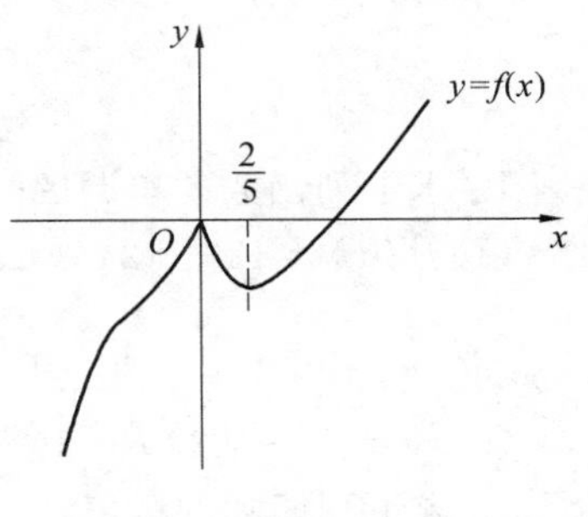

图 7

解　$f'(x)=x^{\frac{2}{3}}+\dfrac{2}{3}(x-1)x^{-\frac{1}{3}}=\dfrac{5x-2}{3x^{\frac{1}{3}}}$.

当 $x=\dfrac{2}{5}$ 时，$f'(x)=0$；

当 $x=0$ 时，$f'(x)$ 不存在.

列表 3，讨论如下.

表 3

x	$(-\infty,0)$	0	$\left(0,\frac{2}{5}\right)$	$\frac{2}{5}$	$\left(\frac{2}{5},+\infty\right)$
$f'(x)$	$+$	不存在	$-$	0	$+$
$f(x)$	↗	极大值点	↘	极小值点	↗

函数在 $x=0$ 有极大值 0，在 $x=\dfrac{2}{5}$ 有极小值 $f\left(\dfrac{2}{5}\right)=-\dfrac{3}{5}\sqrt[3]{\dfrac{4}{25}}$.

定理 4（判别极值的第二充分条件）　设 $y=f(x)$ 在点 x_0 处具有二阶导数，且 $f'(x_0)=0, f''(x_0)\neq 0$，则：

(1) 当 $f''(x_0)<0$ 时，函数 $f(x)$ 在点 x_0 处取得极大值；

(2) 当$f''(x_0)>0$时,函数$f(x)$在点x_0处取得极小值.

证明　因为$f'(x_0)=0$,利用导数定义有

$$f''(x_0)=\lim_{x\to x_0}\frac{f'(x)-f'(x_0)}{x-x_0}=\lim_{x\to x_0}\frac{f'(x)}{x-x_0}$$

(1) 由$f''(x_0)>0$及极限的保号性得知,在x_0的某一去心邻域内有$\frac{f'(x)}{x-x_0}>0$,当$x<x_0$时,有$f'(x)<0$,当$x>x_0$时,$f'(x)>0$,由定理4可知,点x_0是函数$f(x)$的极小值点,$f(x_0)$是极小值. 同理可证情形(2).

由此,判别可导函数极值的一般步骤如下:

(1) 求$f'(x)$及$f''(x)$,并求出驻点x_0;

(2) 由$f''(x_0)$的符号,确定x_0是极大值点还是极小值点;

(3) 求出极值.

例 8　求函数$f(x)=x^3-3x$的极值.

解

$$f'(x)=3(x^2-1)=3(x-1)(x+1)$$

$$f''(x)=6x$$

令$f'(x)=0$,得驻点$x_1=-1$,$x_2=1$. 因为$f''(-1)=-6<0$,所以函数$f(x)$在点$x_1=-1$处取得极大值$f(-1)=2$;因为$f''(1)=6>0$,所以函数$f(x)$在点$x_2=1$处取得极小值$f(1)=-2$.

当$f'(x_0)=f''(x_0)=0$时,定理4失效,此时需用定理3或极值定义判别.

习题 3.4

1. 求下列函数的单调区间.

(1) $f(x)=12-12x+2x^2$;　　(2) $f(x)=2x^2-\ln x$;

(3) $f(x)=\frac{x}{1+x^2}$;　　(4) $f(x)=(x^2-2x)\mathrm{e}^x$;

(5) $y=(x-1)(x+1)^3$;　　(6) $y=x-\ln(1+x)$.

2. 求下列函数的极值.

(1) $f(x)=\frac{x^3}{3}-\frac{x^2}{2}-2x+\frac{1}{3}$;　　(2) $f(x)=x+\sqrt{1-x}$;

(3) $f(x)=x^2\mathrm{e}^{-x}$;　　(4) $f(x)=x^3-3x$.

3. 试问a为何值时,函数$f(x)=a\sin x+\frac{1}{3}\sin 3x$在$x=\frac{\pi}{3}$处取得极值.

4. 试证明:函数$y=ax^3+bx^2+cx+d$满足条件$b^2-3ac<0$,那么该函数没有极值.

5. 证明下列不等式:

(1) 当$x>0$时,$1+\frac{1}{2}x>\sqrt{1+x}$;(2) 当$0<x<\frac{\pi}{2}$时,$\sin x+\tan x>2x$.

3.5　函数的凹凸性及拐点

知道函数的单调性和极值,并不能准确地描述函数图形的主要特性. 例如,$y=x^2$和

$y=\sqrt{x}$ 都在(0,1)内单调上升,但两者的图象却有明显的差别——它们的弯曲方向不同.这种差别就是所谓的"凹凸性"的区别.图 1 中的两条曲线弧,虽然都是单调上升的,但图形却有明显的不同. $\overset{\frown}{ACB}$ 是(向上)凸的, $\overset{\frown}{ADB}$ 是(向上)凹的,即它们的凹凸性不同.下面我们就来研究曲线的凹凸性及其判别方法.

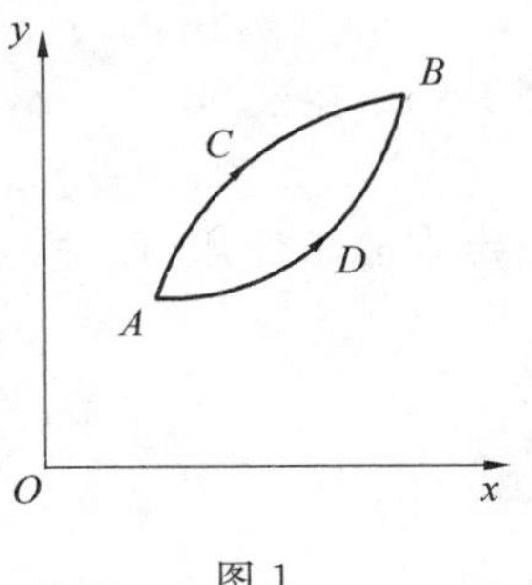

图 1

我们先从几何直观来分析.在图 2 中,任取两点 x_1,x_2,则连接这两点间的弦总位于这两点间弧段上方;在图 3 中,任取两点 x_1,x_2,则连接这两点间的弦总位于这两点间弧段下方.可以看出,曲线的凹凸性可以通过连接这两点间的弦与相应的弧的位置关系来描述.

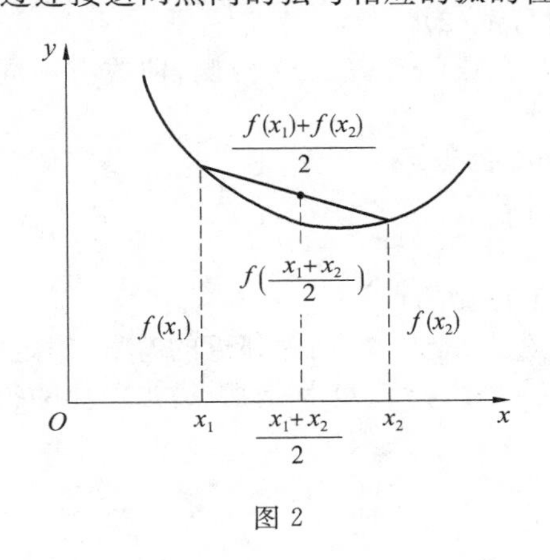

图 2

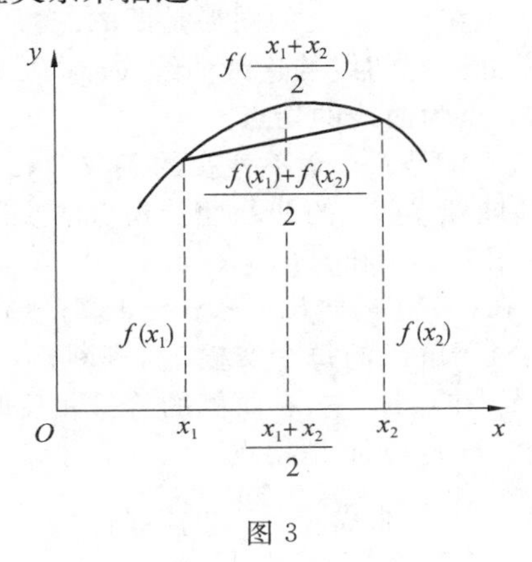

图 3

定义　设 $f(x)$ 在区间 I 上连续,如果对于 I 上任意两点 $x_1,x_2(x_1\neq x_2)$,都有

$$f\left(\frac{x_1+x_2}{2}\right)<\frac{1}{2}[f(x_1)+f(x_2)]$$

则称 $f(x)$ 在 I 上的图形是(向上)凹的;如果都有

$$f\left(\frac{x_1+x_2}{2}\right)>\frac{1}{2}[f(x_1)+f(x_2)]$$

则称 $f(x)$ 在 I 上的图形是(向上)凸的.

有了凹凸性的定义后,如何判断曲线的凹凸性,下面的定理给出了判定方法.

定理　设 $f(x)$ 在$[a,b]$上连续,在(a,b)内具有一阶和二阶导数,那么

(1) 若在(a,b)内,$f''(x)>0$,则 $f(x)$ 在$[a,b]$上的图形是凹的;

(2) 若在(a,b)内,$f''(x)<0$,则 $f(x)$ 在$[a,b]$上的图形是凸的.

证明　以(1)为例证明.设 x_1 和 x_2 为(a,b)内任意两点,且 $x_1<x_2$,记 $x_0=\dfrac{x_1+x_2}{2}$,并记 $x_2-x_0=x_0-x_1=h$,则 $x_1=x_0-h$,$x_2=x_0+h$,由拉格朗日中值定理有

$$f(x_0+h)-f(x_0)=f'(x_0+\theta_1 h)h,\quad 0<\theta_1<1$$

$$f(x_0)-f(x_0-h)=f'(x_0-\theta_2 h)h,\quad 0<\theta_2<1$$

两式相减,有

$$f(x_0+h)+f(x_0-h)-2f(x_0)=[f'(x_0+\theta_1 h)-f'(x_0-\theta_2 h)]h$$

对$f'(x)$在区间$[x_0-\theta_2 h,x_0+\theta_1 h]$上再应用一次拉格朗日中值定理，得

$$[f'(x_0+\theta_1 h)-f'(x_0-\theta_2 h)]h=f''(\xi)(\theta_1+\theta_2)h^2,\quad x_0-\theta_2 h<\xi<x_0+\theta_1 h$$

由定理的条件知，$f''(\xi)>0$，故有

$$f(x_0+h)+f(x_0-h)-2f(x_0)>0$$

即

$$\frac{f(x_0+h)+f(x_0-h)}{2}>f(x_0)$$

亦即

$$\frac{f(x_1)+f(x_2)}{2}>f\left(\frac{x_1+x_2}{2}\right)$$

所以，$f(x)$在$[a,b]$上的图形是凹的. 类似地可证(2).

一条处处有切线的连续曲线$y=f(x)$，若在点$(x_0,f(x_0))$两侧，曲线有不同的凹凸性，则称此点为曲线的拐点.

拐点一定是$f''(x)$不存在的点或$f''(x)=0$的点.

判断曲线$f(x)$的凹凸性及拐点的步骤如下：

(1) 求$f'(x)$和$f''(x)$；

(2) 在(a,b)内解出$f''(x)=0$及$f''(x)$不存在的点；

(3) 对于解出的每个实根x_0，判断$f''(x)$在点x_0左、右两侧邻近的符号，确定凹凸性，且当$f''(x)$在点x_0左、右两侧的符号相反时，点$(x_0,f(x_0))$就是拐点；当两侧的符号相同时，点$(x_0,f(x_0))$不是拐点.

例 1　判断曲线$y=\dfrac{1}{x}$的凹凸性.

解　函数的定义域为$(-\infty,0)\cup(0,+\infty)$，则

$$f'(x)=-\frac{1}{x^2},f''(x)=\frac{2}{x^3}$$

当$x\in(-\infty,0)$时，$f''(x)<0$，故曲线在区间$(-\infty,0)$内是凸的；当$x\in(0,+\infty)$时，$f''(x)>0$，故曲线在区间$(0,+\infty)$内是凹的.

例 2　研究曲线$y=\sin x(0\leqslant x\leqslant 2\pi)$的凹凸性.

解　因为$y'=\cos x,y''=-\sin x$，所以当$x\in(0,\pi)$时，$y''<0$，曲线在$(0,\pi)$内是凸的；当$x\in(\pi,2\pi)$时，$y''>0$，曲线在$(\pi,2\pi)$内是凹的.

例 3　求曲线$f(x)=x^4-2x^3+1$的凹凸区间及拐点.

解

$$f(x)=x^4-2x^3+1,\quad -\infty<x<+\infty$$

$$f'(x)=4x^3-6x^2,f''(x)=12x^2-12x=12(x-1)x$$

令$f''(x)=0$，解得$x=0$和$x=1$. 它们将定义域分成三个区间，见表 1.

表 1

x	$(-\infty,0)$	0	$(0,1)$	1	$(1,+\infty)$
$f''(x)$	+	0	−	0	+
$f(x)$	∪	1	∩	0	∪

注:“∪”表示凹,“∩”表示凸. (0,1) 是拐点,(1,0) 也是拐点

例 4　求曲线 $f(x)=\sqrt[3]{x}$ 的凹凸区间及拐点.

解　$f(x)=\sqrt[3]{x}$，$f'(x)=\dfrac{1}{3\sqrt[3]{x}}$，$f''(x)=-\dfrac{2}{9\sqrt[3]{x^5}}$，二阶导数在 $(-\infty,+\infty)$ 内无零点，但 $x=0$ 是 $f''(x)$ 不存在的点，它把 $(-\infty,+\infty)$ 分成两个区间，见表 2.

表 2

x	$(-\infty,0)$	0	$(0,+\infty)$
$f''(x)$	+	不存在	−
$f(x)$	∪	0	∩

在 $(-\infty,0)$ 内，$f''(x)>0$，曲线是凹的；在 $(0,+\infty)$ 内，$f''(x)<0$，曲线是凸的，点 $(0,0)$ 是曲线的拐点.

例 5　讨论曲线 $f(x)=(2x-5)\sqrt[3]{x^2}$ 的凹凸性及拐点.

解

$$f'(x)=\frac{10}{3}\cdot\frac{x-1}{\sqrt[3]{x}},\quad x\neq 0$$

$$f''(x)=\frac{10}{9}\cdot\frac{2x+1}{x\sqrt[3]{x}}$$

当 $x=-\dfrac{1}{2}$ 时，$f''(x)=0$. 于是，$x=0$ 与 $x=-\dfrac{1}{2}$ 将函数的定义域 $(-\infty,+\infty)$ 划分为三个部分区间，即 $(-\infty,-\dfrac{1}{2}]$，$[-\dfrac{1}{2},0]$，$[0,+\infty)$.

现将每个部分区间上二阶导数的符号与曲线的凸凹性列于表 3 中.

表 3

x	$\left(-\infty,-\frac{1}{2}\right)$	$-\frac{1}{2}$	$\left(-\frac{1}{2},0\right)$	0	$(0,+\infty)$
$f''(x)$	−	0	+	不存在	+
$f(x)$	∩	拐点 $\left(-\frac{1}{2},-3\sqrt[3]{2}\right)$	∪		∪

习题 3.5

1. 求下列曲线的凹凸区间和拐点.

(1) $f(y)=x^3-3x^2+7$；　(2) $y=2x^3+3x^2+x+2$；

(3) $y=xe^x$；　(4) $f(y)=\ln(1+x^2)$；

(5) $y=\sqrt[3]{x}$；　(6) $y=(x-2)^{\frac{2}{3}}$.

2. 当 a,b 为何值时，点 $(1,3)$ 为曲线 $y=ax^3+bx^2$ 的拐点.

3. $y=ax^3+bx^2+cx+d$ 在 $x=0$ 处有极值 $y=0$，点 $(1,1)$ 是拐点，求 a,b,c,d 的值.

4. 利用函数图形的凹凸性，证明不等式：

$$x\ln x + y\ln y > (x+y)\ln\frac{x+y}{2},\quad x>0, y>0, x\neq y$$

3.6　函数图形的描绘

利用导数研究函数的几何图形是微分学实际应用的一个重要方面. 借助一阶导数可以确定函数的单调区间和极值；借助二阶导数可以确定函数图形的凹凸区间和拐点. 有些函数的定义域和值域都是有限区间，其图形都局限在一定的范围内；而有些函数的定义域和值域是无穷区间，其图形向无穷远处延伸. 为了较准确地把握函数图形在平面上无限伸展的趋势，还需对曲线的渐近线进行讨论.

3.6.1　曲线的渐近线

如果动点沿着曲线趋于无穷远时，该点与某直线的距离趋于零，那么称此直线为该曲线的渐近线.

渐近线分为水平渐近线、铅直渐近线和斜渐近线.

1. 水平渐近线

如果 $\lim\limits_{x\to+\infty} f(x)=b$ 或 $\lim\limits_{x\to-\infty} f(x)=b$（$b$ 为常数），则称直线 $y=b$ 是曲线 $y=f(x)$ 的一条水平渐近线.

例如，曲线 $y=\arctan x$，因为 $\lim\limits_{x\to+\infty}\arctan x=\frac{\pi}{2}$，$\lim\limits_{x\to-\infty}\arctan x=-\frac{\pi}{2}$，所以 $y=\frac{\pi}{2}$，$y=-\frac{\pi}{2}$ 是曲线 $y=\arctan x$ 的两条水平渐近线.

2. 铅直渐近线

如果 $\lim\limits_{x\to x_0^+} f(x)=\infty$ 或 $\lim\limits_{x\to x_0^-} f(x)=\infty$，则称直线 $x=x_0$ 是曲线 $y=f(x)$ 的一条铅直渐近线.

例如，曲线 $y=\frac{1}{(2x-1)(x+1)}$，容易看出，$x=-1$ 和 $x=\frac{1}{2}$ 是它的两条铅直渐近线，而曲线 $y=\tan x$ 则有着无数条渐近线 $x=\pm\frac{1}{2}\pi$，$x=\pm\frac{3}{2}\pi$，$\cdots$.

3. 斜渐近线

如果 $\lim\limits_{x\to+\infty}[f(x)-(ax+b)]=0$ 或 $\lim\limits_{x\to-\infty}[f(x)-(ax+b)]=0$，其中 $a\neq 0$，且

$$a=\lim_{x\to+\infty}\frac{f(x)}{x}, b=\lim_{x\to+\infty}[f(x)-ax]$$

或

$$a=\lim_{x\to-\infty}\frac{f(x)}{x}, b=\lim_{x\to-\infty}[f(x)-ax]$$

则称直线 $y=ax+b$ 是曲线 $y=f(x)$ 的斜渐近线.

例 1　求曲线 $y=\dfrac{x^2}{x+1}$ 的渐近线.

解　显然,曲线无水平渐近线. 由于 $\lim\limits_{x\to-1}\dfrac{x^2}{x+1}=\infty$,所以 $x=-1$ 是曲线的铅直渐近线. 又因为

$$a=\lim_{x\to\infty}\frac{f(x)}{x}=\lim_{x\to\infty}\frac{x}{x+1}=1$$

$$b=\lim_{x\to\infty}[f(x)-ax]=\lim_{x\to\infty}\left(\frac{x^2}{x+1}-x\right)=\lim_{x\to\infty}\left(-\frac{x}{x+1}\right)=-1$$

故直线 $y=x-1$ 是曲线的斜渐近线.

3.6.2　函数图形的描绘

下面给出利用导数和极限描绘函数图形的一般方法和步骤.

(1) 确定函数的定义域;

(2) 讨论函数的奇偶性、周期性;

(3) 求出 $f'(x)$, $f''(x)$ 的零点和不存在的点,用所求出的点把定义域分成若干区间,列表,确定函数的单调性、极值点、函数图形的凹凸性和拐点;

(4) 确定函数曲线的渐近线;

(5) 在直角坐标系中,首先标明所有关键性的点的坐标,画出渐近线,然后按照曲线的性态逐段描绘.

例 2　求作函数 $y=\dfrac{2x^2}{x^2-1}$ 的图象.

解　(1) 易知函数 $f(x)=\dfrac{2x^2}{x^2-1}$ 的定义域为 $(-\infty,-1)\cup(-1,1)\cup(1,+\infty)$;

(2) $f(x)$ 为偶函数;

(3) $f'(x)=-\dfrac{4x}{(x^2-1)^2}$, $f''(x)=\dfrac{12x^2+4}{(x^2-1)^3}$, $f(x)$ 和 $f'(x)$ 的零点是 $x=0$;在 $x=\pm1$ 处, $f(x)$, $f'(x)$, $f''(x)$ 均不存在;

(4) 用 $-1,0,1$ 三点把定义域分为四个区间,并列于表 1 中.

表 1

x	$(-\infty,-1)$	$(-1,0)$	0	$(0,1)$	$(1,+\infty)$
$f'(x)$	$+$	$+$	0	$-$	$-$
$f''(x)$	$+$	$-$	-4	$-$	$+$
$f(x)$	↗	↗	极大	↘	↘
	$\cup$	$\cap$	0	$\cap$	$\cup$

(5) 考察曲线的渐近线:由于 $\lim\limits_{x\to-1}f(x)=\infty$, $\lim\limits_{x\to1}f(x)=\infty$,得到 $x=\pm1$ 为曲线的铅直渐近线;又由于 $\lim\limits_{x\to\infty}f(x)=2$,得到 $y=2$ 是曲线的水平渐近线.

(6) 绘出函数 $y=\dfrac{2x^2}{x^2-1}$ 的图象(图 1).

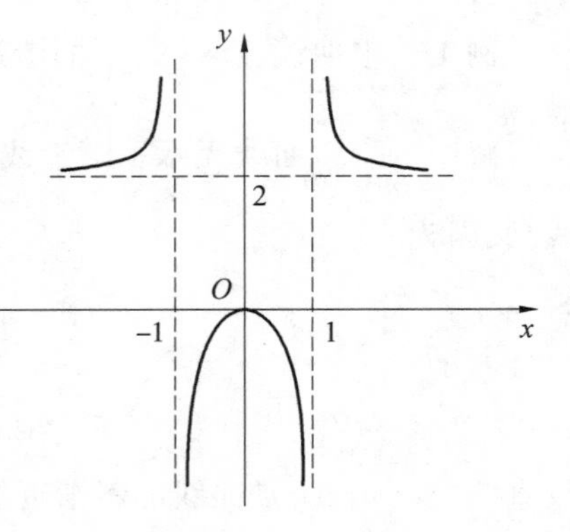

图 1

例 3　求作函数 $y=\dfrac{(x-3)^2}{4(x-1)}$ 的图象.

解　(1) $f(x)$ 的定义域为$(-\infty,1)\cup(1,+\infty)$;

(2) $f(x)$ 非奇非偶,无周期性;

(3) $f'(x)=\dfrac{(x-3)(x+1)}{4(x-1)^2}$, $f''(x)=\dfrac{2}{(x-1)^3}$,

$f'(x)$ 的零点是 $x_1=-1, x_2=3$, $f''(x)$ 无零点;

(4) 用 -1, 3 两点把定义域分为四个区间,并列于表 2 中.

表 2

x	$(-\infty,-1)$	-1	$(-1,1)$	$(1,3)$	3	$(3,+\infty)$
$f'(x)$	$+$	0	$-$	$-$	0	$+$
$f''(x)$	$-$	$-$	$-$	$+$	$+$	$+$
$f(x)$	↗	极大点	↘	↘	极小点	↗
	$\cap$		$\cap$	$\cup$		$\cup$

(5) 考察曲线的渐近线

$$\lim_{x\to1}\frac{(x-3)^2}{4(x-1)}=\infty$$

所以 $x=1$ 是曲线 $f(x)$ 的铅直渐近线,又由于

$$\lim_{x\to\infty}\frac{f(x)}{x}=\lim_{x\to\infty}\frac{(x-3)^2}{4(x-1)\cdot x}=\frac{1}{4}$$

$$\lim_{x\to\infty}\left[f(x)-\frac{1}{4}x\right]=\lim_{x\to\infty}\left[\frac{(x-3)^2}{4(x-1)}-\frac{1}{4}x\right]=\lim_{x\to\infty}\frac{-5x+9}{4(x-1)}=-\frac{5}{4}$$

所以 $y=\dfrac{1}{4}x-\dfrac{5}{4}$ 是曲线 $f(x)$ 的斜渐近线.

综合上述讨论,绘出函数的图象,如图 2 所示.

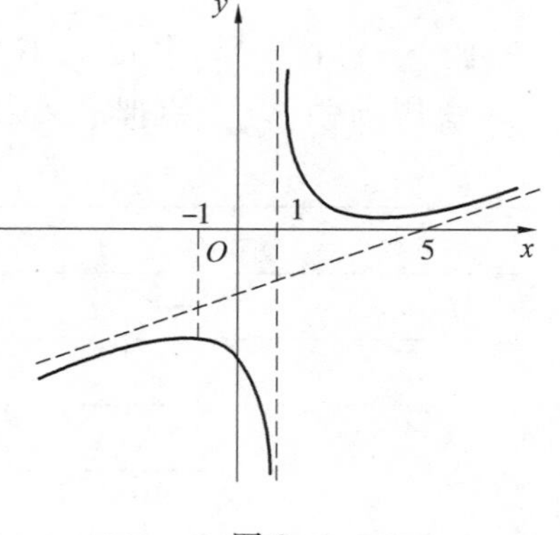

图 2

例 4　求作函数 $f(x)=\dfrac{1}{\sqrt{2\pi}}e^{-\frac{x^2}{2}}$ 的图形.

解　(1) 定义域:$(-\infty,+\infty)$.

(2) 对称性:由于 $f(-x)=f(x)$,故 $f(x)$ 是偶函数,其图形关于 y 轴对称.

(3) $f'(x)=-\dfrac{x}{\sqrt{2\pi}}e^{-\frac{x^2}{2}}$,

$f''(x)=\dfrac{(x+1)(x-1)}{\sqrt{2\pi}}e^{-\frac{x^2}{2}}$.

$f'(x)$ 的零点是 $x=0$; $f''(x)$ 的零点是 $x=-1$ 和 $x=1$.

(4) 用 $-1,0,1$ 三点把定义域分为四个区间,并列于表 3 中.

表 3

x	$(-\infty,-1)$	-1	$(-1,0)$	0	$(0,1)$	1	$(1,+\infty)$
y'	$+$		$+$		$-$		$-$
y''	$+$	0	$-$		$-$	0	$+$
y	↗∪	拐点	↗∩	极大值	↘∩	拐点	↘∪

(5) 考察曲线的渐近线

$$\lim_{x\to\pm\infty} f(x)=\lim_{x\to\pm\infty}\frac{1}{\sqrt{2\pi}}\mathrm{e}^{-\frac{x^2}{2}}=0$$

所以 $y=0$ 是水平渐近线.

综合上述讨论,绘出函数的图象(图 3).

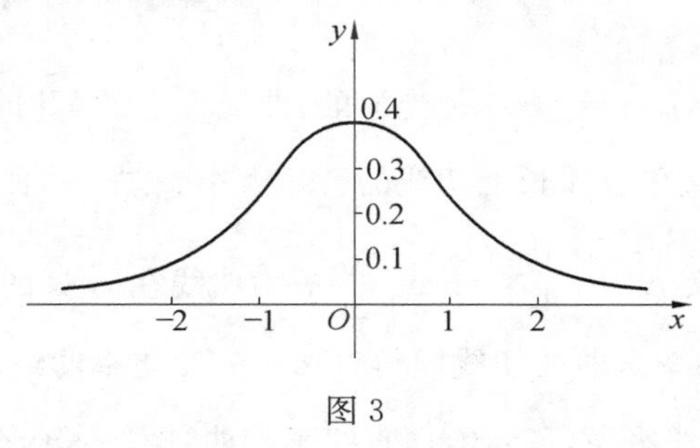

图 3

习题 3.6

1. 求下列曲线的渐近线.

(1) $y=\dfrac{\sin x}{x}$;　　(2) $y=\dfrac{4}{x^2-2x-3}$;

(3) $y=\dfrac{\mathrm{e}^x}{1+x}$;　　(4) $y=x+\arctan x$.

2. 作下列函数的图形.

(1) $y=\ln(1+x^2)$;　　(2) $y=\dfrac{1}{1+x^2}$.

3.7　曲　　率

工程技术中的许多问题要求定量地研究曲线的弯曲程度. 本节将介绍表示曲线弯曲程度的曲率概念及其计算方法.

3.7.1　平面曲线的曲率概念

设平面曲线 $L: y=f(x)$ 是光滑的,动点沿曲线 L 从点 A 移动到点 B,曲线上点 A 的切线相应的变为点 B 的切线,以 x 增大的方向作为曲线的正方向,记动点沿曲线从 A 到 B

时切线转过的角度为$\Delta\alpha$(简称转角). 显然,$\Delta\alpha$越大,$\overparen{AB}$弯曲得越厉害,如图1所示. 另外,它与曲线的长度也有关,由图2可见,$\overparen{AB}$和$\overparen{CD}$切线的转角都是φ,显然,弧长较短的$\overparen{AB}$比弧长较长的$\overparen{CD}$弯曲得厉害. 因此,曲线的弯曲程度与切线转角和弧段的长度有关. 下面利用这两个因素来刻画曲线的弯曲程度.

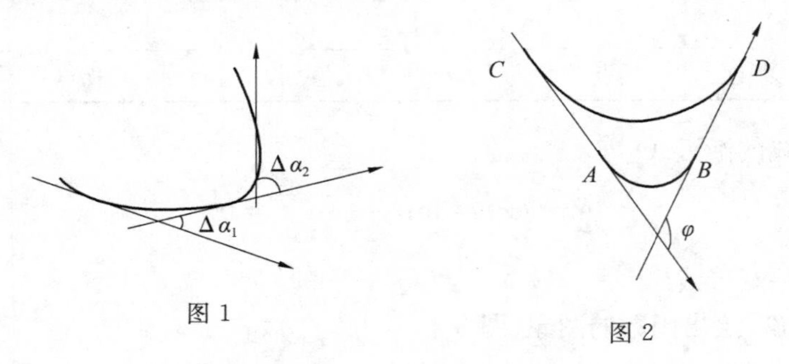

图1　　　　图2

定义　设平面曲线$L: y=f(x)$是光滑的,曲线L上的$\overparen{AB}$的长为Δs,从A到B时切线转过的角度为$\Delta\alpha$,定义单位弧长上切线的转角大小$\frac{|\Delta\alpha|}{|\Delta s|}$为曲线$\overparen{AB}$的平均曲率,记为$\overline{K}$,即$\overline{K}=\frac{|\Delta\alpha|}{|\Delta s|}$. 而定义$K=\left|\frac{d\alpha}{ds}\right|=\lim\limits_{\Delta s\to 0}\frac{|\Delta\alpha|}{|\Delta s|}$为曲线在$A$处的曲率.

这就表明,曲线的曲率是曲线切线倾角对弧长的变化率的绝对值.

特别地:(1) 对于直线来说,$K=0$,即直线不弯曲;(2) 对于圆来说,$K=\frac{1}{r}$,即圆弯曲程度处处相同,且半径越小,弯曲得越厉害.

3.7.2　曲率的计算公式

为求曲率,我们先介绍切线倾角的微分$d\alpha$与弧微分ds的表达式.

设平面曲线$L: y=f(x)$具有二阶导数(此时y'连续,从而曲线是光滑的). 在曲线$y=f(x)$上取两点A,B(B在A的右侧),记$\overparen{AB}$的长为Δs,$\overparen{AB}$的切线转角为$\Delta\alpha$,如图3所示.

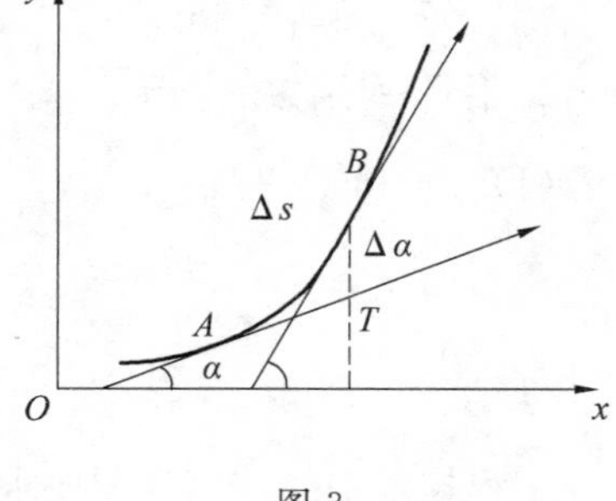

图3

由导数定义知道,$y'=\tan\alpha$,即$\alpha=\arctan y'$,于是

$$\frac{d\alpha}{dx}=\frac{y''}{1+(y')^2}$$

另外,当Δs很小时,有$\Delta s=\sqrt{(\Delta x)^2+(\Delta y)^2}$,那么

$$\lim_{\Delta x\to 0}\frac{\Delta s}{\Delta x}=\lim_{\Delta x\to 0}\sqrt{1+\left(\frac{\Delta y}{\Delta x}\right)^2}=\sqrt{1+\left(\frac{dy}{dx}\right)^2}$$

即

$$\frac{ds}{dx}=\sqrt{1+\left(\frac{dy}{dx}\right)^2}=\sqrt{1+y'^2}$$

所以

$$ds = \sqrt{1 + y'^2}\,dx$$

ds 称为弧微分.

把求得的 ds 与 $d\alpha$ 代入定义式,得到曲率的计算公式.

(1) 设曲线 L 的方程是 $y=f(x)$,且 $y''(x)$ 存在,则曲线在点 $A(x,y)$ 处的曲率公式为

$$K = \frac{|y''|}{(1+y'^2)^{\frac{3}{2}}}$$

(2) 设曲线 L 的参数方程为 $\begin{cases} x=\varphi(t) \\ y=\psi(t) \end{cases}$ $(\alpha \leqslant t \leqslant \beta)$,则曲线在点 $A(x,y)$ 处的曲率公式为

$$K = \frac{|\varphi'(t)\psi''(t) - \varphi''(t)\psi'(t)|}{[\varphi'^2(t) + \psi'^2(t)]^{\frac{3}{2}}}$$

例 1　在抛物线 $y = ax^2 + bx + c$ 上哪点的曲率最大?

解　$y' = 2ax + b, y'' = 2a$. 于是曲率

$$K = \frac{|2a|}{[1 + (2ax+b)^2]^{\frac{3}{2}}}$$

显然,当 $x = -\frac{b}{2a}$ 时,曲率 K 最大. 由于当 $x = -\frac{b}{2a}$ 时,$y = -\frac{b^2 - 4ac}{4a}$.

所以在顶点 $\left(-\frac{b}{2a}, -\frac{b^2-4ac}{4a}\right)$ 处的曲率最大.

3.7.3　曲率圆与曲率半径

设曲线 $y=f(x)$ 上点 A 处曲率 $K \neq 0$,则 $\frac{1}{K}$ 称为曲线在点 M 处的曲率半径,记为 R,即 $R = \frac{1}{K}$.

作曲线在点 A 处切线的垂线(即法线),在曲线凹向一侧的法线上取 $AD = R$,以 D 为圆心,R 为半径的圆称为曲线在点 A 处的曲率圆,D 称为曲率中心,如图 4 所示.

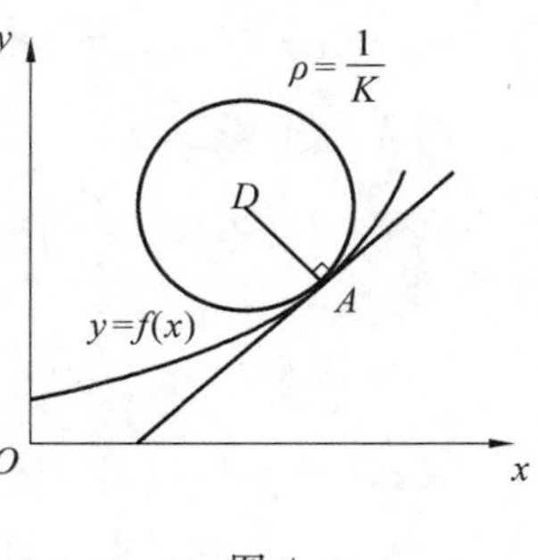

图 4

容易看出:① 曲线上一点处的曲率半径与曲线在该点处的曲率互为倒数,即 $R = \frac{1}{K}$;② 曲线上一点处的曲率半径越大,曲线在该点处的曲率越小(曲线越平坦),曲率半径越小,曲率越大(曲线越弯曲);③ 曲线上一点处的曲率圆弧可近似代替该点附近曲线弧(称为曲线在该点附近的二次近似).

例 2　求摆线 $\begin{cases} x = t - \sin t \\ y = 1 - \cos t \end{cases}$ 在对应 $t = \frac{\pi}{2}$ 点处的曲率及曲率半径.

解　先求导,得 $x'_t = 1 - \cos t, y'_t = \sin t, x''_{tt} = \sin t, y''_{tt} = \cos t$. 于是曲率为

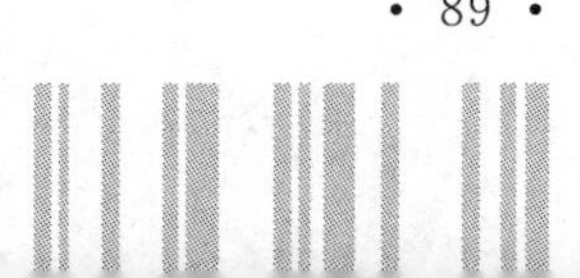

$$K=\frac{1}{2\sqrt{2}\cdot\sqrt{1-\cos t}}$$

当 $t=\frac{\pi}{2}$ 时，曲率 $K=\frac{\sqrt{2}}{4}$；曲率半径 $R=2\sqrt{2}$.

习题 3.7

1. 求椭圆 $4x^2+y^2=4$，在点(0,2)处的曲率.
2. 求曲线 $y=x^2-4x+3$ 在其顶点处的曲率和曲率半径.
3. 求曲线 $x=a\cos^3 t, y=a\sin t$ 在 $t=t_0$ 处的曲率.
4. 曲线 $y=\ln x$ 上哪一点处的曲率半径最小？并求出该点处的曲率半径.

3.8　最大(小)值及其在实际问题中的应用

在工程技术、经济管理以及科学研究中，经常会遇到优化问题，即函数最大值或最小值问题. 本节将分两种情形来讨论函数最大值、最小值问题.

3.8.1　闭区间上连续函数的最大值及最小值

由于闭区间上的连续函数 $f(x)$ 一定有最大值和最小值，求连续函数 $f(x)$ 在闭区间 $[a,b]$ 上最大值和最小值. 具体步骤如下：

(1) 求出函数 $f(x)$ 的所有驻点及导数不存在的点 $x_1, x_2, \cdots, x_n$；

(2) 计算出函数值 $f(x_1), f(x_2), \cdots, f(x_n), f(a), f(b)$；

(3) 将上述函数值进行比较，其中最大者为最大值，最小者为最小值.

例 1　求 $f(x)=x^3-3x^2-9x+5$ 在区间$[-4,4]$上的最大值和最小值.

解　(1) $f'(x)=3x^2-6x-9$，令 $f'(x)=0$，得驻点 $x=-1, x=3$.

(2) $f(-1)=10, f(3)=-22; f(-4)=-71, f(4)=-15$.

所以在$[-4,4]$上，函数最大值为 10，最小值为 -71.

例 2　求函数 $f(x)=(x-1)\sqrt[3]{x^2}$ 在$[A-1,1]$上的最大值和最小值.

解　(1) 当 $x=\frac{2}{5}$ 时，$f'(x)=0$；当 $x=0$ 时，$f'(x)$ 不存在.

(2) $f(0)=0, f\left(\frac{2}{5}\right)=-\frac{3}{5}\sqrt[3]{\frac{4}{25}}, f(-1)=-2, f(1)=0$.

故在$[A-1,1]$上，函数的最大值为 0，最小值为 -2.

3.8.2　实际问题中的最大值及最小值

如果函数 $f(x)$ 在某区间(有限或无限，开或闭)内可导且有唯一驻点 x_0，并且这个驻点 x_0 是函数 $f(x)$ 的极值点，那么，当 $f(x_0)$ 是极大值(极小值)时，$f(x_0)$ 就是函数 $f(x)$ 在该区间上的最大值(最小值).

例 3　如图 1 所示，设 A, B 两厂位于一东西向河流的同一侧，岸边的 A 厂距码头

C 10 km，B 厂位于码头 C 的正北方，距码头 C 4 km. 现在 A,B 间修一条路，若沿河修，修路费 3 千元 / km；否则，修路费 5 千元 / km. 问：从 A 厂开始，沿河修多远，可使总的修路费最少？

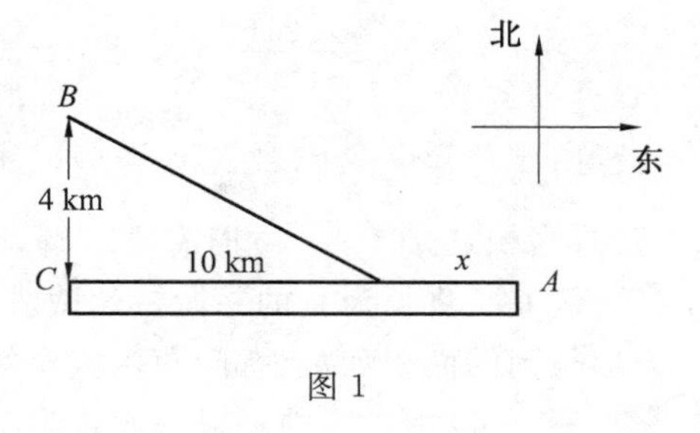

图 1

显然，从 A 到 B 的修路方案有多种，而现在寻求的是使修路费最少的方案.

解　设从 A 厂开始，沿河修 x km，则总的修路费 y 为

$$y=3x+5\sqrt{(10-x)^2+4^2},\quad 0\leqslant x\leqslant 10$$

现在的问题归结为求最小值的问题. 先求导

$$y'=3-\frac{5(10-x)}{\sqrt{(10-x)^2+4^2}}$$

令 $y'=0$，得 $x=7$，计算得 $y''|_{x=7}>0$，根据极值点唯一知 $x=7$ 为最小值点.

故从 A 厂开始，沿河修 7 km 总修路费为最少.

例 4　某商店每天向工厂按出厂价每件 3 元购进一批商品零售. 若零售价定为每件 4 元，估计销售量为 400 件. 若一件售价每降低 0.05 元，则可多销售 40 件. 问从工厂购进多少件时，每件售价定为多少，可获得最大利润？最大利润是多少？

解　设利润为 L，进货量为 x 件，售价为 P 元 / 件，则利润为

$$L=(P-3)x$$

假定销售量等于进货量，由题设有

$$x-400=-\frac{40}{0.05}(P-4)$$

整理为

$$x=3\,600-800P$$

所以

$$L(P)=(P-3)(3\,600-800P)=-800P^2+6\,000P-10\,800$$
$$L'(P)=-1\,600P+6\,000$$

令 $L'(P)=0$，解得 $P=3.75$. 又由于 $L''(P)=-1\,600<0$，故 $P=3.75$ 是极大值点，也是最大值点.

故当定价为每件 3.75 元，且进货量为

$$x|_{P=3.75}=(3\,600-800P)|_{P=3.75}=600(\text{件})$$

时，每天能获得最大利润，最大利润为

$$L(P)|_{P=3.75}=(-800P^2+6\,000P-10\,800)|_{P=3.75}=450(\text{元})$$

例 5　欲用围墙围成面积为 216 m^2 的一块矩形土地，并在正中用一堵墙将其隔成两块，问这块土地的长和宽取多大的尺寸，才能使建筑材料最省？

解　设长为 x，则宽为 $\frac{216}{x}$，显然应在 $\frac{x}{2}$ 处隔成两块 $\left(\frac{216}{x}<x\right)$. 所用建筑材料（目标函数）$y=2x+3\times\frac{216}{x}$.

令 $y'=2-\frac{3\times 216}{x^2}=0$，得 $x=\pm 18$.

由题意知 $x>0$，舍去 $x=-18$，得唯一驻点 $x=18$，此时$\frac{216}{18}=12$. 由问题的实际意义可知，当 $x\in(0,+\infty)$ 时有唯一解，所以不用检验，即得答案.

例 6　将长为 a 的一段铁丝截成两段，用一段围成正方形，另一段围成圆形，为使正方形与圆的面积和最少，问两段铁丝的长各为多少?

解　设围成圆的一段铁丝长为 x，剩下的一段则为 $a-x$ 围成正方形，于是圆的半径为$\frac{x}{2\pi}$，正方形的边长为$\frac{a-x}{4}$，面积为

$$S=\pi\left(\frac{x}{2\pi}\right)^2+\left(\frac{a-x}{4}\right)^2$$

令 $S'=\frac{x}{2\pi}+\frac{x}{8}-\frac{a}{8}=0$ 得 $x_0=\frac{\pi a}{4+\pi}$，又 $S''=\frac{1}{2\pi}+\frac{1}{8}>0$，$S''(x_0)>0$.

由驻点唯一问题的实际意义可知，当围成圆的一段铁丝长为$\frac{\pi a}{4+\pi}$时，所求面积之和最小，这时围成正方形一段长为$\frac{4a}{4+\pi}$.

习题 3.8

1. 求下列函数在给定区间上的最大和最小值.

(1) $f(x)=x^4-2x^2+5$，$x\in[-2,2]$；

(2) $f(x)=\frac{x^2}{1+x}$，$x\in\left[-\frac{1}{2},1\right]$；

(3) $f(x)=2x^2-\ln x$，$x\in\left[\frac{1}{3},3\right]$.

2. 将一个边长为 48 cm 的正方形铁皮四角各截去相同的小正方形，把四边折起来做成一个无盖的盒子，问截去的小正方形边长为多少时，盒子的容积最大?

3. 要做一个带盖的长方形盒子，其容积为 72 dm^3，其底边之比为 1∶2，问此盒子各边长为多少时，所用材料最省(表面积最小)?

4. 求一个内接于半圆的矩形的边长，使该矩形的周长为最大(已知圆的半径为 R).

5. 求点(0,1) 到曲线 $x^2-y^2=1$ 的最短距离.

第 4 章 不定积分

前面已经介绍了以求已知函数的导数和微分为基础的微分学，但在工程技术的许多领域里还经常需要解决与此相反的问题，即已知某一个函数的导数或微分，如何求原来的函数，这就是积分学的基本问题，由此产生了积分学. 本章介绍不定积分的概念、性质及其计算方法.

4.1 不定积分的概念与性质

4.1.1 原函数与不定积分的概念

在物理学中，质点沿直线运动时，要根据实际问题的要求分为两个方面讨论：一方面是已知路程函数 $s=s(t)$，求质点的运动速度 $v=v(t)$，这个问题利用微分学解决，$v=s'(t)$；另一方面是已知质点做直线运动的速度 $v=v(t)$，求路程函数 $s=s(t)$，这个相反的问题从数学观点看，它的实质是：已知函数 $v=v(t)$，求函数 $s=s(t)$，使得 $s'(t)=v(t)$. 类似这类问题，在数学上就抽象为如下原函数的概念.

定义 1 设 $f(x)$ 是定义在区间 I 上的函数，如果存在可导函数 $F(x)$，使得对于任意 $x\in I$，都有 $F'(x)=f(x)$ 或 $\mathrm{d}F(x)=f(x)\mathrm{d}x$，则称函数 $F(x)$ 为函数 $f(x)$ 在区间 I 上的一个原函数.

问题：若 $f(x)$ 有原函数，其原函数是否唯一？若不唯一，各个原函数之间有什么关系？

由于 $[F(x)+C]'=f(x)$，说明一个函数若有原函数，则原函数不是唯一的.

如果 $F(x)$ 是函数 $f(x)$ 在区间 I 上的一个原函数，$G(x)$ 也是函数 $f(x)$ 在区间 I 上的一个原函数，则有

$$[F(x)]'=f(x),[G(x)]'=f(x)$$

于是有

$$[G(x)-F(x)]'=G'(x)-F'(x)=f(x)-f(x)=0$$

所以

$$G(x)-F(x)=C$$

或

$$G(x)=F(x)+C$$

即函数 $f(x)$ 的任意两个原函数之间仅相差一个常数，且 $F(x)+C$ 包含了 $f(x)$ 的所有原函数.

定理　如果函数 $f(x)$ 在区间 I 上连续，则 $f(x)$ 在区间 I 上一定存在原函数 $F(x)$，即 $F(x)$ 满足 $F'(x)=f(x)$.

定义 2　$F(x)$ 是函数 $f(x)$ 在区间 I 上的一个原函数，则函数 $f(x)$ 的所有原函数 $F(x)+C$ 称为函数 $f(x)$ 在区间 I 上的不定积分，记作 $\int f(x)\mathrm{d}x$，即 $\int f(x)\mathrm{d}x=F(x)+C$. 其中，$\int$ 称为不定积分号；$f(x)$ 称为被积函数；$f(x)\mathrm{d}x$ 称为被积表达式；x 称为积分变量；C 为积分常量.

例 1　求下列各式的不定积分.

(1) $\int \frac{\mathrm{d}x}{1+x^2}$；　(2) $\int x^\alpha \mathrm{d}x, \alpha\neq -1$；　(3) $\int \mathrm{e}^x \mathrm{d}x$；　(4) $\int \cos x\mathrm{d}x$.

解　(1) $\int \frac{\mathrm{d}x}{1+x^2}=\arctan x+C$.

(2) $\int x^\alpha \mathrm{d}x=\frac{x^{\alpha+1}}{\alpha+1}+C, \alpha\neq -1$.

(3) $\int \mathrm{e}^x \mathrm{d}x=\mathrm{e}^x+C$.

(4) $\int \cos x\mathrm{d}x=\sin x+C$.

例 2　证明 $\int \frac{\mathrm{d}x}{x}=\ln|x|+C$，其中 C 为任意常数.

解　当 $x>0$ 时，$(\ln|x|)'=(\ln x)'=\frac{1}{x}$；

当 $x<0$ 时，$(\ln|x|)'=[\ln(-x)]'=\frac{1}{-x}\cdot(-1)=\frac{1}{x}$；

所以 $\int \frac{\mathrm{d}x}{x}=\ln|x|+C$，其中 C 为任意常数.

4.1.2　不定积分的几何意义

设 $F(x)$ 为函数 $f(x)$ 的一个原函数，则 $\int f(x)\mathrm{d}x=F(x)+C$，对每个确定的 C，方程 $y=F(x)+C$ 的图形为直角坐标平面上的一条曲线，称为函数 $f(x)$ 的一条积分曲线. 当 C 变化时，这条积分曲线将沿着 y 轴向上或向下移动，即 $y=F(x)+C$ 表示一簇曲线，称为函数 $f(x)$ 的积分曲线簇.

由于无论常数 C 取何值，恒有

$$[F(x)+C]'=F'(x)=f(x)$$

故积分曲线簇中各积分曲线上横坐标相同点的切线斜率相等为 $f(x)$，即各切线相互平行，如图 1 所示.

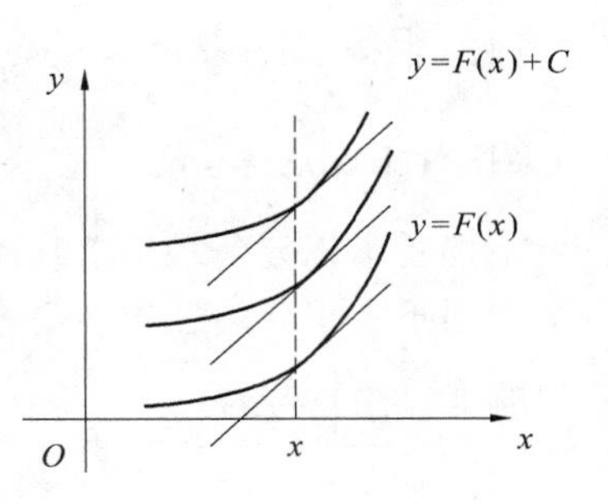

图 1

例 3　求过(1,1) 点，斜率为 $2x$ 的曲线方程.

解　设曲线为 $y=y(x)$，因为 $y'=2x$，所以 $y=\int 2x\mathrm{d}x=x^2+C$.

由于曲线过(1,1) 点，有 $1=1+C$，得 $C=0$. 于是过(1,1) 点的曲线方程为 $y=x^2$.

4.1.3　不定积分的性质

性质 1　$\dfrac{\mathrm{d}}{\mathrm{d}x}\left(\int f(x)\mathrm{d}x\right)=f(x)$ 或 $\mathrm{d}\left(\int f(x)\mathrm{d}x\right)=f(x)\mathrm{d}x$.

性质 2　$\int F'(x)\mathrm{d}x=F(x)+C$ 或 $\int \mathrm{d}F(x)=F(x)+C$.

性质 3　$\int [f(x)\pm g(x)]\mathrm{d}x=\int f(x)\mathrm{d}x\pm\int g(x)\mathrm{d}x$.

事实上

$$\left[\int f(x)\mathrm{d}x\pm\int g(x)\mathrm{d}x\right]'=\left[\int f(x)\mathrm{d}x\right]'\pm\left[\int g(x)\mathrm{d}x\right]'=f(x)\pm g(x)$$

推广

$$\int [f_1(x)\pm f_2(x)\pm\cdots\pm f_n(x)]\mathrm{d}x=\int f_1(x)\mathrm{d}x\pm\int f_2(x)\mathrm{d}x\pm\cdots\pm\int f_n(x)\mathrm{d}x$$

性质 4　$\int kf(x)\mathrm{d}x=k\int f(x)\mathrm{d}x$，$k$ 为非零常数.

上面性质 3 和性质 4 给出了求不定积分的运算与求导运算(或微分运算) 互为逆运算.

4.1.4　基本积分表

由于求不定积分与求导数互为逆运算，故由导数的基本公式，不难得到下列基本积分公式(式中 C 为任意常数).

(1) $\int k\mathrm{d}x=kx+C$；　(2) $\int x^\alpha\mathrm{d}x=\dfrac{x^{\alpha+1}}{\alpha+1}+C(\alpha\neq-1)$；

(3) $\int \dfrac{1}{x}\mathrm{d}x=\ln|x|+C$；　(4) $\int a^x\mathrm{d}x=\dfrac{a^x}{\ln a}+C(a>0,a\neq 1)$；

(5) $\int \mathrm{e}^x\mathrm{d}x=\mathrm{e}^x+C$；　(6) $\int \sin x\mathrm{d}x=-\cos x+C$；

(7) $\int \cos x\mathrm{d}x=\sin x+C$；　(8) $\int \sec^2 x\mathrm{d}x=\tan x+C$；

(9) $\int \csc^2 x\mathrm{d}x=-\cot x+C$；　(10) $\int \dfrac{\mathrm{d}x}{\sqrt{1-x^2}}=\arcsin x+C$；

(11) $\int \dfrac{1}{1+x^2}\mathrm{d}x=\arctan x+C$；　(12) $\int \sec x\tan x\mathrm{d}x=\sec x+C$；

(13) $\int \csc x \cot x \mathrm{d}x = -\csc x + C$；　　(14) $\int \operatorname{sh} x \mathrm{d}x = \operatorname{ch} x + C$；

(15) $\int \operatorname{ch} x \mathrm{d}x = \operatorname{sh} x + C$.

上述基本积分公式是求其他不定积分时经常用到的，因此要求熟记这些公式.利用不定积分的性质和基本积分表，可求出一些简单函数的不定积分.

例 4　求 $\int \frac{1}{x^2}\mathrm{d}x$.

解　$\int \frac{1}{x^2}\mathrm{d}x = -\frac{1}{x} + C$.

例 5　求 $\int (1+\sqrt{x})\left(\frac{1}{\sqrt{x}} + x\right)\mathrm{d}x$.

解

$$\int (1+\sqrt{x})\left(\frac{1}{\sqrt{x}} + x\right)\mathrm{d}x = \int \left(\frac{1}{\sqrt{x}} + x + 1 + x\sqrt{x}\right)\mathrm{d}x =$$

$$\int (x^{-\frac{1}{2}} + x + 1 + x^{\frac{3}{2}})\mathrm{d}x$$

$$= 2\sqrt{x} + \frac{x^2}{2} + x + \frac{2}{5}x^2\sqrt{x} + C.$$

例 6　求 $\int \frac{x^2}{x^2+1}\mathrm{d}x$.

解

$$\int \frac{x^2}{x^2+1}\mathrm{d}x = \int \frac{x^2+1-1}{x^2+1}\mathrm{d}x = \int \left(1 - \frac{1}{x^2+1}\right)\mathrm{d}x =$$

$$\int \mathrm{d}x - \int \frac{1}{x^2+1}\mathrm{d}x = x - \arctan x + C.$$

例 7　$\int \frac{\sin 2x}{\sin x}\mathrm{d}x$.

解　$\int \frac{\sin 2x}{\sin x}\mathrm{d}x = \int \frac{2\sin x \cos x}{\sin x}\mathrm{d}x = 2\int \cos x \mathrm{d}x = 2\sin x + C$.

例 8　求 $\int \frac{1}{\sin^2 x \cos^2 x}\mathrm{d}x$.

解

$$\int \frac{1}{\sin^2 x \cos^2 x}\mathrm{d}x = \int \left(\frac{1}{\cos^2 x} + \frac{1}{\sin^2 x}\right)\mathrm{d}x =$$

$$\int \sec^2 x \mathrm{d}x + \int \csc^2 x \mathrm{d}x = \tan x - \cot x + C.$$

例 9　求 $\int \sin^2 \frac{x}{2}\mathrm{d}x$.

解

$$\int \sin^2 \frac{x}{2}\mathrm{d}x = \int \frac{1}{2}(1-\cos x)\mathrm{d}x = \frac{1}{2}\int (1-\cos x)\mathrm{d}x =$$

$$\frac{1}{2}\left[\int \mathrm{d}x - \int \cos x \mathrm{d}x\right] = \frac{1}{2}(x - \sin x) + C.$$

例 10　求$\int \cot^2 x\mathrm{d}x$.

解　$\int \cot^2 x\mathrm{d}x=\int \frac{\cos^2 x}{\sin^2 x}\mathrm{d}x=\int \frac{1-\sin^2 x}{\sin^2 x}\mathrm{d}x=$

$$\int\left(\frac{1}{\sin^2 x}-1\right)\mathrm{d}x=\int \frac{1}{\sin^2 x}\mathrm{d}x-\int \mathrm{d}x=$$

$$-\cot x-x+C.$$

4.1.5　应用举例

例 11　根据马尔萨斯(Malthus,1766—1834,美国人)的人口理论,若放任自然地发展,全球的人口数 $N(t)$ 将按指数规律增长,即有 $N'(t)=k\mathrm{e}^{(n-m)(t-t_0)}$,其中常数 n,m 分别是人口的出生率与死亡率(单位时间内出生人数及死亡人数分别为 nN,mN),常数 t_0 是计算的起始时刻,k 是常数.假若取 $t_0=1961$ 年,$k=6.12\times 10^7$,$n-m=0.02$,并已知 1961 年的全球人口总数是 30.6 亿人,据此模型计算 1991 年的全球人口总数,并预测 2016 年的全球人口总数将达到多少?

解　$N'(t)=k\mathrm{e}^{(n-m)(t-t_0)}$ 两侧对 t 积分,得

$$\int N'(t)\mathrm{d}t=\int k\mathrm{e}^{(n-m)(t-t_0)}\mathrm{d}t$$

即

$$N(t)=\int k\mathrm{e}^{(n-m)(t-t_0)}\mathrm{d}(t-t_0)=\frac{k}{n-m}\mathrm{e}^{(n-m)(t-t_0)}+C$$

由已知 $N(t_0)=3.06\times 10^9$,得

$$C=N(t_0)-\frac{k}{n-m}=3.06\times 10^9-3.06\times 10^9=0$$

故有

$$N(t)=\frac{k}{n-m}\mathrm{e}^{(n-m)(t-t_0)}=3.06\times 10^9\mathrm{e}^{0.02(t-1\,961)}$$

1991 年全球人口总数为

$$N(1991)=\frac{k}{n-m}\mathrm{e}^{(n-m)(t-t_0)}=3.06\times 10^9\mathrm{e}^{0.02(1\,991-1\,961)}\approx 5.58\times 10^9$$

并预测 2016 年的全球人口总数将达到

$$N(2011)=\frac{k}{n-m}\mathrm{e}^{(n-m)(t-t_0)}=3.06\times 10^9\mathrm{e}^{0.02(2\,016-1\,961)}\approx 9.19\times 10^9$$

例 12　工厂售出某种产品 q(百台)的总成本 C(万元),已知边际成本是 $C'(q)=2$,设固定成本为零,其收益 R(万元)的边际收益是 $R'(q)=7-2q$.求:(1) 生产量 q 为多少时可使利润最大?(2) 若在利润最大产量 q_0 的基础上又增产 50 台,问将导致总利润下降多少?

解　(1) 利润最大的产量应使边际收益与边际成本相等,由 $7-2q=2$ 得利润最大的产量必须是 $q_0=2.5$(百台),为说明这确实是使利润最大的产量,可建立总利润表达式:$L=R-C$,因为 $L'=R'-C'=5-2q$,故可解得 q_0 是 L 的驻点,又可看出当 $q<q_0$ 时,

$L'>0$,而 $q>q_0$ 时,$L'<0$,故唯一的驻点 q_0 是极大点,即为最大点,由 L' 可通过积分求得 L,$\int L'\mathrm{d}q=\int(5-2q)\mathrm{d}q$,即 $L(q)=5q-q^2+C$,将 $q=0$ 代入上式,因 $L(0)=0$,得 $C=0$,所以 $L(q)=5q-q^2$,故最大利润为 $L(2.5)=6.25$(万元).

(2) 下降的总利润数为 $L(2.5)-L(3)=6.25-6=0.25$(万元).

例 13　在平面上有一运动着的质点,如果它在 x 轴方向和 y 轴方向的分速度分别为 $v_x=6\sin t$ 和 $v_y=3\cos t$,且 $x|_{t=0}=6$,$y|_{t=0}=0$,求:(1) 当时间为 t 时,质点所在的位置;(2) 运动的轨迹方程.

解　(1) $x(t)=\int 6\sin t\mathrm{d}t=-6\cos t+C_1$,由 $x|_{t=0}=6$ 得 $C_1=12$,故

$$x(t)=-6\cos t+12$$

$$y(t)=\int 3\cos t\mathrm{d}t=3\sin t+C_2$$

由 $y|_{t=0}=0$ 得 $C_2=0$,故

$$y(t)=3\sin t$$

所以当时间为 t 时,质点所在的位置为 $(-6\cos t+12, 3\sin t)$.

(2) 由 $\begin{cases}x(t)=-6\cos t+12\\ y(t)=3\sin t\end{cases}$,所以运动的轨迹方程为 $(x-12)^2+4y^2=36$.

习题 4.1

1. 利用不定积分的性质填空.

(1) $\dfrac{\mathrm{d}}{\mathrm{d}x}\int f(x)\mathrm{d}x=$ ________;　　(2) $\int f'(x)\mathrm{d}x=$ ________;

(3) $\mathrm{d}\int f(x)\mathrm{d}x=$ ________;　　(4) $\int \mathrm{d}f(x)=$ ________.

2. 填空.

(1) $\int \sin x\mathrm{d}x=$ ________;　　(2) $\int(-4)x^{-3}\mathrm{d}x=$ ________;

(3) $\int \sqrt{x}\mathrm{d}x$ ________;　　(4) $\int 3^x\mathrm{d}x=$ ________.

3. 一曲线通过点 $(\mathrm{e}^2,3)$,且在任一点处的切线的斜率等于该点横坐标的倒数,求该曲线的方程.

4. 计算下列不定积分.

(1) $\int(x^3+3x^2+1)\mathrm{d}x$;　　(2) $\int x^2\sqrt{x}\mathrm{d}x$;

(3) $\int \dfrac{x^2+\sqrt{x^3}+3}{\sqrt{x}}\mathrm{d}x$;　　(4) $\int \sqrt[3]{x}(x^2-5)\mathrm{d}x$;

(5) $\int \dfrac{3^x+2^x}{3^x}\mathrm{d}x$;　　(6) $\int(\mathrm{e}^x-3\cos x)\mathrm{d}x$;

(7) $\int(10^x+\cot^2 x)\mathrm{d}x$;　　(8) $\int \sec x(\sec x-\tan x)\mathrm{d}x$;

(9) $\int e^{x-3}dx$；　　(10) $\int 10^x \cdot 2^{3x}dx$；

(11) $\int \frac{1+x+x^2}{x(1+x^2)}dx$；　　(12) $\int \frac{\cos 2x}{\cos x+\sin x}dx$；

(13) $\int \frac{(x-1)^2}{x^2}dx$；　　(14) $\int \frac{x^4}{x^2-1}dx$.

5. 设$\int xf(x)dx=\arccos x+C$，求 $f(x)$.

6. 设物体以速度 $v=2\cos t$ 做直线运动，开始时质点的位移为 s_0，求质点的运动方程.

4.2　换元积分法

利用基本积分表和积分性质，所能计算的不定积分非常有限，因此有必要进一步研究不定积分的计算方法. 本节将在复合函数求导法则的基础上研究复合函数的积分方法，即换元积分法. 换元积分法分为第一类换元法（或凑微分法）和第二类换元法.

4.2.1　第一类换元法(凑微分法)

引例　求$\int \cos 3x dx$.

分析　由于被积函数 $\cos 3x$ 是复合函数，由 $y=\cos u$ 和 $u=3x$ 复合而成，所以不能直接套用基本积分表中的公式$\int \cos x dx=\sin x+C$，而将积分式改写为$\int \cos 3x dx=\frac{1}{3}\int \cos 3x d(3x)$，令 $u=3x$，则

$$原式=\frac{1}{3}\int \cos u du=\frac{1}{3}\sin u+C=\frac{1}{3}\sin 3x+C$$

一般地，我们可得到如下定理：

定理 1　设 $f(u)$ 是 u 的连续函数，且$\int f(u)du=F(u)+C$，设 $u=\varphi(x)$ 有连续的导数 $\varphi'(x)$，则

$$\int f[\varphi(x)]\varphi'(x)dx=F[\varphi(x)]+C$$

证明　只需证明$\frac{dF[\varphi(x)]}{dx}=f[\varphi(x)]\varphi'(x)$ 即可. 因为

$$\frac{dF[\varphi(x)]}{dx}=F'[\varphi(x)]\varphi'(x)$$

又由 $F'(u)=f(u)$，故

$$\frac{dF[\varphi(x)]}{dx}=f[\varphi(x)]\varphi'(x)$$

这个定理表明，在基本积分公式中，自变量 x 换成任何一个可微函数 $u=\varphi(x)$ 后公式仍然成立，从而扩大了基本积分公式的使用范围，运用这一结论，可写出其方法的一般计算步骤如下：

(1) 先凑微分：$\int f[\varphi(x)]\varphi'(x)\mathrm{d}x=\int f[\varphi(x)]\mathrm{d}\varphi(x)$.

(2) 做变量代换后积分：令 $u=\varphi(x)$，即$\int f[\varphi(x)]\mathrm{d}\varphi(x)=\int f(u)\mathrm{d}u=F(u)+C$.

(3) 回代变量：$\int f(u)\mathrm{d}u=F(u)+C=F[\varphi(x)]+C$.

例 1　求$\int \cos^2 x\sin x\mathrm{d}x$.

解　因为 $\mathrm{d}\cos x=-\sin x\mathrm{d}x$，设 $u=-\cos x$，$\mathrm{d}u=\sin x\mathrm{d}x$，则

$$\int \cos^2 x\sin x\mathrm{d}x=-\int \cos^2 x\mathrm{d}\cos x=-\frac{1}{3}\cos^3 x+C$$

例 2　求$\int \cot x\mathrm{d}x$.

解　因为$\int \cot x\mathrm{d}x=\int \frac{\cos x}{\sin x}\mathrm{d}x$，又 $\cos x\mathrm{d}x=\mathrm{d}\sin x$，设 $u=\sin x$，$\mathrm{d}u=\cos x\mathrm{d}x$，则

$$\int \cot x\mathrm{d}x=\int \frac{\cos x}{\sin x}\mathrm{d}x=\int \frac{1}{\sin x}\mathrm{d}\sin x=\int \frac{1}{u}\mathrm{d}u=\ln|u|+C=\ln|\sin x|+C$$

同理可得

$$\int \tan x\mathrm{d}x=-\ln|\cos x|+C$$

例 3　求$\int \frac{\ln^2 x}{x}\mathrm{d}x$.

解　因为$\frac{1}{x}\mathrm{d}x=\mathrm{d}\ln x$，设 $u=\ln x$，则 $\mathrm{d}u=\frac{1}{x}\mathrm{d}x$，故有

$$\int \frac{\ln^2 x}{x}\mathrm{d}x=\int \ln^2 x\mathrm{d}\ln x=\int u^2\mathrm{d}u=\frac{1}{3}u^3+C=$$

$$\frac{1}{3}(\ln x)^3+C$$

此方法比较熟练之后，可略去中间的换元步骤，直接用凑微分法凑成基本积分公式的形式，即可求得不定积分.

例 4　求$\int \frac{1}{2+5x}\mathrm{d}x$.

解　$\int \frac{1}{2+5x}\mathrm{d}x=\frac{1}{5}\int \frac{1}{2+5x}\mathrm{d}(5x+2)=\frac{1}{5}\ln|5x+2|+C$.

为了帮助读者更好地掌握凑微分法，下面先介绍几个常用的凑微分公式.

(1) $\mathrm{d}x=\frac{1}{a}\mathrm{d}(ax+b)$，$a\neq 0$；

(2) $x\mathrm{d}x=\frac{1}{2}\mathrm{d}x^2$；

(3) $\frac{1}{\sqrt{x}}\mathrm{d}x=2\mathrm{d}(\sqrt{x})$；

(4) $\frac{1}{ax+b}\mathrm{d}x=\frac{1}{a}\mathrm{d}\ln(ax+b)$，$a\neq 0$；

(5) $e^{ax}dx = \frac{1}{a}d(e^{ax})$;

(6) $\cos x dx = d\sin x$;

(7) $\sin x dx = -d\cos x$;

(8) $\sec^2 x dx = d\tan x$;

(9) $\csc^2 x dx = -d\cot x$;

(9) $\frac{1}{\sqrt{1-x^2}}dx = d\arcsin x$;

(10) $\frac{1}{1+x^2}dx = d\arctan x$.

例 5　求$\int \frac{1}{a^2+x^2}dx$,其中 $a \neq 0$.

解　$原式=\int \frac{1}{a^2} \cdot \frac{1}{1+\left(\frac{x}{a}\right)^2}dx = \frac{1}{a}\int \frac{1}{1+\left(\frac{x}{a}\right)^2}d\left(\frac{x}{a}\right) = \frac{1}{a}\arctan \frac{x}{a} + C.$

例 6　求$\int \frac{dx}{\sqrt{a^2-x^2}}$,其中 $a > 0$.

解　$\int \frac{dx}{\sqrt{a^2-x^2}} = \int \frac{1}{a} \frac{dx}{\sqrt{1-\left(\frac{x}{a}\right)^2}} = \int \frac{d\left(\frac{x}{a}\right)}{\sqrt{1-\left(\frac{x}{a}\right)^2}} = \arcsin \frac{x}{a} + C$

即

$$\int \frac{dx}{\sqrt{a^2-x^2}} = \arcsin \frac{x}{a} + C$$

例 7　求$\int \frac{dx}{2x^2+4x+3}$.

解　$\int \frac{dx}{2x^2+4x+3} = \frac{1}{2}\int \frac{dx}{x^2+2x+\frac{3}{2}} = \frac{1}{2}\int \frac{dx}{(x+1)^2+\frac{1}{2}} =$

$$\frac{1}{2}\int \frac{1}{(x+1)^2+\left(\frac{1}{\sqrt{2}}\right)^2}d(x+1) = \frac{1}{2} \cdot \sqrt{2}\arctan \frac{x+1}{\frac{1}{\sqrt{2}}} + C =$$

$$\frac{\sqrt{2}}{2}\arctan[\sqrt{2}(x+1)] + C.$$

例 8　求$\int \cos^2 x dx$.

解　$\int \cos^2 x dx = \int \frac{1+\cos 2x}{2}dx = \frac{1}{2}\int dx + \frac{1}{2}\int \cos 2x dx =$

$$\frac{x}{2} + \frac{1}{4}\sin 2x + C.$$

例 9　求$\int \sin^3 x dx$.

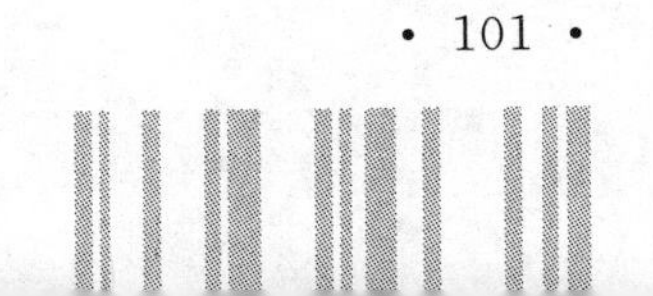

解　$\int \sin^3 x\mathrm{d}x=\int \sin^2 x\sin x\mathrm{d}x=-\int(1-\cos^2 x)\mathrm{d}(\cos x)=$

$$-\int\mathrm{d}(\cos x)+\int\cos^2 x\mathrm{d}(\cos x)=$$

$$-\cos x+\frac{1}{3}\cos^3 x+C.$$

例 10　求$\int\frac{1}{x^2-a^2}\mathrm{d}x$，其中 $a>0$.

解　由于$\frac{1}{x^2-a^2}=\frac{1}{2a}\left(\frac{1}{x-a}-\frac{1}{x+a}\right)$，所以

$$\int\frac{1}{x^2-a^2}\mathrm{d}x=\frac{1}{2a}\int\left(\frac{1}{x-a}-\frac{1}{x+a}\right)\mathrm{d}x=\frac{1}{2a}\left(\int\frac{1}{x-a}\mathrm{d}x-\int\frac{1}{x+a}\mathrm{d}x\right)=$$

$$\frac{1}{2a}\left[\int\frac{1}{x-a}\mathrm{d}(x-a)-\int\frac{1}{x+a}\mathrm{d}(x+a)\right]=$$

$$\frac{1}{2a}[\ln|x-a|-\ln|x+a|]+C=$$

$$\frac{1}{2a}\ln\left|\frac{x-a}{x+a}\right|+C$$

即

$$\int\frac{1}{x^2-a^2}\mathrm{d}x=\frac{1}{2a}\ln\left|\frac{x-a}{x+a}\right|+C$$

例 11　求$\int\sec x\mathrm{d}x$.

解　$\int\sec x\mathrm{d}x=\int\frac{\sec x(\sec x+\tan x)}{\sec x+\tan x}\mathrm{d}x=\int\frac{\sec^2 x+\sec x\tan x}{\sec x+\tan x}\mathrm{d}x=$

$$\int\frac{1}{\sec x+\tan x}\mathrm{d}(\sec x+\tan x)=\ln|\sec x+\tan x|+C.$$

同理可得

$$\int\csc x\mathrm{d}x=\ln|\csc x-\cot x|+C$$

4.2.2　第二类换元法

第一类换元法是先凑微分，再换元积分，但有些被积函数必须先换元再积分.

定理 2　设函数 $x=\varphi(t)$ 为单调、可导函数，且 $\varphi'(t)\neq 0$，设 $f[\varphi(t)]\varphi'(t)$ 具有原函数 $F(t)$，则有

$$\int f(x)\mathrm{d}x=\left\{\int f[\varphi(t)]\varphi'(t)\mathrm{d}t\right\}_{t=\varphi^{-1}(x)}=[F(t)+C]_{t=\varphi^{-1}(x)}$$

其中 $\varphi^{-1}(x)$ 是 $x=\varphi(t)$ 的反函数.

证明　设$\int f[\varphi(t)]\varphi'(t)\mathrm{d}t=F(t)+C$，只需证$\{F[\varphi^{-1}(x)]+C\}'=f(x)$.

而

$$\frac{\mathrm{d}}{\mathrm{d}x}F[\varphi^{-1}(x)]=\frac{\mathrm{d}F(t)}{\mathrm{d}t}\cdot\frac{\mathrm{d}t}{\mathrm{d}x}=f[\varphi(t)]\varphi'(t)\cdot\frac{1}{\varphi'(t)}=$$

$$f[\varphi(t)]=f(x)$$

利用此方法解题的一般步骤如下：

(1) 先换元. 令 $x=\varphi(t)$，$\int f(x)\mathrm{d}x=\int f[\varphi(t)]\varphi'(t)\mathrm{d}t$.

(2) 再积分. $\int f(x)\mathrm{d}x=\int f[\varphi(t)]\mathrm{d}\varphi(t)=F(t)+C$.

(3) 再回代. $t=\varphi^{-1}(x)$，则 $F(t)+C=F[\varphi^{-1}(x)]+C$.

例 12　求 $\int \frac{\mathrm{d}x}{1+\sqrt{x}}$.

解　作变量代换 $x=t^2$（以消去根式），于是 $\sqrt{x}=t$，$\mathrm{d}x=2t\mathrm{d}t$，从而

$$\text{原式}=2\int \frac{t}{1+t}\mathrm{d}t=2\int\left(1-\frac{1}{1+t}\right)\mathrm{d}t=$$
$$2t-2\ln(1+t)+C=$$
$$2\sqrt{x}-2\ln(1+\sqrt{x})+C$$

一般地，当被积函数为无理函数时，总是先利用变量代换将无理函数化为有理函数，然后再计算有理函数的积分.

例 13　求 $\int \frac{\sqrt{x+2}}{x+3}\mathrm{d}x$.

解　设 $\sqrt{x+2}=t$，则 $x=t^2-2$，$\mathrm{d}x=2t\mathrm{d}t$，有

$$\int \frac{\sqrt{x+2}}{x+3}\mathrm{d}x=\int \frac{t}{t^2+1}\cdot 2t\mathrm{d}t=\int\left(2-\frac{2}{t^2+1}\right)\mathrm{d}t=$$
$$2t-2\arctan t+C=$$
$$2\sqrt{x+2}-2\arctan\sqrt{x+2}+C$$

例 14　求 $\int \frac{\sin\sqrt{t}}{\sqrt{t}}\mathrm{d}t$.

解　设 $\sqrt{t}=x$，$t=x^2$，$\mathrm{d}t=2x\mathrm{d}x$，从而

$$\int \frac{\sin\sqrt{t}}{\sqrt{t}}\mathrm{d}t=2\int \frac{\sin x}{x}x\mathrm{d}x=2\int \sin x\mathrm{d}x=-2\cos x+C$$

例 15　求 $\int \frac{1}{\sqrt{x}+\sqrt[3]{x}}\mathrm{d}x$.

解　设 $x=t^6$，$\mathrm{d}x=6t^5\mathrm{d}t$，从而

$$\int \frac{1}{\sqrt{x}+\sqrt[3]{x}}\mathrm{d}x=\int \frac{6t^5}{t^3+t^2}\mathrm{d}t=6\int \frac{t^3}{t+1}\mathrm{d}t=6\int \frac{t^3+1-1}{t+1}\mathrm{d}t=$$
$$6\int(t^2-t+1-\frac{1}{t+1})\mathrm{d}t=$$
$$2t^3-3t^2+6t-6\ln|t+1|+C=$$
$$2\sqrt{x}-3\sqrt[3]{x}+6\sqrt[6]{x}-6\ln(\sqrt[6]{x}+1)+C$$

例 16　求 $\int \sqrt{a^2-x^2}\,\mathrm{d}x\ (a>0)$.

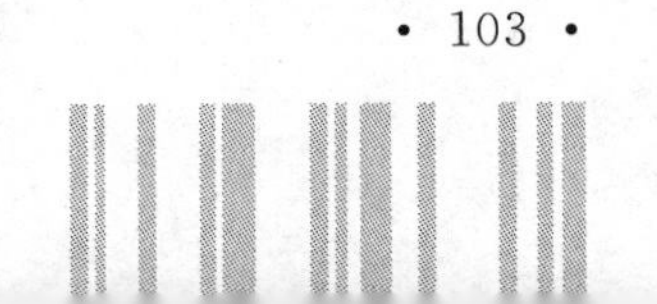

解　此积分难点在于被积函数是根式$\sqrt{a^2-x^2}$，为消去此根式，令 $x=a\sin t$，其中 $-\frac{\pi}{2}\leqslant t\leqslant\frac{\pi}{2}$，则 $\mathrm{d}x=a\cos t\mathrm{d}t$，$\sqrt{a^2-x^2}=a\cos t$，则

$$\int\sqrt{a^2-x^2}\,\mathrm{d}x=\int a\cos t\cdot a\cos t\mathrm{d}t=a^2\int\cos^2 t\mathrm{d}t=$$
$$a^2\int\frac{1+\cos 2t}{2}\mathrm{d}t=\frac{a^2}{2}\left(t+\frac{1}{2}\sin 2t\right)+C$$

由 $\sin t=\frac{x}{a}$，如图 1 所示，得 $t=\arcsin\frac{x}{a}$，$\cos t=\frac{\sqrt{a^2-x^2}}{a}$，故有

$$\int\sqrt{a^2-x^2}\,\mathrm{d}x=\frac{a^2}{2}\left(\arcsin\frac{x}{a}+\frac{x\sqrt{a^2-x^2}}{a^2}\right)+C=$$
$$\frac{a^2}{2}\arcsin\frac{x}{a}+\frac{x}{2}\sqrt{a^2-x^2}+C$$

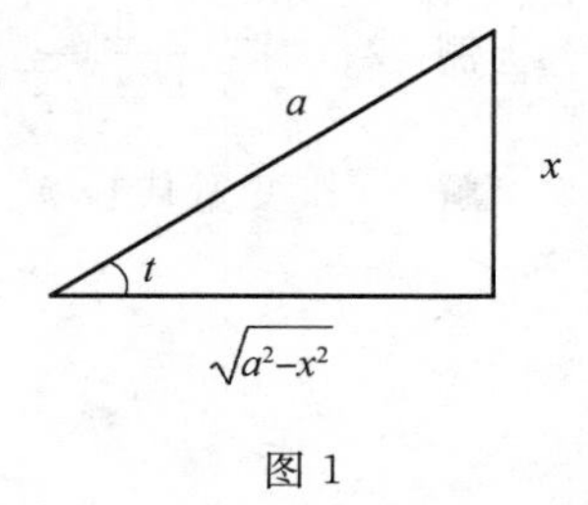

图 1

即有

$$\int\sqrt{a^2-x^2}\,\mathrm{d}x=\frac{a^2}{2}\arcsin\frac{x}{a}+\frac{x}{2}\sqrt{a^2-x^2}+C$$

例 17　求$\int\frac{\mathrm{d}x}{\sqrt{x^2+a^2}}$ $(a>0)$.

解　利用三角公式 $1+\tan^2 t=\sec^2 t$ 来消去根式$\sqrt{x^2+a^2}$，设 $x=a\tan t$，其中 $-\frac{\pi}{2}<t<\frac{\pi}{2}$，则 $\mathrm{d}x=a\sec^2 t\mathrm{d}t$，有

$$\sqrt{x^2+a^2}=\sqrt{a^2+a^2\tan^2 t}=a\sqrt{1+\tan^2 t}=a\sec t$$

于是

$$\int\frac{\mathrm{d}x}{\sqrt{x^2+a^2}}=\int\frac{a\sec^2 t}{a\sec t}\mathrm{d}t=\int\sec t\mathrm{d}t=\ln|\sec t+\tan t|+C_1$$

由于 $\tan t=\frac{x}{a}$，如图 2 所示，得 $\sec t=\frac{\sqrt{x^2+a^2}}{a}$，于是

$$\int\frac{\mathrm{d}x}{\sqrt{x^2+a^2}}=\ln\left|\frac{x}{a}+\frac{\sqrt{x^2+a^2}}{a}\right|+C_1=$$
$$\ln|x+\sqrt{x^2+a^2}|+C$$

其中 $C=C_1-\ln|a|$.

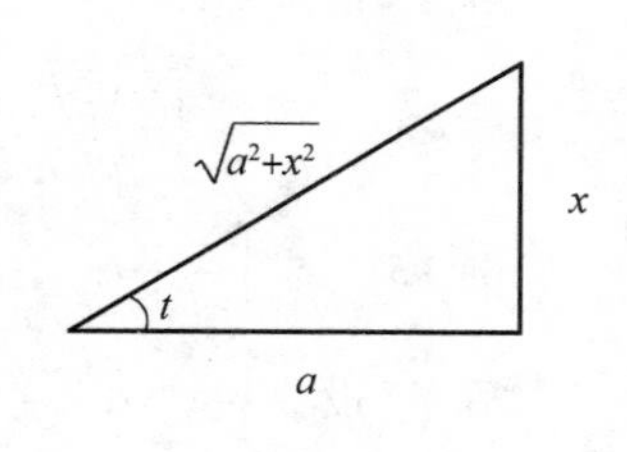

图 2

即有

$$\int\frac{\mathrm{d}x}{\sqrt{x^2+a^2}}=\ln|x+\sqrt{x^2+a^2}|+C$$

例 18　求$\int\frac{\mathrm{d}x}{\sqrt{x^2-a^2}}$ $(a>0)$.

解　设 $x>0$，令 $x=a\sec t\left(0<t<\frac{\pi}{2}\right)$，如图 3 所示，利用公式$\sec^2 t-1=\tan^2 t$，当

$x > a$ 时,有

$$\sqrt{x^2 - a^2} = \sqrt{a^2(\sec^2 t - 1)} = \sqrt{a^2 \tan^2 t} = a\tan t,$$
$$\mathrm{d}x = a\sec t \cdot \tan t\mathrm{d}t$$

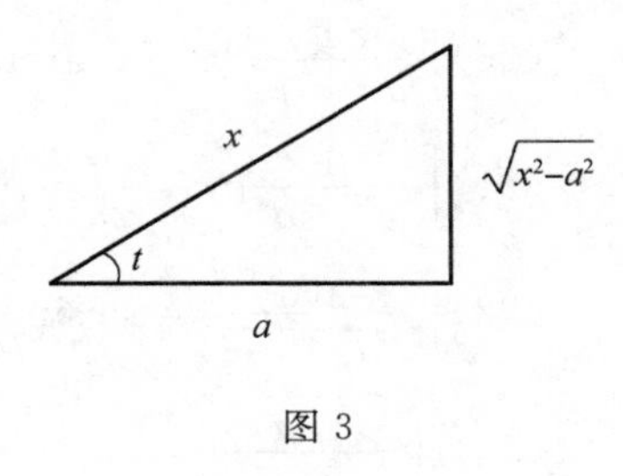

图 3

于是

$$\int \frac{\mathrm{d}x}{\sqrt{x^2 - a^2}} = \int \frac{a\sec t \cdot \tan t}{a\tan t}\mathrm{d}t = \int \sec t\mathrm{d}t =$$
$$\ln|\sec t + \tan t| + C_1 =$$
$$\ln\left|\frac{x}{a} + \frac{\sqrt{x^2 - a^2}}{a}\right| + C_1$$

所以

$$\int \frac{\mathrm{d}x}{\sqrt{x^2 - a^2}} = \ln|x + \sqrt{x^2 - a^2}| + C$$

其中,$C = C_1 - \ln|a|$.

即有

$$\int \frac{\mathrm{d}x}{\sqrt{x^2 - a^2}} = \ln|x + \sqrt{x^2 - a^2}| + C$$

通过前面的几个例子,可以总结出以下几个规律:

(1) 对于$\int f(\sqrt[n]{ax+b})\mathrm{d}x$,可令 $t = \sqrt[n]{ax+b}$ 求解;

(2) 对于$\int f(\sqrt{a^2 - x^2})\mathrm{d}x$,可令 $x = a\sin t$ 或 $x = a\cos t$ 求解;

(3) 对于$\int f(\sqrt{a^2 + x^2})\mathrm{d}x$,可令 $x = a\tan t$ 或 $x = a\cot t$ 求解;

(4) 对于$\int f(\sqrt{x^2 - a^2})\mathrm{d}x$,可令 $x = a\sec t$ 或 $x = a\csc t$ 求解.

对于(2),(3),(4) 情形,在积分过程中,将 t 代回 x 时,利用图 1 ~ 3 的直角三角形,将会带来方便.

通过上面的例题可以看出,第一和第二换元法是两种很有效的积分方法. 同时不难看出,两种方法的实质是同一公式的互逆使用方法. 第一换元法是先分解被积函数,再做变换并求不定积分,第二换元法是先做变换后求不定积分.

最后,为了以后引用方便,将例题中计算过的几个常用的不定积分充实到基本积分表中:

(16) $\int \tan x\mathrm{d}x = -\ln|\cos x| + C$.

(17) $\int \cot x\mathrm{d}x = \ln|\sin x| + C$.

(18) $\int \sec x\mathrm{d}x = \ln|\sec x + \tan x| + C$.

(19) $\int \csc x\mathrm{d}x = \ln|\csc x - \cot x| + C$.

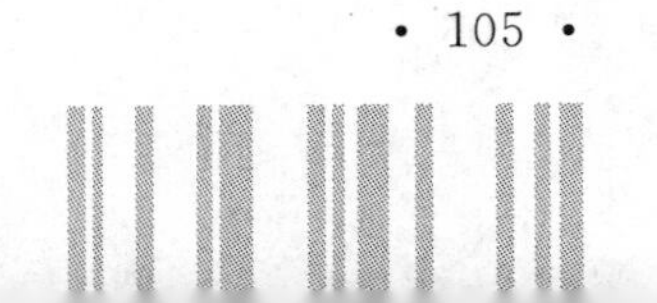

(20) $\int \frac{1}{a^2+x^2}\mathrm{d}x=\frac{1}{a}\arctan\frac{x}{a}+C.$

(21) $\int \frac{1}{x^2-a^2}\mathrm{d}x=\frac{1}{2a}\ln\left|\frac{x-a}{x+a}\right|+C.$

(22) $\int \frac{\mathrm{d}x}{\sqrt{a^2-x^2}}=\arcsin\frac{x}{a}+C.$

(23) $\int \frac{\mathrm{d}x}{\sqrt{x^2+a^2}}=\ln|x+\sqrt{x^2+a^2}|+C$，$a>0$.

(24) $\int \frac{\mathrm{d}x}{\sqrt{x^2-a^2}}=\ln|x+\sqrt{x^2-a^2}|+C$，$a>0$.

(25) $\int \sqrt{a^2-x^2}\,\mathrm{d}x=\frac{a^2}{2}\arcsin\frac{x}{a}+\frac{x}{2}\sqrt{a^2-x^2}+C$，$a>0$.

习题 4.2

1. 选择题.

(1) 下列凑微分正确的是(　　).

A. $\ln x\mathrm{d}x=\mathrm{d}\left(\frac{1}{x}\right)$　　B. $\frac{1}{\sqrt{1-x^2}}\mathrm{d}x=\mathrm{d}\sin x$

C. $\frac{1}{x^2}\mathrm{d}x=\mathrm{d}\left(-\frac{1}{x}\right)$　　D. $\sqrt{x}\,\mathrm{d}x=\mathrm{d}\sqrt{x}$

(2) 若$\int f(x)\mathrm{d}x=F(x)+C$,则$\int \mathrm{e}^{-x}f(\mathrm{e}^{-x})\mathrm{d}x=$(　　).

A. $F(\mathrm{e}^{x})+C$　　B. $F(\mathrm{e}^{-x})+C$

C. $-F(\mathrm{e}^{-x})+C$　　D. $\frac{F(\mathrm{e}^{-x})}{x}+C$

(3) 下列等式成立的是(　　).

A. $2x\mathrm{e}^{x^2}\mathrm{d}x=\mathrm{d}\mathrm{e}^{x^2}$　　B. $\frac{1}{x+1}\mathrm{d}x=\mathrm{d}(\ln x)+1$

C. $\arctan x\mathrm{d}x=\mathrm{d}\frac{1}{1+x^2}$　　D. $\cos 2x\mathrm{d}x=\mathrm{d}\sin 2x$

2. 计算下列不定积分.

(1) $\int \mathrm{e}^{5x+1}\mathrm{d}x$；　　(2) $\int \frac{1}{(1+2x)^2}\mathrm{d}x$；

(3) $\int \frac{x}{\sqrt{x^2+4}}\mathrm{d}x$；　　(4) $\int \sqrt[3]{1-2x}\,\mathrm{d}x$；

(5) $\int \frac{\ln^4 x}{x}\mathrm{d}x$；　　(6) $\int \frac{x}{x^2+5}\mathrm{d}x$；

(7) $\int \frac{\mathrm{e}^{\frac{1}{x}}}{x^2}\mathrm{d}x$；　　(8) $\int \frac{\mathrm{d}x}{36+x^2}$；

(9) $\int \frac{\mathrm{d}x}{\sqrt{4-9x^2}}$；　　(10) $\int \frac{3x^2-2}{x^3-2x+1}\mathrm{d}x$；

(11) $\int \frac{\cos x}{\sqrt{\sin x}} dx$;　　(12) $\int e^{\cos x} \sin x dx$.

3. 求下列不定积分.

(1) $\int \frac{1}{\sqrt{x}(1+\sqrt[3]{x})} dx$;　　(2) $\int \frac{x^2}{\sqrt{4-x^2}} dx$;

(3) $\int \frac{dx}{x\sqrt{x^2+4}}$;　　(4) $\int \frac{\sqrt{x^2-2}}{x} dx$;

(5) $\int \frac{dx}{\sqrt{4x^2+9}}$;　　(6) $\int \frac{1}{x\sqrt{1-x^2}} dx$.

4.3　分部积分法

本节利用两个函数乘积的求导法则，来推得另一个求不定积分的基本方法，即分部积分法.

由乘积的微分法则有

$$d(uv) = v du + u dv$$

移项得

$$u dv = d(uv) - v du$$

对这个等式两边求不定积分，得

$$\int u dv = uv - \int v du$$

若$\int v du$较$\int u dv$易于求得，应用此方法可化难为易. 这个公式称为分部积分公式，利用这个公式求不定积分的方法称为分部积分法.

例 1　求$\int x\cos x dx$.

解　设 $u = x, dv = \cos x dx = d(\sin x)$，则

$$\int x\cos x dx = \int x d(\sin x) = x\sin x - \int \sin x dx = x\sin x + \cos x + C$$

若设 $u = \cos x, dv = x dx = d\left(\frac{x^2}{2}\right)$，则

$$\int x\cos x dx = \int \cos x d\left(\frac{x^2}{2}\right) = \frac{x^2}{2}\cos x - \int \frac{x^2}{2} d\cos x = \frac{x^2}{2}\cos x + \int \frac{x^2}{2}\sin x dx$$

可以看出，新积分比原积分$\int x\cos x dx$更复杂，因此不能这样设，所以分部积分的关键在于恰当地选取 u 和 dv. 一般原则是：(1) v 要容易由凑微分法求得；(2) $\int v du$ 要比$\int u dv$容易积出.

例 2　求$\int \ln x dx$.

解　设 $u = \ln x, dv = dx$.

$$\int \ln x\mathrm{d}x = x\ln x - \int x\mathrm{d}(\ln x) = x\ln x - \int x \cdot \frac{1}{x}\mathrm{d}x = x\ln x - x + C.$$

例 3　求$\int x\ln x\mathrm{d}x$.

解　$\int x\ln x\mathrm{d}x = \frac{1}{2}\int \ln x\mathrm{d}x^2 = \frac{1}{2}\left[x^2\ln x - \int x^2\mathrm{d}(\ln x)\right] =$

$$\frac{1}{2}\left(x^2\ln x - \int x^2 \cdot \frac{1}{x}\mathrm{d}x\right) = \frac{1}{2}\left(x^2\ln x - \frac{x^2}{2}\right) + C.$$

例 4　求$\int x\mathrm{e}^x\mathrm{d}x$.

解　设 $u = x, \mathrm{d}v = \mathrm{e}^x\mathrm{d}x$，于是

$$\int x\mathrm{e}^x\mathrm{d}x = x\mathrm{e}^x - \int \mathrm{e}^x\mathrm{d}x = x\mathrm{e}^x - \mathrm{e}^x + C$$

例 5　求$\int x^2\mathrm{e}^x\mathrm{d}x$.

解　设 $u = x^2, \mathrm{d}v = \mathrm{e}^x\mathrm{d}x$，得

$$\int x^2\mathrm{e}^x\mathrm{d}x = x^2\mathrm{e}^x - 2\int x\mathrm{e}^x\mathrm{d}x$$

由于在例 4 中，$\int x\mathrm{e}^x\mathrm{d}x = x\mathrm{e}^x - \int \mathrm{e}^x\mathrm{d}x = x\mathrm{e}^x - \mathrm{e}^x + C$，所以

$$\begin{aligned}\int x^2\mathrm{e}^x\mathrm{d}x &= x^2\mathrm{e}^x - 2\int x\mathrm{e}^x\mathrm{d}x = \\ &x^2\mathrm{e}^x - 2(x\mathrm{e}^x - \mathrm{e}^x) + C = \\ &(x^2 - 2x + 2)\mathrm{e}^x + C\end{aligned}$$

熟练以后，不必写出 $u, \mathrm{d}v$，只要在心里想着就可以了.

例 6　求$\int x\ln x\mathrm{d}x$.

解　$\int x\ln x\mathrm{d}x = \frac{1}{2}\int \ln x\mathrm{d}x^2 = \frac{1}{2}\left[x^2\ln x - \int x^2\mathrm{d}(\ln x)\right] =$

$$\frac{1}{2}\left(x^2\ln x - \int x^2 \cdot \frac{1}{x}\mathrm{d}x\right) = \frac{1}{2}\left(x^2\ln x - \frac{x^2}{2}\right) + C.$$

例 7　求$\int x\sec^2 x\mathrm{d}x$.

解　$\int x\sec^2 x\mathrm{d}x = \int x\mathrm{d}(\tan x) = x\tan x - \int \tan x\mathrm{d}x =$

$$\begin{aligned}&x\tan x - (-\ln|\cos x|) + C = \\ &x\tan x + \ln|\cos x| + C.\end{aligned}$$

例 8　求$\int x\arctan x\mathrm{d}x$.

解　$\int x\arctan x\mathrm{d}x = \int \arctan x\mathrm{d}\left(\frac{x^2}{2}\right) = \frac{x^2}{2}\arctan x - \int \frac{x^2}{2}\mathrm{d}(\arctan x) =$

$$\frac{x^2}{2}\arctan x - \frac{1}{2}\int \frac{x^2}{1+x^2}\mathrm{d}x =$$

$$\frac{x^2}{2}\arctan x-\frac{1}{2}\int\frac{1+x^2-1}{1+x^2}\mathrm{d}x=$$
$$\frac{x^2}{2}\arctan x-\frac{1}{2}\int\left(1-\frac{1}{1+x^2}\right)\mathrm{d}x=$$
$$\frac{x^2}{2}\arctan x-\frac{1}{2}(x-\arctan x)+C.$$

例 9　求$\int \mathrm{e}^x\sin x\mathrm{d}x$.

解　$\int \mathrm{e}^x\sin x\mathrm{d}x=\int\sin x\mathrm{d}\mathrm{e}^x=\mathrm{e}^x\sin x-\int\mathrm{e}^x\mathrm{d}(\sin x)=$

$$\mathrm{e}^x\sin x-\int\mathrm{e}^x\cos x\mathrm{d}x.$$

注意到$\int\mathrm{e}^x\cos x\mathrm{d}x$与所求积分是同一类型的，需要再用一次分部积分，

$$\int\mathrm{e}^x\sin x\mathrm{d}x=\mathrm{e}^x\sin x-\int\cos x\mathrm{d}\mathrm{e}^x=\mathrm{e}^x\sin x-\left[\mathrm{e}^x\cos x-\int\mathrm{e}^x\mathrm{d}(\cos x)\right]=$$
$$\mathrm{e}^x\sin x-\mathrm{e}^x\cos x-\int\mathrm{e}^x\sin x\mathrm{d}x$$

所以

$$\int\mathrm{e}^x\sin x\mathrm{d}x=\frac{1}{2}\mathrm{e}^x(\sin x-\cos x)+C$$

例 10　求$\int\mathrm{e}^{\sqrt{x}}\mathrm{d}x$.

解　先换元，令 $t=\sqrt{x}$，$x=t^2$，$\mathrm{d}x=2t\mathrm{d}t$. 于是

$$\int\mathrm{e}^{\sqrt{x}}\mathrm{d}x=\int\mathrm{e}^t\cdot 2t\mathrm{d}t=2\int\mathrm{e}^t t\,\mathrm{d}t$$

由例 4 得知

$$\int t\mathrm{e}^t\mathrm{d}t=t\mathrm{e}^t-\int\mathrm{e}^t\mathrm{d}t=t\mathrm{e}^t-\mathrm{e}^t+C$$

于是

$$\int\mathrm{e}^{\sqrt{x}}\mathrm{d}x=2(t\mathrm{e}^t-\mathrm{e}^t)+C=2(\sqrt{x}\mathrm{e}^{\sqrt{x}}-\mathrm{e}^{\sqrt{x}})+C$$

通过前面的几个例子，我们可以总结如下几个规律：

(1) 对于$\int x^n\ln x\mathrm{d}x$，令 $u=\ln x$，$\mathrm{d}v=x^n\mathrm{d}x$，则可以求解. 当被积函数为幂函数与对数函数乘积时，选对数函数为 u，简记“幂对选对”.

(2) 对于$\int x^n\mathrm{e}^x\mathrm{d}x$，令 $u=x^n$，$\mathrm{d}v=\mathrm{e}^x\mathrm{d}x$，则可以求解. 当被积函数为幂函数与指数函数乘积时，选幂函数为 u，简记“幂指选幂”.

(3) 对于$\int x^n\sin x\mathrm{d}x$或$\int x^n\cos x\mathrm{d}x$，令 $u=x^n$，$\mathrm{d}v=\sin x\mathrm{d}x$ 或 $\mathrm{d}v=\cos x\mathrm{d}x$，则可以求解. 当被积函数为幂函数与三角函数乘积时，选幂函数为 u，简记“幂三选幂”.

(4) 对于$\int x^n\arctan x\mathrm{d}x$或$\int x^n\arcsin x\mathrm{d}x$，令 $u=\arctan x$ 或 $u=\arcsin x$，$\mathrm{d}v=x^n\mathrm{d}x$，则可

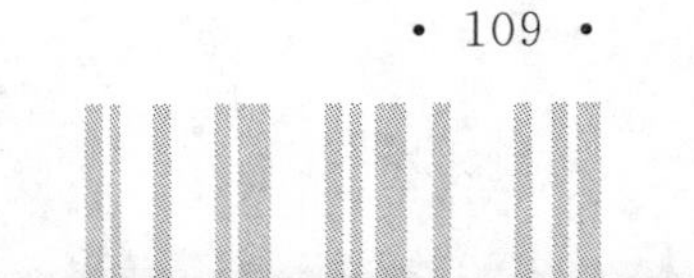

以求解. 当被积函数为幂函数与反三角函数乘积时,选反三角函数为 u,简记"幂反选反".

(5) 对于$\int e^x \sin x dx$或$\int e^x \cos x dx$,需要分部积分两次. 哪个变量为 u 都可以. 但是,如果第一次让三角函数为 u,第二次也应让三角函数为 u,否则积分将还原. 当被积函数为指数函数与正余弦函数乘积时,可任选其一为 u,简记"指弦任选".

(6) 对于$\int (x^2+1)\cos x dx$,令 $u=x^2+1, dv=\cos x dx$,则可求解. 当被积函数为多项式函数与三角函数乘积时,选多项式函数为 u,简记"三多选多".

(7) 对于$\int (x^2+3x+1)\ln x dx$,令 $u=\ln x, dv=(x^2+3x+1)dx$,则可求解. 当被积函数为多项式函数与对数函数乘积时,选对数函数为 u,简记"对多选对".

例 11　用多种方法求$\int \frac{x}{\sqrt{x-1}}dx$.

解　解法一:凑微分法.

$$\int \frac{x}{\sqrt{x-1}}dx=\int \frac{x-1+1}{\sqrt{x-1}}dx=\int \sqrt{x-1}\,dx+\int \frac{1}{\sqrt{x-1}}dx=$$

$$\frac{2}{3}(x-1)\sqrt{x-1}+2\sqrt{x-1}+C$$

解法二:第二类换元法

令$\sqrt{x-1}=t, x=1+t^2, dx=2tdt$,则

$$\int \frac{x}{\sqrt{x-1}}dx=\int \frac{1+t^2}{t}\cdot 2tdt=2\int (1+t^2)dt=2t+\frac{2}{3}t^3+C=$$

$$\frac{2}{3}(x-1)\sqrt{x-1}+2\sqrt{x-1}+C$$

解法三:分部积分法.

$$\int \frac{x}{\sqrt{x-1}}dx=\int x d(2\sqrt{x-1})=2x\sqrt{x-1}-2\int \sqrt{x-1}\,dx=$$

$$\frac{2}{3}(x-1)\sqrt{x-1}+2\sqrt{x-1}+C$$

通过此例可以看出,不定积分的计算方法较多,比较灵活,学习中要注意不断积累经验.

习题 4.3

1. 求下列不定积分.

(1)$\int x\sin 2x dx$;　　(2)$\int x e^{-x} dx$;

(3)$\int x\ln(x-1)dx$;　　(4)$\int \arcsin x dx$;

(5)$\int e^{-x}\sin 2x dx$.　　(6)$\int x\cos^2 x dx$;

(7)$\int x^2 \ln x dx$;　　(8)$\int \ln(1+x^2)dx$;

(9) $\int (x^2+2)\cos x\mathrm{d}x$；　　(10) $\int (x^2+3x+1)\ln x\mathrm{d}x$；

(11) $\int x\sin x\mathrm{d}x$；　　(12) $\int \mathrm{e}^{\sqrt[3]{x}}\mathrm{d}x$.

4.4　有理函数的积分

本节将介绍有理函数及可化为有理函数式的积分.

4.4.1　有理函数的积分

所谓有理函数是指由两个多项式函数相除而得到的函数，其一般形式为

$$R(x)=\frac{P_n(x)}{Q_m(x)} \tag{1}$$

其中 $P_n(x)$，$Q_m(x)$ 分别是关于 x 的 n 次和 m 次的实系数多项式.

当 $n<m$ 时，称为有理真分式；当 $n\geqslant m$ 时，称为有理假分式.

对于有理假分式，$P_n(x)$ 的次数大于等于 $Q_m(x)$ 的次数，应用多项式的除法，有

$$R(x)=\frac{P_n(x)}{Q_m(x)}=r(x)+\frac{P_l(x)}{Q_m(x)} \tag{2}$$

即有理假分式总能化为多项式与有理真分式之和，例如

$$\frac{2x^4+x^3+1}{x^2+2}=2x^2+x-4-\frac{2x-9}{x^2+2}$$

多项式的积分容易求得，故只需讨论有理真分式的积分.

设 $R_n(x)=\frac{P_n(x)}{Q_m(x)}$，$n<m$. 如果

$$Q_m(x)=a_0(x-a)^{\alpha}(x-b)^{\beta}\cdots(x^2+Px+q)^{\lambda}(x^2+rx+s)^{u}\cdots$$

其中 $\alpha,\beta,\cdots,\lambda,\mu,\cdots$ 是正整数，各二次多项式无实根，则 $R(x)$ 可唯一地分解成下面形式的部分分式之和，即

$$\begin{aligned}R(x)=\frac{P_n(x)}{Q_m(x)}=\frac{1}{a_0}\Big\{&\frac{A_1}{x-a}+\frac{A_2}{(x-a)^2}+\cdots+\frac{A_\alpha}{(x-a)^\alpha}+\\&\frac{B_1}{x-b}+\frac{B_2}{(x-b)^2}+\cdots+\frac{B_\beta}{(x-b)^\beta}+\cdots+\\&\frac{M_1x+N_1}{x^2+px+q}+\frac{M_2x+N_2}{(x^2+px+q)^2}+\cdots+\frac{M_\lambda x+N_\lambda}{(x^2+px+q)^\lambda}+\\&\frac{R_1x+S_1}{x^2+rx+s}+\frac{R_2x+S_2}{(x^2+rx+s)^2}+\cdots+\frac{R_ux+S_u}{(x^2+rx+s)^u}+\cdots\Big\}\end{aligned} \tag{3}$$

其中，$A_1,A_2,\cdots,B_1,B_2,\cdots,M_1,M_2\cdots,N_1,N_2\cdots,R_1,R_2,\cdots,S_1,S_2,\cdots$ 都是实常数.

最终归结为求下面四类部分分式的积分：

(1) $\frac{A}{x-a}$；　　(2) $\frac{A}{(x-a)^n}$ $(n=2,3\cdots)$；

(3) $\frac{Bx+C}{x^2+px+q}$；　　(4) $\frac{Bx+C}{(x^2+px+q)^n}$ $(n=2,3,\cdots)$.

其中，A,B,C,a,p,q，为常数，且二次式 x^2+px+q 无实根.

下面举例说明如何化真分式为部分分式之和.

(1) 当分母含有单因式 $x-a$ 时，这时部分分式中对应有一项$\frac{A}{x-a}$，其中 A 为待定系数，例如：$\frac{7x-2}{x^3-x^2-2x}=\frac{7x-2}{x(x+1)(x-2)}=\frac{A}{x}+\frac{B}{x+1}+\frac{C}{x-2}$，为了确定 A,B,C，用 $x(x+1)(x-2)$ 乘等式两边，得

$$7x-2=A(x+1)(x-2)+Bx(x-2)+Cx(x+1)$$

这是一个恒等式，将任何 x 值代入等式都能使等式成立，因此，可令 $x=0$ 得 $A=1$，类似地，令 $x=-1$，得 $B=-3$，令 $x=2$，得 $C=2$，于是

$$\frac{7x-2}{x^3-x^2-2x}=\frac{1}{x}+\frac{-3}{x+1}+\frac{2}{x-2}$$

(2) 当分母含有重因式$(x-a)^n$ 时，这时部分分式中相应有 n 项，即

$$\frac{A_1}{x-a}+\frac{A_1}{(x-a)^2}+\cdots+\frac{A_n}{(x-a)^n}$$

例如，$\frac{x-5}{x^3-3x^2+4}=\frac{x-5}{(x+1)(x-2)^2}=\frac{A}{x+1}+\frac{B}{x-2}+\frac{C}{(x-2)^2}$，为了确定 A,B,C，用$(x+1)(x-2)^2$ 乘等式两边得

$$x-5=A(x-2)^2+B(x+1)(x-2)+C(x+1)$$

令 $x=-1$，得 $A=-\frac{2}{3}$，类似地，令 $x=2$，得 $C=-1$，令 $x=1$，得 $B=\frac{2}{3}$，于是

$$\frac{x-5}{x^3-3x^2+4}=\frac{-\frac{2}{3}}{x+1}+\frac{\frac{2}{3}}{x-2}+\frac{-1}{(x-2)^2}$$

(3) 当分母含有质因式 x^2+px+q 时，这时部分分式中对应有一项$\frac{Ax+B}{x^2+px+q}$，其中 A,B 为待定系数.

例如，$\frac{2x^2-3x-3}{(x-1)(x^2-2x+5)}=\frac{A}{x-1}+\frac{Bx+C}{x^2-2x+5}$，为了确定 A,B,C，用$(x-1)(x^2-2x+5)$ 乘等式两边，得

$$2x^2-3x-3=A(x^2-2x+5)+(Bx+C)(x-1)$$

令 $x=1$，得 $A=-1$，再令 $x=0$，得 $C=-2$，令 $x=2$，得 $B=3$，有

$$\frac{2x^2-3x-3}{(x-1)(x^2-2x+5)}=\frac{-1}{x-1}+\frac{3x-2}{x^2-2x+5}$$

例 1　求 $\int\frac{2x}{x^2-4x+3}\mathrm{d}x$.

解　$\frac{2x}{x^2-4x+3}=\frac{2x}{(x-1)(x-3)}=\frac{A}{x-1}+\frac{B}{x-3}$.

有 $2x=A(x-3)+B(x-1)$，令 $x=1$ 得 $A=-1$，再令 $x=3$ 得 $B=3$，所以

$$\frac{2x}{x^2-4x+3}=\frac{-1}{x-1}+\frac{3}{x-3}$$

则

$$\int \frac{2x}{x^2-4x+3}dx=\int\left(\frac{-1}{x-1}+\frac{3}{x-3}\right)dx=$$

$$-\int\frac{1}{x-1}dx+\int\frac{3}{x-3}dx=-\ln|x-1|+3\ln|x-3|+C$$

例 2　求$\int \frac{3x+5}{x^2-4x+13}dx$.

解　$$\int \frac{3x+5}{x^2-4x+13}dx=\frac{3}{2}\int\frac{2x-4}{x^2-4x+13}dx+\int\frac{11}{x^2-4x+13}dx=$$

$$\frac{3}{2}\int\frac{d(x^2-4x+13)}{x^2-4x+13}+\int\frac{11}{(x-2)^2+3^2}dx=$$

$$\frac{3}{2}\ln|x^2-4x+13|+\frac{11}{3}\arctan\frac{x-2}{3}+C.$$

例 3　求$\int\frac{2x^2+3x+3}{(x+1)^2(x^2+x+1)}dx$.

解　$$\frac{2x^2+3x+3}{(x+1)^2(x^2+x+1)}=\frac{A}{x+1}+\frac{B}{(x+1)^2}+\frac{Cx+D}{x^2+x+1}$$

于是有

$$2x^2+3x+3\equiv A(x+1)(x^2+x+1)+B(x^2+x+1)+(Cx+D)(x+1)^2$$

得 $A=1,C=-1,D=0$,那么

$$\int\frac{2x^2+3x+3}{(x+1)^2(x^2+x+1)}=\int\frac{1}{x+1}dx+\int\frac{2}{(x+1)^2}dx-\int\frac{x}{x^2+x+1}dx=$$

$$\ln|x+1|-\frac{2}{x+1}-\frac{1}{2}\ln|x^2+x+1|+$$

$$\frac{1}{\sqrt{3}}\arctan\frac{2x+1}{\sqrt{3}}+C$$

4.4.2　三角函数有理式的积分

由 $\sin x$ 及 $\cos x$ 经过有限次四则运算所构成的函数,记作 $R(\sin x,\cos x)$. 计算 $\int R(\sin x,\cos x)dx$ 有多种方法,其中有一种称为万能代换,叙述如下:

设 $\tan\frac{x}{2}=t(-\pi<x<\pi)$,则有 $x=2\arctan t,dx=\frac{2}{1+t^2}dt$,

$$\sin x=\frac{2\sin\frac{x}{2}\cos\frac{x}{2}}{\sin^2\frac{x}{2}+\cos^2\frac{x}{2}}=\frac{2\tan\frac{x}{2}}{1+\tan^2\frac{x}{2}}=\frac{2t}{1+t^2}$$

$$\cos x=\frac{\cos^2\frac{x}{2}-\sin^2\frac{x}{2}}{\cos^2\frac{x}{2}+\sin^2\frac{x}{2}}=\frac{1-\tan^2\frac{x}{2}}{1+\tan^2\frac{x}{2}}=\frac{1-t^2}{1+t^2}$$

于是有

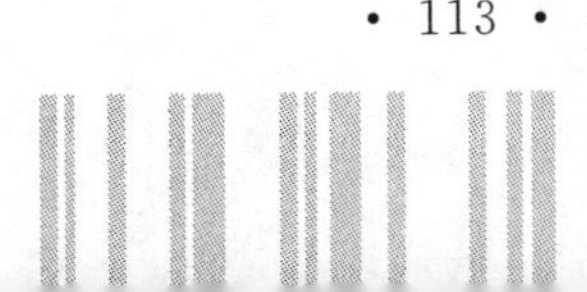

$$\int R(\sin x,\cos x)\mathrm{d}x=\int R\left(\frac{2t}{1+t^2},\frac{1-t^2}{1+t^2}\right)\frac{2}{1+t^2}\mathrm{d}t$$

例 4　求$\int\frac{\mathrm{d}x}{3+5\cos x}$.

解　令 $\tan\frac{x}{2}=t$,则 $\mathrm{d}x=\frac{2}{1+t^2}\mathrm{d}t$,$\cos x=\frac{1-t^2}{1+t^2}$,有

$$\begin{aligned}\int\frac{\mathrm{d}x}{3+5\cos x}&=\int\frac{1}{3+\frac{5(1-t^2)}{1+t^2}}\cdot\frac{2}{1+t^2}\mathrm{d}t=\\&\int\frac{2}{3+3t^2+5-5t^2}\mathrm{d}t=\\&\int\frac{1}{4-t^2}\mathrm{d}t=\\&\frac{1}{4}\int\left(\frac{1}{t+2}-\frac{1}{t-2}\right)\mathrm{d}t=\\&\frac{1}{4}(\ln|t+2|-\ln|t-2|)+C=\\&\frac{1}{4}\ln\left|\frac{\tan\frac{x}{2}+2}{\tan\frac{x}{2}-2}\right|+C\end{aligned}$$

有时也可采用查积分表的方式求不定积分,书末附有积分表.

习题 4.4

1. 求下列不定积分.

(1) $\int\frac{x^3}{x+3}\mathrm{d}x$;　　(2) $\int\frac{1}{x(x^2+1)}\mathrm{d}x$;

(3) $\int\frac{3}{x^3+1}\mathrm{d}x$;　　(4) $\int\frac{x+1}{(x-1)^3}\mathrm{d}x$;

(5) $\int\frac{3x+2}{x(x+1)^3}\mathrm{d}x$;　　(6) $\int\frac{x}{(x+2)(x+3)^2}\mathrm{d}x$;

(7) $\int\frac{x}{(x^2+1)(x^2+4)}\mathrm{d}x$;　　(8) $\int\frac{1}{(x^2+1)(x^2+x)}\mathrm{d}x$.

2. 求下列不定积分.

(1) $\int\frac{\mathrm{d}x}{3+\sin^2 x}$;　　(2) $\int\frac{\mathrm{d}x}{3+\cos x}$.

3. 求不定积分$\int\sqrt{\frac{a+x}{a-x}}\mathrm{d}x$.

第 5 章

定积分

定积分是积分学另一重要内容，它在自然科学、工程技术领域中有着广泛的应用，本章分别介绍定积分的概念、性质、计算方法及其应用.

5.1　定积分的概念和性质

我们先从分析、解决几个经典问题入手，来看定积分的概念是怎么从现实原型中抽象出来的.

5.1.1　定积分的定义

引例（曲边梯形的面积）　设函数 $y=f(x)$ 在闭区间 $[a,b]$ 上非负且连续. 曲线 $y=f(x)$ 与直线 $x=a, x=b, y=0$ 围成一个平面图形，称为曲边梯形，如图 1 所示.

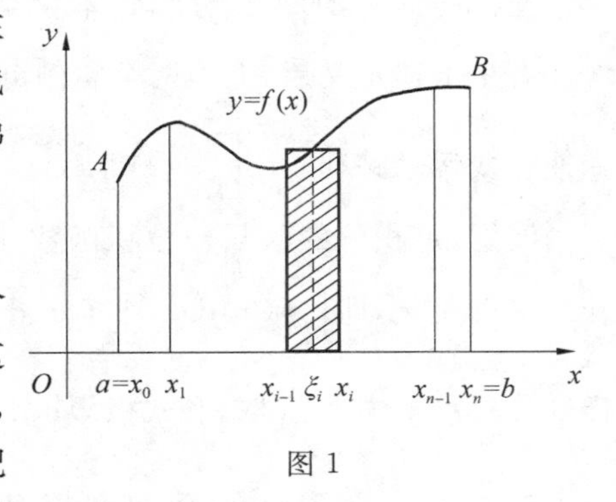

图 1

下面来考察这个曲边梯形的面积.

(1) 分割. 在区间 $[a,b]$ 内任意插入 $n-1$ 个分点 $x_1, x_2, \cdots, x_{n-1}$，有 $a=x_0<x_1<\cdots<x_n=b$，这样把 $[a,b]$ 分成 n 个小区间 $[x_{i-1}, x_i]$，$i=1,2,\cdots,n$，且小区间的长度 $\Delta x_i=x_i-x_{i-1}$，$i=1,2,\cdots,n$，记 $\lambda=\max\limits_{1\leqslant i\leqslant n}\{\Delta x_i\}$. 过 $x_i(i=1,2,\cdots,n-1)$ 作 x 轴的垂线，把曲边梯形分成 n 个小曲边梯形，其中第 i 个小曲边梯形为 $x_{i-1}\leqslant x\leqslant x_i, 0\leqslant y\leqslant f(x)$.

(2) 近似. 在 $[x_{i-1}, x_i]$ 中任取一点 $\xi_i(i=1,2,3,\cdots,n)$，用以 $[x_{i-1}, x_i]$ 的长度 Δx_i 为底，$f(\xi_i)$ 为高的小矩形面积近似代替第 i 个小曲边梯形的面积，近似为 $f(\xi_i)\Delta x_i$.

(3) 求和. 将这样得到的 n 个小矩形的面积之和作为所求曲边梯形面积 A 的近似值

$$A\approx f(\xi_1)\Delta x_1+\cdots+f(\xi_n)\Delta x_n=\sum_{i=1}^{n}f(\xi_i)\Delta x_i$$

(4) 取极限. 当分割充分细时，上面和式就可以充分接近于曲边梯形的面积 S. 当

$\lambda \to 0$ 时，和式 $\sum_{i=1}^{n} f(\xi_i)\Delta x_i$ 的极限，就是曲边梯形的面积. 即曲边梯形的面积 $S = \lim_{\lambda \to 0}\sum_{i=1}^{n} f(\xi_i)\Delta x_i$.

再如，求变速直线运动的路程，已知运动速度 $v(t)$，求在时间间隔$[T_1, T_2]$内物体经过的路程 s. 也可经过上述四个步骤，得到 $s = \lim_{\lambda \to 0}\sum_{i=1}^{n} v(\xi_i)\Delta t_i$.

定义　设 $f(x)$ 在区间$[a,b]$上有界，在$[a,b]$内任意插入 $n-1$ 个分点 $a = x_0 < x_1 < x_2 < \cdots < x_{n-1} < x_n = b$，将区间$[a,b]$分成 n 个小区间$[x_0, x_1]$，$[x_1, x_2]$，…，$[x_{i-1}, x_i]$，…，$[x_{n-1}, x_n]$. 第 i 个小区间$[x_{i-1}, x_i]$的长度为 $\Delta x_i = x_i - x_{i-1}$，$\lambda$ 是这 n 个小区间的长度的最大者 $\lambda = \max\limits_{1\leqslant i\leqslant n}\{\Delta x_i\}$. 在$[x_{i-1}, x_i]$中任取一点 $\xi_i (i = 1, 2, 3, \cdots, n)$，则和式 $S = \sum_{i=1}^{n} f(\xi_i)\Delta x_i$ 称为函数 $f(x)$ 在$[a,b]$上的积分和. 如果当 $\lambda \to 0$ 时，和式 S 趋近于一个确定的极限 I，且 I 与$[a,b]$分法无关，也与 ξ_i 在$[x_{i-1}, x_i]$中的取法无关，则称函数 $f(x)$ 在$[a,b]$上可积，极限 I 称为 $f(x)$ 在$[a,b]$上的定积分，记作$\int_a^b f(x)\mathrm{d}x$，即

$$\int_a^b f(x)\mathrm{d}x = \lim_{\lambda \to 0}\sum_{i=1}^{n} f(\xi_i)\Delta x_i$$

其中，$f(x)$ 称为被积函数；$f(x)\mathrm{d}x$ 称为被积表达式；x 称为积分变量；a 与 b 称为积分的下限与上限；$\int$ 称为积分符号.

当 $\lambda \to 0$ 时，如果积分和 S 不存在极限，则称函数 $f(x)$ 在$[a,b]$上不可积.

有了上述定义后，上面两个实例可用定积分表示如下：曲边梯形面积 $S = \int_a^b f(x)\mathrm{d}x$；变速直线运动路程 $s = \int_{T_1}^{T_2} v(t)\mathrm{d}t$.

注意，定积分的值只与被积函数 $f(x)$ 以及积分区间$[a,b]$有关，而与积分变量写成什么字母无关，即$\int_a^b f(x)\mathrm{d}x = \int_a^b f(t)\mathrm{d}t$. 函数 $f(x)$ 可积，即指$\int_a^b f(x)\mathrm{d}x$ 存在，不论区间怎样划分及点 ξ_i 如何选取，和式极限$\lim_{\lambda \to 0}\sum_{i=1}^{n} f(\xi_i)\Delta x_i$ 唯一存在.

5.1.2　定积分的几何意义及可积函数类

1. 几何意义

(1) 若在$[a,b]$上，$f(x) \geqslant 0$，则定积分$\int_a^b f(x)\mathrm{d}x$ 表示由曲线 $y = f(x)$，x 轴及直线 $x = a$，$x = b$ 所围成的曲边梯形的面积，如图 2(a) 所示.

(2) 若在$[a,b]$上，$f(x) \leqslant 0$，则定积分$\int_a^b f(x)\mathrm{d}x$ 表示曲边梯形的面积的相反数，如图 2(b) 所示.

(3) 若函数 $f(x)$ 在$[a,b]$上有正、有负，则定积分$\int_a^b f(x)\mathrm{d}x$ 的值表示 x 轴上方图形的

面积减去 x 轴下方图形面积所得之差，如图 2(c) 所示.

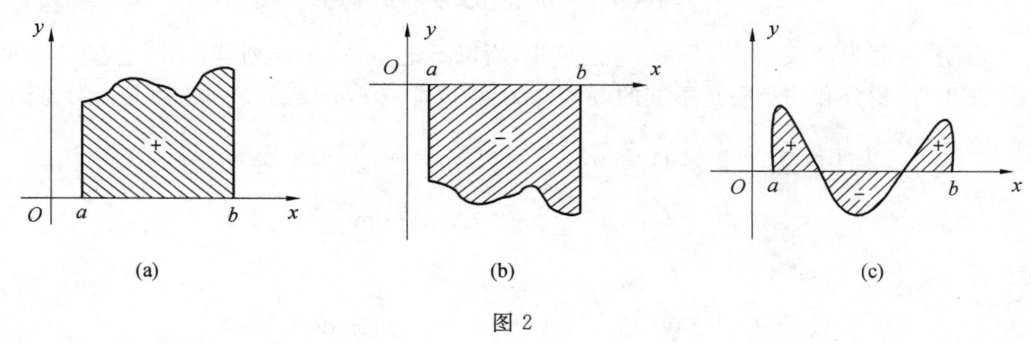

图 2

2. 可积函数类

被积函数具备什么条件可积？这个问题十分复杂，我们不作深入讨论，只是不加证明地给出两个充分条件.

(1) 若函数 $f(x)$ 在$[a,b]$上连续，则 $f(x)$ 在$[a,b]$上可积.

(2) 若函数 $f(x)$ 在$[a,b]$上有界，且只有有限个间断点，则 $f(x)$ 在$[a,b]$上可积.

5.1.3　定积分的基本性质

在定积分$\int_a^b f(x)\mathrm{d}x$中，上下限的大小是不受限制的. 为了今后计算和应用方便，现对定积分做两点补充规定：

(1) $\int_a^a f(x)\mathrm{d}x=0$；

(2) 当 $a>b$ 时，$\int_a^b f(x)\mathrm{d}x=-\int_b^a f(x)\mathrm{d}x$.

由(2) 可知，交换定积分的上下限时，要改变定积分的符号.

下面介绍定积分的性质，并假定性质中涉及的定积分都存在.

性质 1　如果 $f(x)=1$，则$\int_a^b f(x)\mathrm{d}x=\int_a^b \mathrm{d}x=b-a$.

这个性质可由定义直接得出.

性质 2　设 α,β 为常数，则有

$$\int_a^b[\alpha f(x)+\beta g(x)]\mathrm{d}x=\alpha\int_a^b f(x)\mathrm{d}x+\beta\int_a^b g(x)\mathrm{d}x$$

证明　$\int_a^b[\alpha f(x)+\beta g(x)]\mathrm{d}x=\lim\limits_{\lambda\to 0}\sum\limits_{i=1}^n[\alpha f(\xi_i)+\beta g(\xi_i)]\Delta x_i=$

$$\alpha\lim_{\lambda\to 0}\sum_{i=1}^n f(\xi_i)\Delta x_i+\beta\lim_{\lambda\to 0}\sum_{i=1}^n g(\xi_i)\Delta x_i=$$

$$\alpha\int_a^b f(x)\mathrm{d}x+\beta\int_a^b g(x)\mathrm{d}x.$$

这个性质可以推广到有限个函数线性组合的情形.

性质 3(积分的可加性)　如果将积分区间分成两部分，则在整个区间上的定积分等于这两部分区间上定积分之和. 即设 $a<c<b$，则

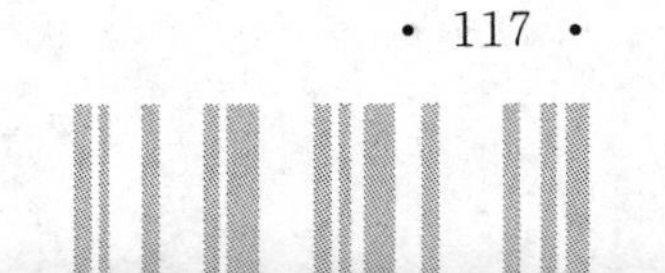

$$\int_a^b f(x)\mathrm{d}x=\int_a^c f(x)\mathrm{d}x+\int_c^b f(x)\mathrm{d}x$$

证明　因为函数 $f(x)$ 在$[a,b]$上可积,所以不论$[a,b]$怎样划分,不论 ξ_i 怎样选取,当 $\lambda\to 0$ 时,积分和的极限是不变的,所以我们可以选取 $c(a<c<b)$ 永远是个分点,有

$$\lim_{\lambda\to 0}\sum_{i=1}^{n}f(\xi_i)\Delta x_i=\lim_{\lambda\to 0}\Big[\sum_{[a,c]}f(\xi_i)\Delta x_i+\sum_{[c,b]}f(\xi_i)\Delta x_i\Big]=$$
$$\lim_{\lambda\to 0}\sum_{[a,c]}f(\xi_i)\Delta x_i+\lim_{\lambda\to 0}\sum_{[c,b]}f(\xi_i)\Delta x_i$$

即

$$\int_a^b f(x)\mathrm{d}x=\int_a^c f(x)\mathrm{d}x+\int_c^b f(x)\mathrm{d}x$$

推广　不论 a,b,c 的相对位置如何,总有$\int_a^b f(x)\mathrm{d}x=\int_a^c f(x)\mathrm{d}x+\int_c^b f(x)\mathrm{d}x$ 成立.

例如,当 $a<b<c$ 时,由于

$$\int_a^c f(x)\mathrm{d}x=\int_a^b f(x)\mathrm{d}x+\int_b^c f(x)\mathrm{d}x$$

则

$$\int_a^b f(x)\mathrm{d}x=\int_a^c f(x)\mathrm{d}x-\int_b^c f(x)\mathrm{d}x=\int_a^c f(x)\mathrm{d}x+\int_c^b f(x)\mathrm{d}x$$

性质 4　如果在区间$[a,b]$上,$f(x)\geqslant 0$,则$\int_a^b f(x)\mathrm{d}x\geqslant 0$.

证明　对于$\int_a^b f(x)\mathrm{d}x=\lim\limits_{\lambda\to 0}\sum\limits_{i=1}^{n}f(\xi_i)\Delta x_i$,因为 $f(x)\geqslant 0$,故 $f(\xi_i)\geqslant 0$,又 $\Delta x_i\geqslant 0$ $(i=1,2,\cdots,n)$,于是$\sum\limits_{i=1}^{n}f(\xi_i)\Delta x_i\geqslant 0$,所以$\lim\limits_{\lambda\to 0}\sum\limits_{i=1}^{n}f(\xi_i)\Delta x_i\geqslant 0$,即$\int_a^b f(x)\mathrm{d}x\geqslant 0$.

性质 5　如果在区间$[a,b]$上,$f(x)\leqslant g(x)$,则$\int_a^b f(x)\mathrm{d}x\leqslant\int_a^b g(x)\mathrm{d}x$.

证明　由于$\int_a^b[g(x)-f(x)]\mathrm{d}x=\int_a^b g(x)\mathrm{d}x-\int_a^b f(x)\mathrm{d}x$,又 $g(x)-f(x)\geqslant 0$,由性质可知

$$\int_a^b[g(x)-f(x)]\mathrm{d}x\geqslant 0$$

所以

$$\int_a^b g(x)\mathrm{d}x\geqslant\int_a^b f(x)\mathrm{d}x$$

故

$$\int_a^b f(x)\mathrm{d}x\leqslant\int_a^b g(x)\mathrm{d}x$$

推论　$\left|\int_a^b f(x)\mathrm{d}x\right|\leqslant\int_a^b|f(x)|\mathrm{d}x(a<b)$.

证明　因为$-|f(x)|\leqslant f(x)\leqslant|f(x)|$,则

$$-\int_a^b|f(x)|\mathrm{d}x\leqslant\int_a^b f(x)\mathrm{d}x\leqslant\int_a^b|f(x)|\mathrm{d}x$$

即

$$\left|\int_a^b f(x)\mathrm{d}x\right| \leqslant \int_a^b |f(x)|\mathrm{d}x$$

性质 6　设 M,m 分别是函数 $f(x)$ 在$[a,b]$上的最大值和最小值，则

$$m(b-a) \leqslant \int_a^b f(x)\mathrm{d}x \leqslant M(b-a)$$

证明　因为 $m \leqslant f(x) \leqslant M$，由性质 5 得

$$\int_a^b m\mathrm{d}x \leqslant \int_a^b f(x)\mathrm{d}x \leqslant \int_a^b M\mathrm{d}x$$

再由性质 1 及性质 2 可得

$$m(b-a) \leqslant \int_a^b f(x)\mathrm{d}x \leqslant M(b-a)$$

性质 7　如果函数 $f(x)$ 在闭区间$[a,b]$上连续，则在区间$[a,b]$上至少存在一点 ξ，使

$$\int_a^b f(x)\mathrm{d}x = f(\xi)\cdot(b-a)$$

证明　因为 $f(x)$ 在$[a,b]$上连续，故必存在最大值 M 与最小值 m，如图 3 所示，由性质 6 有

$$m(b-a) \leqslant \int_a^b f(x)\mathrm{d}x \leqslant M(b-a)$$

即

$$m \leqslant \frac{1}{b-a}\int_a^b f(x)\mathrm{d}x \leqslant M$$

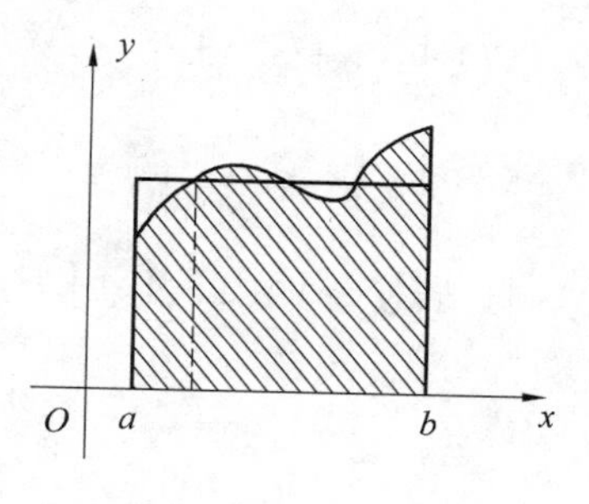

图 3

这说明，数$\frac{1}{b-a}\int_a^b f(x)\mathrm{d}x$介于 M 与 m 之间，根据闭区间连续函数的介值定理，在区间$[a,b]$内至少存在一点 ξ，使

$$f(\xi) = \frac{1}{b-a}\int_a^b f(x)\mathrm{d}x$$

即

$$\int_a^b f(x)\mathrm{d}x = f(\xi)\cdot(b-a)$$

此性质称为积分中值定理.

积分中值定理有其明显的几何意义：设$f(x)\geqslant 0$，由曲线 $y=f(x)$，x 轴及直线 $x=a$，$x=b$ 所围成的曲边梯形的面积等于以区间$[a,b]$为底，某一函数值 $f(\xi)$ 为高的矩形面积.

例　如图 4 所示，求函数 $f(x)=4-x$ 在$[0,3]$上的平均值及在该区间上 $f(x)$ 恰取这个值的点.

解　$f(x)$ 在$[0,3]$上的平均值为$\frac{1}{3}\int_0^3(4-x)\mathrm{d}x=\frac{5}{2}$，当 $4-x=\frac{5}{2}$ 得到 $x=\frac{3}{2}$，即函数在 $x=\frac{3}{2}$ 处的值等于它在$[0,3]$上的平均值. 底为$[0,3]$，

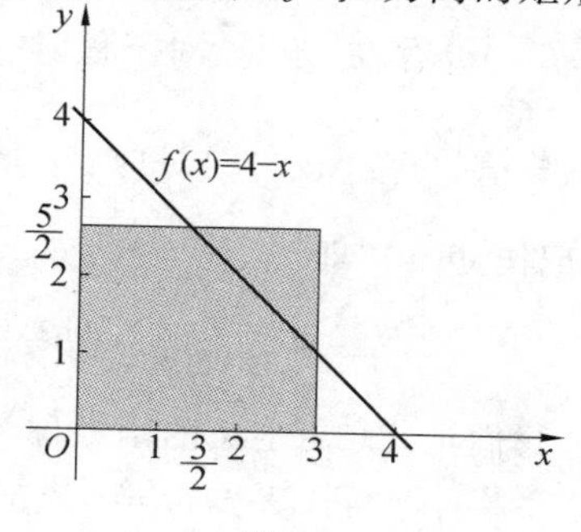

图 4

高为$\frac{5}{2}$的矩形的面积等于 $f(x)$ 与两个坐标轴以及 $x=3$ 围成的梯形的面积.

习题 5.1

1. 根据定积分的几何意义,确定下列积分的值.

(1) $\int_{-\frac{\pi}{2}}^{\frac{\pi}{2}} \sin x\mathrm{d}x$;　　(2) $\int_0^3 \sqrt{9-x^2}\,\mathrm{d}x$.

2. 利用定积分的几何意义证明下列等式.

(1) $\int_0^1 2x\mathrm{d}x=1$;　　(2) $\int_0^1 \sqrt{1-x^2}\,\mathrm{d}x=\frac{\pi}{4}$.

3. 利用定积分的性质比较下列各对积分值的大小.

(1) $\int_0^1 x^2\mathrm{d}x$ 与$\int_0^1 x^3\mathrm{d}x$;　　(2) $\int_1^2 \ln x\mathrm{d}x$ 与$\int_1^2 (\ln x)^2\mathrm{d}x$.

4. 估计下列积分值的范围.

(1) $\int_0^1 (1+x^2)\mathrm{d}x$;　　(2) $\int_0^{\frac{3\pi}{2}} (1+\cos^2 x)\mathrm{d}x$;

(3) $\int_{-1}^1 \mathrm{e}^{-x^2}\mathrm{d}x$;　　(4) $\int_{\frac{\pi}{4}}^{\frac{\pi}{4}} \sin x\mathrm{d}x$.

5. 若 $f(x)$ 在$[-1,1]$上连续,其平均值为 2,求$\int_{-1}^1 f(x)\mathrm{d}x$.

5.2　微积分基本定理

直接用定积分定义计算定积分不是容易的事,如果被积函数 $f(x)$ 是较复杂的函数,其难度就更大了,因此我们需要寻求计算定积分的简便而又一般的方法.本节将讨论这个问题.为此先引入下列概念.

5.2.1　变上限积分函数

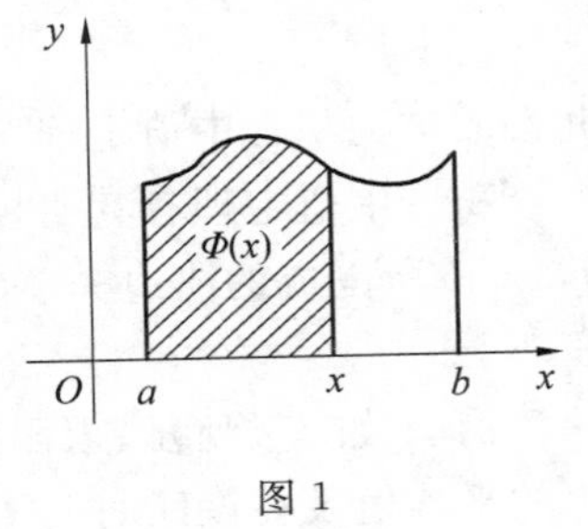

图 1

如图 1 所示,设函数 $f(t)$ 在区间$[a,b]$上连续,则对于任意一个 $x\in[a,b]$,函数 $f(t)$ 在区间$[a,x]$上也连续,故定积分$\int_a^x f(t)\mathrm{d}t$存在.于是,对于任意一个 $x\in[a,b]$,有唯一确定的积分值$\int_a^x f(t)\mathrm{d}t$ 与之对应,于是在$[a,b]$上定义了一个函数,记作 $\Phi(x)$,即

$$\Phi(x)=\int_a^x f(t)\mathrm{d}t,\quad a\leqslant x\leqslant b \tag{1}$$

我们把式(1)定义的函数称为变上限积分函数.

举一个例子,设 $f(t)=t$ 依定积分的几何意义,对 $\forall x,x>0,a>0$.

$\Phi(x)=\int_a^x f(t)\mathrm{d}t$ 表示由直线 $y=t, t=a, t=x$ 及 t 轴所围成的梯形的面积为

$$A=\frac{(a+x)}{2}(x-a)=\frac{x^2}{2}-\frac{a^2}{2}$$

则有

$$\Phi(x)=\int_a^x t\,\mathrm{d}t=\frac{1}{2}x^2-\frac{1}{2}a^2$$

可见,$\Phi(x)$ 在几何上表示一个变动的梯形面积.

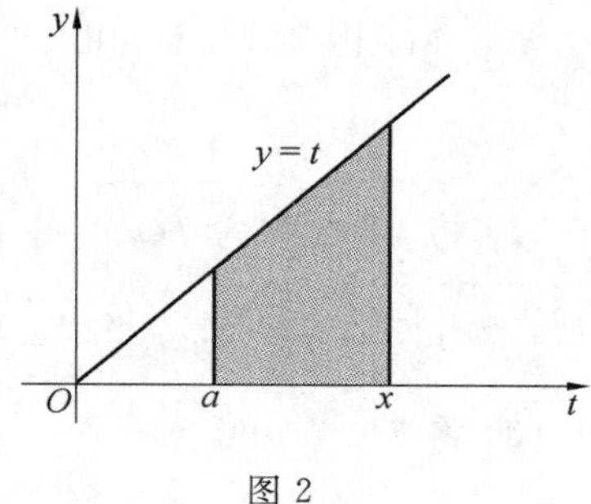

图 2

本例题注意到如下重要的结果:$\Phi'(x)=x=f(x)$,即 $\Phi(x)$ 为 $f(x)$ 的一个原函数对于一般的积分上限函数,在一定条件下都有类似这样的重要性质.

定理1　设函数 $f(x)$ 在区间$[a,b]$上连续,则变上限积分函数 $\Phi(x)=\int_a^x f(t)\mathrm{d}t$ 在$[a,b]$上可导,并且它的导数是

$$\Phi'(x)=\frac{\mathrm{d}}{\mathrm{d}x}\int_a^x f(t)\mathrm{d}t=f(x),\quad a\leqslant x\leqslant b \tag{2}$$

证明　设自变量 $x\in[a,b]$ 在点 x 处产生一个改变量 Δx,使 $x+\Delta x\in[a,b]$,则函数 $\Phi(x)$ 具有改变量

$$\Delta\Phi(x)=\Phi(x+\Delta x)-\Phi(x)=\int_a^{x+\Delta x}f(t)\mathrm{d}t-\int_a^x f(t)\mathrm{d}t=$$
$$\int_a^x f(t)\mathrm{d}t+\int_x^{x+\Delta x}f(t)\mathrm{d}t-\int_a^x f(t)\mathrm{d}t=$$
$$\int_x^{x+\Delta x}f(t)\mathrm{d}t$$

利用积分中值定理,则有 $\Delta\Phi(x)=f(\xi)\Delta x$,$\xi$ 介于 x 与 $x+\Delta x$ 之间.于是有

$$\frac{\Delta\Phi(x)}{\Delta x}=f(\xi),\quad \xi\text{ 介于 }x\text{ 与 }x+\Delta x\text{ 之间} \tag{3}$$

由于 $f(x)$ 在$[a,b]$上连续,且当 $\Delta x\to 0$ 时,$\xi\to x$,由式(3)有

$$\lim_{\Delta x\to 0}\frac{\Delta\Phi(x)}{\Delta x}=\lim_{\xi\to x}f(\xi)=f(x)$$

即

$$\Phi'(x)=\frac{\mathrm{d}}{\mathrm{d}x}\int_a^x f(t)\mathrm{d}t=f(x)$$

例 1　求下列函数的导数 $f'(x)$.

(1) $f(x)=\int_x^1\sqrt{1+t^2}\,\mathrm{d}t$;

(2) $f(x)=\int_1^{x^3}t^3\ln t\,\mathrm{d}t$;

(3) $f(x)=\int_x^{x^2}\cos^4 t\,\mathrm{d}t$.

解　(1) 因为 $f(x)=\int_x^1\sqrt{1+t^2}\,\mathrm{d}t=-\int_1^x\sqrt{1+t^2}\,\mathrm{d}t$,由定理 1 知

$$f'(x)=-\sqrt{1+x^2}$$

(2) 将 $f(x)$ 视为 $f(u)=\int_1^u t^3\ln t\mathrm{d}t$ 与 $u=x^3$ 的复合函数,由复合函数求导法则,有

$$f'(x)=f'(u)\cdot\frac{\mathrm{d}u}{\mathrm{d}x}=\left(\int_1^u t^3\ln t\mathrm{d}t\right)'\cdot(x^3)'=u^3\ln u\cdot 3x^2=3x^{11}\ln x^3$$

(3) 将 $f(x)$ 变形为

$$f(x)=\int_x^c\cos^4 t\mathrm{d}t+\int_c^{x^2}\cos^4 t\mathrm{d}t=-\int_c^x\cos^4 t\mathrm{d}t+\int_c^{x^2}\cos^4 t\mathrm{d}t$$

将$\int_c^{x^2}\cos^4 t\mathrm{d}t$ 视为$\int_c^u\cos^4 t\mathrm{d}t$ 与 $u=x^2$ 的复合函数,由复合函数求导法则,有

$$\left(\int_c^{x^2}\cos^4 t\mathrm{d}t\right)'=\left(\int_c^u\cos^4 t\mathrm{d}t\right)'\cdot(x^2)'=\cos^4 u\cdot 2x=2x\cos^4 x^2$$

于是

$$f'(x)=\left(-\int_c^x\cos^4 t\mathrm{d}t+\int_c^{x^2}\cos^4 t\mathrm{d}t\right)'=-\left(\int_c^x\cos^4 t\mathrm{d}t\right)'+\left(\int_c^{x^2}\cos^4 t\mathrm{d}t\right)'=$$
$$-\cos^4 x+2x\cos^4 x^2$$

例 2　求极限$\lim\limits_{x\to 0}\dfrac{\int_0^x\cos t^2\mathrm{d}t}{x}$.

解　$\lim\limits_{x\to 0}\dfrac{\int_0^x\cos t^2\mathrm{d}t}{x}=\lim\limits_{x\to 0}\dfrac{\cos x^2}{1}=1.$

例 3　求函数 $f(x)=\int_0^x t\mathrm{e}^{-t^2}\mathrm{d}t$ 的极值.

解　求导:$f'(x)=x\mathrm{e}^{-x^2}$,$f''(x)=(1-2x^2)\mathrm{e}^{-x^2}$,令$f'(x)=0$,得唯一驻点 $x=0$,且 $f''(0)=1>0$,故函数 $f(x)$ 在 $x=0$ 处取得极小值 $f(0)=0$.

由式(2) 可以得到下面的定理.

定理 2　设函数 $f(x)$ 在区间$[a,b]$ 上连续,则$\int_a^x f(t)\mathrm{d}t$ 是函数 $f(x)$ 的一个原函数.

这两个定理具有重要的理论意义与实用价值,它一方面肯定了连续函数的原函数必定存在,另一方面还初步揭示了积分学中的定积分与原函数的联系,因此我们就有可能通过原函数来计算定积分.

5.2.2　牛顿－莱布尼兹公式

定理 2　设函数 $f(x)$ 在区间$[a,b]$ 上连续, $F(x)$ 是 $f(x)$ 的一个原函数,则

$$\int_a^b f(x)\mathrm{d}x=F(b)-F(a)$$

证明　由于 $f(x)$ 在区间$[a,b]$ 上连续,由定理 2 知,变上限积分函数$\int_a^x f(t)\mathrm{d}t$ 是 $f(x)$ 的一个原函数,又已知 $F(x)$ 是 $f(x)$ 的一个原函数,于是这两个原函数最多相差一

个常数 C，即

$$\int_a^x f(t)\mathrm{d}t = F(x) + C,\quad a \leqslant x \leqslant b \tag{4}$$

在式(4) 中，令 $x=a$，则

$$\int_a^a f(t)\mathrm{d}t = F(a) + C$$

又$\int_a^a f(t)\mathrm{d}t = 0$，因此 $C=-F(a)$，将其代入式(4)，有

$$\int_a^x f(t)\mathrm{d}t = F(x) - F(a)$$

在式(4) 中，令 $x=b$，即得

$$\int_a^b f(x)\mathrm{d}x = F(b) - F(a)$$

即

$$\int_a^b f(x)\mathrm{d}x = F(x)\big|_a^b = F(b) - F(a)$$

例 4　求$\int_a^b \sin x\mathrm{d}x$.

解　$\int_a^b \sin x\mathrm{d}x = -\cos x\Big|_a^b = -(\cos b - \cos a) = -\cos b + \cos a$.

例 5　计算$\int_1^{\sqrt{3}} \dfrac{1}{1+x^2}\mathrm{d}x$.

解　$\int_1^{\sqrt{3}} \dfrac{1}{1+x^2}\mathrm{d}x = \arctan x\Big|_1^{\sqrt{3}} = \arctan\sqrt{3} - \arctan 1 = \dfrac{\pi}{3} - \dfrac{\pi}{4} = \dfrac{\pi}{12}$.

例 6　计算$\int_1^3 |x-2|\mathrm{d}x$.

解　要去掉绝对值符号，必须利用积分可加性，以点 $x=2$ 为区间的分界点，即

$$\begin{aligned}\int_1^3 |x-2|\mathrm{d}x = {}&\int_1^2 |x-2|\mathrm{d}x + \int_2^3 |x-2|\mathrm{d}x = \\ &\int_1^2 (2-x)\mathrm{d}x + \int_2^3 (x-2)\mathrm{d}x = \\ &\left(2x - \frac{1}{2}x^2\right)\Big|_1^2 + \left(\frac{1}{2}x^2 - 2x\right)\Big|_2^3 = 1\end{aligned}$$

例 7　计算$\int_0^2 f(x)\mathrm{d}x$，其中 $f(x)=\begin{cases} x^2, & 0 \leqslant x \leqslant 1 \\ x-1, & 1 < x < 2\end{cases}$.

解　由于$\int_0^2 f(x)\mathrm{d}x = \int_0^1 f(x)\mathrm{d}x + \int_1^2 f(x)\mathrm{d}x$，得

$$\int_0^2 f(x)\mathrm{d}x = \int_0^1 x^2\mathrm{d}x + \int_1^2 (x-1)\mathrm{d}x = \frac{1}{3}x^3\Big|_0^1 + \frac{1}{2}(x-1)^2\Big|_1^2 = \frac{5}{6}$$

例 8　计算$\int_1^2 \dfrac{1}{x^2}\mathrm{e}^{\frac{1}{x}}\mathrm{d}x$.

解　$\int_1^2 \dfrac{1}{x^2}\mathrm{e}^{\frac{1}{x}}\mathrm{d}x = -\int_1^2 \mathrm{e}^{\frac{1}{x}}\mathrm{d}\,\dfrac{1}{x} = -\mathrm{e}^{\frac{1}{x}}\big|_1^2 = -(\mathrm{e}^{\frac{1}{2}} - \mathrm{e}) = -(\sqrt{\mathrm{e}} - \mathrm{e}) = \mathrm{e} - \sqrt{\mathrm{e}}$.

例 9 设一架飞机着陆时的水平速度为 500 km/h，如果该飞机着陆后的加速度为 $a=-20\ \mathrm{m/s^2}$. 问从开始着陆到完全停止，飞机滑行了多少米？

解 根据条件 $v(0)=500\ \mathrm{km/h}=\dfrac{1\ 250}{9}\mathrm{m/s}$，由于飞机制动后是匀减速直线运动，因此

$$v(t)=v(0)+at=\frac{1\ 250}{9}-20t$$

飞机完全停止时，$v(T)=0$，得 $T=\dfrac{125}{18}$，因此在这段时间内飞机滑行距离为

$$s=\int_0^{\frac{125}{18}}v(t)\mathrm{d}t=\int_0^{\frac{125}{18}}\left(\frac{1\ 250}{9}-20t\right)\mathrm{d}t=\left[\frac{1\ 250}{9}t-10t^2\right]\Bigg|_0^{\frac{125}{18}}=\frac{78\ 125}{162}\approx 482.3(\mathrm{m})$$

即该飞机需要滑行约 482.3 m 后才能完全停止.

习题 5.2

1. 设 $y=\int_0^x \sin t\mathrm{d}t$，求 $y'(0)$，$y'\left(\dfrac{\pi}{4}\right)$.

2. 求下列函数 $y=y(x)$ 的导数$\dfrac{\mathrm{d}y}{\mathrm{d}x}$.

(1) $y=\int_0^x \sin^2 t\mathrm{d}t$；　　(2) $y=\int_0^{x^2}\sqrt{1+t^2}\,\mathrm{d}t$；

(3) $\int_{x^2}^{x^3}\dfrac{\mathrm{d}t}{\sqrt{1+t^4}}$；　　(4) $\int_x^0 \mathrm{e}^{t^2}\mathrm{d}t$；

(5) $y=\int_{\sqrt{x}}^{x^2}\dfrac{\sin t}{t}\mathrm{d}t$；　　(6) $y=\int_{x^2}^1 \arctan t^2\mathrm{d}t$.

3. 求下列极限.

(1) $\lim\limits_{x\to 0}\dfrac{3\int_0^x \cos t^2\mathrm{d}t}{x}$；　　(2) $\lim\limits_{x\to 0}\dfrac{\int_0^x \arctan t\mathrm{d}t}{x^2}$；

4. 计算下列积分.

(1) $\int_3^6 (x^2+1)\mathrm{d}x$；　　(2) $\int_1^9 (\sqrt{x}+\dfrac{1}{\sqrt{x}})\mathrm{d}x$；

(3) $\int_0^{\frac{\pi}{4}}\tan^2 x\mathrm{d}x$；　　(4) $\int_0^{\pi}\cos^2\dfrac{x}{2}\mathrm{d}x$；

(5) $\int_1^{\mathrm{e}}\dfrac{1+\ln x}{x}\mathrm{d}x$；　　(6) $\int_0^3\sqrt{4-4x+x^2}\,\mathrm{d}x$

(7) $\int_0^{2\pi}|\sin x|\mathrm{d}x$；　　(8) $\int_0^1 x\mathrm{e}^{x^2}\mathrm{d}x$；

(9) $\int_0^5\dfrac{x^3}{x^2+1}\mathrm{d}x$；　　(10) $\int_{-\frac{3}{2}}^{\frac{3}{2}}\dfrac{1}{\sqrt{9-x^2}}\mathrm{d}x$.

5. 设 $f(x)$ 在区间 $[a,b]$ 上连续，且 $f(x)>0$，$x\in[a,b]$，则

$$F(x)=\int_a^x f(t)\mathrm{d}t+\int_b^x\frac{1}{f(t)}\mathrm{d}t,\quad x\in[a,b]$$

证明：(1) $F'(x) \geqslant 2$；(2) 方程 $F(x)=0$ 在区间 (a,b) 内有且仅有一个根.

6. 求函数 $F(x)=\int_0^x t(t-4)\,\mathrm{d}t$ 在 $[-1,5]$ 上的最大值和最小值.

7. 设 $f(x)$ 在 $[a,b]$ 上连续，在 (a,b) 内可导且 $f'(x) \leqslant 0$，有

$$F(x)=\frac{1}{x-a}\int_a^x f(t)\,\mathrm{d}t$$

证明：在 (a,b) 内有 $F'(x) \leqslant 0$.

5.3　定积分的计算方法

由牛顿－莱布尼兹公式可知，只要函数 $f(x)$ 在区间 $[a,b]$ 上连续，那么求定积分的问题就可以归结为求原函数或不定积分的问题，这样便可以把不定积分的换元积分法、分部积分法移植到定积分的计算中来.

5.3.1　定积分的换元积分法

定理　设函数 $f(x)$ 在区间 $[a,b]$ 上连续，函数 $x=\varphi(t)$ 在区间 $[\alpha,\beta]$ 上具有连续的导数，当 t 在区间 $[\alpha,\beta]$ 上变化时，$x=\varphi(t)$ 的值在 $[a,b]$ 上变化，又 $\varphi(\alpha)=a$，$\varphi(\beta)=b$，则

$$\int_a^b f(x)\,\mathrm{d}x=\int_\alpha^\beta f[\varphi(t)]\varphi'(t)\,\mathrm{d}t \tag{1}$$

证明　设 $F(x)$ 是 $f(x)$ 在 $[a,b]$ 上的一个原函数，则

$$\int_a^b f(x)\,\mathrm{d}x=F(b)-F(a)$$

再设 $\Phi(t)=F[\varphi(t)]$，对 $\Phi(t)$ 求导，得

$$\Phi'(t)=\frac{\mathrm{d}F}{\mathrm{d}x}\cdot\frac{\mathrm{d}x}{\mathrm{d}t}=f(x)\cdot\varphi'(t)=f[\varphi(t)]\cdot\varphi'(t)$$

即 $\Phi(t)$ 是 $f[\varphi(t)]\varphi'(t)$ 的一个原函数，因此有

$$\int_\alpha^\beta f[\varphi(t)]\cdot\varphi'(t)\,\mathrm{d}t=\Phi(\beta)-\Phi(\alpha)$$

又 $\Phi(t)=F[\varphi(t)]$，$\varphi(\alpha)=a$，$\varphi(\beta)=b$，可知

$$\Phi(\beta)-\Phi(\alpha)=F[\varphi(\beta)]-F[\varphi(\alpha)]=F(b)-F(a)$$

所以

$$\int_a^b f(x)\,\mathrm{d}x=\int_\alpha^\beta f[\varphi(t)]\cdot\varphi'(t)\,\mathrm{d}t$$

此定理也可逆向使用，即

$$\int_a^b f[\varphi(x)]\varphi'(x)\,\mathrm{d}x=\int_\alpha^\beta f(t)\,\mathrm{d}t$$

例 1　计算 $\int_0^8 \frac{\mathrm{d}x}{1+\sqrt[3]{x}}$.

解　令 $x=t^3$，则 $\mathrm{d}x=3t^2\,\mathrm{d}t$. 于是

$$\int_0^8 \frac{\mathrm{d}x}{1+\sqrt[3]{x}}=\int_0^2 \frac{3t^2\,\mathrm{d}t}{1+t}=3\int_0^2 \frac{(t^2-1)+1}{1+t}\mathrm{d}t=3\int_0^2\left(t-1+\frac{1}{1+t}\right)\mathrm{d}t=$$

$$3\left[\frac{1}{2}t^2-t+\ln(1+t)\right]\Big|_0^2=3\ln 3$$

例 2　计算 $\int_0^4 \frac{(x-1)\mathrm{d}x}{\sqrt{2x+1}}$.

解　令 $t=\sqrt{2x+1}$，则 $x=\frac{1}{2}(t^2-1)$，$\mathrm{d}x=t\mathrm{d}t$，于是

$$\int_0^4 \frac{(x-1)\mathrm{d}x}{\sqrt{2x+1}}=\int_1^3 \frac{\left(\frac{1}{2}t^2-\frac{3}{2}\right)t\mathrm{d}t}{t}=\frac{1}{2}\int_1^3 t^2\mathrm{d}t-\frac{3}{2}\int_1^3 \mathrm{d}t=$$

$$\frac{1}{6}t^3\Big|_1^3-\frac{3}{2}t\Big|_1^3=\frac{13}{3}-3=\frac{4}{3}$$

例 3　计算 $\int_0^a \sqrt{a^2-x^2}\,\mathrm{d}x\ (a>0)$.

解　令 $x=a\sin t$，则 $\mathrm{d}x=a\cos t\mathrm{d}t$，于是

$$\int_0^a \sqrt{a^2-x^2}\,\mathrm{d}x=\int_0^{\frac{\pi}{2}} a\cos t\cdot a\cos t\mathrm{d}t=a^2\int_0^{\frac{\pi}{2}}\cos^2 t\mathrm{d}t=a^2\int_0^{\frac{\pi}{2}}\frac{1+\cos 2t}{2}\mathrm{d}t=$$

$$\frac{a^2}{2}\int_0^{\frac{\pi}{2}}(1+\cos 2t)\mathrm{d}t=\frac{a^2}{2}\left(\frac{\pi}{2}+\int_0^{\frac{\pi}{2}}\cos 2t\mathrm{d}t\right)=$$

$$\frac{a^2}{2}\left(\frac{\pi}{2}+\frac{1}{2}\int_0^{\frac{\pi}{2}}\cos 2t\mathrm{d}2t\right)=$$

$$\frac{a^2}{4}\left(\pi+\sin 2t\Big|_0^{\frac{\pi}{2}}\right)=\frac{a^2}{4}(\pi+0)=\frac{\pi a^2}{4}$$

注意，$\int_0^a \sqrt{a^2-x^2}\,\mathrm{d}x(a>0)$ 可由定积分的几何意义求得. 在区间$[0,a]$上，曲线 $y=\sqrt{a^2-x^2}$ 是圆周 $x^2+y^2=a^2$ 的$\frac{1}{4}$ 部分，故$\int_0^a \sqrt{a^2-x^2}\,\mathrm{d}x$ 是半径为 a 的圆面积的$\frac{1}{4}$ 部分，因此$\int_0^a \sqrt{a^2-x^2}\,\mathrm{d}x=\frac{\pi a^2}{4}$.

例 4　设函数 $f(x)$ 在$[-a,a]$上连续，证明：

(1) 若 $f(x)$ 是偶函数，则$\int_{-a}^a f(x)\mathrm{d}x=2\int_0^a f(x)\mathrm{d}x$；

(2) 若 $f(x)$ 是奇函数，则$\int_{-a}^a f(x)=0$.

证明　因为$\int_{-a}^a f(x)\mathrm{d}x=\int_{-a}^0 f(x)\mathrm{d}x+\int_0^a f(x)\mathrm{d}x$，在上式右端第一项中，令 $x=-t$，则有

$$\int_{-a}^0 f(x)\mathrm{d}x=\int_a^0 f(-t)\cdot(-1)\mathrm{d}t=\int_0^a f(-t)\mathrm{d}t$$

所以

$$\int_{-a}^a f(x)\mathrm{d}x=\int_0^a f(-x)\mathrm{d}x+\int_0^a f(x)\mathrm{d}x=\int_0^a[f(-x)+f(x)]\mathrm{d}x$$

当 $f(x)$ 为偶函数时，即 $f(-x)=f(x)$，则$\int_{-a}^a f(x)\mathrm{d}x=2\int_0^a f(x)\mathrm{d}x$；当 $f(x)$ 为奇函

数时,即 $f(-x)=-f(x)$,则$\int_{-a}^{a}f(x)\mathrm{d}x=\int_{0}^{a}0\mathrm{d}x=0$.

* **例 5**　设 $f(x)$ 在[0,1]上连续,证明:

(1) $\int_{0}^{\frac{\pi}{2}}f(\sin x)\mathrm{d}x=\int_{0}^{\frac{\pi}{2}}f(\cos x)\mathrm{d}x$;

(2) $\int_{0}^{\pi}xf(\sin x)\mathrm{d}x=\frac{\pi}{2}\int_{0}^{\pi}f(\sin x)\mathrm{d}x$,并由此计算$\int_{0}^{\pi}\frac{x\sin x}{1+\cos^2 x}\mathrm{d}x$.

证明　(1) 设 $x=\frac{\pi}{2}-t$,则有

$$\int_{0}^{\frac{\pi}{2}}f(\sin x)\mathrm{d}x=-\int_{\frac{\pi}{2}}^{0}f\left[\sin\left(\frac{\pi}{2}-t\right)\right]\mathrm{d}t=\int_{0}^{\frac{\pi}{2}}f(\cos t)\mathrm{d}t=\int_{0}^{\frac{\pi}{2}}f(\cos x)\mathrm{d}x$$

(2) 设 $x=\pi-t$,则 $\mathrm{d}x=-\mathrm{d}t$, 有

$$\int_{0}^{\pi}xf(\sin x)\mathrm{d}x=-\int_{\pi}^{0}(\pi-t)f[\sin(\pi-t)]\mathrm{d}t=\int_{0}^{\pi}(\pi-t)f(\sin t)\mathrm{d}t=$$

$$\pi\int_{0}^{\pi}f(\sin t)\mathrm{d}t-\int_{0}^{\pi}tf(\sin t)\mathrm{d}t=$$

$$\pi\int_{0}^{\pi}f(\sin x)\mathrm{d}x-\int_{0}^{\pi}xf(\sin x)\mathrm{d}x$$

移项,得

$$\int_{0}^{\pi}xf(\sin x)\mathrm{d}x=\frac{\pi}{2}\int_{0}^{\pi}f(\sin x)\mathrm{d}x$$

$$\int_{0}^{\pi}\frac{x\sin x}{1+\cos^2 x}\mathrm{d}x=\frac{\pi}{2}\int_{0}^{\pi}\frac{\sin x}{1+\cos^2 x}\mathrm{d}x=-\frac{\pi}{2}\int_{0}^{\pi}\frac{\mathrm{d}\cos x}{1+\cos^2 x}=$$

$$-\frac{\pi}{2}\arctan(\cos x)\Big|_{0}^{\pi}=$$

$$-\frac{\pi}{2}\left(-\frac{\pi}{4}-\frac{\pi}{4}\right)=\frac{\pi^2}{4}$$

注:在换元积分中,换元必换限.

5.3.2　定积分的分部积分法

类似于不定积分,对于定积分同样有下面形式的分部积分法,即

$$\int_{a}^{b}uv'\mathrm{d}x=(uv)\big|_{a}^{b}-\int_{a}^{b}u'v\mathrm{d}x$$

或

$$\int_{a}^{b}u\mathrm{d}v=uv\big|_{a}^{b}-\int_{a}^{b}v\mathrm{d}u$$

注意,在使用定积分的分部积分公式时,关键仍然是 $u(x)$ 和 $v(x)$ 的选取,选取的方法与不定积分的分部积分法是一致的.

例 6　计算$\int_{1}^{\mathrm{e}}\ln x\mathrm{d}x$.

解　$\int_{1}^{\mathrm{e}}\ln x\mathrm{d}x=(x\ln x)\Big|_{1}^{\mathrm{e}}-\int_{1}^{\mathrm{e}}x\mathrm{d}\ln x=\mathrm{e}-\int_{1}^{\mathrm{e}}\mathrm{d}x=\mathrm{e}-(\mathrm{e}-1)=1$.

例 7　计算$\int_0^{\frac{1}{2}}\arcsin x\mathrm{d}x$

解　$$\int_0^{\frac{1}{2}}\arcsin x\mathrm{d}x=(x\arcsin x)\Big|_0^{\frac{1}{2}}-\int_0^{\frac{1}{2}}\frac{x\mathrm{d}x}{\sqrt{1-x^2}}=$$

$$\frac{\pi}{12}+\frac{1}{2}\int_0^{\frac{1}{2}}(1-x^2)^{-\frac{1}{2}}\mathrm{d}(1-x^2)=$$

$$\frac{\pi}{12}+(\sqrt{1-x^2})\Big|_0^{\frac{1}{2}}=\frac{\pi}{12}+\frac{\sqrt{3}}{2}-1$$

例 8　计算$\int_0^1 x\mathrm{e}^x\mathrm{d}x$.

解　$$\int_0^1 x\mathrm{e}^x\mathrm{d}x=\int_0^1 x\mathrm{d}\mathrm{e}^x=(x\mathrm{e}^x)\Big|_0^1-\int_0^1\mathrm{e}^x\mathrm{d}x=\mathrm{e}-\mathrm{e}^x\Big|_0^1=\mathrm{e}-(\mathrm{e}-1)=1$$

例 9　计算$\int_0^1\sin\sqrt{x}\,\mathrm{d}x$.

解　先用换元法. 令$\sqrt{x}=t$,则$x=t^2$,$\mathrm{d}x=2t\mathrm{d}t$,并且当$x=0$时,$t=0$;当$x=1$时,$t=1$,于是

$$\int_0^1\sin\sqrt{x}\,\mathrm{d}x=2\int_0^1 t\sin t\mathrm{d}t=\int_0^1 2t\sin t\mathrm{d}t=\int_0^1 2t\mathrm{d}(-\cos t)=$$

$$(-2t\cos t)\Big|_0^1+\int_0^1 2\cos t\mathrm{d}t=$$

$$-2\cos 1+(2\sin t)\Big|_0^1=2(\sin 1-\cos 1)$$

例 10　计算$\int_0^1\mathrm{e}^{\sqrt{x}}\mathrm{d}x$.

解　令$\sqrt{x}=t$,则$x=t^2$,$\mathrm{d}x=2t\mathrm{d}t$,于是

$$\int_0^1\mathrm{e}^{\sqrt{x}}\mathrm{d}x=\int_0^1\mathrm{e}^t 2t\mathrm{d}t=2\int_0^1 t\mathrm{e}^t\mathrm{d}t=$$

$$2\int_0^1 t\mathrm{d}\mathrm{e}^t=2(t\mathrm{e}^t)\Big|_0^1-2\int_0^1\mathrm{e}^t\mathrm{d}t=$$

$$2\mathrm{e}-2\mathrm{e}^t\Big|_0^1=2\mathrm{e}-2(\mathrm{e}-1)=2$$

* **例 11**　计算$\int_0^{\frac{\pi}{2}}\mathrm{e}^{2x}\cos x\mathrm{d}x$.

解　设$I=\int_0^{\frac{\pi}{2}}\mathrm{e}^{2x}\cos x\mathrm{d}x$,即

$$I=\int_0^{\frac{\pi}{2}}\mathrm{e}^{2x}\mathrm{d}\sin x=(\mathrm{e}^{2x}\sin x)\Big|_0^{\frac{\pi}{2}}-2\int_0^{\frac{\pi}{2}}\mathrm{e}^{2x}\sin x\mathrm{d}x=$$

$$\mathrm{e}^{\pi}+2\int_0^{\frac{\pi}{2}}\mathrm{e}^{2x}\mathrm{d}\cos x=\mathrm{e}^{\pi}+2\mathrm{e}^{2x}\cos x\Big|_0^{\frac{\pi}{2}}-4\int_0^{\frac{\pi}{2}}\mathrm{e}^{2x}\cos x\mathrm{d}x=$$

$$\mathrm{e}^{\pi}-2-4I$$

移项,解得$I=\frac{1}{5}(\mathrm{e}^{\pi}-2)$.

习题 5.3

1. 计算下列积分.

(1) $\int_0^4 \frac{1}{1+\sqrt{t}}\mathrm{d}t$；

(2) $\int_1^5 \frac{\sqrt{x-1}}{x}\mathrm{d}x$；

(3) $\int_1^2 \frac{\sqrt{x^2-1}}{x}\mathrm{d}x$；

(4) $\int_0^7 \frac{1}{1+\sqrt[3]{1+u}}\mathrm{d}u$；

(5) $\int_0^{\ln 2} \sqrt{\mathrm{e}^x-1}\,\mathrm{d}x$；

(6) $\int_0^1 \sqrt{4-x^2}\,\mathrm{d}x$；

(7) $\int_1^{\sqrt{3}} \frac{1}{x^2\sqrt{1+x^2}}\mathrm{d}x$；

(8) $\int_1^3 \arctan\sqrt{x}\,\mathrm{d}x$；

(9) $\int_2^5 f(x-2)\,\mathrm{d}x$,其中 $f(x)=\begin{cases} x^2+1, & 0\leqslant x\leqslant 1 \\ \mathrm{e}^{2x}, & 1<x\leqslant 3 \end{cases}$；

(10) $\int_0^2 f(x)\,\mathrm{d}x$,其中 $f(x)=\begin{cases} x+1, & x\leqslant 1 \\ \frac{1}{2}x^2, & x>1 \end{cases}$.

2. 计算下列积分.

(1) $\int_0^1 x\mathrm{e}^{-x}\mathrm{d}x$；

(2) $\int_0^{\frac{\pi}{2}} x\mathrm{d}(-\cos x)$；

(3) $\int_1^2 x\ln x\mathrm{d}x$；

(4) $\int_{\frac{\pi}{4}}^{\frac{\pi}{3}} \frac{x}{\sin^2 x}\mathrm{d}x$；

(5) $\int_0^{\sqrt{\ln 2}} x^3\mathrm{e}^{x^2}\,\mathrm{d}x$；

(6) $\int_0^{\frac{\sqrt{3}}{2}} \arccos x\mathrm{d}x$；

(7) $\int_0^{\sqrt{3}} \arctan x\mathrm{d}x$；

(8) $\int_0^{\frac{\pi}{2}} \mathrm{e}^{2x}\cos x\mathrm{d}x$；

(9) $\int_0^1 \frac{1}{1+\mathrm{e}^x}\mathrm{d}x$；

(10) $\int_0^1 \frac{x+\arctan x}{1+x^2}\mathrm{d}x$；

(11) $\int_0^1 \ln(1+x^2)\,\mathrm{d}x$

(12) $\int_0^{\frac{\pi}{4}} \frac{x}{\cos^2 x}\mathrm{d}x$.

3. 利用函数的奇偶性,计算下列积分.

(1) $\int_{-\pi}^{\pi} x^4\sin x\mathrm{d}x$

(2) $\int_{-\frac{1}{2}}^{\frac{1}{2}} \frac{x+(\arcsin x)^2}{\sqrt{1-x^2}}\mathrm{d}x$；

(3) $\int_{-2}^2 \frac{x^3\sin^2 x+x}{x^4+2x^2+1}\mathrm{d}x$；

(4) $\int_{-1}^1 \left(\sin 3x\tan^2 x-\frac{x^3}{\sqrt{1+x^2}}+x^2\right)\mathrm{d}x$.

4. 设函数 $f(x)$ 在 $[a,b]$ 上连续,证明:$\int_a^b f(a+b-x)\,\mathrm{d}x=\int_a^b f(x)\,\mathrm{d}x$.

5.4　广义积分

5.4.1　无限区间上的广义积分

定义 1　设函数 $f(x)$ 在区间$[a,+\infty)$上连续，取 $b>a$. 如果极限

$$\lim_{b\to+\infty}\int_a^b f(x)\mathrm{d}x$$

存在，则称此极限值为函数 $f(x)$ 在无穷区间$[a,+\infty)$上的广义积分，记作$\int_a^{+\infty}f(x)\mathrm{d}x$，即

$$\int_a^{+\infty}f(x)\mathrm{d}x=\lim_{b\to+\infty}\int_a^b f(x)\mathrm{d}x$$

这时也称广义积分$\int_a^{+\infty}f(x)\mathrm{d}x$ 收敛. 若上述极限不存在，则称广义积分$\int_a^{+\infty}f(x)\mathrm{d}x$ 发散.

类似地，可以定义 $f(x)$ 在$(-\infty,b]$，$(-\infty,+\infty)$上的广义积分.

设函数 $f(x)$ 在区间$(-\infty,b]$上连续，取 $a<b$，如果极限 $\lim\limits_{a\to-\infty}\int_a^b f(x)\mathrm{d}x$ 存在，则称此极限值为函数 $f(x)$ 在无穷区间$(-\infty,b]$上的广义积分，记作$\int_{-\infty}^b f(x)\mathrm{d}x$，即

$$\int_{-\infty}^b f(x)\mathrm{d}x=\lim_{a\to-\infty}\int_a^b f(x)\mathrm{d}x$$

也称广义积分$\int_{-\infty}^b f(x)\mathrm{d}x$ 收敛. 若上述极限不存在，则称广义积分$\int_{-\infty}^b f(x)\mathrm{d}x$ 发散.

设函数 $f(x)$ 在区间$(-\infty,+\infty)$上连续，如果广义积分$\int_{-\infty}^c f(x)\mathrm{d}x$ 和$\int_c^{+\infty}f(x)\mathrm{d}x$（$c$ 为常数）都收敛，则称上述两个广义积分之和为函数 $f(x)$ 在无穷区间$(-\infty,+\infty)$上的广义积分，记作$\int_{-\infty}^{+\infty}f(x)\mathrm{d}x$，即

$$\int_{-\infty}^{+\infty}f(x)\mathrm{d}x=\int_{-\infty}^c f(x)\mathrm{d}x+\int_c^{+\infty}f(x)\mathrm{d}x$$

这时也称广义积分$\int_{-\infty}^{+\infty}f(x)\mathrm{d}x$ 收敛. 否则，则称广义积分$\int_{-\infty}^{+\infty}f(x)\mathrm{d}x$ 发散.

设函数 $f(x)$ 在$[a,+\infty)$上连续，$F(x)$ 是 $f(x)$ 的原函数，一般约定

$$\lim_{b\to+\infty}F(x)\Big|_a^b \text{为 } F(x)\Big|_a^{+\infty}，\lim_{a\to-\infty}F(x)\Big|_a^b \text{为 } F(x)\Big|_{-\infty}^b$$

则无限区间上的广义积分为

$$\int_a^{+\infty}f(x)\mathrm{d}x=F(x)\Big|_a^{+\infty}，\int_{-\infty}^b f(x)\mathrm{d}x=F(x)\Big|_{-\infty}^b$$

例 1　求$\int_{-\infty}^{+\infty}\frac{\mathrm{d}x}{1+x^2}$.

解　$\int_{-\infty}^{+\infty}\frac{\mathrm{d}x}{1+x^2}=\int_0^{+\infty}\frac{\mathrm{d}x}{1+x^2}+\int_{-\infty}^0\frac{\mathrm{d}x}{1+x^2}=$

$$\lim_{b\to+\infty}\int_0^b \frac{dx}{1+x^2}+\lim_{a\to-\infty}\int_a^0 \frac{dx}{1+x^2}=$$

$$\lim_{b\to+\infty}\arctan x\Big|_0^b+\lim_{a\to-\infty}\arctan x\Big|_a^0=$$

$$\frac{\pi}{2}-\left(-\frac{\pi}{2}\right)=\pi$$

这个广义积分值的几何意义是:虽然图 1 中的曲线向左、右无限延伸,但是它与 x 轴所"围成"的面积却有有限值 π.

$y=\frac{1}{1+x^2}$

图 1

例 2　求$\int_0^{+\infty} te^{-t}dt$.

解　$\int_0^{+\infty} te^{-t}dt=\lim\limits_{b\to+\infty}\int_0^b te^{-t}dt=$

$$\lim_{b\to+\infty}\left\{-(te^{-t})\Big|_0^b+\int_0^b e^{-t}dt\right\}=$$

$$-\lim_{b\to+\infty}\frac{b}{e^b}+\lim_{b\to+\infty}(-e^{-t})\Big|_0^b=0-(0-1)=1.$$

例 3　讨论广义积分$\int_1^{+\infty}\frac{dx}{x^p}dx$ 的收敛性.

解　当 $p\neq1$ 时,有

$$\int_1^{+\infty}\frac{dx}{x^p}=\lim_{b\to+\infty}\int_1^b\frac{dx}{x^p}=\lim_{b\to+\infty}\left(\frac{x^{1-p}}{1-p}\right)\Big|_1^b=\begin{cases}+\infty, & p<1\\ \dfrac{1}{p-1}, & p>1\end{cases}$$

当 $p=1$ 时,有

$$\int_1^{+\infty}\frac{dx}{x}=\lim_{b\to+\infty}\int_1^b\frac{dx}{x}=\lim_{b\to+\infty}(\ln x)\Big|_1^b=+\infty$$

因此,当 $p>1$ 时,广义积分$\int_1^{+\infty}\frac{1}{x^p}dx$ 收敛于$\frac{1}{p-1}$;当 $p\leqslant1$ 时,广义积分$\int_1^{+\infty}\frac{1}{x^p}dx$ 发散.

5.4.2　无界函数的广义积分

若 x_0 是函数 $f(x)$ 的无穷间断点,即$\lim\limits_{x\to x_0}f(x)=\infty$,则称 x_0 为 $f(x)$ 的瑕点.

定义 2　设函数 $f(x)$ 在区间 $(a,b]$ 上连续,且 a 为瑕点. 取 $\eta>0$,如果极限 $\lim\limits_{\eta\to0^+}\int_{a+\eta}^b f(x)dx$ 存在,则称此极限值为无界函数 $f(x)$ 在 $(a,b]$ 上的广义积分或瑕积分,记作$\int_a^b f(x)dx$,即

$$\int_a^b f(x)dx=\lim_{\eta\to0^+}\int_{a+\eta}^b f(x)dx$$

也称广义积分$\int_a^b f(x)dx$ 收敛. 若上述极限不存在,则称广义积分$\int_a^b f(x)dx$ 发散.

当 b 为瑕点或 $c\in(a,b)$ 为瑕点时,可类似地定义函数 $f(x)$ 在 $[a,b]$ 上的瑕积分为

$$\int_a^b f(x)\mathrm{d}x=\lim_{\eta\to 0^+}\int_a^{b-\eta}f(x)\mathrm{d}x$$

$$\int_a^b f(x)\mathrm{d}x=\int_a^c f(x)\mathrm{d}x+\int_c^b f(x)\mathrm{d}x=\lim_{\eta\to 0^+}\int_a^{c-\eta}f(x)\mathrm{d}x+\lim_{\delta\to 0^+}\int_{c+\delta}^b f(x)\mathrm{d}x$$

其中，若$\int_a^c f(x)\mathrm{d}x$与$\int_c^b f(x)\mathrm{d}x$都收敛，则$\int_a^b f(x)\mathrm{d}x$才收敛.

当$f(x)$在$[a,b]$内有两个以上瑕点时，也可类似地定义瑕积分.

例 4　计算$\int_0^a \frac{\mathrm{d}x}{\sqrt{a^2-x^2}}(a>0)$.

解　因为$\lim\limits_{x\to a^-}\frac{1}{\sqrt{a^2-x^2}}=+\infty$，所以点$x=a$是瑕点，如图 2 所示. 于是

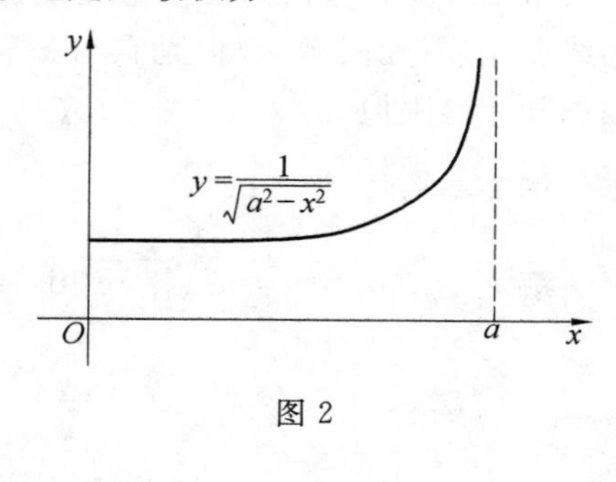

图 2

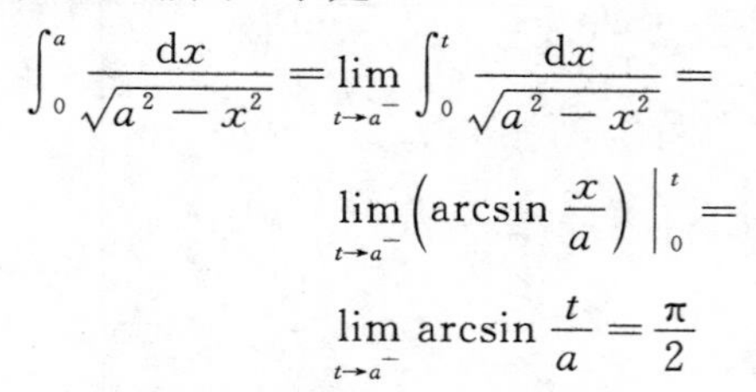

$$\int_0^a \frac{\mathrm{d}x}{\sqrt{a^2-x^2}}=\lim_{t\to a^-}\int_0^t \frac{\mathrm{d}x}{\sqrt{a^2-x^2}}=$$

$$\lim_{t\to a^-}\left(\arcsin\frac{x}{a}\right)\Big|_0^t=$$

$$\lim_{t\to a^-}\arcsin\frac{t}{a}=\frac{\pi}{2}$$

这个广义积分值的几何意义是：虽然位于曲线$y=\frac{1}{\sqrt{a^2-x^2}}$之下，$x$轴之上，在直线$x=0$与$x=a$之间的图象是无界的，但它的“面积”却是有限值$\frac{\pi}{2}$.

例 5　讨论广义积分$\int_{-1}^1 \frac{\mathrm{d}x}{x^2}$的收敛性.

解　因为$\lim\limits_{x\to 0}\frac{1}{x^2}=\infty$，所以点$x=0$是瑕点，分别考察下列两个广义积分：$\int_{-1}^0 \frac{\mathrm{d}x}{x^2}$和$\int_0^1 \frac{\mathrm{d}x}{x^2}$.

$$\int_0^1 \frac{\mathrm{d}x}{x^2}=\lim_{\eta\to 0^+}\int_\eta^1 \frac{\mathrm{d}x}{x^2}=\lim_{\eta\to 0^+}\left(-\frac{1}{x}\right)\Big|_\eta^1=+\infty$$

所以广义积分$\int_{-1}^1 \frac{\mathrm{d}x}{x^2}$发散.（不必再考察$\int_{-1}^0 \frac{\mathrm{d}x}{x^2}$）.

注意，如果疏忽了$x=0$是被积函数的瑕点而应用牛顿－莱布尼兹公式，就会得到以下错误结果：

$$\int_{-1}^1 \frac{\mathrm{d}x}{x^2}=\left(-\frac{1}{x}\right)\Big|_{-1}^1=-1-1=-2$$

例 6　讨论广义积分$\int_0^1 \frac{\mathrm{d}x}{x^q}$的敛散性.

解　显然点$x=0$是瑕点.

当$q\neq 1$时，有

$$\int_0^1 \frac{\mathrm{d}x}{x^q}=\left(\frac{x^{1-q}}{1-q}\right)\Big|_0^1=\begin{cases}\frac{1}{1-q}, & 0<q<1\\ +\infty, & q>1\end{cases}$$

当 $q=1$ 时，有

$$\int_0^1 \frac{dx}{x^q}=\int_0^1 \frac{dx}{x}=(\ln x)\Big|_0^1=+\infty$$

因此，广义积分 $\int_0^1 \frac{dx}{x^q}$，当 $q<1$ 时，收敛；当 $q\geqslant 1$ 时，发散.

*5.4.3 Γ－函数

广义积分 $\int_0^{+\infty} x^{\alpha-1}e^{-x}dx(\alpha>0)$ 作为参变量 α 的函数称为 Γ－函数，记为 $\Gamma(\alpha)$，即

$$\Gamma(\alpha)=\int_0^{+\infty} x^{\alpha-1}e^{-x}dx$$

Γ－函数是一个重要函数. 下面介绍 Γ－函数的一些基本性质.

性质 1　递推公式：$\Gamma(\alpha+1)=\alpha\Gamma(\alpha)(\alpha>0)$.

因为

$$\Gamma(\alpha+1)=\int_0^{+\infty} x^{\alpha}e^{-x}dx=-(x^{\alpha}e^{-x})\Big|_0^{+\infty}+\alpha\int_0^{+\infty} x^{\alpha-1}e^{-x}dx=$$
$$\alpha\int_0^{+\infty} x^{\alpha-1}e^{-x}dx=\alpha\Gamma(\alpha)$$

性质 2　$\Gamma(n+1)=n!$.

因为　$$\Gamma(n+1)=n\Gamma(n)=n(n-1)\Gamma(n-1)=\cdots=n!\ \Gamma(1)$$

又　$$\Gamma(1)=\int_0^{+\infty} e^{-x}dx=-e^{-x}\Big|_0^{+\infty}=1$$

所以 $\Gamma(n+1)=n!$.

性质 3　$\Gamma\left(\frac{1}{2}\right)=\int_{-\infty}^{+\infty} e^{-t^2}dt(=\sqrt{\pi})$.

这是一个重要积分，我们将在二重积分中给出证明.

例 7　计算 $\int_0^{+\infty} x^5e^{-x}dx$.

解　$\int_0^{+\infty} x^5e^{-x}dx=\Gamma(6)=5!\ =120$.

例 8　计算 $\int_0^{+\infty} \sqrt{x}e^{-x}dx$.

解　$\int_0^{+\infty} \sqrt{x}e^{-x}dx=\int_0^{+\infty} x^{\frac{3}{2}-1}e^{-x}dx=\Gamma\left(\frac{3}{2}\right)=\Gamma\left(\frac{1}{2}+1\right)=\frac{1}{2}\Gamma\left(\frac{1}{2}\right)=\frac{1}{2}\sqrt{\pi}$.

习题 5.4

1. 讨论下列各广义积分的敛散性，如果收敛，则计算其值.

(1) $\int_0^{+\infty} e^{-x^2}dx$；　(2) $\int_e^{+\infty} \frac{1}{x\ln^2 x}dx$；

(3) $\int_1^{+\infty} \frac{1}{\sqrt{x}}dx$；　(4) $\int_{-\infty}^{+\infty} \frac{1}{2+2x+x^2}dx$；

(5) $\int_0^1 \frac{x}{\sqrt{1-x^2}}\mathrm{d}x$；　　(6) $\int_0^2 \frac{\mathrm{d}x}{(1-x)^2}$；

(7) $\int_0^2 \frac{1}{x^2-4x+3}\mathrm{d}x$；　　(8) $\int_0^2 \ln x\mathrm{d}x$；

(9) $\int_{\frac{1}{e}}^{e} |\ln x|\mathrm{d}x$；　　(10) $\int_0^1 \frac{x}{\sqrt{1-x^2}}\mathrm{d}x$.

2. 求 k 为何值时，广义积分 $\int_2^{+\infty} \frac{\mathrm{d}x}{x(\ln x)^k}$ 收敛？当 k 为何值时，该广义积分发散？

3. 求 c 的值，使 $\lim\limits_{x\to+\infty}\left(\frac{x+c}{x-c}\right)^x = \int_{-\infty}^{c} te^{2t}\mathrm{d}t$.

5.5　定积分的几何应用

下面主要介绍定积分在几何、物理与工程中的一些应用，在此先介绍工程技术中普遍采用的行之有效的方法——定积分的微元法.

5.5.1　定积分的微元法

在定积分的应用中，经常采用微元法，下面介绍这种方法. 定积分所解决的问题是求与 $[a,b]$ 有关的不均匀量 A.

这里的不均匀量 A 对于 $[a,b]$ 具有可加性，即若把 $[a,b]$ 分成若干个小区间 $[x_{i-1},x_i]$ $(i=1,2,\cdots,n)$，就有 $A=\sum\limits_{i=1}^{n}\Delta A_i$，其中 ΔA_i 是对应于小区间 $[x_{i-1},x_i]$ 的局部量；可以近似地求出 ΔA_i，即 $\Delta A_i \approx f(\xi_i)\Delta x_i (i=1,2,\cdots,n)$，这里 $f(x)$ 是已知函数，$\xi_i \in [x_{i-1},x_i]$ $(i=1,2,\cdots,n)$，并且满足：$\Delta A_i - f(\xi_i)\Delta x_i$ 是比 Δx_i 高阶的无穷小量（当 $\Delta x_i \to 0$ 时），A 可以表示为定积分 $A=\int_a^b f(x)\mathrm{d}x$.

用定积分来解决实际问题中的所求量 A，应符合下列条件：

(1) A 是与一个变量的变化区间 $[a,b]$ 有关的量；

(2) A 对于区间 $[a,b]$ 具有可加性；

(3) 局部量 ΔA_i 的近似值可表示为 $f(\xi_i)\Delta x_i$，这里 $f(x)$ 是实际问题选择的函数.

解决步骤如下：

第一步：求微元. 先选取积分变量，如取 x，确定积分区间 $[a,b]$，在其上任取一个子区间 $[x,x+\mathrm{d}x]$，在其上的局部量 ΔA_i 的近似值为 $\mathrm{d}A=f(x)\mathrm{d}x$，这就是所求量 A 的微元.

第二步：求积分. 将微元 $\mathrm{d}A=f(x)\mathrm{d}x$ 当作被积表达式，在区间 $[a,b]$ 上求定积分

$$A=\int_a^b \mathrm{d}A=\int_a^b f(x)\mathrm{d}x$$

按上述两个步骤求 A 的方法称为定积分的微元法（或元素法）.

5.5.2　平面图形的面积

1. 直角坐标情况

(1) 由连续曲线 $y=f(x)(f(x)\geqslant 0)$、直线 $x=a,x=b$ 及 $y=0$ 所围成的曲边梯形的面积 $A=\int_a^b f(x)\mathrm{d}x$,如图 1 所示.

例 1　求由曲线 $y=x^2$,x 轴及直线 $x=1$ 所围成的平面图形面积.

解　已知在$[0,1]$上,曲线 $y=x^2$ 在 x 轴上方,如图 2 所示，面积微元 $\mathrm{d}A=x^2\mathrm{d}x$. 所求面积为

$$A=\int_0^1 x^2\mathrm{d}x=\frac{1}{3}x^3\Big|_0^1=\frac{1}{3}$$

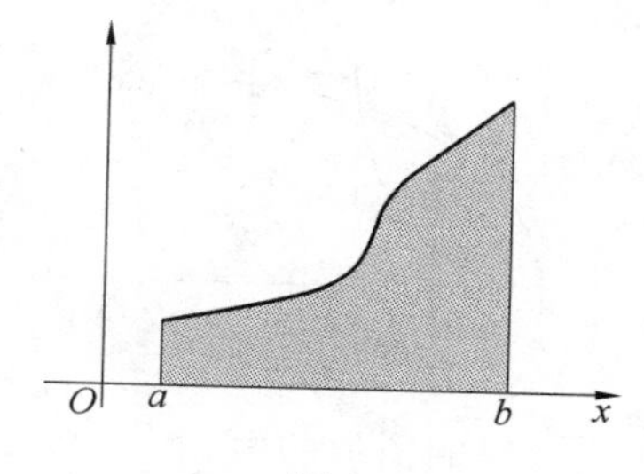

图 1

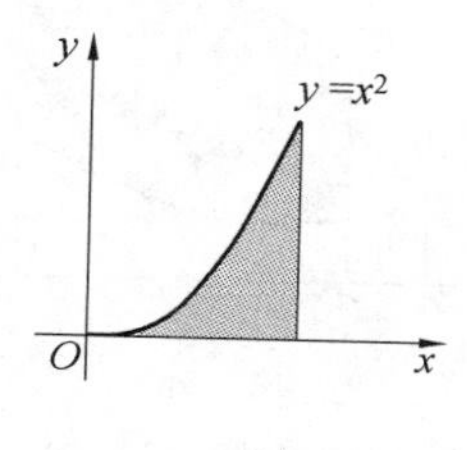

图 2

(2) 在区间$[a,b]$上的连续曲线 $y=f(x)$(有的部分为正,有的部分为负),x 轴及二直线 $x=a$ 与 $x=b$ 所围成的平面图形的面积 $A=\int_a^b |f(x)|\mathrm{d}x$,如图 3 所示.

例 2　求由曲线 $y=1-x^2$,x 轴及直线 $x=0,x=2$ 所围成的平面图形面积.

解　已知在$[0,1]$上,曲线 $y=x^2$ 在 x 轴上方,在$[1,2]$上,曲线 $y=x^2$ 在 x 轴下方,如图 4 所示.

$$\begin{aligned}A=&\int_0^1(1-x^2)\mathrm{d}x-\int_1^2(1-x^2)\mathrm{d}x=\\&1+\frac{1}{3}x^3\Big|_0^1-1+\frac{1}{3}x^3\Big|_1^2=\\&1-\frac{1}{3}-1+\frac{1}{3}(8-1)=2\end{aligned}$$

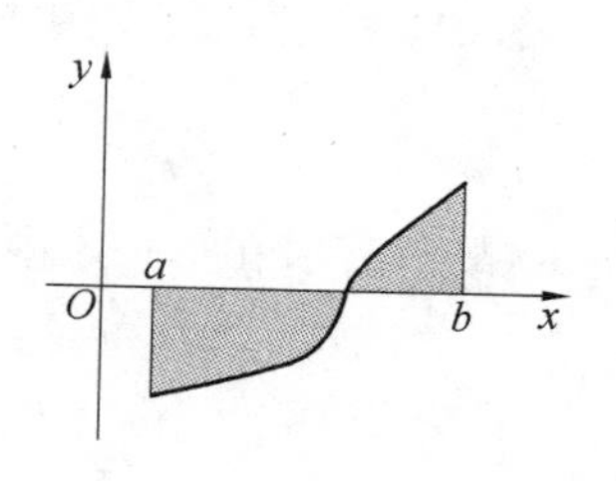

图 3

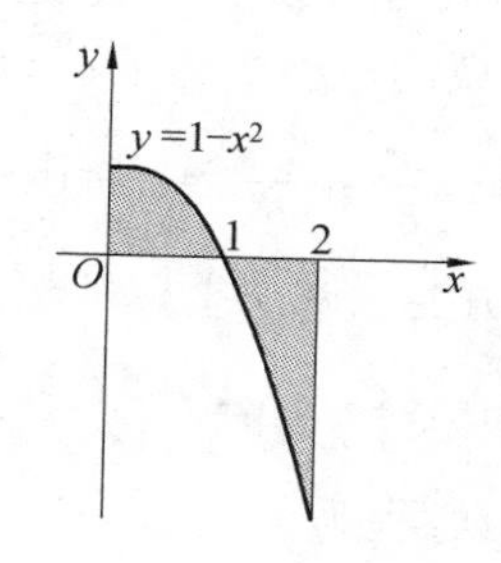

图 4

(3) 如果平面区域是由区间$[a,b]$上的两条连续曲线 $y=f(x)$ 与 $y=g(x)$ 及二直线 $x=a$ 与 $x=b$ 围成,如图 5 所示,则它的面积为

$$A=\int_a^b |f(x)-g(x)|\,\mathrm{d}x$$

例 3　求由曲线 $y^2=x, y=x^2$ 所围成图形的面积.

解　先求出两条曲线的交点. 为此解方程组 $\begin{cases} y^2=x \\ y=x^2 \end{cases}$，得到交点为 $(0,0)$ 和 $(1,1)$. 从而知道图形在直线 $x=0$ 及 $x=1$ 之间，如图 6 所示. 这时面积微元为 $\mathrm{d}A=(\sqrt{x}-x^2)\mathrm{d}x$. 故所求面积为

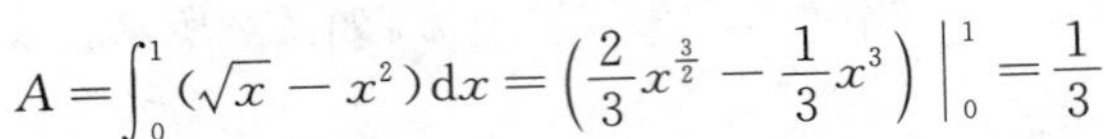

$$A=\int_0^1(\sqrt{x}-x^2)\mathrm{d}x=\left(\frac{2}{3}x^{\frac{3}{2}}-\frac{1}{3}x^3\right)\Big|_0^1=\frac{1}{3}$$

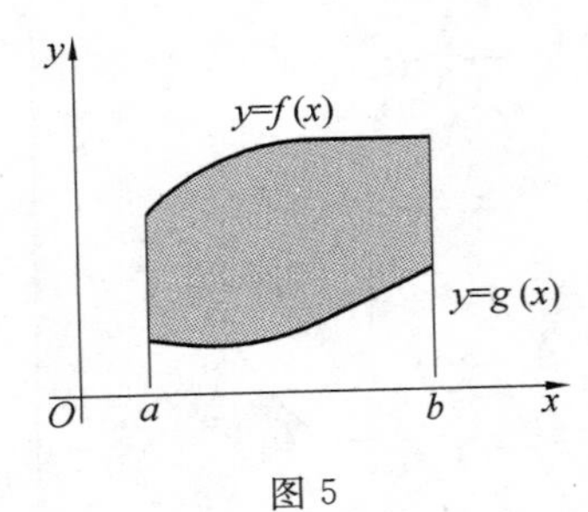

图 5

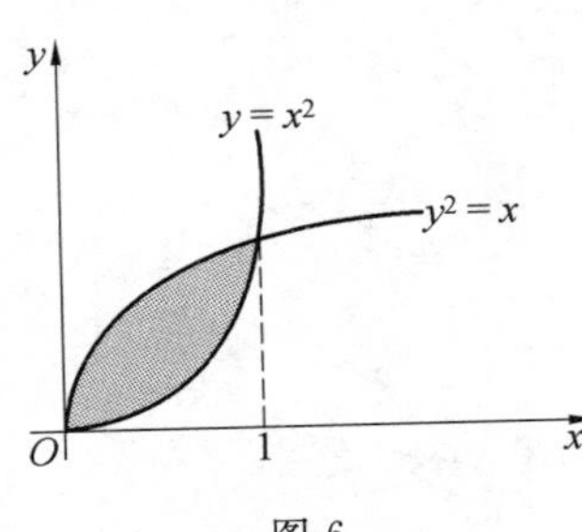

图 6

例 4　求由抛物线 $y^2=2x$ 和直线 $y=x-4$ 所围成的图形的面积.

解　如图 7 所示，先求抛物线和直线的交点，解方程组 $\begin{cases} y^2=2x \\ y=x-4 \end{cases}$，得到交点 $(2,-2)$ 和 $(8,4)$.

(1) 选 x 为积分变量，变化区间为 $[0,8]$，面积为

$$A=\int_0^2\sqrt{2x}\,\mathrm{d}x-\int_0^2(-\sqrt{2x})\mathrm{d}x+\int_2^8[\sqrt{2x}-(x-4)]\mathrm{d}x=$$

$$\frac{2}{3}(2x)^{\frac{3}{2}}\Big|_0^2+\left[\frac{1}{3}(2x)^{\frac{3}{2}}-\frac{1}{2}x^2+4x\right]\Big|_2^8=18$$

(2) 选 y 作积分变量，则 y 的变化区间为 $[-2,4]$，所求的面积为

$$A=\int_{-2}^4\left(4+y-\frac{y^2}{2}\right)\mathrm{d}y=\left((4y+\frac{1}{2}y^2-\frac{1}{6}y^3\right)\Big|_{-2}^4=18$$

计算时应综合考察以下因素，适当选择积分变量：

(1) 被积函数的原函数易求；(2) 较少的分割区域；(3) 积分上、下限比较简单.

例 5　求椭圆 $\frac{x^2}{a^2}+\frac{y^2}{b^2}=1$ 所围成的面积.

解　此椭圆关于两个坐标轴都对称，如图 8 所示，故只需求在第一象限内的面积 A_1，则椭圆的面积为 $A=4A_1=4\int_0^a y\mathrm{d}x$.

椭圆的参数方程为

$$\begin{cases} x=a\cos t \\ y=b\sin t \end{cases},\quad 0\leqslant t\leqslant\frac{\pi}{2}$$

$$\mathrm{d}x=-a\sin t\mathrm{d}t$$

$$A=4\int_0^a y\mathrm{d}x=4\int_{\frac{\pi}{2}}^0 b\sin t(-a\sin t)\mathrm{d}t=$$

$$4ab\int_0^{\frac{\pi}{2}}\sin^2 t\mathrm{d}t=4ab\cdot\frac{1}{2}\cdot\frac{\pi}{2}=\pi ab$$

当 $a=b$ 时，就得到圆的面积公式 $A=\pi a^2$.

有时为了求积分方便，也将函数写成参数方程的形式.

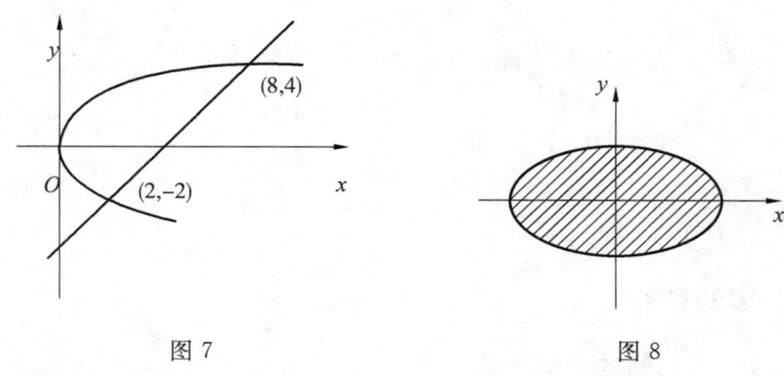

图 7　　　　图 8

2. 极坐标情况

设曲线由极坐标方程 $\rho=\varphi(\theta)(\alpha\leqslant\theta\leqslant\beta)$ 确定，求曲线 $\rho=\varphi(\theta)$，射线 $\theta=\alpha$ 和 $\theta=\beta$ 所围曲边扇形的面积，如图 9 所示.

对于任意 $\theta\in[\alpha,\beta]$，对应于任一小区间 $[\theta,\theta+\mathrm{d}\theta]$ 的窄曲边扇形的面积为

$$\mathrm{d}S=\frac{1}{2}\rho^2\mathrm{d}\theta=\frac{1}{2}[\varphi^2(\theta)]\mathrm{d}\theta$$

于是得到极坐标系下曲边扇形面积公式为

$$S=\frac{1}{2}\int_\alpha^\beta \rho^2\mathrm{d}\theta=\frac{1}{2}\int_\alpha^\beta[\varphi(\theta)]^2\mathrm{d}\theta$$

例 6　求双纽线 $\rho^2=a^2\cos 2\theta(a>0)$ 围成的区域的面积，如图 10 所示.

解　双纽线关于两个坐标轴都对称，双纽线围成的区域的面积是第一象限那部分区域面积的 4 倍. 在第一象限中，θ 的变化范围是 $\left[0,\frac{\pi}{4}\right]$. 于是双纽线围成区域的面积为

$$A=4\int_0^{\frac{\pi}{4}}\frac{1}{2}\rho^2\mathrm{d}\theta=2\int_0^{\frac{\pi}{4}}a^2\cos 2\theta\mathrm{d}\theta=$$

$$2a^2\cdot\frac{\sin 2\theta}{2}\bigg|_0^{\frac{\pi}{4}}=a^2$$

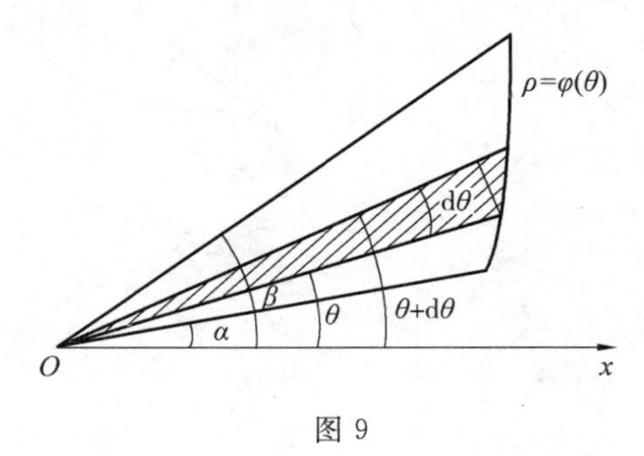

图 9

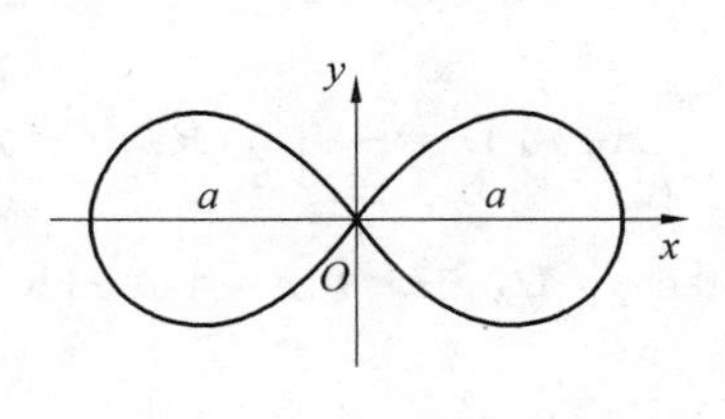

图 10

例 7　计算心形线 $\rho=a(1-\cos\theta)(a>0)$ 所围成的图形的面积.

解　如图 11 所示，图形对称于极轴，因此所求面积是极轴以上部分面积的 2 倍，即

$$A=2\int_0^{\pi}\frac{1}{2}\rho^2\mathrm{d}\theta=\int_0^{\pi}a^2\ (1-\cos\theta)^2\mathrm{d}\theta=$$

$$a^2\int_0^{\pi}(1-2\cos\theta+\cos^2\theta)\mathrm{d}\theta=$$

$$a^2\int_0^{\pi}\left(\frac{3}{2}-2\cos\theta+\frac{1}{2}\cos 2\theta\right)\mathrm{d}\theta=$$

$$a^2\left[\frac{3}{2}\theta-2\sin\theta+\frac{1}{4}\sin 2\theta\right]\Bigg|_0^{\pi}=$$

$$\frac{3}{2}\pi a^2$$

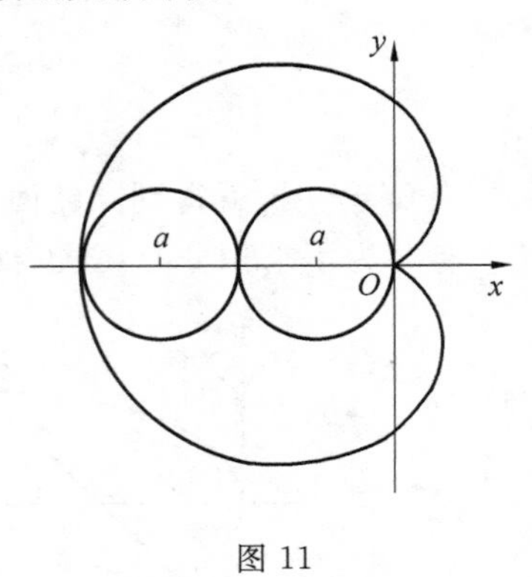

图 11

5.5.3　立体的体积

1. 平行截面面积为已知的立体体积

如图 12 所示，设空间某立体介于垂直于 x 轴的两平面 $x=a$，$x=b$ 之间，且过任意点 $x(a\leqslant x\leqslant b)$ 的垂直于 x 轴的截面面积 $A(x)$ 是已知连续函数，则任意小区间$[x,x+\mathrm{d}x]$上的薄片体积用底面积为 $A(x)$，高为 $\mathrm{d}x$ 的小圆柱的体积来近似，即

$$\mathrm{d}V=A(x)\mathrm{d}x$$

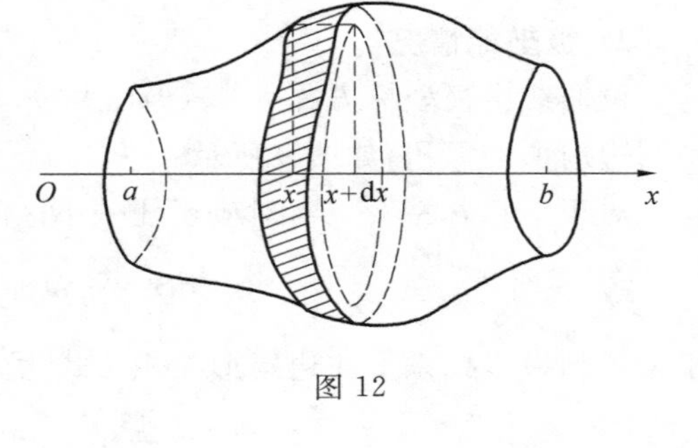

图 12

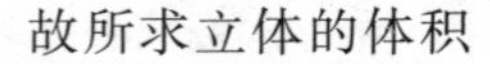

故所求立体的体积

$$V=\int_a^b A(x)\mathrm{d}x$$

例 8　设底面半径为 R 的圆柱，被通过其底面交角为 α 的平面所截，求截体的体积 V.

解　设圆柱底面圆方程为 $x^2+y^2=R^2$，用过点 x 且垂直于 x 轴的平面截立体所得的截面是直角三角形，如图 13 所示，面积为

$$A(x)=\frac{1}{2}y\cdot y\tan\alpha=\frac{1}{2}y^2\tan\alpha=$$

$$\frac{1}{2}(R^2-x^2)\tan\alpha$$

所以

$$V=\int_{-R}^{R}A(x)\mathrm{d}x=\frac{1}{2}\int_{-R}^{R}(R^2-x^2)\tan\alpha\mathrm{d}x=$$

$$\tan\alpha\int_0^R(R^2-x^2)\mathrm{d}x=\tan\alpha\left(R^2x-\frac{x^3}{3}\right)\Bigg|_0^R=$$

$$\frac{2}{3}R^3\tan\alpha$$

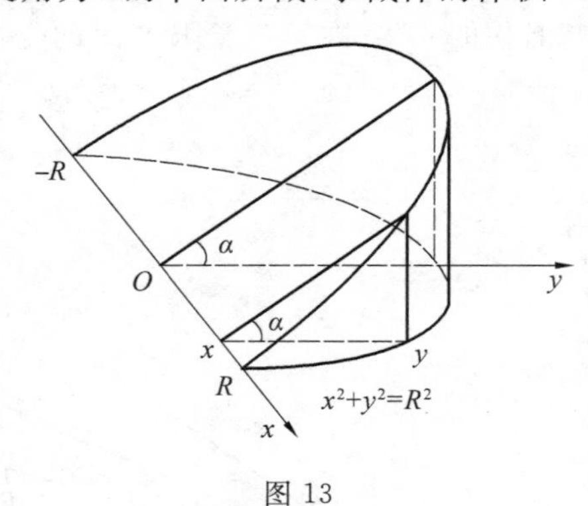

图 13

例 9　两个底半径为 R 的圆柱体垂直相交，求它们公共部分的体积.

解　如图 14 所示，公共部分的体积为第一卦限体积的 8 倍，现考虑公共部分位于第一卦限的部分，任一垂直于 x 轴的截面为正方形，因此截面面积为

$$A(x)=R^2-x^2$$

所以

$$V=8\int_0^R (R^2-x^2)\mathrm{d}x=8\left(R^2x-\frac{1}{3}x^3\right)\Big|_0^R=\frac{16}{3}R^3$$

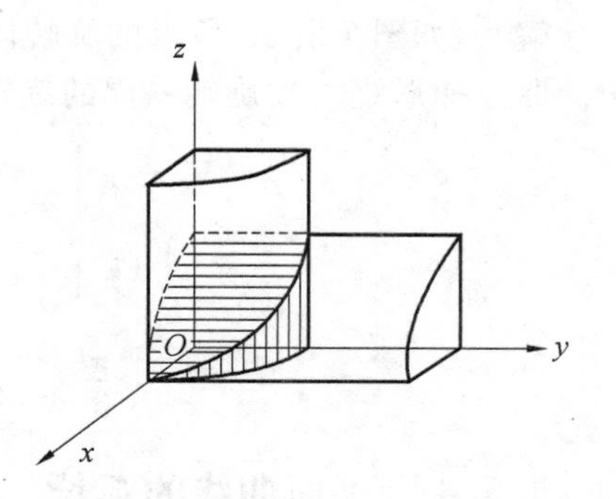

图 14

2. 旋转体的体积

由连续曲线 $y=f(x)(y\geqslant 0)$ 与直线 $x=a,x=b$ 及 x 轴所围成的曲边梯形绕 x 轴旋转所得的立体叫作旋转体，如图 15 所示.

显然，过点 $x(a\leqslant x\leqslant b)$ 且垂直于 x 轴的截面是以 $f(x)$ 为半径的圆，其面积为

$$A(x)=\pi f^2(x)$$

于是旋转体的体积为

$$V_x=\pi\int_a^b f^2(x)\mathrm{d}x$$

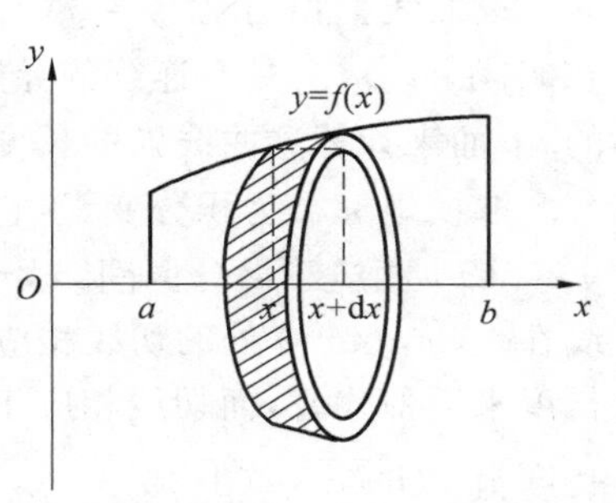

图 15

推广　由连续曲线 $x=\varphi(y)$ 和直线 $y=c,y=d$ 及 y 轴所围成的曲边梯形绕 y 轴旋转所得的旋转体体积为

$$V_y=\pi\int_c^d \varphi^2(y)\mathrm{d}y$$

例 10　求椭圆 $\frac{x^2}{a^2}+\frac{y^2}{b^2}=1$ 分别绕 x 轴和 y 轴旋转所得旋转体的体积.

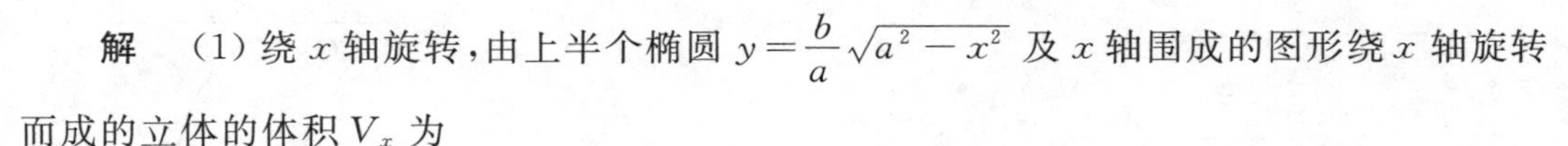

解　(1) 绕 x 轴旋转，由上半个椭圆 $y=\frac{b}{a}\sqrt{a^2-x^2}$ 及 x 轴围成的图形绕 x 轴旋转而成的立体的体积 V_x 为

$$V_x=\pi\int_{-a}^a \frac{b^2}{a^2}(a^2-x^2)\mathrm{d}x=$$

$$\pi\frac{b^2}{a^2}\left(a^2x-\frac{1}{3}x^3\right)\Big|_{-a}^a=\frac{4}{3}\pi ab^2$$

(2) 绕 y 轴旋转而成的立体的体积 V_y 为

$$V_y=\pi\int_{-b}^b \frac{a^2}{b^2}(b^2-y^2)\mathrm{d}y=\pi\frac{a^2}{b^2}\left(b^2y-\frac{1}{3}y^3\right)\Big|_{-b}^b=\frac{4}{3}\pi a^2b$$

当 $a=b$ 时，得半径为 a 的球体体积为 $V=\frac{4}{3}\pi a^3$.

例 11　求由抛物线 $y^2=2x$ 和直线 $y=x-4$ 所围成的图形绕 y 轴旋转而成的立体的体积.

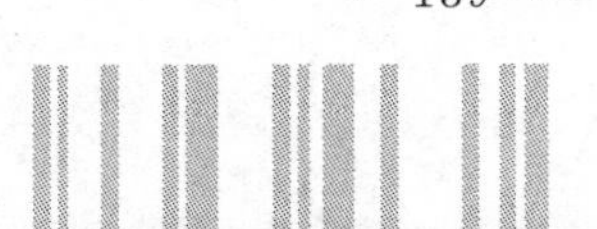

解　如图 7 所示，所求的旋转体体积是分别以抛物线 $y^2=2x$ 和直线 $y=x-4$ 为曲边的曲边梯形绕 y 轴旋转一周的旋转体的体积差，即

$$V_y=\pi\int_{-2}^{4}(y+4)^2\mathrm{d}y-\pi\int_{-2}^{4}\left(\frac{y^2}{2}\right)^2\mathrm{d}y=$$

$$\pi\int_{-2}^{4}(y+4)^2\mathrm{d}y-\frac{\pi}{4}\int_{-2}^{4}y^4\mathrm{d}y=$$

$$\frac{\pi}{3}(y+4)^3\Big|_{-2}^{4}-\frac{\pi}{20}y^5\Big|_{-2}^{4}=\frac{576\pi}{5}$$

5.5.4　平面曲线的弧长

1. 直角坐标情形

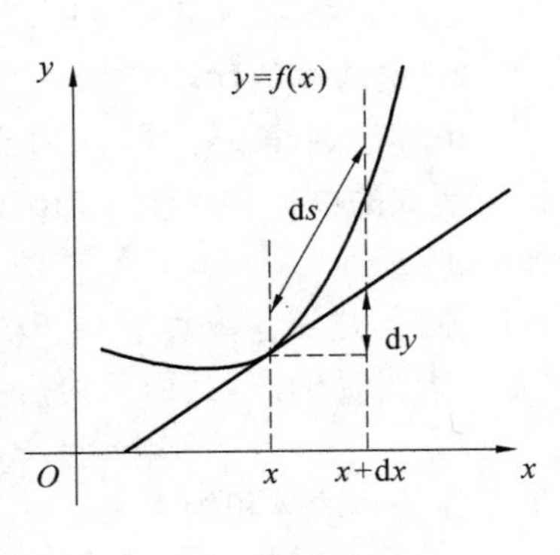

图 16

设曲线弧由方程 $y=f(x)(a\leqslant x\leqslant b)$ 给出，其中 $f(x)$ 在 $[a,b]$ 上具有连续的导数. 这类曲线弧是可求长度的. 下面来计算这曲线弧的长度，如图 16 所示.

取横坐标 x 为积分变量，它的变化区间是 $[a,b]$，曲线 $y=f(x)$ 相应于微分区间 $[x,x+\mathrm{d}x]$ 上的弧长可以用曲线在点 $(x,f(x))$ 处的切线相应于微分区间 $[x,x+\mathrm{d}x]$ 的长度来近似代替，而切线相应于微分区间 $[x,x+\mathrm{d}x]$ 上的长度为 $\sqrt{(\mathrm{d}x)^2+(\mathrm{d}y)^2}=\sqrt{1+y'^2}\,\mathrm{d}x$，从而得到弧长微元 $\mathrm{d}s=\sqrt{1+y'^2}\,\mathrm{d}x$，所求弧长为

$$s=\int_a^b\sqrt{1+y'^2}\,\mathrm{d}x$$

例 12　求曲线 $9y^2=x^3$ 在 $0\leqslant x\leqslant 12$ 部分的弧长.

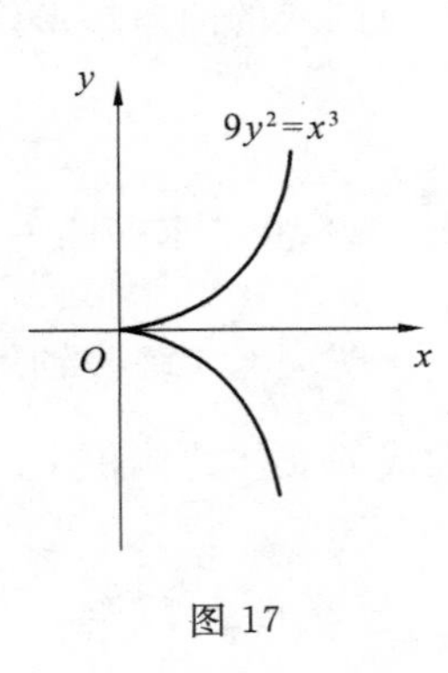

图 17

解　因为曲线 $9y^2=x^3$ 关于 x 轴对称，所以所求弧长是曲线 $y=\frac{1}{3}x^{\frac{3}{2}}$ 在 $0\leqslant x\leqslant 12$ 部分的弧长的 2 倍，如图 17 所示. 由于 $y'=\frac{1}{2}x^{\frac{1}{2}}$，所以

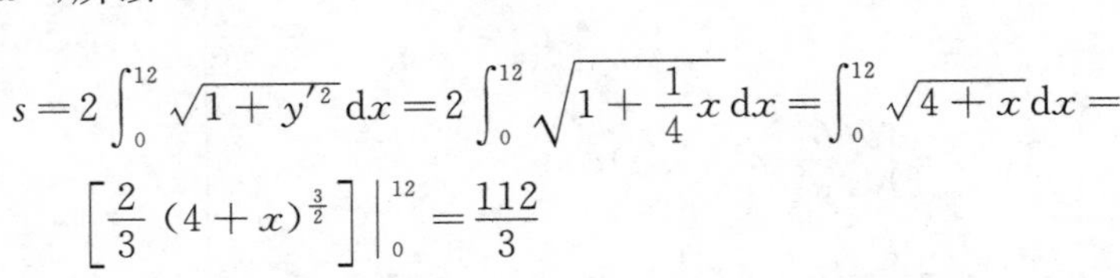

$$s=2\int_0^{12}\sqrt{1+y'^2}\,\mathrm{d}x=2\int_0^{12}\sqrt{1+\frac{1}{4}x}\,\mathrm{d}x=\int_0^{12}\sqrt{4+x}\,\mathrm{d}x=$$

$$\left[\frac{2}{3}(4+x)^{\frac{3}{2}}\right]\Big|_0^{12}=\frac{112}{3}$$

例 13　求悬链线 $y=\frac{\mathrm{e}^x+\mathrm{e}^{-x}}{2}$ 介于 $x=-1$ 和 $x=1$ 之间的一段弧长.

解　因为 $y'=\frac{\mathrm{e}^x-\mathrm{e}^{-x}}{2}$，所以 $1+y'^2=1+\frac{(\mathrm{e}^x-\mathrm{e}^{-x})^2}{4}=\left(\frac{\mathrm{e}^x+\mathrm{e}^{-x}}{2}\right)^2$，由弧长公式得

$$s=\int_{-1}^{1}\sqrt{1+y'^2}\,\mathrm{d}x=\int_{-1}^{1}\frac{\mathrm{e}^x+\mathrm{e}^{-x}}{2}\mathrm{d}x=2\int_0^1\frac{\mathrm{e}^x+\mathrm{e}^{-x}}{2}\mathrm{d}x=$$

$$(\mathrm{e}^x-\mathrm{e}^{-x})\Big|_0^1=\mathrm{e}-\frac{1}{\mathrm{e}}$$

2. 参数方程情形

若曲线弧由参数方程$\begin{cases}x=\varphi(t)\\y=\psi(t)\end{cases}$ $(\alpha\leqslant t\leqslant\beta)$给出，其中$\varphi(t)$，$\psi(t)$在$[\alpha,\beta]$上具有连续的导数，由于$\mathrm{d}x=\varphi'(t)\mathrm{d}t$，$\mathrm{d}y=\psi'(t)\mathrm{d}t$，因此有

$$\mathrm{d}s=\sqrt{(\mathrm{d}x)^2+(\mathrm{d}y)^2}=\sqrt{\varphi'^2(t)+\psi'^2(t)}\,\mathrm{d}t$$

于是所求弧长为$s=\int_\alpha^\beta\sqrt{\varphi'^2(t)+\psi'^2(t)}\,\mathrm{d}t$.

例 14　求星形线

$$\begin{cases}x=a\cos^3t\\y=a\sin^3t\end{cases},\quad 0\leqslant t\leqslant 2\pi$$

的全长，如图 18 所示.

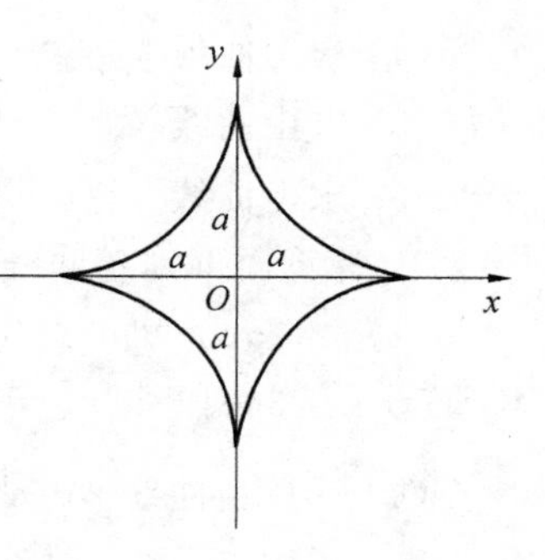

图 18

解　因为星形线关于两个坐标轴都对称，所以曲线的全长为第一象限部分的长的 4 倍.

由于$x_t'=-3a\cos^2t\sin t$，$y_t'=3a\sin^2t\cos t$，得星形线的全长为

$$s=4\int_0^{\frac{\pi}{2}}\sqrt{x_t'^2+y_t'^2}\,\mathrm{d}t=4\int_0^{\frac{\pi}{2}}3a\sin t\cos t\mathrm{d}t=$$

$$6a\sin^2t\Big|_0^{\frac{\pi}{2}}=6a$$

3. 极坐标情形

若曲线弧由极坐标方程$\rho=\rho(\theta)(\alpha\leqslant\theta\leqslant\beta)$给出，其中$\rho(\theta)$在$[\alpha,\beta]$上具有连续的导数. 由于极坐标与直角坐标的关系为$x=\rho\cos\theta$，$y=\rho\sin\theta$，故得曲线弧的参数方程为

$$\begin{cases}x=\rho(\theta)\cos\theta\\y=\rho(\theta)\sin\theta\end{cases}$$

其中，$\alpha\leqslant\theta\leqslant\beta$，$\theta$为参数.

又$x_\theta'=\rho'(\theta)\cos\theta-\rho(\theta)\sin\theta$，$y_\theta'=\rho'(\theta)\sin\theta+\rho(\theta)\cos\theta$，$x_\theta'^2+y_\theta'^2=\rho'^2(\theta)+\rho^2(\theta)$，于是有

$$s=\int_\alpha^\beta\sqrt{\rho'^2(\theta)+\rho^2(\theta)}\,\mathrm{d}\theta$$

例 15　求心形线$\rho=a(1-\cos\theta)(a>0)$的全长，如图 19 所示.

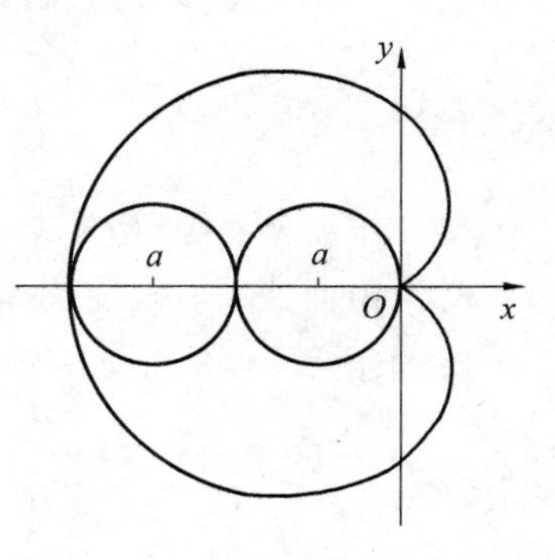

图 19

解　$\rho'(\theta)=a\sin\theta$，根据对称性，有

$$s=2\int_0^\pi\sqrt{\rho^2(\theta)+\rho'^2(\theta)}\,\mathrm{d}\theta=$$

$$2a\int_0^\pi\sqrt{1+\cos^2\theta-2\cos\theta+\sin^2\theta}\,\mathrm{d}\theta=$$

$$2a\int_0^\pi\sqrt{2-2\cos\theta}\,\mathrm{d}\theta=$$

$$4a\int_0^\pi\sin\frac{\theta}{2}\mathrm{d}\theta=\left(-8a\cos\frac{\theta}{2}\right)\Big|_0^\pi=8a$$

习题 5.5

1. 计算.

(1) 求由曲线 $y=\frac{1}{x}$,直线 $y=x$,直线 $x=2$ 所围成的图形的面积；

(2) 求由曲线 $y^2=2x$ 与直线 $y=4-x$ 所围成的图形的面积；

(3) 求曲线 $y=x^2+1$ 在区间[$A0,2$]上的曲边梯形的面积；

(4) 求由曲线 $y=4-x^2$ 与 x 轴所围成的图形的面积；

(5) 求由曲线 $y=x^2$ 与直线 $y=2x-1$ 及 x 轴所围成的图形的面积；

(6) 求由曲线 $y=x^2$ 与直线 $y=x$ 及 $y=2x$ 所围成的图形的面积.

2. 计算由下列各曲线所围成的图形的面积.

(1) $r=2a\cos\theta(a>0)$；

(2) $r=2a(2+\cos\theta)(a>0)$；

(3) $r=3\cos\theta$ 与 $r=1+\cos\theta$ 所围成的图形；

(4) 计算由曲线 $r=\mathrm{e}^{2\theta}$ 及 $\theta=0,\theta=\frac{\pi}{4}$ 所围成图形的面积.

3. 求下列曲线所围成的图形绕 x 轴旋转所得旋转体的体积.

(1) $xy=1,x=1,x=2$ 与 x 轴；

(2) $y=2x-x^2$ 与 $y=\frac{x}{2}$；

(3) 上半圆 $x^2+y^2=2$ 与 $y=x^2$；

(4) $y=\sin x(0\leqslant x\leqslant\pi)$ 与 x 轴；

(5) 求由抛物线 $y=2x-x^2$ 与 x 轴围成的图形绕 x 轴旋转一周所形成的旋转体的体积.

4. 求下列曲线所围成的图形分别绕 x 轴、y 轴旋转所得旋转体的体积.

(1) $y=x^3,x=2$ 以及 $y=0$；

(2) $y=\sqrt{x},x=1$ 以及 $x=4,y=0$；

(3) $y=\sin x,x=\frac{\pi}{2}$ 以及 $y=0$；

(4) $y=\ln x,x=\mathrm{e}$ 以及 $y=0$.

5. 计算下列曲线的弧长.

(1) $y=x^{\frac{3}{2}}(0\leqslant x\leqslant 4)$；

(2) $y=\frac{1}{3}\sqrt{x}(3-x)(1\leqslant x\leqslant 3)$；

(3) $x=2t^2,y=t^3(0\leqslant t\leqslant 1)$；

(4) $\begin{cases}x=t-\sin t\\ y=1-\cos t\end{cases}(0\leqslant t\leqslant 2\pi)$；

(5) $r=a(1+\cos\theta)(0\leqslant\theta\leqslant 2\pi)$.

6. 求由曲线 $y=\sqrt{2x}$ 与它在点(2,2)处的切线以及 x 轴所围成的图形的面积.

7. 求由 $xy=3$ 与 $x+y=4$ 所围成的图形绕 y 轴旋转所得的体积.

5.6　定积分在物理及工程中的应用

用定积分解决物理及工程中问题的关键仍然是微元法,下面举例说明.

5.6.1　变力做功

由物理学知道，一物体在常力 F 作用下做直线运动，在力的方向上位移为 x，则力 F 对物体做功为

$$W = F \cdot x$$

但在许多实际问题中，常常要计算变力做功，这与上述情况不同，看下例.

例 1　设点电荷 $+q$ 置于球坐标系的极点 O，求单位正电荷沿任何一条射线从 $r=a$ 运动到 $r=b(a<b)$ 过程中，电场力对单位正电荷所做的功.

解　在单位正电荷移动过程中，电场对它的作用力是变力. 由电学知道，一单位正电荷在 $+q$ 的电场中距离原点 O 为 r 的点处，所受电场力的大小为

$$F = K\frac{q}{r^2},\quad K \text{ 为常数}$$

取 r 为积分变量，积分区间为 $[a,b]$，在 $[a,b]$ 的任意子区间 $[r,r+\mathrm{d}r]$ 上，当单位正电荷从 r 移动到 $r+\mathrm{d}r$ 时，电场力对它所做功的微元是

$$\mathrm{d}W = F(r)\mathrm{d}r = K\frac{q}{r^2}\mathrm{d}r$$

于是电场力做的功为

$$W = \int_a^b K\frac{q}{r^2}\mathrm{d}r = -Kq\cdot\frac{1}{r}\bigg|_a^b = Kq\left(\frac{1}{a}-\frac{1}{b}\right)$$

例 2　一圆柱形的贮水桶高为 5 m，底圆半径为 3 m，桶内盛满了水. 试问要把桶内的水全部吸出需做多少功?

解　作 x 轴，如图 1 所示. 取深度 x（单位为 m）为积分变量，它的变化区间为 $[0,5]$. 相应于 $[0,5]$ 上任一小区间 $[x,x+\mathrm{d}x]$ 的一薄层水的高度为 $\mathrm{d}x$，若重力加速度 g 取 $9.8\ \mathrm{m/s^2}$，则这薄层水的重力为 $9.8\pi\cdot 3^2\mathrm{d}x$ kN. 把这薄层水吸出桶外需做的功近似地为 $\mathrm{d}W = 88.2\pi x\mathrm{d}x$，此即功元素. 于是所求的功为

$$W = \int_0^5 88.2\pi x\mathrm{d}x = 88.2\pi\left(\frac{x^2}{2}\right)\bigg|_0^5 = 88.2\pi\frac{25}{2} \approx 3\ 462\ (\mathrm{kJ})$$

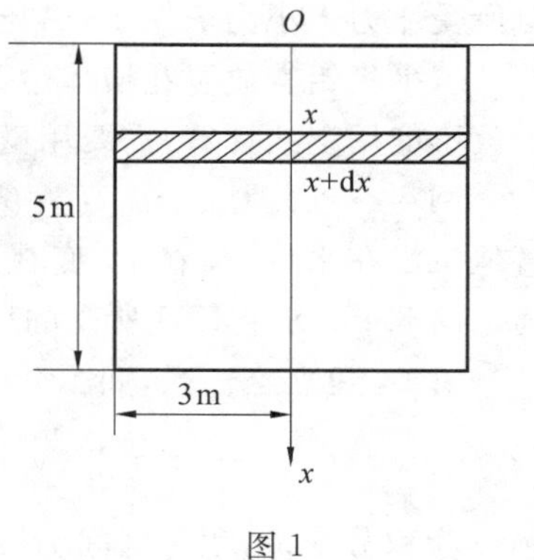

图 1

例 3　从地面垂直向上发射火箭，初速度应多大时，火箭才能克服地球的引力发射成功.

解　取 Ox 轴竖直向上，设地球半径为 R，质量为 M，火箭质量为 m，当火箭距地面高度为 x 时，它所受地球引力大小为

$$f = K\frac{Mm}{(R+x)^2}$$

地球引力 f 随着发射高度 x 的变化而变化，当火箭在地面时，$x=0$，它受引力即为火箭重力，即 $f=mg$，于是有 $K\dfrac{Mm}{R^2}=mg$，得 $KM=gR^2$，代入上式得

$$f=\frac{R^2gm}{(R+x)^2}$$

为发射火箭，克服地球引力 f 的外力 $F(x)$ 应与 f 大小相等，即

$$F(x)=\frac{R^2gm}{(R+x)^2}$$

在 f 作用下，把火箭从地面发射到距地面为 h 处所做的功为

$$W=\int_0^h\frac{R^2gm}{(R+x)^2}\mathrm{d}x=-R^2gm\left.\frac{1}{R+x}\right|_0^h=-\frac{R^2gm}{R+h}+Rgm$$

为使火箭克服地球引力，也就是要把火箭发射到无穷远处，即 $h\to+\infty$，这时所做的功为

$$W=\lim_{h\to+\infty}\left(-\frac{R^2gm}{R+h}+Rgm\right)=Rgm$$

由于这个功是由火箭初速度 V_0 所具有的动能 $\frac{1}{2}mV_0{}^2$ 转化而来的，所以

$$\frac{1}{2}mV_0{}^2\geqslant Rgm$$

即

$$V_0\geqslant\sqrt{2Rg}=\sqrt{2\times 6\,371\times 9.8\times 10^{-3}}=11.2(\mathrm{km/s})$$

这就是火箭为克服地球引力至少应具备的初速度，通常称为第二宇宙速度.

5.6.2　水压力

由物理学可知，若有一面积为 A 的平板，水平地放置在液体中，深度为 h 处，则平板一侧所受压力大小为 $P=p\cdot A=\rho hA$. p 为压强，ρ 为液体的密度.

若平板铅直放置在液体中，由于深度不同处，液体压强也不同. 因而平板一侧所受压力就不能用上式计算，需要用微元法来解决.

例 4　一底为 8 cm，高为 6 cm 的等腰三角形片，铅直地沉没在水中，顶在上，底在下，且与水面平行，而顶离水面 3 cm，求它每面所受的压力.

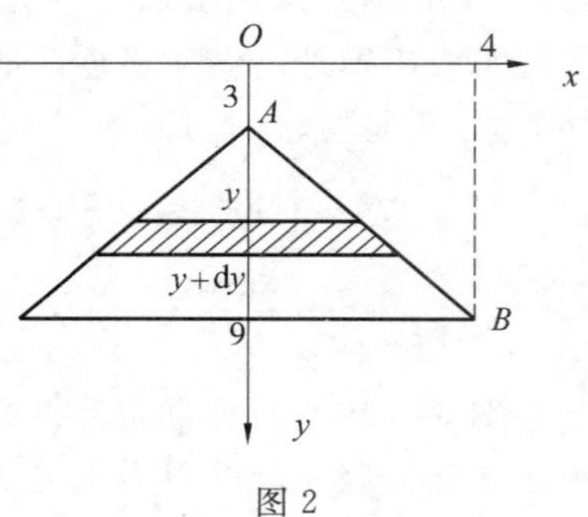

图 2

解　建立坐标系，如图 2 所示. AB 的方程为

$$x=\frac{2}{3}(y-3)$$

选 y 为积分变量，积分区间为 $[3,9]$，在 $[3,9]$ 上任取子区间 $[y,y+dy]$ 上相应窄条所受水压力

$$\mathrm{d}p=2\rho yx\,\mathrm{d}y=\frac{4}{3}\rho y\cdot(y-3)\mathrm{d}y$$

$$P=\int_3^9\mathrm{d}p=\frac{4}{3}\int_3^9 y(y-3)\mathrm{d}y=168(\mathrm{g})$$

5.6.3　平均值

设 $f(x)$ 在 $[a,b]$ 上连续，由积分中值定理知道，函数 $f(x)$ 在区间 $[a,b]$ 上的平均值

为 $\bar{y}=\frac{1}{b-a}\int_a^b f(x)\mathrm{d}x$.

例 5　求 $y=\ln x$ 在$[1,3]$上的平均值.

解　$\bar{y}=\frac{1}{3-1}\int_1^3 \ln x\mathrm{d}x=3\ln 3-2$.

例 6　求纯电阻电路中,正弦交流电流 $i(t)=I_m\sin\omega t$ 在一个周期内功率的平均值(称为平均功率).

解　设电路中电阻为 R,则电路中的电压为

$$U=iR=I_mR\sin\omega t$$

功率为

$$P=Ui=I_m^2R\sin^2\omega t$$

因此功率在长度为一个周期的区间$[0,\frac{2\pi}{\omega}]$上,平均值为

$$P=\frac{1}{\frac{2\pi}{\omega}}\int_0^{\frac{2\pi}{\omega}} I_m^2R\sin^2\omega t\mathrm{d}t=\frac{I_m^2R\omega}{4\pi}\int_0^{\frac{2\pi}{\omega}}(1-\cos 2\omega t)\mathrm{d}t=$$

$$\frac{I_m^2R\omega}{4\pi}\left(t-\frac{1}{2\omega}\sin 2\omega t\right)\Bigg|_0^{\frac{2\pi}{\omega}}=\frac{I_m^2R}{2}=\frac{I_mU_m}{2}$$

这个结果表明:在纯电阻电路中,正弦交流电流的平均功率等于电流、电压的峰值积的一半.

习题 5.6

1. 由实验知道,弹簧在拉伸过程中,拉力与弹簧的伸长量成正比,已知弹簧拉伸 1 cm 需要的力是 3 N,如果把弹簧拉伸 3 cm,计算需要做的功.

2. 一只弹簧的自然长度为 0.6 m,19 N 的力使它伸长到 1 m,问使弹簧从 0.9 m 伸长到 1.1 m 时需要做多少功?

3. 直径为 20 cm,高为 80 cm 的圆柱形容器内充满压强为 10 N/cm² 的蒸汽,设温度保持不变,要使蒸汽体积缩小一半,问需要做多少功?

4. 一物体按规律 $x=ct^3$ 做直线运动,媒质的阻力与速度的平方成正比,计算物体从 $x=0$ 移至 $x=a$ 时,克服媒质阻力所做的功.

5. 用铁锤将一铁钉击入木板,设木板对铁钉的阻力与铁钉击入木板的深度成正比,在击第一次时,将铁钉击入 1 cm,如果铁锤每次打击铁钉所做的功相等,问铁锤击第二次时铁钉又被击入多少?

6. 一半径为 3 m 的球形水箱内有一半容量的水,现要将水抽到水箱顶端上方 7 m 高处,问需要做多少功?

7. 边长为 a 和 b 的矩形薄板,与液面成 δ 角斜沉于液体内,长边平行于液面而位于深 h 处,设 $a>b$,液体的密度为 ρ,试求薄板每面所受的压力.

8. 计算函数 $y=\sqrt{a^2-x^2}$ 在$[-a,a]$上的平均值.

9. 物体以速度 $v=3t^2+2t$(m/s) 做直线运动,计算它在 $t=0$ s 到 $t=3$ s 内的平均速度.

第 6 章

微分方程与差分方程

在自然科学、工程技术以及经济管理的许多方面，常会遇到寻求某些变量之间的函数关系. 这就需要通过建立含有未知函数及其导数的关系式，即微分方程，并求解微分方程方能得到；另外，对于各有关离散化变量，这就需要建立差分方程. 本章介绍微分方程、差分方程的基本知识及一些简单应用.

6.1　微分方程的基本概念

微分方程是数学的重要分支之一，几乎和微分同时产生，是数学科学理论联系实际的一个重要途径.

6.1.1　引例

引例 1　已知曲线上任一点的切线斜率等于这点横坐标的 2 倍，求曲线方程.

解　设所求曲线的方程为 $y=f(x)$，根据导数的几何意义，函数 $y=f(x)$ 在某一点的导数为曲线 $y=f(x)$ 过该点的切线的斜率. 于是，所求曲线应满足方程

$$\frac{\mathrm{d}y}{\mathrm{d}x}=2x \tag{1}$$

积分得

$$y=x^2+C$$

其中，C 为任意常数. 满足方程(1) 的曲线有无穷多个，如图 1 所示.

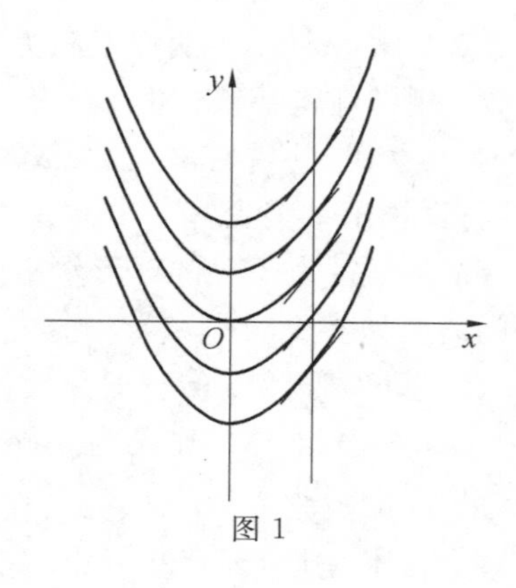

图 1

引例 2　质量为 m 的物体受重力的作用自由下落，已知初速度为 v_0，求物体运动路程 s 与时间 t 的函数关系.

解　设物体在 t 时刻的位置为 $s=s(t)$. 加速度为 $a=\frac{\mathrm{d}^2 s}{\mathrm{d}t^2}$. 由牛顿第二定律，$F=ma$，得

$$m\frac{\mathrm{d}^2 s}{\mathrm{d}t^2}=mg$$

其中 mg 是物体受的重力，即

$$\frac{\mathrm{d}^2 s}{\mathrm{d}t^2}=g$$

将方程两边积分，得

$$v=s'=gt+C_1$$

再积分一次，得

$$s=\frac{1}{2}gt^2+C_1t+C_2$$

其中，C_1，C_2 为任意常数，根据物体的初始状态得

$$\begin{cases}s(0)=0\\ v(0)=s'(0)=v_0\end{cases}$$

代入计算可得

$$s=\frac{1}{2}gt^2+v_0t$$

是所求物体的运动规律，与试验结果完全相符.

6.1.2　微分方程的基本概念

把含有自变量、未知函数及未知函数导数（或微分）的方程，称为微分方程. 未知函数是一元函数的称为常微分方程，未知函数是多元函数的，称为偏微分方程. 本章只讨论常微分方程.

微分方程中出现的未知函数最高阶导数的阶数，叫作微分方程的阶. 如引例 1 中微分方程是一阶微分方程，引例 2 中方程是二阶微分方程.

如果把某个函数及其导数代入微分方程，能使该方程成为恒等式，这个函数就叫作微分方程的解. 在引例 1 中，$y=x^2+C$ 是 $\frac{\mathrm{d}y}{\mathrm{d}x}=2x$ 的解. 在引例中，$s=\frac{1}{2}gt^2+C_1t+C_2$ 是 $\frac{\mathrm{d}^2s}{\mathrm{d}t^2}=g$ 的解.

这两个解中包含的任意常数个数与对应的微分方程的阶数相同，我们把这样的解叫作微分方程的通解.

根据具体问题的要求，有时须确定通解中的任意常数. 设微分方程的通解为 $y=y(x)$，如果微分方程是一阶的，通常用来确定任意常数的条件是 $y|_{x=x_0}=y_0$，其中 x_0，y_0 是给定的数值；如果微分方程是二阶的，通常用来确定任意常数的条件是：$y|_{x=x_0}=y_0$，$y'|_{x=x_0}=y'_0$，其中 x_0，y_0，y'_0 都是给定的数值，这样的条件叫作初始条件. 如引例 2 中的出提条件为 $\begin{cases}s(0)=0,\\ v(0)=s'(0)=v_0\end{cases}$，通解中的任意常数由初始条件确定后，所得出的解叫作微分方程满足初始条件的特解. 如引例 2 中，$s=\frac{1}{2}gt^2+v_0t$ 是方程的特解.

习题 6.1

1. 指出下列微分方程的阶数.

(1) $x(y')^2-2yy'+x=0$；　　(2) $xy'''+2y''+x^2y=0$；

(3) $(x+y)\mathrm{d}x+x\mathrm{d}y=0$.

2. 指出下列各题中的函数是否为所给微分方程的解.

(1) $xy'=2y, y=5x^2$;

(2) $y''+y=0, y=3\sin x-4\cos x$;

(3) $x^2y''-2xy'+2y=0, y=x^2+x$;

(4) $y''=1+y^2, y=xe^x$.

3. 验证由方程 $x^2-xy+y^2=c$ 所确定的函数为微分方程 $(x-2y)y'=2x-y$ 的通解.

4. 确定函数 $y=(c_1+c_2x)e^{2x}$, $y\big|_{x=0}=0$, $y'\big|_{x=0}=1$ 中的 c_1 和 c_2 的值,使函数满足所给的初始条件.

5. 设曲线在点 (x,y) 处的切线的斜率等于该点横坐标的平方,建立曲线的微分方程.

6. 设曲线在点 (x,y) 处的切线与 x 轴的交点的横坐标等于切点横坐标的 2 倍,建立曲线的微分方程.

6.2　一阶微分方程

6.2.1　可分离变量的方程

形如 $\frac{\mathrm{d}y}{\mathrm{d}x}=f(x)\cdot g(y)$ 的微分方程,或者能把微分方程化为一端只含有 y 的函数和 $\mathrm{d}y$,另一端只含有 x 的函数和 $\mathrm{d}x$ 的方程,称为可分离变量微分方程.

解法如下:

(1) 分离变量: $\frac{1}{g(y)}\mathrm{d}y=f(x)\mathrm{d}x$;

(2) 两边积分: $\int\frac{1}{g(y)}\mathrm{d}y=\int f(x)\mathrm{d}x$.

即得方程通解 $G(y)=F(x)+C$,其中 $G(y)$, $F(x)$ 分别为 $\frac{1}{g(y)}$, $f(x)$ 的原函数.

例 1　求微分方程 $x\frac{\mathrm{d}y}{\mathrm{d}x}=y\ln y$ 的通解.

解　将原方程变形为

$$\frac{\mathrm{d}y}{y\ln y}=\frac{\mathrm{d}x}{x}$$

两边分别积分,得

$$\int\frac{\mathrm{d}y}{y\ln y}=\int\frac{\mathrm{d}x}{x}$$

积分,得

$$\ln|\ln y|=\ln|x|+C$$

整理得到通解为

$$y=e^{Cx}$$

例 2　求微分方程$\frac{dy}{dx}=-\frac{x}{y}$的通解和满足初始条件$y|_{x=0}=1$的特解.

解　将原方程变形为

$$ydy=-xdx$$

两边分别积分,得

$$\int ydy=-\int xdx$$

得通解为

$$\frac{1}{2}y^2=-\frac{1}{2}x^2+C_1$$

即 $x^2+y^2=C$,这里 $C=2C_1$. 将初始条件$y|_{x=0}=1$代入通解,得 $C=1$. 于是方程的特解为

$$x^2+y^2=1$$

例 3　将 100 ℃ 的物体放在 20 ℃ 的环境中冷却,已知物体表面温度的变化率与物体表面温度及环境温度之差成比例,比例系数为 k,求物体表面温度 T 随时间 t 变化的函数关系.

解　设物体表面温度随时间变化的函数为 $T=T(t)$,根据题意得

$$\begin{cases}\frac{dT}{dt}=-k(T-20)\\ T(0)=100\end{cases}$$

将原式变形为

$$\frac{dT}{T-20}=-kdt$$

两边分别积分,得

$$\int\frac{dT}{T-20}=-\int kdt$$

得通解为

$$\ln|T-20|=-kt+C_1$$

整理,得

$$T=20+Ce^{-kt}$$

其中 $C=\pm e^{C_1}$,将初始条件代入得

$$C=80$$

故物体表面温度随时间变化的函数为 $T=20+80e^{-kt}$.

6.2.2　齐次微分方程

形如$\frac{dy}{dx}=\varphi\left(\frac{y}{x}\right)$或$\frac{dx}{dy}=\varphi\left(\frac{x}{y}\right)$的微分方程,称为齐次微分方程.

对于方程$\frac{dy}{dx}=\varphi\left(\frac{y}{x}\right)$作变量代换,令$\frac{y}{x}=u$,则 $y=xu$,两端对 x 求导数,得$\frac{dy}{dx}=u+x\frac{du}{dx}$,又因为$\frac{dy}{dx}=\varphi(u)$,于是

$$u+x\frac{\mathrm{d}u}{\mathrm{d}x}=\varphi(u)$$

有

$$\frac{\mathrm{d}u}{\varphi(u)-u}=\frac{\mathrm{d}x}{x}$$

方程$\frac{\mathrm{d}y}{\mathrm{d}x}=\varphi\left(\frac{y}{x}\right)$化为可分离变量微分方程，两边分别积分，得

$$\int\frac{\mathrm{d}u}{\varphi(u)-u}=\ln|x|+C$$

求出积分后，再用$\frac{y}{x}$代替u，便得方程$\frac{\mathrm{d}y}{\mathrm{d}x}=\varphi\left(\frac{y}{x}\right)$的通解.

例 4　求微分方程$xy'-y=2\sqrt{xy}$的通解.

解　将$xy'-y=2\sqrt{xy}$变形为$\frac{\mathrm{d}y}{\mathrm{d}x}=2\sqrt{\frac{y}{x}}+\frac{y}{x}$，令$u=\frac{y}{x}$，则$y=ux$，$\frac{\mathrm{d}y}{\mathrm{d}x}=u+x\frac{\mathrm{d}u}{\mathrm{d}x}$，于是原方程变成

$$u+x\frac{\mathrm{d}u}{\mathrm{d}x}=2u^{\frac{1}{2}}+u$$

化简，得

$$\frac{\mathrm{d}u}{\sqrt{u}}=2\frac{\mathrm{d}x}{x}$$

两端积分，得

$$\int\frac{\mathrm{d}u}{\sqrt{u}}=2\int\frac{\mathrm{d}x}{x}$$

即

$$2\sqrt{u}=2\ln|x|+C_1$$

$$\sqrt{u}=\ln|x|+C,C=\frac{1}{2}C_1$$

于是$u=(\ln|x|+C)^2$. 再将$u=\frac{y}{x}$代入上式，得

$$\frac{y}{x}=(\ln|x|+C)^2$$

即得齐次型方程的通解为

$$y=x(\ln|x|+C)^2$$

例 5　求微分方程$xyy'=x^2+y^2$满足初始条件$y|_{x=1}=2$的特解.

解　将微分方程变形为$\frac{\mathrm{d}y}{\mathrm{d}x}=\frac{x}{y}+\frac{y}{x}$，令$u=\frac{y}{x}$，则$y=ux$，$\frac{\mathrm{d}y}{\mathrm{d}x}=u+x\frac{\mathrm{d}u}{\mathrm{d}x}$，原方程变成

$$u+x\frac{\mathrm{d}u}{\mathrm{d}x}=\frac{1}{u}+u$$

化简得

$$u\mathrm{d}u=\frac{\mathrm{d}x}{x}$$

两端积分，得

$$\int u\mathrm{d}u = \int \frac{\mathrm{d}x}{x}$$

$$\frac{u^2}{2} = \ln|x| + C_1$$

将 $u = \dfrac{y}{x}$ 代入上式，得

$$\left(\frac{y}{x}\right)^2 = 2\ln|x| + C$$

这里 $C = 2C_1$，再代入 $x = 1, y = 2$，则得 $C = 4$.

故所求方程的解为

$$\left(\frac{y}{x}\right)^2 = 2\ln|x| + 4$$

6.2.3　一阶线性微分方程

一阶线性微分方程的一般形式为

$$\frac{\mathrm{d}y}{\mathrm{d}x} + P(x)y = Q(x) \tag{1}$$

其中，$P(x)$，$Q(x)$ 都是 x 的已知连续函数.

当 $Q(x) = 0$，方程

$$\frac{\mathrm{d}y}{\mathrm{d}x} + P(x)y = 0 \tag{2}$$

称为一阶线性齐次方程；当 $Q(x) \neq 0$ 时，方程(1) 称为一阶线性非齐次方程.

先讨论一阶线性齐次方程(2) 的通解.

方程(2) 是可分离变量微分方程，将方程(2) 变形为

$$\frac{\mathrm{d}y}{y} = -P(x)\mathrm{d}x, \quad y \neq 0$$

两边积分，得

$$\ln|y| = -\int P(x)\mathrm{d}x + C_1$$

故一阶线性齐次方程的通解为

$$y = \pm \mathrm{e}^{-\int P(x)\mathrm{d}x + C_1} = C\mathrm{e}^{-\int P(x)\mathrm{d}x}, \quad C \text{ 为任意常数}$$

然后讨论一阶线性非齐次微分方程(1) 的通解.

将齐次方程(2) 的通解中的任意常数 C 变易为 $C(x)$，即设

$$y = C(x)\mathrm{e}^{-\int P(x)\mathrm{d}x}$$

将 $y = C(x)\mathrm{e}^{-\int P(x)\mathrm{d}x}$ 以及它的导数 $y' = C'(x)\mathrm{e}^{-\int P(x)\mathrm{d}x} - C(x) \cdot P(x)\mathrm{e}^{-\int P(x)\mathrm{d}x}$ 代入方程(1) 中，得

$$C'(x)\mathrm{e}^{-\int P(x)\mathrm{d}x} - C(x) \cdot P(x)\mathrm{e}^{-\int P(x)\mathrm{d}x} + C(x)P(x)\mathrm{e}^{-\int P(x)\mathrm{d}x} = Q(x)$$

即

$$C'(x)\mathrm{e}^{-\int P(x)\mathrm{d}x} = Q(x)$$

或

$$C'(x)=Q(x)\mathrm{e}^{\int P(x)\,\mathrm{d}x}$$

两端积分，得

$$C(x)=\int Q(x)\mathrm{e}^{\int P(x)\,\mathrm{d}x}\mathrm{d}x+C_1$$

所以线性非齐次方程(1) 的通解为

$$y=C(x)\mathrm{e}^{-\int P(x)\,\mathrm{d}x}=\mathrm{e}^{-\int P(x)\,\mathrm{d}x}\left[\int Q(x)\mathrm{e}^{\int P(x)\,\mathrm{d}x}\mathrm{d}x+C_1\right] \tag{3}$$

把齐次线性方程的通解中的任意常数变为待定函数 $C(x)$，视为非其次线性方程的通解，代入方程确定 $C(x)$，从而得到求非齐次线性方程的通解的方法叫作常数变易法，这是很重要的数学思想.

公式(3) 表明：非齐次线性微分方程的通解等于对应的齐次线性方程的通解 $C\mathrm{e}^{-\int P(x)\mathrm{d}x}$ 与自身的一个特解 $\mathrm{e}^{-\int P(x)\mathrm{d}x}\int Q(x)\mathrm{e}^{\int P(x)\mathrm{d}x}\mathrm{d}x$ 之和.

例 6　求方程 $xy'+y=\mathrm{e}^x$ 的通解.

解　将 $xy'+y=\mathrm{e}^x$ 变形为

$$y'+\frac{1}{x}y=\frac{\mathrm{e}^x}{x}$$

由式(3) 可得通解为

$$y=\mathrm{e}^{-\int\frac{1}{x}\mathrm{d}x}\left[\int\frac{\mathrm{e}^x}{x}\mathrm{e}^{\int\frac{1}{x}\mathrm{d}x}\mathrm{d}x+C\right]=\mathrm{e}^{-\ln x}\left[\int\frac{\mathrm{e}^x}{x}\mathrm{e}^{\ln x}\mathrm{d}x+C\right]=$$

$$\frac{1}{x}\left(\int\frac{\mathrm{e}^x}{x}\cdot x\mathrm{d}x+C\right)=\frac{1}{x}\left(\int\mathrm{e}^x\mathrm{d}x+C\right)=\frac{1}{x}(\mathrm{e}^x+C)$$

例 7　求方程 $\dfrac{\mathrm{d}y}{\mathrm{d}x}-\dfrac{2y}{x+1}=(x+1)^{\frac{5}{2}}$ 的通解.

解　方程的通解为

$$y=\mathrm{e}^{-\int-\frac{2}{x+1}\mathrm{d}x}\left[\int(x+1)^{\frac{5}{2}}\cdot\mathrm{e}^{\int-\frac{2}{x+1}\mathrm{d}x}\mathrm{d}x+C\right]=$$

$$\mathrm{e}^{2\ln(x+1)}\left[\int(x+1)^{\frac{5}{2}}\mathrm{e}^{-2\ln(x+1)}\mathrm{d}x+C\right]=$$

$$(x+1)^2\left[\int(x+1)^{\frac{5}{2}}\cdot(x+1)^{-2}\mathrm{d}x+C\right]=$$

$$(x+1)^2\left[\int(x+1)^{\frac{1}{2}}\mathrm{d}x+C\right]=$$

$$(x+1)^2\left[\frac{2}{3}(x+1)^{\frac{3}{2}}+C\right]=$$

$$\frac{2}{3}(x+1)^{\frac{7}{2}}+C(x+1)^2$$

例 8　求方程 $(x-\ln y)\mathrm{d}y+y\ln y\mathrm{d}x=0$ 满足初始条件 $y|_{x=1}=\mathrm{e}$ 的特解.

解　将方程变形为 $\dfrac{\mathrm{d}y}{\mathrm{d}x}=-\dfrac{y\ln y}{x-\ln y}$，显然它不是关于 y 的一阶线性微分方程，但它可

看作关于 x 的一阶线性微分方程，即

$$\frac{\mathrm{d}x}{\mathrm{d}y}+\frac{x}{y\ln y}=\frac{1}{y}$$

解得

$$x=\mathrm{e}^{-\int\frac{1}{y\ln y}\mathrm{d}y}\left(\int\frac{1}{y}\mathrm{e}^{\int\frac{1}{y\ln y}\mathrm{d}y}\mathrm{d}y+C\right)=\frac{1}{\ln y}\left(\int\frac{\ln y}{y}\mathrm{d}y+C\right)=$$

$$\frac{1}{\ln y}\left(\frac{1}{2}\ln^2 y+C\right)$$

将初始条件 $y\big|_{x=1}=\mathrm{e}$ 代入上式，得 $C=\frac{1}{2}$. 故所求特解为

$$x=\frac{1}{2\ln y}(\ln^2 y+1)$$

例 9　已知曲线 $y=f(x)(0\leqslant x<+\infty)$ 满足条件 $f(0)=0$ 和 $0\leqslant f(x)\leqslant \mathrm{e}^{x-1}$，平行于 y 轴的动直线 MN 与曲线 $y=f(x)$ 和 $y=\mathrm{e}^x-1$ 分别相交与点 P_1，P_2，曲线 $y=f(x)$、直线 MN 与 x 轴所围成的封闭图形的面积恒等于线段 P_1P_2 的长度，求函数 $y=f(x)$ 的表达式.

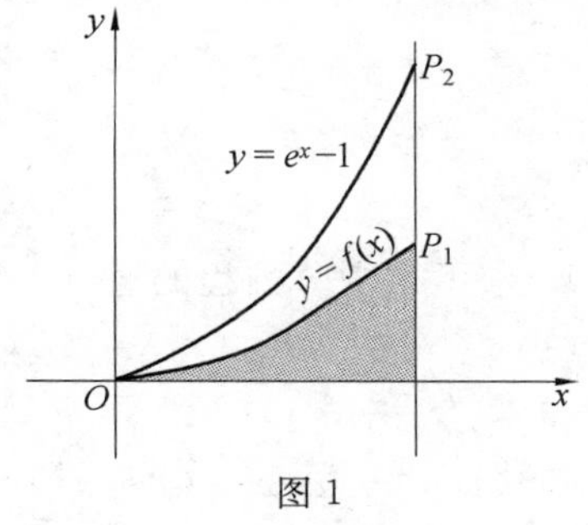

图 1

解　如图 1 所示，由题意得方程

$$\int_0^x f(t)\mathrm{d}t=\mathrm{e}^x-1-f(x)$$

两端求导，得

$$f(x)=\mathrm{e}^x-f'(x)$$

即

$$f'(x)+f'(x)=\mathrm{e}^x$$

这是一阶线性微分方程，得

$$f(x)=\mathrm{e}^{-\int\mathrm{d}x}\left(\int\mathrm{e}^x\mathrm{e}^{\int\mathrm{d}x}\mathrm{d}x+C\right)=\mathrm{e}^{-x}\left(\int\mathrm{e}^x\mathrm{e}^x\mathrm{d}x+C\right)=C\mathrm{e}^{-x}+\frac{1}{2}\mathrm{e}^x$$

由 $f(0)=0$ 得 $C=-\frac{1}{2}$，故所求函数为 $f(x)=\frac{1}{2}(\mathrm{e}^x-\mathrm{e}^{-x})$.

*6.2.4　伯努利(Bernoulli) 方程

形如

$$\frac{\mathrm{d}y}{\mathrm{d}x}+p(x)y=f(x)y^n,\quad n\neq 0,1 \tag{4}$$

的方程，称为伯努利方程.

伯努利方程是一种非线性的一阶微分方程，但是经过适当的变量变换之后，可以化为一阶线性方程.

在式(4) 两端除以 y^n，得

$$y^{-n}\frac{\mathrm{d}y}{\mathrm{d}x}+p(x)y^{1-n}=f(x)$$

令 $z=y^{1-n}$，则 $\frac{\mathrm{d}z}{\mathrm{d}x}=(1-n)y^{-n}\frac{\mathrm{d}y}{\mathrm{d}x}$，代入上式得

$$\frac{1}{1-n}\frac{\mathrm{d}z}{\mathrm{d}x}+p(x)z=f(x)$$

这样方程(4)就化成了以 z 为未知函数的线性微分方程了.

例 10　求解方程

$$\frac{\mathrm{d}y}{\mathrm{d}x}-\frac{4}{x}y=x\sqrt{y}$$

解　这是 $n=\frac{1}{2}$ 的伯努利方程,令 $z=y^{\frac{1}{2}}$,则方程化为

$$\frac{\mathrm{d}z}{\mathrm{d}x}-\frac{2}{x}z=\frac{x}{2}$$

它的通解为

$$z=\mathrm{e}^{\int\frac{2}{x}\mathrm{d}x}\left(\int\frac{x}{2}\mathrm{e}^{-\int\frac{2}{x}\mathrm{d}x}\mathrm{d}x+C\right)=x^2\left(\frac{1}{2}\ln|x|+C\right)$$

故原方程的通解为

$$y=x^4\left(C+\frac{1}{2}\ln|x|\right)^2$$

习题 6.2

1. 求下列微分方程的通解.

(1) $y'=\mathrm{e}^{2x-y}$;　(2) $(1+y)\mathrm{d}x-(1-x)\mathrm{d}y=0$;

(3) $xy'-y\ln y=0$;　(4) $(y+1)^2y'+x^3=0$;

(5) $(1+2y)x\mathrm{d}x+(1+x^2)\mathrm{d}y=0$;　(6) $(x^2-4x)y'+y=0$.

2. 求下列微分方程满足所给初始条件的特解.

(1) $y'\sin x=y\ln y, y|_{x=\frac{\pi}{2}}=\mathrm{e}$;

(2) $x\mathrm{d}y+2y\mathrm{d}x=0, y|_{x=2}=1$.

3. 求下列微分方程的通解.

(1) $xy'-y-\sqrt{y^2-x^2}=0$;　(2) $y'=\dfrac{x^2+y^2}{2x^2}$;

(3) $(x^2+y^2)\mathrm{d}x+2xy\mathrm{d}y=0$;　(4) $xy'=y\ln\dfrac{y}{x}$.

4. 求下列微分方程满足所给初始条件的特解.

(1) $(y^2-3x^2)\mathrm{d}y+2xy\mathrm{d}x=0, y|_{x=0}=1$;

(2) $x\mathrm{d}y-y\mathrm{d}x=\sqrt{x^2+y^2}\,\mathrm{d}x, y|_{x=3}=4$.

5. 求下列微分方程的通解.

(1) $y'+y\cos x=\mathrm{e}^{-\sin x}$;　(2) $y'x\ln x-y=3x^3\ln^2x$;

(3) $y'+\dfrac{2}{x}y=3x^2y^{\frac{4}{3}}$;　(4) $x\dfrac{\mathrm{d}y}{\mathrm{d}x}+y=xy^2\ln x$.

6. 求曲线方程,该曲线通过原点,并且它在点 (x,y) 处的切线斜率为 $2x+y$.

7. 设不定函数 $\varphi(x)$ 满足:$\varphi(x)\cos x+2\int_0^x\varphi(t)\sin t\mathrm{d}t=x+1$,求 $\varphi(x)$.

*6.3　可降阶的二阶微分方程

从本节开始将讨论高阶微分方程. 高阶微分方程是指二阶及二阶以上的微分方程. 本节先介绍三种特殊的二阶微分方程及求解方法.

6.3.1　形如 $y''=f(x)$ 型的微分方程

如$\frac{d^2y}{dx^2}=-g$ 属此类型,只要积分两次就可得出通解,其通解为

$$y=-\frac{1}{2}gx^2+C_1x+C_2$$

可由初始条件确定这两个任意常数,从而得到特解.

一般地,对 n 阶微分方程

$$y^{(n)}=f(x)$$

积分 n 次便可得到通解

$$\underbrace{\iint\cdots\int}_{n个}f(x)dx=C_1x^{n-1}+C_2x^{n-2}+\cdots+C_{n-1}x+C_n$$

6.3.2　形如 $y''=f(x,y')$ 型的微分方程

由于这种方程右端不显含未知函数 y,可先把 y' 看作未知函数. 作代换 $y'=p(x)$,则 $y''=p'(x)$,原方程可以化为一阶方程

$$p'(x)=f[x,p(x)]$$

它是关于未知函数 $p(x)$ 的一阶微分方程. 这种方法叫作降阶法. 解此一阶方程可求出其通解 $p(x)=p(x,C_1)$.

将关系式 $y'=p(x)$ 积分,即得原方程的通解为

$$y=\int p(x,C_1)dx+C_2$$

通解中含有两个任意常数 C_1,C_2.

例 1　求方程 $y''-y'=e^x$ 的通解.

解　令 $y'=p(x)$,则 $y''=\frac{dp}{dx}$,原方程化为$\frac{dp}{dx}-p=e^x$.

这是一阶线性微分方程,得通解

$$p(x)=e^x(x+C_1)$$

故原方程的通解为

$$y=\int e^x(x+C_1)dx=xe^x-e^x+C_1e^x+C_2=$$
$$e^x(x-1+C_1)+C_2$$

6.3.3　形如 $y''=f(y,y')$ 的微分方程

这种类型方程右端不显含自变量 x,作代换 $y'=p(y)$,则

$$y''=\frac{dp}{dy}\cdot\frac{dy}{dx}=\frac{dp}{dy}\cdot p$$

故原方程化为

$$p\frac{dp}{dy}=f(y,p)$$

这是关于未知函数 $p(y)$ 的一阶微分方程，视 y 为自变量，p 是 y 的函数，设所求出的通解为 $p=p(y,C_1)$，则由关系式 $\frac{dy}{dx}=p(y,C_1)$，利用可分离变量微分方程的求解方法解此方程，可得原方程的通解为

$$y=y(x,C_1,C_2)$$

例 2　求方程 $yy''-y'^2=0$ 的通解.

解　作代换 $y'=p(y)$，则 $y''=\frac{dp}{dy}\cdot p$，原方程化为

$$yp\frac{dp}{dy}-p^2=0$$

分离变量有 $\frac{dp}{p}=\frac{dy}{y}$，积分得 $p=C_1y$，即 $\frac{dy}{dx}=C_1y$. 继续求积分，得原方程通解为

$$y=C_2e^{C_1x}$$

例 3　质量为 m 的质点受 Ox 轴方向的力 $F=F(t)$ 的作用，沿 Ox 轴做直线运动，已知 $F(0)=F_0$，$F(T)=0$，随时间的增大，$F(t)$ 匀速减少，当 $t=0$ 时，质点静止于原点，求质点在时间区间 $[0,T]$ 上的运动规律.

解　设 $x=x(t)$ 表示质点在 t 时的位置，由运动学牛顿第二定律得方程

$$mx''=F(t)$$

$F(t)$ 经过 $(0,F_0)$，$(T,0)$ 点，故

$$F(t)=F_0\left(1-\frac{t}{T}\right),\quad t\in[0,T]$$

因此 $x(t)$ 是初值问题

$$\begin{cases}x''=\dfrac{F_0}{m}\left(1-\dfrac{t}{T}\right)\\ x(0)=x'(0)=0\end{cases}$$

的解，因此

$$x(t)=\frac{F_0}{m}\left(\frac{t^2}{2}-\frac{t^3}{6T}+C_1t+C_2\right)$$

代入初始条件，得

$$x(t)=\frac{F_0}{2m}t^2\left(1-\frac{t}{3T}\right),\quad t\in[0,T]$$

习题 6.3

1. 求下列微分方程的通解.

(1) $(1+x^2)y''=1$；　　(2) $y'''=xe^x$；

(3)$y''+y'=x^2$；　　(4)$y''=1+y'^2$；

(5)$y''x+y'=2x$；　　(6)$(1+x^2)y''-2xy'=0$.

2. 求下列微分方程满足所给初始条件的特解.

(1)$y'''=e^{2x}, y|_{x=1}=0, y'|_{x=1}=0, y''|_{x=1}=0$；

(2)$yy''=2(y'^2-y'), y|_{x=0}=1, y'|_{x=0}=2$.

3. 试求 $y''=x$ 的经过点 $M(0,1)$ 且在此点与直线 $y=\frac{x}{2}+1$ 相切的曲线方程.

6.4　线性微分方程解的性质与解的结构

6.4.1　二阶线性微分方程

二阶线性微分方程的一般形式是

$$y''+p_1(x)y'+p_2(x)y=f(x) \tag{1}$$

其中，$p_1(x)$，$p_2(x)$ 及 $f(x)$ 是自变量 x 的已知函数，函数 $f(x)$ 称为方程(1) 的自由项. 当 $f(x)=0$ 时，方程(1) 变为

$$y''+p_1(x)y'+p_2(x)y=0 \tag{2}$$

称此方程为二阶齐次线性微分方程. 相应地，称方程(1) 为二阶非齐次线性微分方程.

6.4.2　二阶齐次线性微分方程解的性质

对于二阶齐次线性微分方程，有下述两个定理.

定理1　设 y_1, y_2 是二阶线性齐次方程(2) 的两个解，则 y_1, y_2 的线性组合 $y=c_1y_1+c_2y_2$ 也是方程(2) 的解. 其中 c_1, c_2 是任意常数.

证明　由假设有 $y''_1+p_1y'_1+p_2y_1=0$，$y''_2+p_1y'_2+p_2y_2=0$，将 $y=c_1y_1+c_2y_2$ 代入方程(2)，有

$$\begin{aligned}&(c_1y_1+c_2y_2)''+p_1(c_1y_1+c_2y_2)'+p_2(c_1y_1+c_2y_2)=\\&c_1(y''+p_1y'_1+p_2y_1)+c_2(y''_2+p_1y'_2+p_2y_2)\equiv 0\end{aligned}$$

如果 $y_1(x)$，$y_2(x)$ 中的任意一个都不是另一个的常数倍，即 $\frac{y_1(x)}{y_2(x)}$ 不恒等于常数，则称 $y_1(x)$ 与 $y_2(x)$ 线性无关，否则称 $y_1(x)$ 与 $y_2(x)$ 线性相关.

例1　函数 $y_1=e^x$ 与 $y_2=e^{-x}$ 在任意区间上都是线性无关的.

事实上，商式 $\frac{y_1}{y_2}=\frac{e^x}{e^{-x}}=e^{2x}\neq$ 常数，在任意区间上都成立.

如果 y_1, y_2 为方程(2) 的解，则 $c_1y_1+c_2y_2$ 也是方程(2) 的解. 但必须注意，并不是任意两个解的线性组合都是方程(2) 的通解. 例如，$y_1=e^x$，$y_2=2e^x$ 都是方程 $y''-y=0$ 解，但

$$y=C_1y_1+C_2y_2=C_1e^x+2C_2e^x=(C_1+2C_2)e^x$$

实际上，只含一个任意常数 $C=C_1+2C_2$，y 就不是二阶微分方程的通解. 这就是说，

方程(2) 的两个解应满足一定条件，其组合才能构成通解，事实上，我们有下面的定理.

定理 2　如果 $y_1(x), y_2(x)$ 是方程(2) 的两个线性无关的解，则

$$y=C_1y_1+C_2y_2$$

是方程(2) 的通解.

例 2　函数 $y_1=x$ 与 $y_2=x^2$ 都是方程 $x^2y''-2xy'+2y=0(x>0)$ 的解，易知 y_1 与 y_2 线性无关，所以方程的通解为 $y=C_1x+C_2x^2$.

6.4.3　二阶非齐次线性微分方程解的结构

定理 3　设 $y_1(x)$ 是方程(1) 的一个特解，$y_2(x)$ 是相应的齐次方程(2) 的通解，则 $Y=y_1(x)+y_2(x)$ 是方程(1) 的通解.

证明　因为 $y_1(x)$ 是方程(1) 的解，即

$$y''_1+p_1(x)y'_1+p_2(x)y_1=f(x)$$

又 $y_2(x)$ 是方程(2) 的解，即

$$y''_2+p_1(x)y'_2+p_2(x)y_2=0$$

对于 $Y=y_1+y_2$ 有

$$\begin{aligned}Y''+p_1(x)Y'+p_2(x)Y=&(y_1+y_2)''+p_1(x)(y_1+y_2)'+p_2(x)(y_1+y_2)=\\&[y''_1+p_1(x)y'_1+p_2(x)y_1]+\\&[y''_2+p_1(x)y'_2+p_2(x)y_2]=\\&f(x)+0=f(x)\end{aligned}$$

因此 y_1+y_2 是方程(1) 的解. 又因为 y_2 是方程(2) 的通解，其中含有两个任意常数，故 y_1+y_2 也含有两个任意常数，所以它是非齐次方程(1) 的通解.

定理 4(叠加原理)　设 $y_1(x), y_2(x)$ 分别是方程

$$y''+p_1(x)y'+p_2(x)y=f_1(x)$$

和

$$y''+p_1(x)y'+p_2(x)y=f_2(x)$$

的解，则 $y_1(x)+y_2(x)$ 是方程

$$y''+p_1(x)y'+p_2(x)y=f_1(x)+f_2(x)$$

的解.(证明略)

习题 6.4

1. 验证 $y_1=\cos\omega x$ 及 $y_2=\sin\omega x$ 都是方程 $y''+\omega^2y=0$ 的解，并写出该方程的通解.
2. 验证 $y_1=\mathrm{e}^{x^2}$ 及 $y_2=x\mathrm{e}^{x^2}$ 都是方程 $y''-4xy'+(4x^2-2)y=0$ 的解，并写出通解.

6.5　二阶常系数线性微分方程的解法

二阶常系数线性微分方程的一般形式为

$$y''+py'+qy=f(x) \tag{1}$$

当 $f(x)\equiv 0$ 时，方程(1) 为

$$y''+py'+qy=0 \tag{2}$$

称为二阶常系数线性齐次方程. 这里 p,q 都为常数.

利用以上定理,讨论二阶常系数线性微分方程的解法.

6.5.1　二阶常系数齐次线性微分方程的解法

设方程(2) 具有指数形式的特解 $y=e^{rx}$(r 为待定常数),将 $y=e^{rx}, y'=re^{rx}, y''=r^2e^{rx}$ 代入方程(2) 有 $r^2e^{rx}+pre^{rx}+qe^{rx}=0$,即 $e^{rx}(r^2+pr+q)=0$. 因为 $e^{rx}\neq 0$,故必然有

$$r^2+pr+q=0 \tag{3}$$

这是一元二次方程,它有两个根,即 $r_{1,2}=\dfrac{-p\pm\sqrt{p^2-4q}}{2}$.

因此,只要 r_1 和 r_2 分别为方程(3) 的根,则 $y=e^{r_1x}, y=e^{r_2x}$ 就都是方程(2) 的特解,代数方程(3) 称为微分方程(2) 的特征方程,它的根称为微分方程(2) 的特征根.

下面分三种情况讨论方程(2) 的通解.

(1) 特征方程有两个相异实根的情形.

若 $p^2-4q>0$,方程(3) 有两个相异的实根 r_1 和 r_2,这时 $y_1=e^{r_1x}$ 和 $y_2=e^{r_2x}$ 就是方程(2) 的两个特解,由于$\dfrac{y_1}{y_2}=\dfrac{e^{r_1x}}{e^{r_2x}}=e^{(r_1-r_2)x}\neq$ 常数,所以 y_1,y_2 线性无关,故方程(2) 的通解为

$$y=c_1e^{r_1x}+c_2e^{r_2x}$$

(2) 特征方程有相等的实数根的情形.

若 $p^2-4q=0$,则 $r=r_1=r_2=-\dfrac{p}{2}$,这时仅得到方程(2) 的一个特解 $y_1=e^{rx}$,要求通解,还应找一个与 $y_1=e^{rx}$ 线性无关的特解 y_2.

既然$\dfrac{y_2}{y_1}\neq$ 常数,则必有$\dfrac{y_2}{y_1}=u(x)$,其中 $u(x)$ 为待定函数.

设 $y_2=u(x)e^{rx}$, 则

$$y_2'=e^{rx}[ru(x)+u'(x)], y''_2=e^{rx}[r^2u(x)+2ru'(x)+u''(x)]$$

代入方程(2) 整理后,得

$$e^{rx}[u''(x)+(2r+p)u'(x)+(r^2+pr+q)u(x)]=0$$

因为 $e^{rx}\neq 0$,且因为 r 为特征方程(3) 的重根,故 $r^2+pr+q=0$ 及 $2r+p=0$,于是上式成为 $u''(x)=0$. 即若 $u(x)$ 满足 $u''(x)=0$,则 $y_2=u(x)e^{rx}$ 即为方程(2) 的另一特解. $u(x)=D_1x+D_2$ 是满足 $u''(x)=0$ 的函数,其中 D_1,D_2 是任意常数,$D_1\neq 0$.

我们取最简单的 $u(x)=x$,于是 $y_2=xe^{rx}$,且$\dfrac{y_2}{y_1}=x\neq$ 常数,故方程(2) 的通解为

$$y=C_1e^{rx}+C_2xe^{rx}=e^{rx}(C_1+C_2x)$$

*(3) 特征方程有共轭复根的情形.

若 $p^2-4q<0$,特征方程(3) 有两个共轭复根,即

$$r_1=\alpha+i\beta,\ r_2=\alpha-i\beta$$

其中 $\alpha=-\dfrac{p}{2}, \beta=\dfrac{\sqrt{4q-p^2}}{2}$.

方程(2) 有两个特解，$y_1 = e^{(\alpha+i\beta)x}$，$y_2 = e^{(\alpha-i\beta)x}$. 它们是线性无关的，故方程(2) 的通解为

$$y = C_1 e^{(\alpha+i\beta)x} + C_2 e^{(\alpha-i\beta)x}$$

这是复函数形式的解. 为了表示成实函数形式的解，我们利用欧拉公式

$$e^{(\alpha\pm i\beta)x} = e^{\alpha x}(\cos\beta x \pm i\sin\beta x)$$

故有

$$\frac{y_1 + y_2}{2} = e^{\alpha x}\cos\beta x,\ \frac{y_1 - y_2}{2i} = e^{\alpha x}\sin\beta x$$

显然，$e^{\alpha x}\cos\beta x$，$e^{\alpha x}\sin\beta x$ 也是方程(2) 的特解，且它们是线性无关的. 因此方程(2) 的通解的实函数形式为

$$y = e^{\alpha x}(C_1\cos\beta x + C_2\sin\beta x)$$

综上，求二阶常系数齐次线性微分方程

$$y'' + py' + y = 0$$

的通解步骤如下：

第一步：写出微分方程的特征方程，即

$$r^2 + pr + q = 0$$

第二步：求出特征方程的两个根 r_1，r_2.

第三步：根据特征方程的两个根的不同情形，按照表 1 写出微分方程的通解.

表 1

特征方程 $r^2 + pr + q = 0$ 的两个根 r_1，r_2	微分方程 $y'' + py' + qy = 0$ 的通解
两个不相等的实根 $r_1 \neq r_2$	$y = C_1 e^{r_1 x} + C_2 e^{r_2 x}$
两个相等的实根 $r_1 = r_2$	$y = (C_1 + C_2 x)e^{r_1 x}$
一对共轭复根 $r_{1,2} = \alpha \pm i\beta$	$y = e^{\alpha x}(C_1\cos\beta x + C_2\sin\beta x)$

例 1　求 $y'' + 3y' - 4y = 0$ 的通解.

解　特征方程为

$$r^3 + 3r - 4 = (r + 4)(r - 1) = 0$$

特征根为 $r_1 = -4$，$r_2 = 1$.

故方程的通解为 $y = C_1 e^{-4x} + C_2 e^x$.

例 2　求方程 $\frac{d^2 s}{dt^2} + 2\frac{ds}{dt} + s = 0$ 满足初始条件 $s|_{t=0} = 4$，$\left.\frac{ds}{dt}\right|_{t=0} = -2$ 的特解.

解　特征方程为 $r^2 + 2r + 1 = 0$，特征根为 $r_1 = r_2 = -1$，故方程通解为

$$s = e^{-t}(C_1 + C_2 t)$$

以初始条件 $s|_{t=0} = 4$ 代入上式，得 $C_1 = 4$，从而 $s = e^{-t}(4 + C_2 t)$. 由 $\frac{ds}{dt} = e^{-t}(C_2 - 4 - C_2 t)$，将 $\frac{ds}{dt}|_{t=0} = -2$代入，得 $-2 = C_2 - 4$，有 $C_2 = 2$. 所求特解为

$$s = e^{-t}(4 + 2t)$$

例 3　求 $y''+y'+y=0$ 的通解.

解　特征方程为

$$r^2+r+1=\left(r-\frac{-1+\sqrt{3}\mathrm{i}}{2}\right)\left(r-\frac{-1+\sqrt{3}\mathrm{i}}{2}\right)=0$$

特征根为

$$r_1=\frac{-1+\sqrt{3}\mathrm{i}}{2}, r_2=\frac{-1-\sqrt{3}\mathrm{i}}{2}$$

故方程的通解为

$$y=\mathrm{e}^{-\frac{x}{2}}\left(C_1\cos\frac{\sqrt{3}}{2}x+C_2\sin\frac{\sqrt{3}}{2}x\right)$$

*6.5.2　二阶常系数非齐次线性微分方程的解法

分析　先求出它的一个特解，再求出与它相应的齐次方程的通解. 特解与方程(1)的右端函数 $f(x)$（$f(x)$ 叫作自由项）有关，我们只讨论：$f(x)=\varphi(x)$；$f(x)=\varphi(x)\mathrm{e}^{\alpha x}$；$f(x)=\varphi(x)\mathrm{e}^{\alpha x}\cos\beta x$ 或 $f(x)=\varphi(x)\mathrm{e}^{\alpha x}\sin\beta x$ 的情形，其中 $\varphi(x)$ 是 x 的多项式，α,β 是实常数.

事实上，上述三种形式可归纳为如下形式：

$$f(x)=\varphi(x)\mathrm{e}^{(\alpha+\mathrm{i}\beta)x}=\varphi(x)\mathrm{e}^{\alpha x}(\cos\beta x+\mathrm{i}\sin\beta x)$$

当 $\alpha=\beta=0$ 时，即 $f(x)=\varphi(x)$ 的情形；当 $\beta=0$ 时，即 $f(x)=\varphi(x)\mathrm{e}^{\alpha x}$ 的情形；当只取 $f(x)$ 的实部或虚部，即 $f(x)=\varphi(x)\mathrm{e}^{\alpha x}\cos\beta x$ 或 $f(x)=\varphi(x)\mathrm{e}^{\alpha x}\sin\beta x$ 的情形，因此，可以先求方程

$$y''+py'+qy=\varphi(x)\mathrm{e}^{\alpha x}(\cos\beta x+\mathrm{i}\sin\beta x)$$

的通解，然后取其实部(或虚部)

综上，仅讨论右端具有形式 $f(x)=\varphi(x)\mathrm{e}^{\lambda x}$ 的情形，其中 λ 是复常数，$\lambda=\alpha+\mathrm{i}\beta$，$\varphi(x)$ 为 x 的 m 次多项式.

由于方程的系数是常数，再考虑到 $f(x)$ 的形式，可以尝试让方程(1)有形如 $Y(x)=Q(x)\mathrm{e}^{\lambda x}$ 的解，其中 $Q(x)$ 是待定的多项式. 把 $Y(x)$ 代入方程(1)，由于

$$Y'(x)=Q'(x)\mathrm{e}^{\lambda x}+\lambda Q(x)\mathrm{e}^{\lambda x}$$
$$Y''(x)=Q''(x)\mathrm{e}^{\lambda x}+2\lambda Q'(x)\mathrm{e}^{\lambda x}+\lambda^2Q(x)\mathrm{e}^{\lambda x}$$

得

$$[Q''(x)\mathrm{e}^{\lambda x}+2\lambda Q'(x)\mathrm{e}^{\lambda x}+\lambda^2Q(x)\mathrm{e}^{\lambda x}]+$$
$$p[Q'(x)\mathrm{e}^{\lambda x}+\lambda Q(x)\mathrm{e}^{\lambda x}]+qQ(x)\mathrm{e}^{\lambda x}\equiv\varphi(x)\mathrm{e}^{\lambda x}$$

即

$$Q''(x)+(2\lambda+p)Q'(x)+(\lambda^2+p\lambda+q)Q(x)\equiv\varphi(x) \tag{4}$$

显然，为了使这个恒等式成立，必须要求恒等式左端多项式的次数与 $\varphi(x)$ 的次数相同，且同次项的系数也相等，故通过比较系数可定出 $Q(x)$ 的系数.

(1) 若 λ 不是特征方程的根，即 $\lambda^2+p\lambda+q\neq0$，这时式(4)左端的次数就是 $Q(x)$ 的次数，它应和 $\varphi(x)$ 的次数相同，即 $Q(x)$ 是 m 次多项式，所以特解的形式是

$$Y(x)=(a_0x^m+a_1x^{m-1}+\cdots+a_m)e^{\lambda x}=Q(x)e^{\lambda x}$$

其中 $m+1$ 个系数 $a_0,a_1,\cdots,a_m$ 可由式(4) 通过比较同次项系数求得.

(2) 若 λ 是特征方程的单根，即 $\lambda^2+p\lambda+q=0$，而 $2\lambda+p\neq 0$，这时式(4) 左端的最高次数由 $Q'(x)$ 决定. 为使式(4) 两端相等，自然要找如下形状的特解：

$$Y(x)=x(a_0x^m+a_1x^{m-1}+\cdots+a_m)e^{\lambda x}=xQ(x)e^{\lambda x}$$

其中 $m+1$ 个系数可由

$$[xQ(x)]''+(2\lambda+p)[xQ(x)]'\equiv\varphi(x) \tag{5}$$

比较同次项系数而确定.

(3) 若 λ 是特征方程的二重根，即 $\lambda^2+p\lambda+q=0$，$2\lambda+p=0$，为使式(4) 左端是一个 m 次多项式，要找形如

$$Y(x)=x^2(a_0x^m+a_1x^{m-1}+\cdots+a_m)e^{\lambda x}=x^2Q(x)e^{\lambda x}$$

的特解，其中 $m+1$ 个系数可由

$$[x^2Q(x)]''\equiv\varphi(x) \tag{6}$$

比较同次项系数而确定.

因而我们得到下面的结论：

(1) 若方程 $y''+py'+qy=f(x)$ 的右端是 $f(x)=\varphi(x)e^{\lambda x}$，则方程具有形如 $Y(x)=x^kQ(x)e^{\lambda x}$ 的特解. 其中 $Q(x)$ 是与 $\varphi(x)$ 同次的多项式.

如果 λ 是相应齐次方程的特征根，则式中的 k 是 λ 的重数；如果 λ 不是特征根，则 $k=0$.

(2) 若方程 $y''+py'+qy=f(x)$ 的右端是

$$f(x)=e^{\lambda x}[P_l(x)\cos\omega x+P_n(x)\sin\omega x]$$

则方程具有形如 $Y(x)=x^ke^{\lambda x}[P_m^{(1)}(x)\cos\omega x+P_m^{(2)}(x)\sin\omega x]$ 的特解. 其中，$P_m^{(1)}(x)$，$P_m^{(2)}(x)$ 是 m 次的多项式，$m=\max\{l,n\}$.

如果 λ 是相应齐次方程的特征根，则式中的 $k=1$；如果 λ 不是特征根，则 $k=0$.

例 4　求 $2y''+y'+5y=x^2+3x+2$ 的一特解(即 $e^{\lambda x}$ 中 $\lambda=0$).

解　因为对应的齐次方程的特征根不为 0，令方程的特解为

$$Y(x)=ax^2+bx+c$$

其中，a,b,c 是待定系数. 则将 $Y'=2ax+b$，$y''=2a$ 代入原方程得

$$4a+(2ax+b)+5(ax^2+bx+c)=x^2+3x+2$$

或

$$5ax^2+(2a+5b)x+(4a+b+5c)=x^2+3x+2$$

比较系数，联立方程，得

$$\begin{cases}5a=1\\2a+3b=3\\4a+b+5c=2\end{cases}$$

解之得

$$a=\frac{1}{5},b=\frac{13}{25},c=\frac{17}{125}$$

方程的特解为

$$Y=\frac{1}{5}x^2+\frac{13}{25}x+\frac{17}{125}$$

例 5　求 $y''-3y'+2y=xe^x$ 的通解.

解　因为对应的齐次方程的特征方程 $\lambda^2-3\lambda+2=0$ 的根为 $\lambda_1=2,\lambda_2=1$，因此对应的齐次方程的通解为 $c_1e^{2x}+c_2e^x$.

再求非齐次方程的特解，因为 $\lambda=1$ 是特征方程的单根，故设特解为

$$Y=x(ax+b)e^x$$

求其导数，并代入非齐次微分方程得

$$-2ax+(2a-b)=x$$

比较系数得 $\begin{cases}-2a=1\\2a-b=0\end{cases}$，解得 $a=-\frac{1}{2},b=-1$. 因此非齐次方程的特解为

$$Y=x\left(-\frac{1}{2}x-1\right)e^x$$

所以原方程的通解为

$$y=c_1e^{2x}+c_2e^x+x\left(-\frac{1}{2}x-1\right)e^x$$

例 6　求 $y''+6y'+9y=5e^{-3x}$ 的特解.

解　特征方程 $\lambda^2+6\lambda+9=0$，特征根 $\lambda_1=\lambda_2=-3=\lambda$. 即 -3 为特征方程的二重根，故设特解为 $Y=Ax^2e^{-3x}$. 由于

$$Y'=(2Ax-3Ax^2)e^{-3x},Y''=(2A-12Ax+9Ax^2)e^{-3x}$$

代入原方程整理得 $A=\frac{5}{2}$.

即特解为 $Y=\frac{5}{2}x^2e^{-3x}$.

例 7　求微分方程 $y''-y=4x\sin x$ 的通解.

解　特征方程 $\lambda^2-1=0$ 的特征根为 $\lambda_1=1,\lambda_2=-1$，所以对应齐次方程通解为 $c_1e^x+c_2e^{-x}$.

原方程右端 $f(x)=4x\sin x$，故设特解

$$Y^*=(A_1x+B_1)\cos x+(A_2x+B_2)\sin x$$

代入方程并整理得

$$2(-A_1-B_2)\sin x+2(-B_1+A_2)\cos x-2A_1x\cos x-2A_2x\sin x=4x\sin x$$

解得 $A_1=0,A_2=-2,B_1=-2,B_2=0$. 于是特解为

$$Y^*=-2\cos x-2x\sin x$$

因此原方程的通解为 $y=c_1e^x+c_2e^{-x}+(-2x\sin x-2\cos x)$.

例 8　求解方程 $y''-y=3e^{2x}+4x\sin x$ 的通解.

解　特征方程 $\lambda^2-1=0$ 的特征根为 $\lambda_1=1,\lambda_2=-1$，所以对应齐次方程通解为 $c_1e^x+c_2e^{-x}$.

先将原方程分解为 $y''-y=3e^{2x}$ 和 $y''-y=4x\sin x$，分别求得这两个方程的特解为 $Y_1=e^{2x},Y_2=-2(x\sin x+\cos x)$，所以所求特解为

$$Y_1+Y_2=e^{2x}-2(x\sin x+\cos x)$$

于是所求方程的通解为

$$y=c_1e^x+c_2e^{-x}+e^{2x}-2(x\sin x+\cos x)$$

习题 6.5

1. 求下列微分方程的通解.

(1) $y''+y'-2y=0$；　(2) $y''-4y'=0$；

(3) $y''+4y'+4y=0$；　(4) $y''+4y'+5y=0$.

2. 求下列微分方程满足所给初始条件的特解.

(1) $y''-4y'+3y=0, y|_{x=0}=6, y'|_{x=0}=10$；

(2) $y''+y'=0, y|_{x=0}=2, y'|_{x=0}=-1$.

3. 求下列微分方程的通解.

(1) $y''+3y'-4y=xe^{2x}$；　(2) $y''-5y'+4y=x^2-x+1$；

(3) $y''-6y'+9y=(x+1)e^{3x}$；　(4) $y''-y=e^x+\cos x$.

4. 求下列微分方程满足所给初始条件的特解.

(1) $y''-y'=2(1-x), y|_{x=0}=1, y'|_{x=0}=1$；

(2) $y''+2y'+y=xe^x, y|_{x=0}=0, y'|_{x=0}=0$.

*6.6　微分方程在技术推广与经济管理中的应用

6.6.1　净资产问题

例 1　假设某公司的净资产因资产本身产生了利息而以 5% 的年利率增长，同时，该公司还必须以每年 200 百万元的数额连续支付职员工资.

(1) 求出描述公司净资产 W(百万元) 的微分方程；

(2) 解上述微分方程，这里假设初始净资产为 W_0(百万元)；

(3) 试描绘出 W_0 分别为 3 000，4 000 和 5 000 时的解曲线.

解　(1) 为给净资产建立一个微分方程，我们需利用下面这一事实，即

净资产增长的速度 = 利息盈取速度 − 工资支付率

以每年百万元为单位，利息盈取的速率为 $0.05W$，而工资的支付率为每年 200 万元，于是有

$$\frac{dW}{dt}=0.05W-200$$

其中 t 以年为单位.

(2) 分离变量，有

$$\frac{dW}{W-4\,000}=0.05dt$$

积分得

$$\ln|W-4\,000|=0.05t+C$$

于是

$$W-4\,000=Ae^{0.05t}, A=\pm e^{C}$$

当 $t=0$ 时，$W=W_0$，有 $A=W_0-4\,000$，代入解中，得

$$W=4\,000+(W_0-4\,000)e^{0.05t}$$

(3) 如果 $W_0=4\,000$，则 $W=4\,000$ 为平衡解；

如果 $W_0=5\,000$，则 $W=4\,000+1\,000e^{0.05t}$；

如果 $W_0=3\,000$，则 $W=4\,000-1\,000e^{0.05t}$，如图 1 所示.

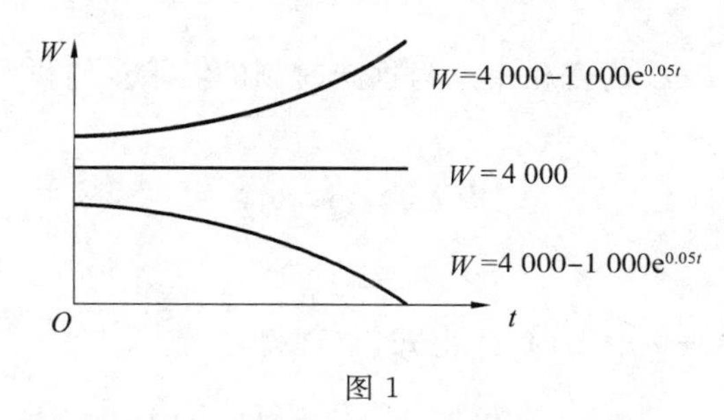

图 1

请注意，在 $W_0=3\,000$ 情形下，当 $t\approx 27.7$ 时，$W=0$，于是这一解意味着该公司在今后的第 28 个年头破产.

6.6.2　市场价格与需求量(供给量)之间的函数关系

例 2　某商品的需求量 Q(元) 对价格 P(kg) 的弹性为 $P\ln 3$，若该商品的最大需求量为 1 200.

(1) 试求需求量 Q 与价格 P 的函数关系；

(2) 当价格为 1 元时，求市场对该商品的需求量；

(3) 当 $P\to+\infty$ 时，需求量的变化趋势如何？

解　(1) 由需求弹性定义可知

$$-\frac{P}{Q}\cdot\frac{dQ}{dp}=P\ln 3$$

整理得

$$\frac{dQ}{dp}=-Q\ln 3$$

求解方程，得

$$Q=C3^{-P},\quad C\text{ 为任意常数}$$

由于最大需求 1 200 是指：当 $P=0$ 时，$Q=1\,200$，得 $C=1\,200$. 于是

$$Q=1\,200\times 3^{-P}$$

(2) 当 $P=1$(元) 时，$Q=1\,200\times 3^{-1}=400$ (kg).

(3) $\lim\limits_{P\to+\infty}Q(P)=\lim\limits_{P\to+\infty}1\,200\times 3^{-P}=0$. 即随着价格的无限增大，需求量将趋近于零.

例 3　设某种商品的需求量 Q 与供给量 S 只与该商品的价格 P 有关，函数关系为

$$Q=a-bP, S=-c+dP,\quad a,b,c,d>0$$

假设商品价格 P 为时间 t 的函数，即 $P=P(t)$，已知初始价格 $P(0)=P_0$，且在任一时刻 $P(t)$ 的变化率总与这一时刻的需求量与供给量之差 $Q-S$ 成正比（比例系数为 $k>0$）.

(1) 求商品的均衡价格；

(2) 求价格 $P=P(t)$ 的表达式；

(3) 当时间 $t\to\infty$ 时，价格 $P(t)$ 的变化趋势.

解　(1) 均衡价格为需求量与供给量相等时的价格，即 $a-bP=-c+dP$，得到 $P_e=\dfrac{a+c}{b+d}$.

(2) 由于任一时刻 $P(t)$ 的变化率总与这一时刻的需求量与供给量之差 $Q-S$ 成正比且比例系数 $k>0$. 即

$$\begin{cases}\dfrac{dP}{dt}=k(Q-S)\\ P\big|_{t=0}=P_0\end{cases}$$

将 $Q=a-bP, S=-c+dP$ 代入上式，整理得

$$\frac{dP}{dt}+k(b+d)P=k(a+c)$$

解得

$$P(t)=Ce^{-k(b+d)t}+P_e$$

其中，C 为任意常数，P_e 为均衡价格. 将初始条件代入，得 $C=P_0-P_e$.

于是价格 P 关于时间 t 的函数为

$$P(t)=(P_0-P_e)e^{-k(b+d)t}+P_e$$

(3) $\lim\limits_{t\to\infty}P(t)=\lim\limits_{t\to+\infty}[(P_0-P_e)e^{-k(b+d)t}+P_e]=(P_0-P_e)\lim\limits_{t\to+\infty}e^{-k(b+d)t}+P_e=P_e$.

6.6.3　新技术推广模型

例 4　某项新技术需要推广，在 t 时刻已掌握该项技术的人数为 $x(t)$，该项技术需要掌握的总人数为 N. 若新技术推广的速度与已掌握该新技术的人数及尚待推广人数的乘积成正比（比例系数 $k>0$），且初始时刻已掌握该技术的人数为 $\dfrac{N}{4}$.

(1) 求已掌握新技术人数的表达式；

(2) 求 $x(t)$ 增长最快的时刻 T.

解　(1) 根据题意，新技术推广的速度 $\dfrac{dx}{dt}$ 与已掌握该新技术的人数 $x(t)$ 及尚待推广人数 $N-x(t)$ 的乘积成正比，且比例系数 $k>0$，得

$$\begin{cases}\dfrac{dx}{dt}=kx(N-x)\\ x\big|_{t=0}=\dfrac{N}{4}\end{cases}$$

整理得

$$\frac{\mathrm{d}x}{x(N-x)}=k\mathrm{d}t$$

通解为

$$x(t)=\frac{N}{1+\frac{1}{C}\mathrm{e}^{-kNt}}$$

代入初始条件 $x|_{t=0}=\frac{N}{4}$,得 $C=\frac{1}{3}$,故

$$x(t)=\frac{N}{1+3\mathrm{e}^{-kNt}}$$

(2) 由上式可得

$$\frac{\mathrm{d}x}{\mathrm{d}t}=\frac{3kN^2\mathrm{e}^{-kNt}}{(1+3\mathrm{e}^{-kNt})^2},\frac{\mathrm{d}^2x}{\mathrm{d}t^2}=-\frac{3k^2N^3\mathrm{e}^{-kNt}(1-3\mathrm{e}^{-kNt})}{(1+3\mathrm{e}^{-kNt})^3}$$

令 $\frac{\mathrm{d}^2x}{\mathrm{d}t^2}=0$,得 $T=\frac{\ln 3}{kN}$. 显然,当 $t<T$ 时,$\frac{\mathrm{d}^2x}{\mathrm{d}t^2}>0$;当 $t>T$ 时,$\frac{\mathrm{d}^2x}{\mathrm{d}t^2}<0$. 故 $T=\frac{\ln 3}{kN}$ 时,$\frac{\mathrm{d}x}{\mathrm{d}t}$ 取得最大值,即此时的增长速度最快.

注意,在经济学、生物学等领域,微分方程

$$\frac{\mathrm{d}x}{\mathrm{d}t}=kx(N-x)$$

有着广泛的应用,通常称之为逻辑斯蒂(Logistic) 方程.

6.6.4　流体混合问题

如图 2 所示,容器内装有含物质 A 的流体,设时刻 $t=0$ 时,流体的体积为 V_0,物质 A 的质量为 x_0,今以速度 v_2 放出流体,而同时又以速度 v_1 注入浓度为 c_1 的流体,试求时刻 t 是容器中物质 A 的质量及流体的浓度.

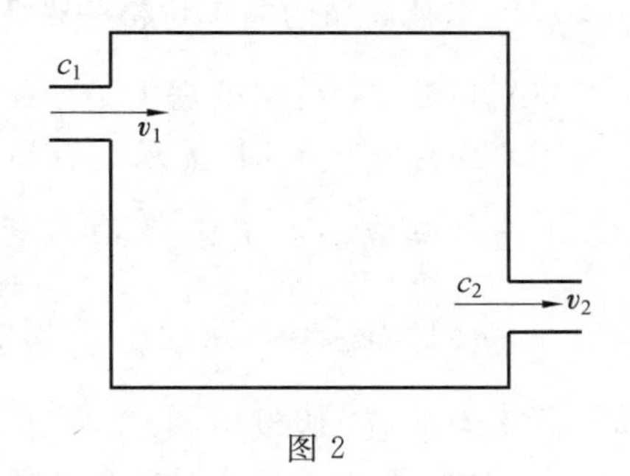

图 2

这类问题称为流体混合问题,它是不能用初等数学解决的,必须用微分方程来计算.

首先,我们用微元法来列方程. 设在时刻 t,容器内物质 A 的质量为 $x=x(t)$,浓度为 c_2,经过时间 $\mathrm{d}t$ 后,容器内物质 A 的质量增长为 $\mathrm{d}x$,于是有关系式

$$\mathrm{d}x=c_1v_1\mathrm{d}t-c_2v_2\mathrm{d}t=(c_1v_1-c_2v_2)\mathrm{d}t$$

因为

$$c_2=\frac{x}{V_0+(v_1-v_2)t}$$

代入上式有

$$\mathrm{d}x=\left[c_1v_1-\frac{xv_2}{V_0+(v_1-v_2)t}\right]\mathrm{d}t$$

即

$$\frac{dx}{dt}=c_1v_1-\frac{xv_2}{V_0+(v_1-v_2)t}$$

这是一个线性微分方程，球物质 A 在 t 时刻的质量的问题就归结为求上述方程满足初值条件 $x(0)=x_0$ 的解的问题.

例 5　某厂房容积为 45 m×15 m×6 m，经测定，空气中含有 0.2% 的 CO_2，开动通风设备，以 360 m^3/s 的速度输入含有 0.05% 的 CO_2 的新鲜空气，同时又排出同等数量的室内空气，问 30 min 后室内所含 CO_2 的体积分数.

解　设在时刻 t，车间内 CO_2 的体积分数为 $x(t)\%$，当时间经过 dt 之后，室内 CO_2 的改变量为

$$4\ 050dx=360(0.05-x)dt$$

初始条件为

$$x(0)=0.2$$

求得

$$x=0.05+0.15e^{-\frac{4}{45}t}$$

以 $t=30$ min $=1\ 800$ s 代入，得 $x\approx0.05$，室内 CO_2 的体积分数接近 0.05%，基本上已经是新鲜空气了.

习题 6.6

1. 已知某商品的需求价格弹性为 $\frac{EQ}{EP}=p(\ln p+1)$，且当 $p=1$ 时，需求量 $Q=1$.

(1) 求商品对价格的需求函数；

(2) 当 $p\to+\infty$ 时，需求是否趋于稳定？

2. 已知某商品的需求量 Q 与供给量 S 都是价格 p 的函数：$Q=Q(p)=\frac{a}{p^2}$，$S=S(p)=bp$，其中 $a>0$，$b>0$ 为常数，价格 p 是时间 t 的函数，且满足 $\frac{dp}{dt}=k[Q(p)-S(p)]$（$k$ 为常数）假设当 $t=0$ 时，价格为 1. 试求：

(1) 需求量等于供给量的均衡价格 p_e；

(2) 价格函数 $p(t)$；

(3) $\lim\limits_{t\to+\infty}p(t)$.

3. 某银行账户，以连续复利的方式计息，年利息为 5%，希望连续 20 年以每年 12 000 元人民币的速率用这一账户支付职工工资. 若 t 以年为单位，写出余额 $B=f(t)$ 所满足的微分方程，且问当初始存入的数额 B_0 为多少时，才能使 20 年后账户中的余额精确地减至 0.

4. 已知某地区在一个已知的时期内国民收入的增长率为 $\frac{1}{10}$，国民债务的增长率为国民收入的 $\frac{1}{20}$. 当 $t=0$ 时，国民收入为 5 亿元，国民债务为 0.1 亿元，是分别求出国民收入及国民债务与时间 t 的函数关系.

5. 某池塘最多能养 1 000 条鱼,开始池塘内有 100 条鱼,鱼的繁殖速度与鱼的条数和 $1\,000-x$ 的乘积成比例,三个月后池塘内有鱼 250 条,问六个月时池塘内鱼的数量.

6. 设容器内盛有 100 L 盐溶液,质量分数为 10%(即含净盐 10 kg),今以每分钟 3 L 的速度注入清水,冲淡溶液,同时以每分钟 2 L 的速度放出盐水,溶液内有搅拌器,使溶液的质量分数均匀,问 50 min 时容器中还有多少净盐?

*6.7　微分方程的算子解法

前面已经介绍,若将 $\frac{\mathrm{d}}{\mathrm{d}x}$ 记为 D,即 $\mathrm{D}=\frac{\mathrm{d}}{\mathrm{d}x}$,则 $\frac{\mathrm{d}y}{\mathrm{d}x}$ 可看作是微分算子 D 对 y 施行运算的结果,即 $\mathrm{D}y=\frac{\mathrm{d}y}{\mathrm{d}x}$,$\frac{\mathrm{d}^2y}{\mathrm{d}x^2}$ 可以看作是微分算子 D^2 对 y 施行运算的结果,即 $\mathrm{D}^2=\frac{\mathrm{d}^2y}{\mathrm{d}x^2}$,一般地,$\frac{\mathrm{d}^ny}{\mathrm{d}x^n}$($n$ 是正整数)可看作微分算子 D^n 对 y 施行运算的结果,即 $\mathrm{D}^n=\frac{\mathrm{d}^ny}{\mathrm{d}x^n}$.

如二阶常数系数齐次线性微分方程 $y''+py'+qy=0$ 与二阶常系数非齐次线性微分方程 $y''+py'+qy=f(x)$ 可写成算子形式为

$$L(\mathrm{D})y=(\mathrm{D}^2+p\mathrm{D}+q)y=0 \tag{1}$$

$$L(\mathrm{D})y=(\mathrm{D}^2+p\mathrm{D}+q)y=f \tag{2}$$

其中 $L(\mathrm{D})=\mathrm{D}^2+p\mathrm{D}+q$ 也是一个微分算子,而且是一个线性微分算子,它具有线性变换的两条性质:

(1) 可加性:$L(\mathrm{D})(y_1+y_2)=L(\mathrm{D})y_1+L(\mathrm{D})y_2$;

(2) 齐次性:$L(\mathrm{D})(cy)=cL(\mathrm{D})y$.

我们将算子 $L(\mathrm{D})$ 看作是映射,那么求解方程(1)、(2)就是相应地求 f 和 0 在 $L(\mathrm{D})$ 下的原象,因此,在映射的观点下,不论是求代数方程的解还是求微分方程的解,都是求原像的问题,这样就把不同类别的方程的求解问题,在映射概念的基础上统一起来.

对于二阶常系数齐次线性微分方程的通解求法,与前面的方法一样,已经解决,现在主要讨论二阶常系数非齐次线性微分方程的任一特解 y^* 的求法.前面介绍了待定系数法,这里我们介绍算子法.这个方法对于自由项 $f(x)$ 的某些特殊形式只要运用算子的一些运算性质,就可以方便地把特解求出来.

6.7.1　算子的运算性质

设算子 $\Phi_1(\mathrm{D})$ 与 $\Phi_2(\mathrm{D})$ 表示 D 的两个实系数多项式.我们规定算子 $\Phi_1(\mathrm{D})\cdot\Phi_2(\mathrm{D})$ 是算子 $\Phi_1(\mathrm{D})$ 与 $\Phi_2(\mathrm{D})$ 的积,或简记为 $\Phi_1(\mathrm{D})\Phi_2(\mathrm{D})$,且

$$\Phi_1(\mathrm{D})\Phi_2(\mathrm{D})y=\Phi_1(\mathrm{D})[\Phi_2(\mathrm{D})y]=\Phi_2(\mathrm{D})[\Phi_1(\mathrm{D})y]$$

其中假定 $y(x)$ 为可导函数.

同样,我们规定算子 $\Phi_1(\mathrm{D})+\Phi_2(\mathrm{D})$,$\Phi_1(\mathrm{D})-\Phi_2(\mathrm{D})$ 为算子 $\Phi_1(\mathrm{D})$ 与 $\Phi_2(\mathrm{D})$ 的和与差,且

$$[\Phi_1(\mathrm{D})\pm\Phi_2(\mathrm{D})]y=\Phi_1(\mathrm{D})y\pm\Phi_2(\mathrm{D})y$$

其中 $y(x)$ 为可导函数.可以验证,这样规定的算子多项式的加法、减法和乘法与普通多项

式的相应运算完全一样.

例如,设 $f(x)$ 是一连续函数,已知 $y(x)$ 的导数为 $f(x)$,即 $Dy=f(x)$,现求 $y(x)$. 由于

$$y(x)=\int f(x)\mathrm{d}x$$

在上式中若不计积分常数,将它写作

$$y(x)=\frac{1}{\mathrm{D}}f(x)$$

于是 $\frac{1}{\mathrm{D}}f(x)$ 是这样一个函数,以 D 作用于它,结果等于 $f(x)$,即

$$\mathrm{D}\left[\frac{1}{\mathrm{D}}f(x)\right]=f(x)$$

现在我们把 $\frac{1}{\mathrm{D}}$ 或 D^{-1} 作为一个算子,并定义它为算子 D 的逆运算,则算子 $\frac{1}{\mathrm{D}}$ 有如下结果

$$\mathrm{D}\left[\frac{1}{\mathrm{D}}f(x)\right]=f(x)$$

$$\frac{1}{\mathrm{D}}[\mathrm{D}f(x)]=f(x)$$

同样,对于

$$\mathrm{D}^n y=f(x)$$

有

$$y(x)=\overbrace{\int\cdots\int\int}^{n\text{次}}f(x)\mathrm{d}x\cdots\mathrm{d}x$$

可写为

$$y(x)=\frac{1}{\mathrm{D}^n}f(x)$$

则有

$$\mathrm{D}^n\left[\frac{1}{\mathrm{D}^n}f(x)\right]=f(x)$$

$$\frac{1}{\mathrm{D}^n}[\mathrm{D}^n f(x)]=f(x)$$

一般地,对于 $L(\mathrm{D})y=f(x)$,用 $\frac{1}{L(\mathrm{D})}f(x)$ 表示这样一个函数:将 $L(\mathrm{D})$ 作用于它,结果等于 $f(x)$. 我们把 $\frac{1}{L(\mathrm{D})}$ 或 $L^{-1}(\mathrm{D})$ 作为一个算子,并定义它为算子 $L(\mathrm{D})$ 的逆运算,这时,算子 $\frac{1}{L(\mathrm{D})}$ 有如下运算结果

$$L(\mathrm{D})\left[\frac{1}{L(\mathrm{D})}f(x)\right]=f(x)$$

$$\frac{1}{L(\mathrm{D})}[L(\mathrm{D})f(x)]=f(x)$$

还可以证明算子$\frac{1}{L(\mathrm{D})}$具有下列性质：

(1) $\frac{1}{L(\mathrm{D})}cf(x)=c\frac{1}{L(\mathrm{D})}f(x)$($c$ 为常数)；

(2) $\frac{1}{L(\mathrm{D})}[f(x_1)+f(x_2)]=\frac{1}{L(\mathrm{D})}f_1(x)+\frac{1}{L(\mathrm{D})}f_2(x)$；

(3) $\frac{1}{L_1(\mathrm{D})L_2(\mathrm{D})}f(x)=\frac{1}{L_1(\mathrm{D})}\left[\frac{1}{L_2(\mathrm{D})}f(x)\right]$.

证　这里不妨证(3).

将算子 $L_1(\mathrm{D})L_2(\mathrm{D})$ 作用于等式的左端,得

$$L_1(\mathrm{D})L_2(\mathrm{D})\left[\frac{1}{L_1(\mathrm{D})L_2(\mathrm{D})}f(x)\right]=f(x)$$

将算子 $L_1(\mathrm{D})L_2(\mathrm{D})$ 作用于等式的右端得

$$L_1(\mathrm{D})L_2(\mathrm{D})\left\{\frac{1}{L_1(\mathrm{D})}\left[\frac{1}{L_2(\mathrm{D})}f(x)\right]\right\}=L_2(\mathrm{D})L_1(\mathrm{D})\left\{\frac{1}{L_1(\mathrm{D})}\left[\frac{1}{L_2(\mathrm{D})}f(x)\right]\right\}=$$
$$L_2(\mathrm{D})\left[\frac{1}{L_2(\mathrm{D})}f(x)\right]=f(x)$$

由上述可知,已知 $y(x)$,求 $L(\mathrm{D})y(x)$ 是比较容易的,而已知 $f(x)$,求$\frac{1}{L(\mathrm{D})}f(x)$却比较困难,若 $L(\mathrm{D})$ 可分解为

$$L(\mathrm{D})=(\mathrm{D}-\alpha_1)(\mathrm{D}-\alpha_2)\cdots(\mathrm{D}-\alpha_n)$$

其中 $\alpha_i(i=1,2,\cdots,n)$ 为实数或复数,则由性质(3)可将求$\frac{1}{L(\mathrm{D})}f(x)$的问题简化为逐次求$\frac{1}{\mathrm{D}-\alpha}f(x)$的问题,容易得出

$$\frac{1}{\mathrm{D}-\alpha}f(x)=\mathrm{e}^{\alpha x}\frac{1}{\mathrm{D}}[\mathrm{e}^{\alpha x}f(x)]$$

(此式的证明略).

在具体解题时,一般我们常用下面的算子运算公式：

(1) $\frac{1}{L(\mathrm{D})}\mathrm{e}^{kx}=\frac{1}{L(k)}\mathrm{e}^{kx}\ (L(k)\neq 0)$；

(2) $\frac{1}{L(\mathrm{D}^2)}\cos\alpha x=\frac{1}{L(-\alpha^2)}\cos\alpha x\ (L(-\alpha^2)\neq 0)$；

(3) $\frac{1}{L(\mathrm{D}^2)}\sin\alpha x=\frac{1}{L(-\alpha^2)}\sin\alpha x\ (L(-\alpha^2)\neq 0)$；

(4) $\frac{1}{L(\mathrm{D})}\mathrm{e}^{kx}\Phi(x)=\frac{1}{L(k)}\mathrm{e}^{kx}\frac{1}{L(\mathrm{D}+k)}\Phi(x)$；

(5) 设 $f(x)=b_0+b_1x+\cdots+b_mx^m$ 是 m 次多项式,$L(0)=\alpha_0\neq 0$,则

$$\frac{1}{L(\mathrm{D})}f(x)=Q(\mathrm{D})f(x)$$

其中 $Q(\mathrm{D})=C_0+C_1\mathrm{D}+\cdots+C_m\mathrm{D}^m$ 是用普通作法将$\frac{1}{L(\mathrm{D})}$按 D 的升幂展开为级数时,前

面的 m 次多项式. 这些公式不难证得,这里我们不妨证(1) 和(5).

证明　(1) 由定义 $L(\mathrm{D})=\mathrm{D}^n+a_{n-1}\mathrm{D}^{n-1}+\cdots+a_1\mathrm{D}+a_0$,其中 $a_{n-1},\cdots,a_0$ 为常数,于是

$$L(\mathrm{D})\mathrm{e}^{kx}=(\mathrm{D}^n+a_{n-1}\mathrm{D}^{n-1}+\cdots+a_1\mathrm{D}+a_0)\mathrm{e}^{kx}=(K^n+a_{n-1}K^{n-1}+\cdots+a_1K+a_0)\mathrm{e}^{kx}=L(K)\mathrm{e}^{kx}$$

于是,若 $L(K)\neq 0$,即 K 不是对应齐次方程的特征根,则

$$\frac{1}{L(\mathrm{D})}\mathrm{e}^{kx}=\frac{1}{L(K)}\mathrm{e}^{kx}$$

证明　(5) 由假设有

$$\frac{1}{L(\mathrm{D})}=Q(\mathrm{D})+\frac{R(\mathrm{D})}{L(\mathrm{D})}$$

其中,$Q(\mathrm{D})$ 为 D 的 m 次多项式,$R(\mathrm{D})=C_{m+1}\mathrm{D}^{m+1}+\cdots+C_{m+n}\mathrm{D}^{m+n}$,即

$$1=L(\mathrm{D})Q(\mathrm{D})+R(\mathrm{D})$$

上式两端同时作用于 $f(x)$,得

$$f(x)=[L(\mathrm{D})Q(\mathrm{D})+R(\mathrm{D})]f(x)=L(\mathrm{D})Q(\mathrm{D})f(x)+R(\mathrm{D})f(x)=L(\mathrm{D})Q(\mathrm{D})f(x)$$

(因为 $R(\mathrm{D})f(x)=0$) 因此,当 $L(0)\neq 0$ 时,有

$$\frac{1}{L(\mathrm{D})}f(x)=Q(\mathrm{D})f(x)$$

6.7.2　常系数非齐次线性微分方程的算子解法举例

1. 二阶常系数非齐次线性微分方程的算子解法举例

例 1　求方程$(\mathrm{D}^2+\mathrm{D})y=1+x^2$ 的特解.

解

$$L(\mathrm{D})=\mathrm{D}^2+\mathrm{D},L(0)=0$$

$$y^*=\frac{1}{\mathrm{D}^2+\mathrm{D}}(1+x^2)=\frac{1}{\mathrm{D}}\left[\frac{1}{1+\mathrm{D}}(1+x^2)\right]$$

因为

$$\frac{1}{1+\mathrm{D}}=(1-\mathrm{D}+\mathrm{D}^2)-\frac{\mathrm{D}^3}{1+\mathrm{D}}$$

所以 $R(\mathrm{D})=-\mathrm{D}^3$,而 $R(\mathrm{D})(1+x^2)=0$,于是

$$\frac{1}{1+\mathrm{D}}(1+x^2)=(1-\mathrm{D}+\mathrm{D}^2)(1+x^2)=x^2-2x+3$$

故原方程的特解为

$$y^*=\frac{1}{\mathrm{D}}(x^2-2x+3)=\frac{x^3}{3}-x^2+3x$$

例 2　求方程$(\mathrm{D}^2-3\mathrm{D}+2)y=\mathrm{e}^{5x}$ 的通解.

解　因 $L(5)=5^2-15+2=12\neq 0$,所以用算子运算公式(1) 得方程的一个特解为

$$y^*=\frac{1}{\mathrm{D}^2-3\mathrm{D}+2}\mathrm{e}^{5x}=\frac{1}{L(5)}\mathrm{e}^{5x}=\frac{1}{12}\mathrm{e}^{5x}$$

对应齐次方程的通解为

$$y=C_1\mathrm{e}^x+C_2\mathrm{e}^{2x}$$

故所求通解为

$$y=y^{*}+y=\frac{1}{12}e^{5x}+C_1e^{x}+C_2e^{2x}$$

例 3 求$(D^2+1)y=2\sin x$的特解.

解 先考虑方程$(D^2+1)y=2e^{ix}$,因为$L(i)=0$所以不能用算子公式(1),应用算子公式(4)得

$$y^{*}=\frac{1}{D^2+1}2e^{ix}=2e^{ix}\frac{1}{(D+i)^2+1}\cdot 1=2e^{ix}\frac{1}{D^2+2iD}\cdot 1=$$

$$2e^{ix}\frac{1}{D(D+2i)}\cdot 1=2e^{ix}\frac{1}{D}\cdot\frac{1}{2i}=-ixe^{ix}=-ix(\cos x+i\sin x)$$

取虚部,得原方程的特解为$y^{*}=-x\cos x$.

例 4 求方程$(D^2-1)y=\sin x+\cos 2x$的特解.

解 $y^{*}=\frac{1}{D^2-1}(\sin x+\cos 2x)=\frac{1}{D^2-1}\sin x+\frac{1}{D^2-1}\cos 2x=$

$$-\frac{1}{2}\sin x-\frac{1}{5}\cos 2x.$$

例 5 求方程$(D^2-3D+2)y=5+3xe^{x}$的特解.

解 因为$L(0)=2\neq 0$,应用公式(5)得对应第一项的特解$y_1^{*}=\frac{5}{2}$.

又因$L(1)=0$,应用公式(4)得对应第二项的特解是

$$y_2^{*}=e^{x}\frac{1}{(D+1)^2-3(D+1)+2}(3x)=e^{x}\frac{1}{D(D-1)}(3x)=$$

$$-e^{x}\frac{1}{D}\frac{1}{(1-D)}(3x)=-e^{x}\frac{1}{D}(1+D)(3x)=$$

$$-e^{x}\frac{1}{D}(3x+3)=-e^{x}\left(\frac{3}{2}x^2+3x\right)=-\frac{3}{2}(x^2+2x)e^{x}$$

故原方程的特解是

$$y^{*}=y_1^{*}+y_2^{*}=\frac{5}{2}-\frac{3}{2}(x^2+2x)e^{x}$$

2. 高阶常系数非齐次线性微分方程算子解法举例

例 6 求解方程$(2D^3-D+2)y=x^3-x$的特解.

解 $L(D)=2D^3-D+2$,$L(0)=2\neq 0$,用$2-D+2D^3$去除 1,得

$$Q(D)=\frac{1}{2}+\frac{D}{4}+\frac{D^2}{8}-\frac{7}{16}D^3$$

于是所求特解为

$$y^{*}=\frac{1}{2-D+2D^3}(x^3-x)=\frac{1}{2}+\frac{D}{4}+\frac{D^2}{8}-\frac{7}{16}D^3(x^3-x)=$$

$$\frac{1}{2}(x^3-x)+\frac{1}{4}(3x^2-1)+\frac{1}{8}(6x)-\frac{7}{16}\cdot 6=$$

$$\frac{1}{2}x^3+\frac{3}{4}x^2+\frac{1}{4}x-\frac{23}{8}$$

例 7　求方程$(D^3-3D^2+3D-1)y=e^x$的特解.

解　因$L(1)=0$,不能用公式(1),将e^x看作$e^x\cdot 1$应用公式(4)得特解为

$$y^*=\frac{1}{(D-1)^3}e^x\cdot 1=e^x\cdot\frac{1}{D^3}\cdot 1=e^x\cdot\frac{x^3}{6}$$

例 8　求方程$(D^4+1)y=5\sin 2x$的特解.

解　$L(D)=D^4+1=(D^2)^2+1$,$\alpha=2$,应用公式(3),特解为

$$y^*=\frac{1}{D^4+1}5\sin 2x=\frac{1}{(D^2)^2+1}5\sin 2x=5\cdot\frac{1}{(-4)^2+1}\sin 2x=\frac{5}{17}\sin 2x$$

例 9　求方程$(D^3-1)y=\sin x$的特解.

解　因$L(D)$包含D的奇次幂,故不能用公式(3),但先研究方程应用公式(1),得上述方程的特解为

$$y^*=\frac{1}{D^2-1}e^{ix}=\frac{e^{ix}}{i^3-1}=\frac{-1}{1+i}e^{ix}=\frac{-1+i}{2}(\cos x-i\sin x)=$$
$$-\frac{1}{2}(\cos x+\sin x)+\frac{i}{2}(\cos x-\sin x)$$

则原方程的特解为

$$y^*=\frac{1}{2}(\cos x-\sin x)$$

例 10　求方程$(D^3+D)y=e^{-2x}\cos 2x$的特解.

解　应用公式(4),得特解为

$$y^*=\frac{1}{D^3+D}(e^{-2x}\cos 2x)=e^{-2x}\frac{1}{(D-2)^3+(D-2)}\cos 2x=$$
$$e^{-2x}\frac{1}{D^3-6D^2+13D-10}\cos 2x=$$
$$e^{-2x}\mathrm{Re}\left[\frac{1}{D^3-6D^2+13D-10}e^{i2x}\right]=$$
$$e^{-2x}\mathrm{Re}\left[\frac{1}{(2i)^3-6(2i)^2+13(2i)-10}e^{i2x}\right]=$$
$$e^{-2x}\mathrm{Re}\left(\frac{1}{14+18i}e^{i2x}\right)=$$
$$e^{-2x}\mathrm{Re}\left[\frac{14-18i}{520}(\cos 2x+i\sin 2x)\right]=$$
$$\frac{e^{-2x}}{260}(9\sin 2x+7\cos 2x)$$

习题 6.7

1. 用算子法求下列方程的通解.

(1) $(D^2+4D+8)y=4$;　　(2) $(D^2+2D)y=4e^{3x}$;

(3) $(D^2+3D+2)y=9e^{-2x}$;　　(4) $(D^2-2D+5)y=\cos 2x$.

2. 求下列方程的一个特解.

(1) $(D^2+6D+5)=e^{2x}$;　　(2) $(D^2-3D+2)y=3x+5\sin 2x$.

3. 求下列初值问题的解.

(1) $y''+4y'+5y=e^{2x}+1, y(0)=y'(0)=0$；

(2) $y''+4y'=\cos 2x+\cos 4x, y(0)=y'(0)=0$.

*6.8　差分方程简介

当各有关变量离散变化取值时，如何寻求它们之间的关系和变化规律呢？这就需要研究差分方程.

6.8.1　差分的概念

设函数 $y=f(x)$，记为 y_x. 当 x 取遍非负整数时，函数值可以排成一个数列：y_0，y_1，…，y_x，…，则差 $y_{x+1}-y_x$ 称为 y_x 的差分，也称为一阶差分，记为 Δy_x，即 $\Delta y_x=y_{x+1}-y_x$.

y_x 的一阶差分的差分为

$$\Delta(\Delta y_x)=\Delta(y_{x+1}-y_x)=(y_{x+2}-y_{x+1})-(y_{x+1}-y_x)$$

记为 $\Delta^2 y_x$，即 $\Delta^2 y_x=\Delta(\Delta y_x)=y_{x+2}-2y_{x+1}+y_x$，称为 y_x 的二阶差分.

同样可以定义三阶差分、四阶差分，…，即

$$\Delta^3 y_x=\Delta(\Delta^2 y_x), \Delta^4 y_x=\Delta(\Delta^3 y_x), \cdots$$

二阶及二阶以上的差分统称为高阶差分.

差分具有如下性质：

(1) $\Delta c y_x=c\Delta y_x$（c 为常数）；

(2) $\Delta(y_x+z_x)=\Delta y_x+\Delta z_x$.

例 1　求 $\Delta(x^2)$，$\Delta^2(x^2)$，$\Delta^3(x^2)$.

解　设 $y_x=x^2$，那么

$$\Delta y_x=\Delta(x^2)=(x+1)^2-x^2=2x+1$$

$$\Delta^2 y_x=\Delta^2(x^2)=\Delta(2x+1)=[2(x+1)+1]-(2x+1)=2$$

$$\Delta^3 y_x=\Delta(\Delta^2 y_x)=\Delta(2)=2-2=0$$

例 2　设 $x^{(n)}=x(x-1)(x-2)\cdots(x-n+1)$，$x^{(0)}=1$，求 $\Delta x^{(n)}$.

解　设 $y_x=x^{(n)}=x(x-1)\cdots(x-n+1)$，则

$$\begin{aligned}\Delta y_x=&(x+1)^{(n)}-x^{(n)}=\\&(x+1)x(x-1)\cdots(x+1-n+1)-x(x-1)\cdots(x-n+1)=\\&[(x+1)-(x-n+1)]x(x-1)\cdots(x-n+2)=nx^{(n-1)}\end{aligned}$$

6.8.2　差分方程的基本概念

把含有自变量、未知函数以及未知函数差分的方程称为差分方程. 方程中含有未知函数差分的最高阶数称为差分方程的阶.

n 阶差分方程的一般形式为

$$H(x, y_x, \Delta y_x, \Delta^2 y_x, \cdots, \Delta^n y_x)=0 \tag{1}$$

将 $\Delta y_x=y_{x+1}-y_x$，$\Delta^2 y_x=y_{x+2}-2y_{x+1}+y_x$，$\Delta^3 y_x=y_{x+3}-3y_{x+2}+3y_{x+1}-y_x$，…，代

入方程(1)，则方程变为

$$F(x,y_x,y_{x+1},\cdots,y_{x+n})=0 \tag{2}$$

反之，方程(2)也可以化为方程(1)的形式. 因此差分方程也可以定义如下：

含有自变量以及未知函数几个时期符号的方程称为差分方程. 方程中含有的未知函数附标的最大值与最小值的差，称为差分方程的阶.

例 3　差分方程 $y_{x+2}-2y_{x+1}-y_x=3^x$ 是一个二阶差分方程，可以化为

$$y_x-2y_{x-1}-y_{x-2}=3^{x-2}$$

若将原方程左边写成

$$(y_{x+2}-y_{x+1})-(y_{x+1}-y_x)-2y_x=\Delta y_{x+1}-\Delta y_x-2y_x=\Delta^2 y_x-2y_x$$

则原方程又可以化为

$$\Delta^2 y_x-2y_x=3^x$$

又如，差分方程 $\Delta^3 y_x+y_x+1=0$，虽然它含有三阶差分 $\Delta^3 y_x$，但它实际上是二阶差分方程. 因为该方程可化为

$$y_{x+3}-3y_{x+2}+3y_{x+1}+1=0$$

因此，它是二阶差分方程. 事实上，作代换 $t=x+1$，上式可写成

$$y_{t+2}-3y_{t+1}+3y_t+1=0$$

如果一个函数代入差分方程后，使方程成为恒等式，则称此函数为该差分方程的解.

设差分方程 $y_{x+1}-y_x=2$，把函数 $y_x=15+2x$ 代入此方程，则

$$\text{左边}=[15+2(x+1)]-(15+2x)=2=\text{右边}$$

故 $y_x=15+2x$ 是方程 $y_{x+1}-y_x=2$ 的解.

我们往往要根据系统在初始时刻所处的状态，对差分方程附加一定的条件，这种附加条件称之为初始条件. 满足初始条件的解称为满足初始的特解. 如果差分方程的解中含有相互独立的任意常数的个数恰好等于方程的阶数，则称它为差分方程的通解.

6.8.3　一阶常系数线性差分方程

一阶常系数线性差分方程的一般形式为

$$y_{x+1}+ay_x=f(x) \tag{3}$$

其中，$f(x)$ 为已知函数，a 为常数，且 $a\neq 0$，y_x 是未知函数.

解差分方程就是求出方程中的未知函数.

当 $f(x)=0$ 时，有

$$y_{x+1}+ay_x=0,\quad a\neq 0 \tag{4}$$

称之为一阶常系数齐次线性差分方程.

当 $f(x)\neq 0$ 时，式(3)称为一阶常系数非齐次线性差分方程.

下面介绍一阶常系数线性差分方程的解法.

1. 一阶常系数齐次线性差分方程求解

将方程(4)改写为

$$y_{x+1}=(-a)y_x,\quad x=0,1,2,\cdots$$

由逐次迭代法，知方程(4)的通解为

$$y_x = C(-a)^x, \quad x = 0,1,2,\cdots$$

其中 $C = y_0$ 为任意常数.

2. 一阶常系数非齐次线性差分方程求解

求一阶常系数非齐次差分方程(3)通解的方法:如果 $\tilde{y}_x$ 是方程(3)的一个特解,Y_x 是方程(4)的通解,则 $y_x = \tilde{y}_x + Y_x$ 是方程(3)的通解.求方程(3)特解常用的方法是"待定系数法".

事实上,我们有

$$\tilde{y}_{x+1} + a\tilde{y}_x = f(x), Y_{x+1} + aY_x = 0$$

两式相加得 $(\tilde{y}_{x+1} + Y_{x+1}) + a(\tilde{y}_x + Y_x) = f(x)$,即 $y_x = \tilde{y}_x + Y_x$ 是方程(3)的通解.

这样,为求方程(3)的通解,只需求出它的一个特解即可.下面我们来讨论当 $f(x)$ 是某些特殊形式的函数时方程(3)的特解.

(1) 如果 $f(x) = p_n(x)$(n 次多项式),则方程(3)为

$$y_{x+1} + ay_x = p_n(x) \tag{5}$$

如果 y_x 是 m 次多项式,则 y_{x+1} 也是 m 次多项式,并且当 $a \neq -1$ 时,$y_{x+1} + ay_x$ 仍是 m 次多项式,因此若 y_x 是方程(5)的解,应有 $m = n$.

于是当 $a \neq -1$ 时,设 $\tilde{y}_x = B_0 + B_1x + \cdots + B_nx^n$ 是方程(5)的特解,将其代入方程(5),比较两端同次项的系数,确定出 $B_0, B_1, \cdots, B_n$,便得到方程(5)的特解.

当 $a = -1$ 时,方程(5)为 $y_{x+1} - y_x = p_n(x)$ 或 $\Delta y_x = p_n(x)$,因此 y_x 为 $n+1$ 次多项式.此时设特解为 $\tilde{y}_x = x(B_0 + B_1x + \cdots + B_nx^n)$,代入方程(5),比较两端同次项系数来确定 $B_0, B_1, \cdots, B_n$,从而可得到特解.

特别地,$p_n(x) = c$(c 为常数),则方程(5)为

$$y_{x+1} + ay_x = c \tag{6}$$

当 $a \neq -1$ 时,设 $\tilde{y}_x = k$,代入方程(6)得 $k = \dfrac{c}{1+a}$,所以特解为 $\tilde{y}_x = \dfrac{c}{1+a}$;

当 $a = -1$ 时,设 $\tilde{y}_x = kx$,代入方程(6)得 $k = c$,于是特解为 $\tilde{y}_x = cx$.

例 4　求差分方程 $y_{x+1} - 3y_x = -2$ 的通解.

解　由于 $a = -3 \neq -1, c = -2$,于是差分方程的通解为

$$y_x = 1 + C \cdot 3^x$$

例 5　求差分方程 $y_{x+1} - 2y_x = 3x^2$ 的通解.

解　设 $\tilde{y}_x = B_0 + B_1x + B_2x^2$ 是方程的解,将它代入方程,则有

$$B_0 + B_1(x+1) + B_2(x+1)^2 - 2B_0 - 2B_1x - 2B_2x^2 = 3x^2$$

整理得

$$(-B_0 + B_1 + B_2) + (-B_1 + 2B_2)x - B_2x^2 = 3x^2$$

比较同次项系数得

$$\begin{cases} -B_0 + B_1 + B_2 = 0 \\ -B_1 + 2B_2 = 0 \\ -B_2 = 3 \end{cases}$$

解得 $B_0 = -9, B_1 = -6, B_2 = -3$.方程的特解为 $\tilde{y}_x = -9 - 6x - 3x^2$,而相应的齐次方程

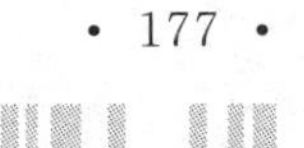

的通解为 $C\cdot 2^x$，于是得差分方程的通解为

$$y_x=-9-6x-3x^2+C\cdot 2^x$$

例 6　求差分方程 $y_{x+1}-y_x=3x^2+x+4$ 的通解.

解　设特解为 $\tilde{y}_x=x(B_0+B_1x+B_2x^2)$，代入原方程得

$$3B_2x^2+(2B_1+3B_2)x+(B_0+B_1+B_2)=3x^2+x+4$$

比较系数得

$$\begin{cases}3B_2=3\\2B_1+3B_2=1\\B_0+B_1+B_2=4\end{cases}$$

解得 $B_0=4,B_1=-1,B_2=1$，特解为 $\tilde{y}_x=x(4-x+x^2)$，对应的齐次方程的通解为 C. 因而得通解为

$$y_x=x^3-x^2+4x+C$$

(2) 如果 $f(x)=cb^x$（其中 $c,b\neq 1$ 均为常数），则方程(3) 为

$$y_{x+1}-ay_x=cb^x \tag{7}$$

设方程(7) 具有形如 $\tilde{y}_x=kx^sb^x$ 的特解.

当 $b\neq a$ 时，取 $s=0$，即 $\tilde{y}_x=kb^x$，代入方程(7) 得 $k(b-a)=c$，所以 $k=\dfrac{c}{b-a}$，于是 $\tilde{y}_x=\dfrac{c}{b-a}b^x$；

当 $b=a$ 时，取 $s=1$，得方程(7) 的特解为 $\tilde{y}_x=cxa^{x-1}$.

例 7　求差分方程 $y_{x+1}-\dfrac{1}{2}y_x=\left(\dfrac{5}{2}\right)^x$ 的通解.

解　由于 $a=-\dfrac{1}{2},b=\dfrac{5}{2},c=1$，取 $s=0$，特解为 $\tilde{y}_x=kb^x$，代入方程中得 $k=\dfrac{1}{2}$，于是得到差分方程的通解为

$$y_x=\frac{1}{3}\left(\frac{5}{2}\right)^x+C\left(\frac{1}{2}\right)^x$$

*6.8.4　差分方程在经济管理中的应用

下面介绍差分方程在经济学中的几个简单应用问题.

例 8(存款模型)　设 S_t 为 t 年末的存款总额，r 为年利率，设 $S_{t+1}=S_t+rS_t$，且初始存款为 S_0，求 t 年末的本利和.

解　由 $S_{t+1}=S_t+rS_t$ 得到 $S_{t+1}=(1+r)S_t$，得通解为

$$S_t=C(1+r)^t$$

将初始条件 $S\mid_{t=0}=S_0$ 代入上式，得 $C=S_0$. 于是 t 年末的本利和为

$$S_t=S_0(1+r)^t$$

即将一笔本金 S_0 存入银行后，年利率为 r，按年复利计息，t 年末的本利和为 $S_0(1+r)^t$.

例 9(消费模型)　设 Y_t 为 t 期国民收入，C_t 为 t 期消费，I_t 为 t 期投资，它们之间有如下关系：

$$\begin{cases}C_t=\alpha Y_t+a\\I_t=\beta Y_t+b\\Y_t-Y_{t-1}=\theta(Y_{t-1}-C_{t-1}-I_{t-1})\end{cases}$$

其中,α,β,a,b 和 θ 均为常数,且

$$0<\alpha<1,0<\beta<1,0<\alpha+\beta<1,0<\theta<1,a\geqslant 0,b\geqslant 0$$

若基期的国民收入为 Y_0,试求 Y_t 与 t 的函数关系.

解　消去模型中的 C_t,I_t,得

$$Y_t=\{1+\theta[1-(\alpha+\beta)]\}Y_{t-1}-\theta(a+b),\quad t=1,2,\cdots$$

这是一个关于 Y_t 的一阶非齐次线性差分方程,容易求得其解为

$$Y_t=\left(Y_0-\frac{a+b}{1-\alpha-\beta}\right)[1+\theta(1-\alpha-\beta)]^t+\frac{a+b}{1-\alpha-\beta},\quad t=0,1,2,\cdots$$

其中,Y_0 为基期的国民收入.

例 10(萨缪尔森(Samuelson)乘数－加速数模型)　设 Y_t 为 t 期国民收入,C_t 为 t 期消费,I_t 为 t 期投资,G 为政府支出(各期相同). 萨缪尔森建立了如下的宏观经济模型(称为乘数－加速数模型):

$$\begin{cases}Y_t=C_t+I_t+G\\C_t=\alpha Y_{t-1},\quad 0<\alpha<1\\I_t=\beta(C_t-C_{t-1},\quad \beta>0\end{cases}$$

其中,α 为边际消费倾向(常数);β 为加速数(常数). 试求出 Y_t 和 t 的函数关系.

解　由题设得

$$Y_t-\alpha(1+\beta)Y_{t-1}+\alpha\beta Y_{t-2}=G \tag{8}$$

改成标准形式为

$$Y_{t+2}-\alpha(1+\beta)Y_{t+1}+\alpha\beta Y_t=G \tag{9}$$

这是一个二阶常系数非齐次线性差分方程.

它对应的齐次线性方程为

$$Y_{t+2}-\alpha(1+\beta)Y_{t+1}+\alpha\beta Y_t=0 \tag{10}$$

其特征方程为

$$\lambda^2-\alpha(1+\beta)\lambda+\alpha\beta=0 \tag{11}$$

特征方程的判别式为

$$\Delta=[\alpha(1+\beta)]^2-4\alpha\beta=\alpha[\alpha(1+\beta)^2-4\beta]$$

若 $\Delta>0$,方程(11) 有两个相异实根,即

$$\lambda_1=\frac{1}{2}\left[\alpha(1+\beta)-\sqrt{\Delta}\right]$$

$$\lambda_2=\frac{1}{2}\left[\alpha(1+\beta)+\sqrt{\Delta}\right]$$

方程 (10) 的通解为

$$Y_t=C_1\lambda_1{}^t+C_2\lambda_2{}^t$$

若 $\Delta=0$,方程(11) 有两个相等实根,即

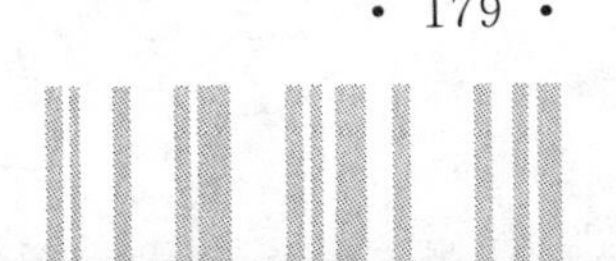

$$\lambda_{1,2}=\frac{\alpha(1+\beta)}{2}=\sqrt{\alpha\beta}$$

方程(10) 的通解为

$$Y_t=(C_1+C_2t)\lambda^t$$

若 $\Delta<0$,方程(11) 有一对共轭复数根,即

$$\lambda_1=\frac{1}{2}\left[\alpha(1+\beta)-\mathrm{i}\sqrt{-\Delta}\right],\lambda_2=\frac{1}{2}\left[\alpha(1+\beta)+\mathrm{i}\sqrt{-\Delta}\right]$$

方程(10) 的通解为

$$Y_t=r^t(C_1\cos\omega t+C_2\sin\omega t)$$

其中,$r=\sqrt{\alpha\beta}$,$\tan\omega=\dfrac{\sqrt{-\Delta}}{\alpha(1+\beta)}$,$\omega\in(0,\pi)$.

对于方程(9),由于 1 不是方程 (10) 的特征根,所以令 $y_t^*=A$,代入原方程解得 $A=\dfrac{G}{1-\alpha}$,从而 $y_t^*=\dfrac{G}{1-\alpha}$.

于是方程(10) 的通解为

$$Y_t=\begin{cases}C_1\lambda_1{}^t+C_2\lambda_2{}^t+\dfrac{G}{1-\alpha}, & \Delta>0\\(C_1+C_2t)\lambda^t+\dfrac{G}{1-\alpha}, & \Delta=0\\r^t(C_1\cos\omega t+C_2\sin\omega t)+\dfrac{G}{1-\alpha}, & \Delta<0\end{cases}$$

其中 $\Delta=[\alpha(1+\beta)]^2-4\alpha\beta$.

习题 6.8

1. 求下列函数的一阶与二阶差分.

(1) $y_x=2x^3-x^2$;　　(2) $y_x=\mathrm{e}^{3x}$.

2. 确定下列差分方程的阶.

(1) $y_{x+3}-x^2y_{x+1}+3y_x=2$;

(2) $y_{x-2}-y_{x-4}=y_{x+2}$.

3. 已知 $y_x=\mathrm{e}^x$ 是方程 $y_{x+1}+ay_{x-1}=2\mathrm{e}^x$ 的一个解,求 a 的值.

4. 求下列一阶常系数齐次线性差分方程的通解.

(1) $2y_{x+1}-3y_x=0$;　　(2) $y_x+y_{x-1}=0$;

(3) $y_{x+1}-y_x=0$.

5. 求下列一阶差分方程在给定初始条件下的特解.

(1) $2y_{x+1}+5y_x=0$ 且 $y_0=3$;

(2) $\Delta y_x=0$ 且 $y_0=2$.

6. 求下列一阶差分方程的通解.

(1) $\Delta y_x-4y_x=3$;　　(2) $y_{t+1}-\dfrac{1}{2}y_t=2^t$.

7. 求下列一阶差分方程在给定的初始条件下的特解.

(1) $y_{x+1} + y_x = 2^x$ 且 $y_0 = 2$；

(2) $y_x + y_{x-1} = (x-1)2^{x-1}$ 且 $y_0 = 0$.

8. 一辆新轿车价值 20 万元，以后每年比上一年减少 20%，问 t(为正整数) 年末这辆轿车价值为多少万元？若这辆轿车价值低于 1 万元就要报废，问这辆轿车最多能使用多少年？

第 7 章

* 上机计算(I)

7.1 Mathematica 基础

随着现代科学技术飞速发展,计算手段日趋“电算化”,因此高等数学中进行计算机辅助教学,培养学生的上机计算能力已成为数学教学改革的一个当务之急. 所以本书开设了“上机计算(I)”一章,将工程技术中常用的一些高等数学的数值计算、符号计算等(这里主要是极限与连续计算,导数与微分计算,函数作图,导数应用,不定积分与定积分的计算与应用,微分方程解法与应用),结合本书的理论与内容给出了计算机程序设计,并结合实际给出计算实例,从而指导学生上机计算.

7.1.1 引 言

Mathematica 是美国 Wolfram 公司开发的一个功能强大的数学软件系统,它主要包括数值计算、符号计算、图形功能和程序设计. 本书是按 Mathematica 4.0 版本编写的,但是也适用于 Mathematica 的其他版本.

(1)Mathematica 是一个敏感的软件. 所有的 Mathematica 函数都以大写字母开头.

(2)圆括号( ),花括号{ },方括号[ ]都有特殊用途,应特别注意.

(3)句号“.”、分号“;”、逗号“,”、感叹号“!”等都有特殊用途,应特别注意.

(4)用主键盘区的组合键 Shfit+Enter 或数字键盘中的 Enter 键执行命令.

7.1.2 一般介绍

1. 输入与输出

例 1 计算 1+1.

在打开的命令窗口中输入

```
1+2+3
```

并按组合键 Shfit+Enter 执行上述命令,则屏幕上将显示

```
In[1] := 1+2+3
Out[1] = 6
```

这里 In[1]：= 表示第一个输入，Out[1]= 表示第一个输出，即计算结果.

2. 数学常数

Pi 表示圆周率 π；E 表示无理数 e；I 表示虚数单位 i；Degree 表示 π/180；Infinity 表示无穷大.

注：Pi，Degree，Infinity 的第一个字母必须大写，其后面的字母必须小写.

3. 算术运算

Mathematica 中用“+”“-”“*”“/”和“^”分别表示算术运算中的加、减、乘、除和乘方.

例 2　计算 $\sqrt[4]{100}\cdot\left(\frac{1}{9}\right)^{-\frac{1}{2}}+8^{-\frac{1}{3}}\cdot\left(\frac{4}{9}\right)^{\frac{1}{2}}\cdot\pi$.

输入

$$100\hat{}(1/4)*(1/9)\hat{}\left(-\frac{1}{2}\right)+8\hat{}\left(-\frac{1}{3}\right)*\left(\frac{4}{9}\right)\hat{}\left(\frac{1}{2}\right)*\mathrm{Pi}$$

则输出

$$3\sqrt{10}+\frac{\pi}{3}$$

这是准确值. 如果要求近似值，再输入

N[%]

则输出

10.543

这里“%”表示上一次输出的结果，命令“N[%]”表示对上一次的结果取近似值. 还用“%%”表示上次输出的结果，用“%6”表示 Out[6]的输出结果.

注：关于乘号“*”，Mathematica 常用空格来代替. 例如，x y z 则表示 x*y*z，而 xyz 表示字符串，Mathematica 将它理解为一个变量名. 常数与字符之间的乘号或空格可以省略.

4. 代数运算

例 3　分解因式 x^2+3x+2.

输入　　Factor[x^2+3x+2]

输出　　(1+x)(2+x)

例 4　展开因式 $(1+x)(2+x)$.

输入　　Expand[(1+x)(2+x)]

输出　　$2+3x+x^2$

例 5　通分 $\frac{2}{x+2}+\frac{1}{x+3}$.

输入　　Together[1/(x+3)+2/(x+2)]

输出

$$\frac{8+3x}{(2+x)(3+x)}$$

例 6　将表达式 $\frac{8+3x}{(2+x)(3+x)}$ 展开成部分分式.

输入　　Apart[(8+3x)/((2+x)(3+x))]

输出　　$\frac{2}{x+2}+\frac{1}{x+3}$

例 7　化简表达式 $(1+x)(2+x)+(1+x)(3+x)$.

输入　　Simplify[(1+x)(2+x)+(1+x)(3+x)]

输出　　$5+7x+2x^2$

7.1.3　函数

1. 内部函数

Mathematica 系统内部定义了许多函数,并且常用英文全名作为函数名,所有函数名的第一个字母都必须大写,后面的字母必须小写. 当函数名是由两个单词组成时,每个单词的第一个字母都必须大写,其余的字母必须小写. Mathematica 函数(命令)的基本格式为

函数名[表达式,选项]

下面列举了一些常用函数:

算术平方根 $\sqrt{x}$:Sqrt[x].

指数函数 e^x :Exp[x].

对数函数 $\log_a x$:Log[a,x].

对数函数 $\ln x$:Log[x].

三角函数:Sin[x],Cos[x],Tan[x],Cot[x],Sec[x],Csc[x].

反三角函数:ArcSin[x],ArcCos[x],ArcTan[x],ArcCot[x],ArcSec[x],ArcCsc[x].

双曲函数:Sinh[x],Cosh[x],Tanh[x].

反双曲函数:ArcSinh[x],ArcCosh[x],ArcTanh[x].

四舍五入函数:Round[x](* 取最接近 x 的整数 *).

取整函数:Floor[x](* 取不超过 x 的最大整数 *).

取模:Mod[m,n](* 求$\frac{m}{n}$的模 *).

取绝对值函数:Abs[x].

n 的阶乘:n!.

符号函数:Sign[x].

取近似值:N[x,n](* 取 x 的有 n 位有效数字的近似值,当 n 缺省时,n 的默认值为 6 *).

例 8　求 π 的 6 位和 20 位有效数字的近似值.

输入　　N[Pi]

输出　　3.14159

输入　　N[Pi, 20]

输出　　3.1415926535897932285

注:第一个输入语句也常用另一种形式:

输入　Pi//N

输出　3.14159

例9　计算函数值.

(1) 输入　Sin[Pi/3]

输出　$\frac{\sqrt{3}}{2}$

(2) 输入　ArcSin[.45]

输出　0.466765

(3) 输入　Round[−1.52]

输出　−2

例10　计算表达式 $\frac{1}{1+\ln 2}\sin\frac{\pi}{6}-\frac{e^{-2}}{2+\sqrt[3]{2}}\arctan 0.6$ 的值.

输入 1/(1+Log[2]) * Sin[Pi/6]−Exp[−2]/$\left(2+2\text{^}\left(\frac{1}{3}\right)\right)$ * ArcTan[.6]

输出　0.274921

2. 自定义函数

在 Mathematica 系统内,由字母开头的字母数字串都可用作变量名,但要注意其中不能包含空格或标点符号.

变量的赋值有两种方式:立即赋值运算符是"=";延迟赋值运算符是":=". 定义函数使用的符号是延迟赋值运算符.

例11　定义函数 $f(x)=x^3+2x^2+1$,并计算 $f(2)$,$f(4)$,$f(6)$.

输入

```
Clear[f,x];              (* 清除对变量 f 原先的赋值 *)
f[x]:=x^3+2*x^2+1;       (* 定义函数的表达式 *)
f[2]                     (* 求 f(2)的值 *)
f[x]/.{x->4}             (* 求 f(4)的值,另一种方法 *)
x=6;                     (* 给变量 x 立即赋值 6 *)
f[x]                     (* 求 f(6)的值,又一种方法 *)
```

输出

17

97

289

注:本例1,2,5行的结尾有";",它表示这些语句的输出结果不在屏幕上显示.

7.1.4　解方程

在 Mathematica 系统内,方程中的等号用符号"=="表示. 最基本的求解方程的命令为

Solve[eqns, vars]

它表示对系数按常规约定求出方程(组)的全部解.其中,eqns 表示方程(组);vars 表示所求未知变量.

例 12 解方程 $x^2+3x+2=0$.

输入 Solve[x^2+3x+2==0, x]

输出 $\{\{x\to-2\},\{x\to-1\}\}$

例 13 解无理方程 $\sqrt{x-1}+\sqrt{x+1}=a$.

输入 Solve[Sqrt[x-1]+ Sqrt[x+1] == a, x]

输出 $\left\{\left\{x\to\frac{4+a^4}{4a^2}\right\}\right\}$

很多方程是根本不能求出准确解的,此时应转而求其近似解.求方程的近似解的方法有两种:一种是在方程组的系数中使用小数,这样所求的解即为方程的近似解;另一种是利用下列专门用于求方程(组)数值解的命令.

NSolve[eqns, vars] (*求代数方程(组)的全部数值解*)

FindRoot[eqns, {x, x0}, {y, y0},…]

后一个命令表示从点 $(x_0,y_0,\cdots)$ 出发找方程(组)的一个近似解,这时常常需要利用图象法先大致确定所求根的范围,即大致在什么点的附近.

例 14 求方程 $x^3-1=0$ 的近似解.

输入 NSolve[x^3-1== 0, x]

输出 {{ x → -0.5-0.866025i},{ x → -0.5+0.866025i},{ x → 1.}}

输入 FindRoot[x^3-1==0,{x, .5}]

输出 { x → 1.}

下面再介绍一个很有用的命令:

Eliminate[eqns, elims] (*从一组等式中消去变量(组)elims*)

例 15 从方程组 $\begin{cases}x^2+y^2+z^2=1\\x^2+(y-1)^2+(z-1)^2=1\\x+y=1\end{cases}$ 中消去未知数 y,z.

输入

```
Eliminate[{x^2+y^2+z^2 ==1,
x^2+(y-1)^2 + (z-1)^2 ==1,
x + y== 1},{y, z}]
```

输出 $-2x+3x^2==0$

注:上面这个输入语句为多行语句,它可以像上面例子中那样在行尾处有逗号的地方将行与行隔开,来迫使 Mathematica 从前一行继续到下一行在执行该语句.有时候多行语句的意义不太明确,通常发生在其中有一行本身就是可执行的语句的情形,此时可在该行尾放一个继续的记号“\”,来迫使 Mathematica 继续到下一行再执行该语句.

7.1.5 保存与退出

Mathematica 很容易保存 Notebook 中显示的内容,打开位于窗口第一行的“File”菜单,点击“Save”后得到保存文件的对话框,按要求操作后即可把所要的内容存为“ *.nb”文件. 如果只想保存全部输入的命令,而不想保存全部输出结果,则可以打开下拉式菜单“Kernel”,选中“Delete All Output”,然后再执行保存命令. 而退出 Mathematica 与退出 Word 的操作是一样的.

7.1.6　查询与帮助

查询某个函数(命令)的基本功能,键入“? 函数名”,想要了解更多一些,键入“?? 函数名”. 例如,输入

? Plot

则输出

Plot[f,{x,xmin,xmax}] generates a plot of f as a function of x from xmin to xmax.

Plot[{f1,f2,…},{x,xmin,xmax}] plots several functions fi

它告诉了我们关于绘图命令“Plot”的基本使用方法.

例 16　在区间[0,2π]上作出 $y=\sin x$ 与 $y=\cos x$ 的图形.

输入　Plot[{Sin[x],Cos[x]},{x,0,2Pi}]

则输出如图 1 所示.

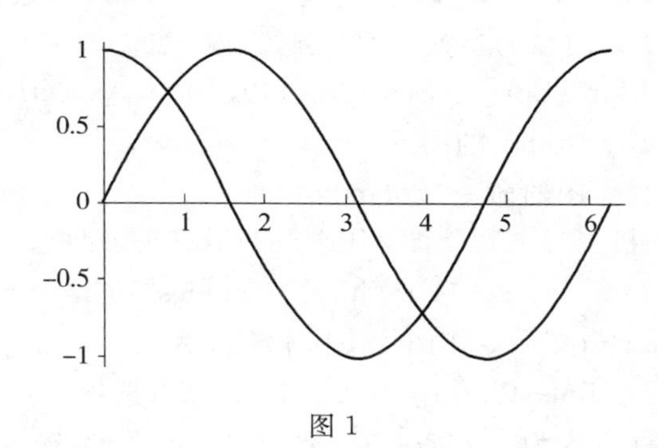

图 1

如果输入

?? Plot

则 Mathematica 会输出关于这个命令的选项的详细说明,请读者自行尝试.

此外,Mathematica 的“Help”菜单中提供了大量的帮助信息,其中“Help”菜单中的第一项“HelpBrowser”(帮助浏览器)是常用的查询工具,读者若想了解更多的使用信息,可通过“Help”菜单学习.

7.2　一元函数微分学

7.2.1　函数作图

通过图形加深对函数及其性质的认识与理解，掌握运用函数的图形来观察和分析函

数的有关特性与变化趋势的方法，建立数形结合的思想；掌握用 Mathematica 作平面曲线图形的方法与技巧.

1. 基本命令

(1)在平面直角坐标系中作一元函数图形的命令“Plot”，即

Plot[f[x],{x,min,max},选项]

Plot 有很多选项(Options)，可满足作图时的种种需要，例如，输入

Plot[x^2,{x,－1,1},AspectRatio－＞1,PlotStyle－＞RGBColor[1,0,0],PlotPoints－＞30]

则输出 $y=x^2$ 在区间 $-1\leqslant x\leqslant 1$ 上的图形. 其中选项“AspectRatio－＞1”使图形的高与宽之比为 1. 如果不输入这个选项，则命令默认图形的高宽比为黄金分割值. 而选项“PlotStyle－＞RGBColor[1,0,0]”使曲线采用某种颜色. 方括号内的三个数分别取 0 与 1 之间. 选项“PlotPoints－＞30”令计算机描点作图时在每个单位长度内取 30 个点，增加这个选项会使图形更加精细.

“Plot”命令也可以在同一个坐标系内作出几个函数的图形，只要用集合的形式{f1[x],f2[x],…}代替 f[x].

(2)利用曲线参数方程作出曲线的命令“ParametricPlot”，即

ParametricPlot[{g[t],h[t]},{t,min,max},选项]

其中 $x=g(t)$，$y=h(t)$ 是曲线的参数方程. 例如，输入

ParametricPlot[{Cos[t],Sin[t]},{t,0,2 Pi},AspectRatio－＞1]

则输出单位圆 $x=\cos t$，$y=\sin t$ 的图形.

(3)利用极坐标方程作图的命令“PolarPlot”.

如果想利用曲线的极坐标方程作图，则要先打开作图软件包. 输入

<<Graphics 'Graphics'

执行以后，可使用“PolarPlot”命令作图. 其基本格式为

PolarPlot[r[t],{t,min,max},选项]

例如，曲线的极坐标方程为 $r=3\cos 3t$，要作出它的图形，输入

PolarPlot[3 Cos[3 t], {t,0,2 Pi}]

便得到了一条三叶玫瑰线.

(4)隐函数作图命令“ImplicitPlot”.

这里同样要先打开作图软件包，输入

<<Graphics\ImplicitPlot. m

命令“ImplicitPlot”的基本格式为

ImplicitPlot[隐函数方程，自变量的范围，作图选项]

例如，方程 $(x^2+y^2)^2=x^2-y^2$ 确定了 y 是 x 的隐函数. 为了作出它的图形，输入

ImplicitPlot[(x^2＋y^2)^2＝＝x^2－y^2,{x,－1,1}]

输出图形是一条双纽线.

(5)定义分段函数的命令“Which”.

命令“Which”的基本格式为

Which[测试条件 1，取值 1，测试条件 2，取值 2，…]

例如，输入

w[x_]=Which[x<0,-x,x>=0,x^2]

虽然输出的形式与输入没有改变，但已经定义好了分段函数

$$w(x)=\begin{cases}-x & (x<0)\\ x^2 & (x\geqslant 0)\end{cases}$$

现在可以对分段函数 $w(x)$ 求函数值，也可作出函数 $w(x)$ 的图形.

2. 上机举例

(1)初等函数的图形.

例 1　作出指数函数 $y=\mathrm{e}^x$ 和对数函数 $y=\ln x$ 的图形.

输入命令

Plot[Exp[x],{x,-2,2}]

则输出指数函数 $y=\mathrm{e}^x$ 的图形,如图 1 所示.

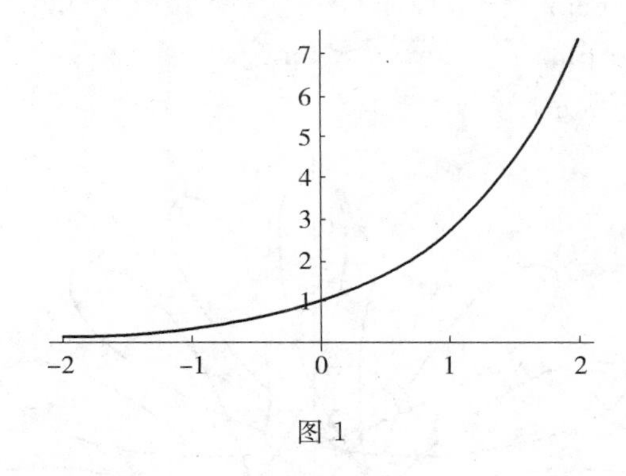

图 1

输入命令

Plot[Log[x],{x,0.001,5},PlotRange->{{0,5},{-2.5,2.5}},AspectRatio->1]

则输出对数函数 $y=\ln x$ 的图形,如图 2 所示.

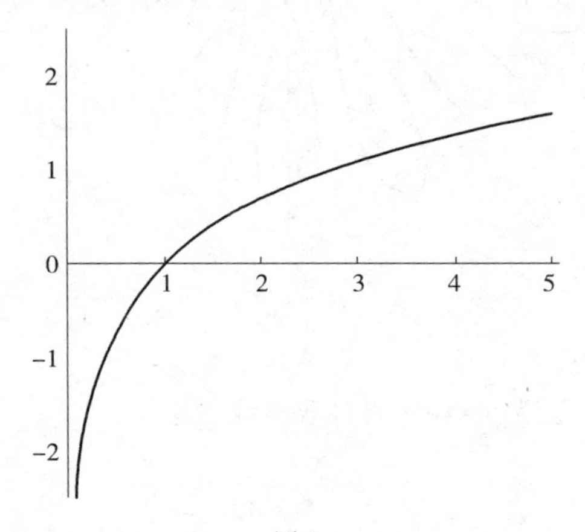

图 2

注:①PlotRange->{{0,5},{-2.5,2.5}}是显示图形范围的命令. 第一组数{0,5}

是描述 x 的，第二组数{$-2.5,2.5$}是描述 y 的.

②有时要使图形的 x 轴和 y 轴的长度单位相等，需要同时使用“PlotRange”和“AspectRatio”两个选项. 本例中输出的对数函数的图形的两个坐标轴的长度单位就是相等的.

(2)二维参数方程作图.

例 2　画出以下参数方程的图形.

(1) $\begin{cases} x(t)=5\cos\left(-\dfrac{11}{5}t\right)+7\cos t \\ y(t)=5\sin\left(-\dfrac{11}{5}t\right)+7\sin t \end{cases}$；(2) $\begin{cases} x(t)=(1+\sin t-2\cos 4t)\cos t \\ y(t)=(1+\sin t-2\cos 4t)\sin t \end{cases}$.

分别输入以下命令

```
ParametricPlot[{5Cos[-11/5t]+7Cos[t],5Sin[-11/5t]+7Sin[t]},
{t,0,10Pi},AspectRatio->Automatic];
ParametricPlot[(1+Sin[t]-2 Cos[4 * t]) * {Cos[t],Sin[t]},{t,0,2 * Pi},
AspectRatio->Automatic,Axes->None];
```

则输出所求图形,如图 3 所示.

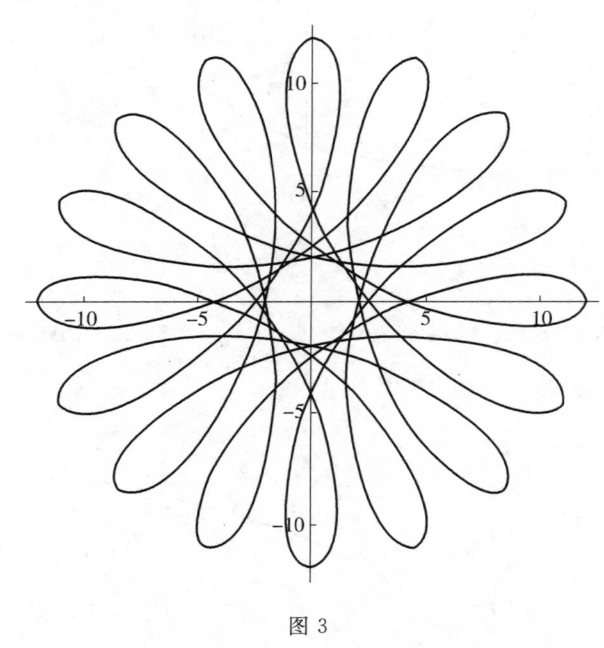

图 3

(3)极坐标方程作图.

例 3　作出极坐标方程为 $r=e^{\frac{t}{10}}$ 的对数螺线的图形.

输入命令

```
<<Graphics'
```

执行以后再输入

```
PolarPlot[Exp[t/10],{t,0,6 Pi}]
```

则输出为对数螺线的图形,如图 4 所示.

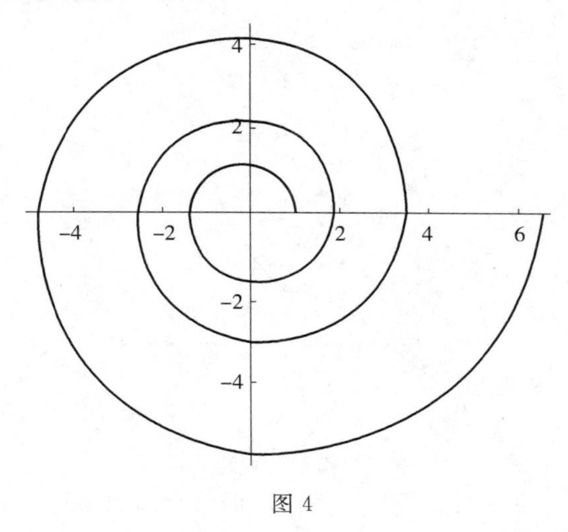

图 4

(4)隐函数作图.

例 4　作出由方程 $x^3+y^3=3xy$ 所确定的隐函数的图形(笛卡尔叶形线).

输入命令

<<Graphics\ImplicitPlot. m

执行以后再输入

ImplicitPlot[x^3+y^3==3x*y,{x,-3,3}]

输出为笛卡尔叶形线的图形,如图 5 所示.

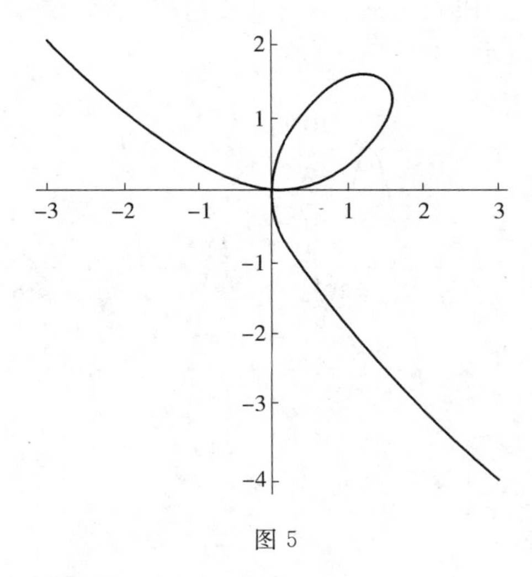

图 5

(5)分段函数作图.

例 5　作出分段函数 $h(x)=\begin{cases}\cos x, & x\leqslant 0\\ e^x, & x>0\end{cases}$ 的图形.

输入命令

h[x_]:=Which[x<=0,Cos[x],x>0,Exp[x]]

Plot[h[x],{x,-4,4}]

则输出所求图形,如图 6 所示.

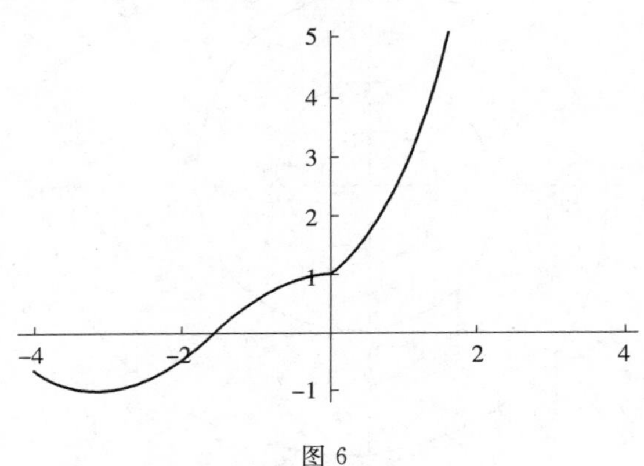

图 6

注:一般分段函数也可在组合符号"/;"的后面给出前面表达式的适用条件.

例 6 作出分段函数 $f(x)=\begin{cases} x^2\sin\dfrac{1}{x}, & x\neq 0 \\ 0, & x=0 \end{cases}$ 的图形.

输入命令

```
f[x_]:=x^2Sin[1/x]/;x! =0;
f[x_]:=0/;
x=0;
Plot[f[x],{x,-1,1}];
```

则输出所求图形,如图 7 所示.

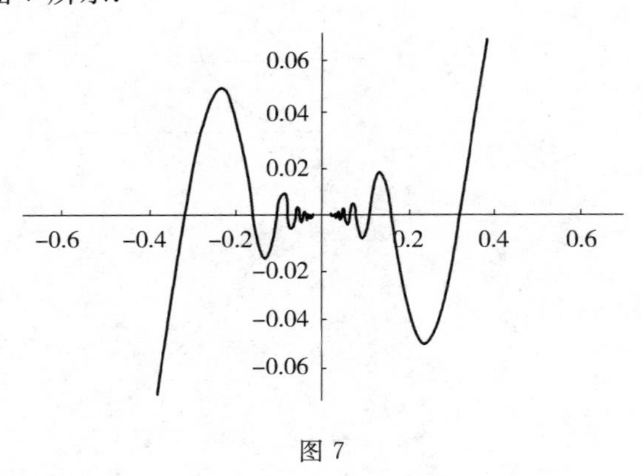

图 7

(6)作函数图形的动画.

例 7 作出函数 $f(x)=x^2+\sin cx$ 的图形动画,观察参数 c 对函数图形的影响.

输入命令

```
Do[Plot[x^2+Sin[c x],{x,-3,3},PlotRange->{-1,5}],{c,1,5,1/3}];
```

则输出所求动画图形输出结果略.

3. 上机习题

(1)把正切函数 $\tan x$ 和反正切函数 $\arctan x$ 的图形及其水平渐近线 $y=-\frac{\pi}{2}$，$y=\frac{\pi}{2}$ 和直线 $y=x$ 用不同的线型画在同一个坐标系内.

(2)作出双曲正切函数 $\tanh x$ 的图形.

(3)输入以下命令：

```
Plot[{Sin[x],Sin[2 x],Sin[3 x]},{x,0,2 Pi}, PlotStyle->{RGBColor[1,0,0],
RGBColor[0,1,0],RGBColor[0,0,1]}]
```

理解选项的含义.

(4)为观察复合函数的情况，分别输入以下命令.

```
Plot[Sqrt[1+x^2],{x,-6,6},PlotStyle->{Dashing[{0.02,0.01}]}]
Plot[Sin[Cos[Sin[x]]],{x,-Pi,Pi}]
Plot[Sin[Tan[x]]-Tan[Sin[x]]/x^2,{x,-5,5}]
Plot[{E^x,ArcTan[x],E^ArcTan[x]},{x,-5,5}]
```

(5)观察函数的叠加，输入以下命令.

```
a1=Plot[x,{x,-5,5},PlotStyle->{RGBColor[0,1,0]}]
a2=Plot[2 Sin[x],{x,-5,5},PlotStyle->{RGBColor[1,1,0]}]
a3=Plot[x+2 Sin[x],{x,-5,5},PlotStyle->{RGBColor[1,0,0]}]
Show[a1,a2,a3]
```

(6)分别用“ParametricPlot”和“PolarPlot”两个命令，作出五叶玫瑰线 $r=4\sin 5\theta$ 的图形.

(7)用“ImplicitPlot”命令作出椭圆 $x^2+y^2=xy+3$ 的图形.

(8)选择以下命令的一部分输入，欣赏和研究极坐标作图命令输出的图形.

```
PolarPlot[Cos[t/2],{t,0,4 Pi}]
PolarPlot[1-2 Sin[5 t],{t,0,2 Pi}]
PolarPlot[Cos[t/4],{t,0,8 Pi}]
PolarPlot[t * Cos[t],{t,0,8 Pi}]
PolarPlot[t^(-3/2),{t,0,8 Pi}]
PolarPlot[2 Cos[3 t],{t,0,Pi}]
PolarPlot[1-2 Sin[t],{t,0,2 Pi}]
PolarPlot[4-3 Cos[t],{t,0,2 Pi}]
PolarPlot[Sin[3 t]+Sin[2 t]^2,{t,0,2 Pi}]
PolarPlot[3 Sin[2 t],{t,0,2 Pi}]
PolarPlot[4 Sin[4 t],{t,0,2 Pi}]
PolarPlot[Cos[2 t]+Cos[4 t]^2,{t,0,2 Pi}]
PolarPlot[Cos[2 t]+Cos[3 t]^2,{t,0,2 Pi}]
PolarPlot[Cos[4 t]+Cos[4 t]^2,{t,0,2 Pi},PlotRange->All]
```

7.2.2　极限计算

1. 上机目的

通过计算与作图，从直观上揭示极限的本质，加深对极限概念的理解．掌握用 Mathematica 画散点图，以及计算极限的方法．深入理解函数连续的概念，熟悉几种间断点的图形特征，理解闭区间上连续函数的几个重要性质．

2. 基本命令

(1)画散点图的命令“ListPlot”．

其基本格式为

ListPlot[{{x1,y1},{x2,y2},…{xn,yn}},选项]

或者　　ListPlot[{y1,y2,…yn},选项]

前一形式的命令，在坐标平面上绘制点列 $(x_1,y_1),(x_2,y_2),\cdots,(x_n,y_n)$ 的散点图；后一形式的命令，默认自变量 x_i 依次取正整数 $1,2,\cdots,n$，作出点列为 $(1,y_1),(2,y_2),\cdots,(n,y_n)$ 的散点图．

命令“ListPlot”的选项主要有以下两个：

①PlotJoined－＞True，要求用折线将散点连接起来；

②PlotStyle－＞PointSize[0.02]，表示散点的大小．

(2)求极限的命令“Limit”．

其基本格式为

Limit[f[x],x－＞a]

其中，f(x)是数列或者函数的表达式；x－＞a 是自变量的变化趋势．如果自变量趋向于无穷，用

x－＞Infinity

对于单侧极限，通过命令“Limit”的选项“Direction”表示自变量的变化方向．

求右极限，当 $x\to a+0$ 时，用 Limit[f[x],x－＞a,Direction－＞－1]；

求左极限，当 $x\to a-0$ 时，用 Limit[f[x],x－＞a,Direction－＞＋1]；

求 $x\to+\infty$ 时的极限，用 Limit[f[x],x－＞Infinity,Direction－＞＋1]；

求 $x\to-\infty$ 时的极限，用 Limit[f[x],x－＞Infinity,Direction－＞－1]．

注：右极限用减号，表示自变量减少并趋于 a，同理，左极限用加号，表示自变量增加并趋于 a．

3. 上机举例

(1)作散点图．

例 8　分别画出坐标为 $(i,i^2),(i^2,4i^2+i^3),i=1,2,\cdots,10$ 的散点图，并画出折线图．

分别输入命令

```
t1=Table[i^2,{i,10}]; g1=ListPlot[t1,PlotStyle->PointSize[0.02]];
g2=ListPlot[t1,PlotJoined->True];Show[g1,g2];
t2=Table[{i^2,4i^2+i^3},{i,10}];
g1=ListPlot[t2,PlotStyle->PointSize[0.02]];
```

```
g2=ListPlot[t2,PlotJoined->True];Show[g1,g2];
```

则输出所求图形,如图 8 所示.

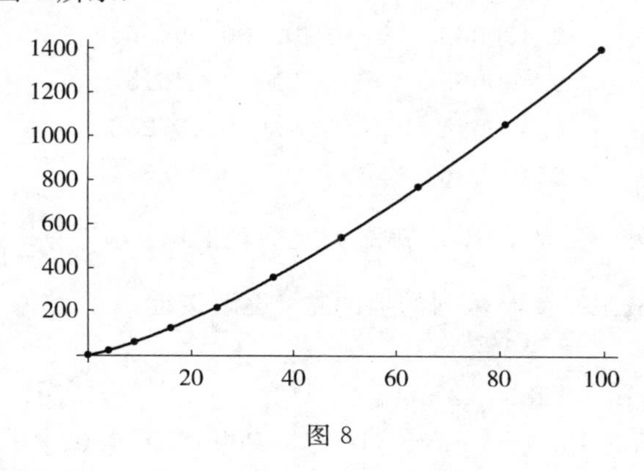

图 8

(2)数列极限的概念.

例 9　通过动画观察当 $n\to\infty$ 时数列 $a_n=\frac{1}{n^2}$ 的变化趋势.

输入

```
Clear[tt];
tt={1,1/2^2,1/3^2};
Do[tt=Append[tt,N[1/i^2]];
ListPlot[tt,PlotRange->{0,1},PlotStyle->PointSize[0.02]],{i,4,20}]
```

则输出所求图形动画(输出结果略).从图中可以看出所画出的点逐渐接近于 x 轴.

例 10　研究极限 $\lim\limits_{n\to\infty}\frac{2n^3+1}{5n^3+1}$.

输入

```
Print[n, "  ", Ai, "  ",0.4-Ai];
For[i=1, i<=15, i++,Aii=N[(2 i^3+1)/(5 i^3+1),10];
Bii=0.4-Aii; Print[i, "  ", Aii, "  ", Bii]]
```

则输出

n	Ai	0.4-Ai
1	0.5	- 0.1
2	0.414634	- 0.0146341
3	0.404412	- 0.00441176
4	0.401869	- 0.00186916
5	0.400958	- 0.000958466
6	0.400555	- 0.000555042
7	0.40035	- 0.00034965
8	0.400234	- 0.000234283
9	0.400165	- 0.000164564

10	0.40012	- 0.000119976
11	0.40009	- 0.0000901442
12	0.400069	- 0.0000694364
13	0.400055	- 0.000054615
14	0.400044	- 0.0000437286
15	0.400036	- 0.0000355534

观察所得数表. 第一列是下标 n. 第二列是数列的第 n 项 $\frac{2n^3+1}{5n^3+1}$，它与 0.4 越来越接近. 第三列是数列的极限 0.4 与数列的项的差，逐渐接近 0.

再输入

```
fn=Table[(2 n^3+1)/(5 n^3+1),{n,15}];
ListPlot[fn,PlotStyle->{PointSize[0.02]}]
```

则输出散点图如图 9 所示. 观察所得散点图，可见表示数列的点逐渐接近于直线 $y=0.4$.

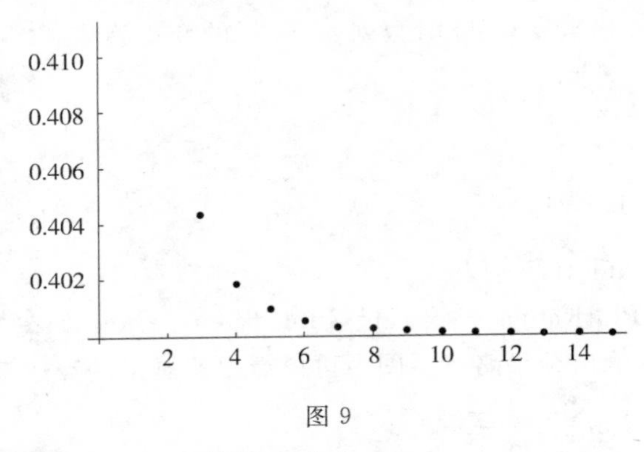

图 9

注:命令“For”的格式见 7.3 节的基本命令.

(3)递归数列.

例 11　设 $x_1=\sqrt{2}, x_{n+1}=\sqrt{2+x_n}$. 从初值 $x_1=\sqrt{2}$ 出发，可以将数列的每一项计算出来. 这样定义的数列称为递归数列. 输入

```
f[1]=N[Sqrt[2],20];
f[n_]:=N[Sqrt[2+f[n-1]],20];
f[9]
```

则已经定义了该数列，并且求出它的第 9 项的近似值为

1.9999905876191523430

输入

```
fn=Table[f[n],{n,20}]
```

得到这个数列的前 20 项的近似值(输出结果略). 再输入

```
ListPlot[fn,PlotStyle->{PointSize[0.02]}]
```

输出如图 10 所示. 观察该散点图，表示数列的点越来越接近于直线 $y=2$.

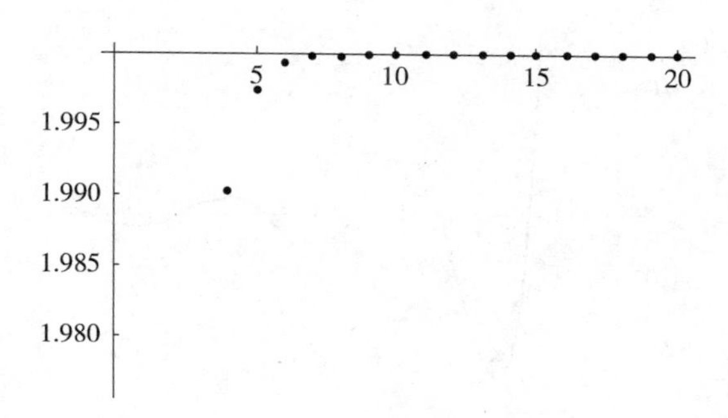

图 10

(4)函数的极限.

例 12　在区间 $[-4,4]$ 上作出函数 $f(x)=\dfrac{x^3-9x}{x^3-x}$ 的图形，并研究 $\lim\limits_{x\to\infty}f(x)$ 和 $\lim\limits_{x\to1}f(x)$.

输入命令

```
Clear[f];f[x_]=(x^3-9x)/(x^3-x);
Plot[f[x],{x,-4,4}];
```

则输出 $f(x)$ 的图形,如图 11 所示. 从图可猜测 $\lim\limits_{x\to0}f(x)=9$,$\lim\limits_{x\to1}f(x)$ 不存在.

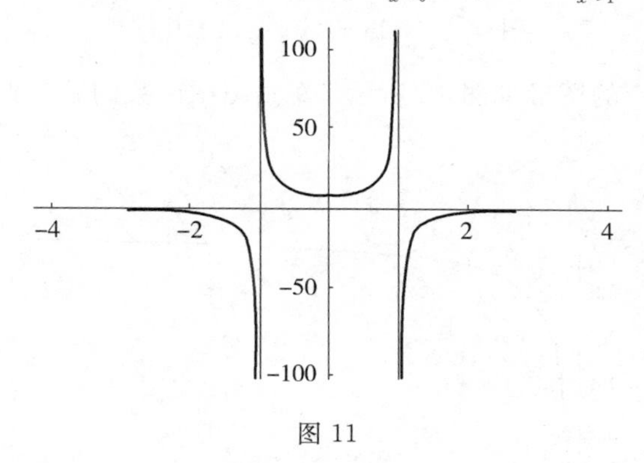

图 11

例 13　观察函数 $f(x)=\dfrac{1}{x^2}\sin x$，当 $x\to+\infty$ 时的变化趋势.

取一个较小的区间[1，10]，输入命令

```
f[x_]=Sin[x]/x^2;Plot[f[x],{x,1,20}];
```

则输出 $f(x)$ 在这一区间上的图形,如图 12 所示. 从图中可以看出,图形逐渐趋于 0. 事实上，逐次取更大的区间，可以更有力地说明当 $x\to+\infty$ 时，$f(x)\to0$.

作动画：分别取区间 [10,15],[10,20],…,[10,100] 画出函数的图形，输入以下命令：

```
i=3;
While[i<=20,Plot[f[x],{x,10,5*i},PlotRange->{{10,100},{-0.008,
0.004}}];i++]
```


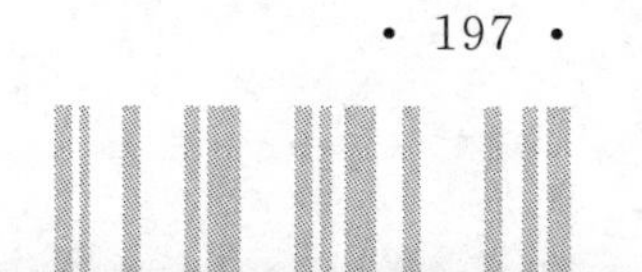

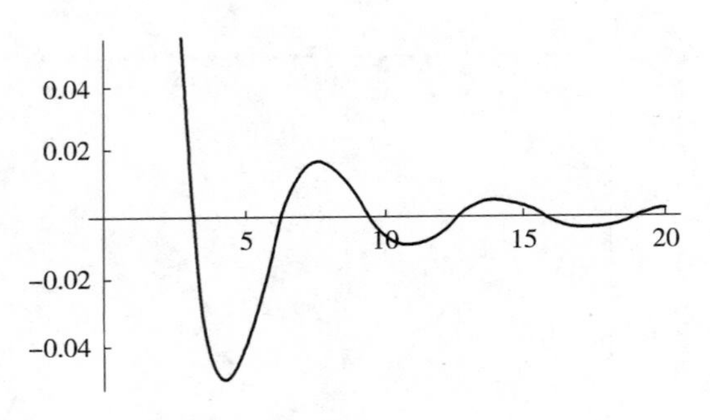

图 12

则输出 17 幅图，点黑右边的线框，并选择从前向后的播放方式播放这些图形，可得函数 $f(x)=\dfrac{1}{x^2}\sin x$ 当 $x\to\infty$ 时变化趋势的动画，从而可以更好地理解此时函数的变化趋势.

(5)两个重要极限.

例 14　研究第二个重要极限 $\lim\limits_{x\to\infty}\left(1+\dfrac{1}{x}\right)^x$.

输入

```
Limit[(1+1/n)^n,n->Infinity]
```

输出为 e. 再输入

```
Plot[(1+1/x)^x,{x,1,100}]
```

则输出函数 $\left(1+\dfrac{1}{x}\right)^x$ 的图形如图 13 所示. 观察图中函数的单调性. 理解第二个重要极限 $\lim\limits_{x\to+\infty}\left(1+\dfrac{1}{x}\right)^x=\mathrm{e}$.

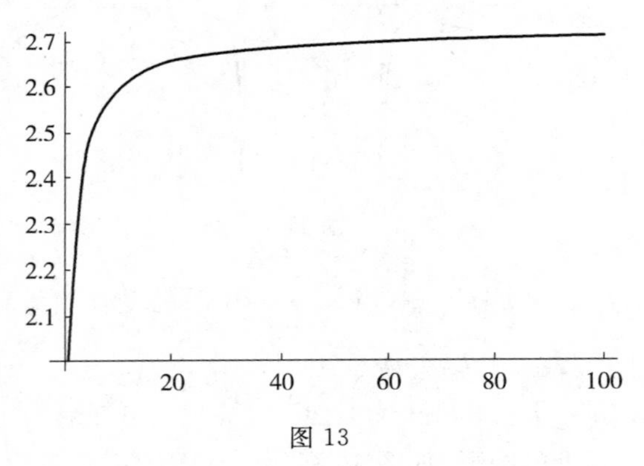

图 13

(6)无穷大.

例 15　考虑无穷大. 分别输入

```
Plot[(1+2 x)/(1-x),{x,-3,4}]
Plot[x^3-x,{x,-20,20}]
```

则分别输出两个给定函数的图形，如图 14、15 所示. 在第一个函数的图形中，当 $x\to1$ 时，函数的绝对值无限增大，在第二个函数的图形中，当 $x\to\infty$ 时，函数的绝对值在无限增

大. 输入

Limit[(1+2x)/(1-x),x->1]

Mathematica 输出的是 $-\infty$. 这个结果应该是右极限.

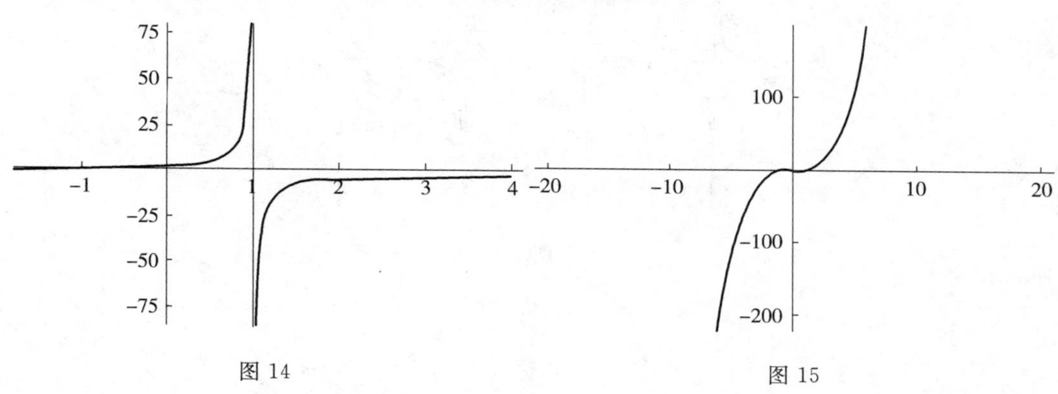

图 14　　　　图 15

例 16　输入

Plot[x * Sin[x],{x,0,20 Pi}]

则输出所给函数的图形,如图 16 所示.

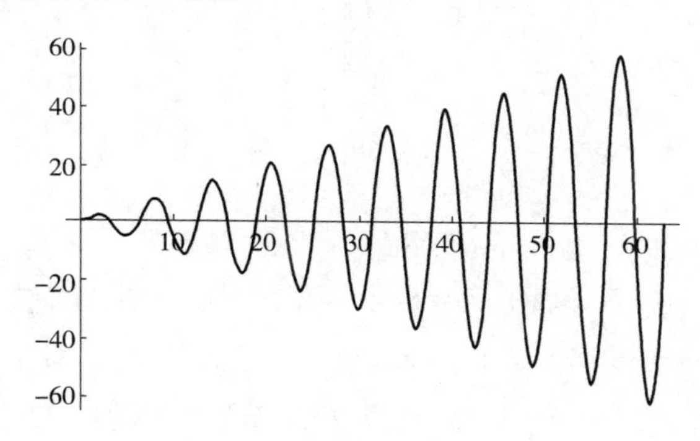

图 16

观察图中函数的变化趋势. 这个函数无界, 但是当 $x\to\infty$ 时, 这个函数不是无穷大. 即趋向于无穷大的函数当然无界, 而无界函数并不一定是无穷大.

(7)连续与间断点.

例 17　观察无穷间断.

输入

Plot[Tan[x],{x,-2Pi,2Pi}]

则输出函数 $y=\tan x$ 的图形如图 17 所示. 从图可见, $x=0$ 是所给函数的跳跃间断点.

例 18　观察振荡间断.

输入

Plot[Sin[1/x],{x,-Pi,Pi}]

则输出函数 $\sin\dfrac{1}{x}$ 的图形,如图 18 所示. 从图可见, $x=0$ 是所给函数的跳跃间断点.

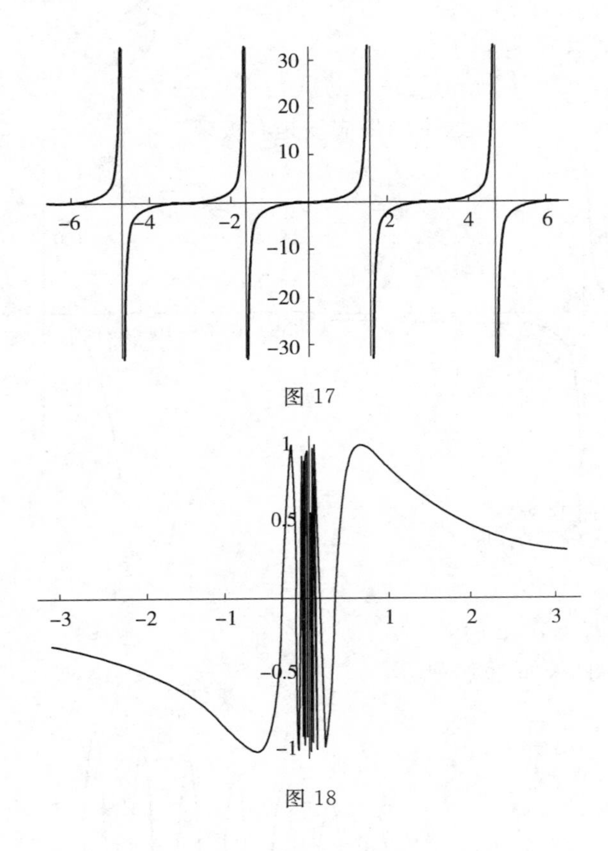

图 17

图 18

再输入

```
Limit[Sin[1/x],x->0]
```

则输出为 Interval[{−1,1}]. 表示函数极限不存在,且在−1 与 1 之间振荡.

4. 上机习题

(1)设数列 $x_n=\frac{1}{1^3}+\frac{1}{2^3}+\cdots+\frac{1}{n^3}$. 计算这个数列的前 30 项的近似值. 作散点图，观察点的变化趋势.

提示：输入

```
Clear[f];
f[n_]:=Sum[1/j^3,{j,1,n}];
xn=Table[f[n],{n,30}]
```

(2)定义数列 $x_0=1, x_n=\frac{1}{2}\left(x_{n-1}+\frac{3}{x_{n-1}}\right)$. 可以证明:这个数列的极限是 $\sqrt{3}$. 计算这个数列的前 30 项的近似值. 作散点图，观察点的变化趋势.

提示：输入

```
Clear[f];f[1]=1;
f[n_]:=f[n]=N[(f[n-1]+3/f[n-1])/2,20];
fn=Table[f[n],{n,30}]
```

注:第二行用递归形成一个关于 n 的函数 $f[n]$，为了提高计算速度，f[n_]:=

f[n]=…将使计算机记住已计算的函数值 f[n].

(3)作函数 $\sin x$ 及自复合函数.

$$\underbrace{\sin(\sin(\cdots(\sin x)\cdots))}_{5},\underbrace{\sin(\sin(\cdots(\sin x)\cdots))}_{10},\underbrace{\sin(\sin(\cdots(\sin x)\cdots))}_{30}$$

提示：Mathematica 中的形式分别是

Sin[x],Nest[Sin,x,5],Nest[Sin,x,10],Nest[Sin,x,30])

的图形. 观察变化趋势. 定义数列 $x_n=\underbrace{\sin(\sin(\cdots(\sin 3)\cdots))}_{n}$. 计算这个数列的前 30 项的近似值. 作散点图，观察点的变化趋势.

(4)计算极限.

① $\lim\limits_{x\to 0}\left(x\sin\dfrac{1}{x}+\dfrac{1}{x}\sin x\right)$；

② $\lim\limits_{x\to+\infty}\dfrac{x^2}{e^x}$；

③ $\lim\limits_{x\to 0}\dfrac{\tan x-\sin x}{x^3}$；

④ $\lim\limits_{x\to+0}x^x$；

⑤ $\lim\limits_{x\to+0}\dfrac{\ln\cot x}{\ln x}$；

⑥ $\lim\limits_{x\to+0}x^2\ln x$；

⑦ $\lim\limits_{x\to 0}\dfrac{\sin x-x\cos x}{x^2\sin x}$；

⑧ $\lim\limits_{x\to\infty}\dfrac{3x^3-2x^2+5}{5x^3+2x+1}$；

⑨ $\lim\limits_{x\to 0}\dfrac{e^x-e^{-x}-2x}{x-\sin x}$；

⑩ $\lim\limits_{x\to 0}\left(\dfrac{\sin x}{x}\right)^{\frac{1}{1-\cos x}}$.

(5)讨论极限 $\lim\limits_{n\to\infty}\cos^n x$.

提示：输入

Plot[Evaluate[Table[Cos[x]^n,{n,1,30}]],{x,-3 Pi,3 Pi},PlotRange->{-1.2,1.2}]

观察 $\cos^n x$ 的图形，判断 $\cos^n x$ 在 n 趋于无穷时的极限，并对具体的 x 值，用 Limit 命令验证.

7.2.3　导数与微分的计算

1. 上机目的

深入理解导数与微分的概念及导数的几何意义，掌握用 Mathematica 求导数与高阶导数的方法，深入理解和掌握求隐函数的导数，以及求由参数方程定义函数的导数的方法.

2. 基本命令

(1)求导数的命令 D 与求微分的命令 Dt.

D[f,x]给出 f 关于 x 的导数，而将表达式 f 中的其他变量看作常量. 因此，如果 f 是多元函数，则给出 f 关于 x 的偏导数.

D[f,{x,n}]给出 f 关于 x 的 n 阶导数或者偏导数.

D[f,x,y,z,…]给出 f 关于 $x,y,z,\cdots$ 的混合偏导数.

Dt[f,x]给出 f 关于 x 的全导数，将表达式 f 中的其他变量都看作 x 的函数.

Dt[f]给出 f 的微分. 如果 f 是多元函数，则给出 f 的全微分.

上述命令对表达式为抽象函数的情形也适用，其结果也是一些抽象符号.

命令 D 的选项“NonConstants－＞{…}”指出{…}内的字母是 x 的函数.

命令 Dt 的选项“Constants－＞{…}”指出{…}内的字母是常数.

(2)循环语句 Do.

基本格式为

Do[表达式，循环变量的范围]

表达式中一般有循环变量，有多种方法说明循环变量的取值范围. 最完整的格式是

Do[表达式，{循环变量名，最小值，最大值，增量}]

当省略增量时，默认增量为 1. 当省略最小值时，默认最小值为 1.

例如，输入

```
Do[Print[Sin[n * x]],{n,1,10}]
```

则在屏幕上显示 Sin[x],Sin[2x],…,Sin[10x] 等 10 个函数.

3. 上机举例

(1)求函数的导数与微分.

例 19　求函数 $f(x)=\sin ax\cos bx$ 的一阶导数. 并求 $f'\left(\dfrac{1}{a+b}\right)$.

输入

```
D[Sin[a * x] * Cos[b * x],x]/. x->1/(a+b)
```

则输出函数在该点的导数为

$$\mathrm{aCos}\left[\frac{a}{a+b}\right]\mathrm{Cos}\left[\frac{b}{a+b}\right]-\mathrm{bSin}\left[\frac{a}{a+b}\right]\mathrm{Sin}\left[\frac{b}{a+b}\right]$$

例 20　求函数 $y=x^{10}+2(x-10)^9$ 的 1 阶到 11 阶导数.

输入

```
Clear[f];
f[x_]=x^10+2 * (x-10)^9;
D[f[x],{x,2}]
```

则输出函数的二阶导数

$$144(-10+x)^7+90x^8$$

类似可求出 3 阶、4 阶导数等. 为了将 1 阶到 11 阶导数一次都求出来，输入

```
Do[Print[D[f[x],{x,n}]],{n,1,11}]
```

则输出

$18(-10+x)^8+10x^9$

$144(-10+x)^7+90x^8$

$1008(-10+x)^6+720x^7$

……

$725760+3628800x$

3628800

0

或输入

```
Table[D[f[x],{x,n}],{n,11}]
```

则输出集合形式的 1 至 11 阶导数(输出结果略).

(2)求隐函数的导数.

例 21　求由方程 $2x^2-2xy+y^2+x+2y+1=0$ 确定的隐函数的导数.

方法一:输入

```
deq1=D[2 x^2-2 x*y[x]+y[x]^2+x+2 y[x]+1==0,x]
```

这里输入 y[x]以表示 y 是 x 的函数. 输出为对原方程两边求导数后的方程 deq1.

```
1+4 x-2 y[x]+2y′[x]-2 xy′[x]+2 y[x]y′[x] == 0
```

再解方程，输入

```
Solve[deq1,y′[x]]
```

则输出所求结果

$$\left\{\left\{y'[x]->-\frac{-1-4x+2y[x]}{2(-1+x-y[x])}\right\}\right\}$$

方法二:使用微分命令. 输入

```
deq2=Dt[2 x^2-2x*y+y^2+x+2y+1==0,x]
```

得到导数满足的方程 deq2.

```
1+4x-2y+2 Dt[y,x]-2x Dt[y,x]+2y Dt[y,x]==0
```

再解方程，输入

```
Solve[deq2,Dt[y,x]]
```

则输出

$$\left\{\left\{\mathrm{Dt}[y,x]->-\frac{-1-4x+2y}{2(-1+x-y)}\right\}\right\}$$

注意前者用 y′[x]，而后者用 Dt[y,x]表示导数.

如果求二阶导数，再输入

```
deq3=D[deq1,x];
Solve[{deq1,deq3},{y′[x],y″[x]}]//Simplify
```

则输出结果

$$\left\{\left\{y''[x]->\frac{13+4x+8x^2-8(-1+x)y[x]+4y[x]^2}{4(-1+x-y[x])^3},y'[x]->\frac{1+4x-2y[x]}{-2+2x-2y[x]}\right\}\right\}$$

(3)求由参数方程确定的函数的导数.

例 22　求由参数方程 $x=e^t\cos t, y=e^t\sin t$ 确定的函数的导数.

输入

```
D[E^t*Sin[t],t]/D[E^t*Cos[t],t]
```

则得到导数

$$\frac{e^t\mathrm{Cos}[t]+e^t\mathrm{Sin}[t]}{e^t\mathrm{Cos}[t]-e^t\mathrm{Sin}[t]}$$

再输入

```
D[%,t]/D[E^t*Cos[t],t]//Simplify
```

则得到二阶导数

$$\frac{2e^{-t}}{(\mathrm{Cos}[t]-\mathrm{Sin}[t])^3}$$

4. 上机习题

(1)验证拉格朗日定理对函数 $y=4x^3-5x^2+x-2$ 在区间[0,1]上的正确性.

(2)证明:对函数 $y=px^2+qx+r$ 应用拉格朗日中值定理时,所求得的点 ξ 总是位于区间 $[a,b]$ 的正中间.

(3)求下列函数的导数.

① $y=e^{\sqrt[3]{x+1}}$; ② $y=\ln\left[\tan\left(\frac{x}{2}+\frac{\pi}{4}\right)\right]$;

③ $y=\frac{1}{2}\cot^2 x+\ln\sin x$; ④ $y=\frac{1}{\sqrt{2}}\arctan\frac{\sqrt{2}}{x}$.

(4)求下列函数的微分.

① $y=2^{-\frac{1}{\cos x}}$; ② $y=\ln(x+\sqrt{x^2+a^2})$.

(5)求下列函数的一、二阶导数.

① $y=\ln[f(x)]$; ② $y=f(e^x)+e^{f(x)}$.

(6)求下列函数的高阶导数.

① $y=x\sinh x$,求 $y^{(100)}$; ② $y=x^2\cos x$,求 $y^{(10)}$.

(7)求由下列方程所确定的隐函数 $y=y(x)$ 的导数.

① $\ln x+e^{-\frac{y}{x}}=e$; ② $\arctan\frac{y}{x}=\ln\sqrt{x^2+y^2}$.

(8)求由下列参数方程确定的函数的导数.

① $\begin{cases}x=\cos^3 t\\ y=\sin^3 t\end{cases}$; ② $\begin{cases}x=\dfrac{6t}{1+t^3}\\ y=\dfrac{6t^2}{1+t^3}\end{cases}$.

7.2.4 导数的应用

1. 上机目的

理解并掌握用函数的导数确定函数的单调区间、凹凸区间和函数的极值的方法;理解曲线的曲率圆和曲率的概念;进一步熟悉和掌握用 Mathematica 作平面图形的方法和技巧;掌握用 Mathematica 求方程的根(包括近似根)和求函数极值(包括近似极值)的方法.

2. 基本命令

(1)求多项式方程的近似根的命令“Nsolve”和“Nroots”.

命令“Nsolve”的基本格式为

Nsolve[f[x]==0,x]

执行后得到多项式方程 $f(x)=0$ 的所有根(包括复根)的近似值.

命令“Nroots”的基本格式为

Nroots[f[x]==0,x,n]

它同样给出方程所有根的近似值. 但是二者表示方法不同. 在命令"Nroots"的后面所添加的选项 n，要求在求根过程中保持 n 位有效数字；没有这个选项时，默认的有效数字是16位.

(2)求一般方程的近似根的命令"FindRoot".

命令的基本格式为

FindRoot[f[x]==0,{x,a},选项]

或者

FindRoot[f[x]==0,{x,a,b},选项]

其中,大括号中 x 是方程中的未知数;a 和 b 是求近似根时所需要的初值. 执行后得到方程在初值 a 附近，或者在初值 a 与 b 之间的一个根.

方程的右端不必是0，形如 $f(x)=g(x)$ 的方程也可以求根. 此外，这个命令也可以求方程组的近似根. 此时需要用大括号将多个方程括起来，同时也要给出各个未知数的初值. 例如

FindRoot[{f[x,y]==0,g[x,y]==0},{x,a},{y,b}]

由于这个命令需要初值，应先作函数的图形，确定方程有几个根以及根的大致位置或所在区间,再分别输入初值求根.

命令的主要选项有：

①最大迭代次数:MaxIterations->n，默认值是15.

②计算中保持的有效数字位数:WorkingPrecision->n，默认值是16位.

(3)求函数极小值的近似值的命令"FindMinimum".

命令的基本格式为

FindMinimum[f[x],{x,a}, 选项]

执行后得到函数在初值 a 附近的一个极小值的近似值.

这个命令的选项与 FindRoot 相同，只是迭代次数的默认值是30.

如果求函数 $f(x)$ 的极大值的近似值，可以对函数 $-f(x)$ 用这个命令. 不过，正确的极大值是所得到的极小值的相反的数.

使用此命令前，也要先作函数的图形，以确定极值的个数与初值.

(4)作平面图元的命令"Graphics".

如果要在平面上作点、圆、线段和多边形等图元，可以直接用命令 Graphics，再用命令"Show"在屏幕上显示. 例如，输入

g1=Graphics[Line[{{1,-1},{6,8}}]]

Show[g1,Axes->True]

执行后得到以(1,-1)和(6,8)为端点的直线段.

实际上,"Show"命令中可以添加命令"Graphics"的所有选项. 如果要作出过已知点的折线，只要把这些点的坐标组成的集合放在命令 Line[ ]之内即可. 例如,输入

Show[Graphics[Line[{{0,0},{1,2},{3,-1}}]],Axes->True]

输出如图19所示.

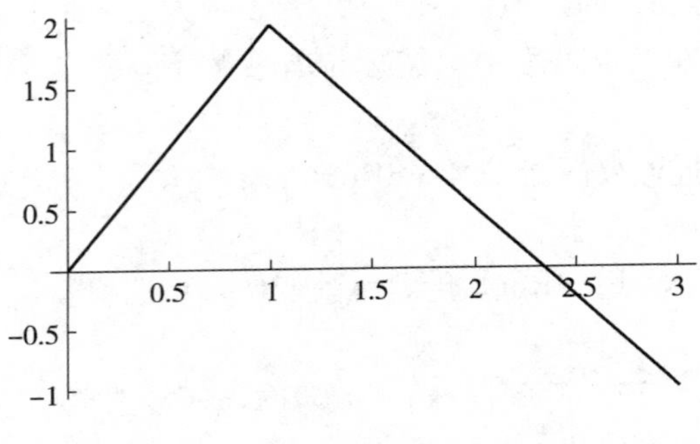

图 19

3. 上机举例

(1)求函数的单调区间.

例 23 求函数 $y=x^3-2x+1$ 的单调区间.

输入

```
f1[x_]:=x^3-2x+1;
Plot[{f1[x],f1′[x]},{x,-4,4},PlotStyle->
{GrayLevel1[0.01],Dashing[{0.01}]}]
```

则输出如图 20 所示.

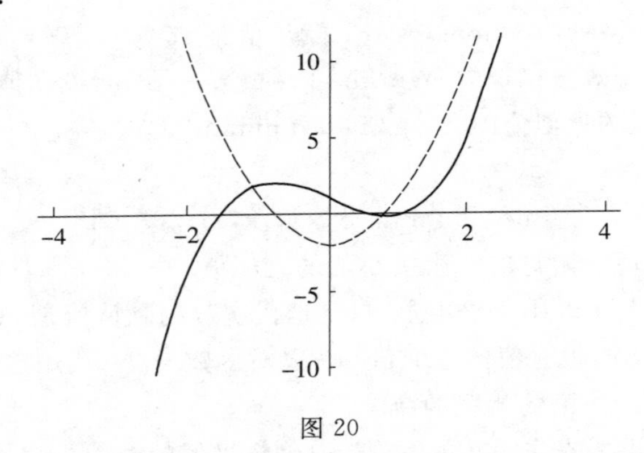

图 20

图 20 中的虚线是导函数的图形. 观察函数的增减与导函数的正负之间的关系.

再输入

```
Solve[f1′[x]==0,x]
```

则输出

$$\left\{\left\{x->-\sqrt{\frac{2}{3}}\right\},\left\{x->\sqrt{\frac{2}{3}}\right\}\right\}$$

即得到导函数的零点 $\pm\sqrt{\frac{2}{3}}$. 用这两个零点把导函数的定义域分为三个区间. 因为导函数连续，在它的两个零点之间，导函数保持相同符号. 因此，只需在每个小区间上取一点计算导数值，即可判定导数在该区间的正负，从而得到函数的增减. 输入

```
f1′[-1]
```

f1′[0]

f1′[1]

输出为 1,−2,1. 说明导函数在区间 $\left(-\infty,-\sqrt{\frac{2}{3}}\right)$,$\left(-\sqrt{\frac{2}{3}},\sqrt{\frac{2}{3}}\right)$,$\left(\sqrt{\frac{2}{3}},+\infty\right)$ 上分别取＋,－和＋. 因此函数在区间 $\left(-\infty,-\sqrt{\frac{2}{3}}\right]$ 和 $\left[\sqrt{\frac{2}{3}},+\infty\right)$ 上单调增加，在区间 $\left[-\sqrt{\frac{2}{3}},\sqrt{\frac{2}{3}}\right]$ 上单调减少.

(2)求函数的极值.

例 24　求函数 $y=\frac{x}{1+x^2}$ 的极值.

输入

```
f2[x_]:=x/(1+x^2);
Plot[f2[x],{x,-10,10}]
```

则输出如图 21 所示.

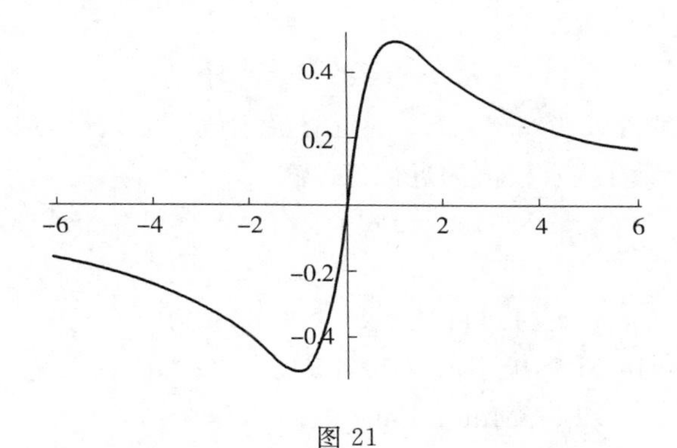

图 21

观察它的两个极值. 再输入

```
Solve[f2'[x]==0,x]
```

则输出

```
{{x->-1},{x->1}}
```

即驻点为 $x=\pm 1$. 用二阶导数判定极值，输入

```
f2''[-1]
f2''[1]
```

则输出$\frac{1}{2}$与$-\frac{1}{2}$. 因此 $x=-1$ 是极小值点，$x=1$ 是极大值点. 为了求出极值，再输入

```
f2[-1]
f2[1]
```

输出$-\frac{1}{2}$与$\frac{1}{2}$. 即极小值为$-\frac{1}{2}$，极大值为$\frac{1}{2}$.

(3)求极值的近似值.

例 25　求函数 $y=2\sin^2(2x)+\frac{5}{2}x\cos^2\left(\frac{x}{2}\right)$ 的位于区间 $(0,\pi)$ 内的极值的近似值.

输入

```
f4[x_]:=2 (Sin[2 x])^2+5x*(Cos[x/2])^2/2;
Plot[f4[x],{x,0,Pi}]
```

则输出如图 22 所示.

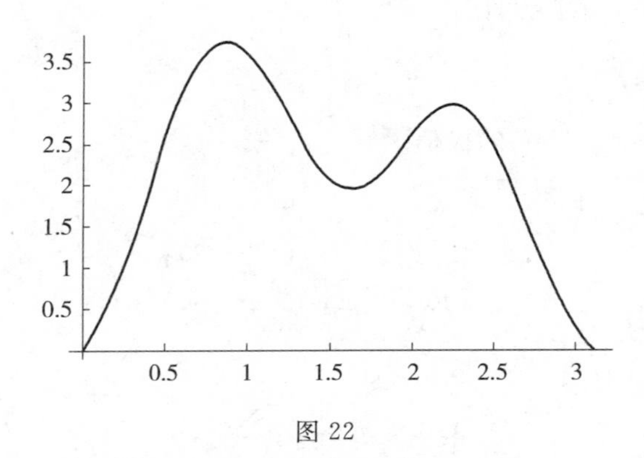

图 22

观察函数图形，发现大约在 $x=1.5$ 附近有极小值，在 $x=0.6$ 和 $x=2.5$ 有极大值. 用命令“FindMinimum”直接求极值的近似值. 输入

```
FindMinimum[f4[x],{x,1.5}]
```

则输出

```
{1.94461,{x->1.62391}}
```

即同时得到极小值 1.944 61 和极小值点 1.623 91. 再输入

```
FindMinimum[-f4[x],{x,0.6}]
FindMinimum[-f4[x],{x,2.5}]
```

则输出

```
{-3.73233,{x->0.864194}}
{-2.95708,{x->2.24489}}
```

即得到函数 $-y$ 的两个极小值和极小值点. 再转化成函数 y 的极大值和极大值点. 两种方法的结果是完全相同的.

4. 上机习题

(1)作函数 $y=\frac{x^2-x+4}{x-1}$ 及其导函数的图形，并求函数的单调区间和极值.

(2)作函数 $y=(x-3)(x-8)^{\frac{2}{3}}$ 及其导函数的图形，并求函数的单调区间和极值.

注：为了避免负数开方出现复数，输入时可把函数 y 定义为

```
y[x_]:=(x-3)*((x-8)^2)^(1/3)
```

再进行作图和求导.

(3)作函数 $y=x^4+2x^3-72x^2+70x+24$ 及其二阶导函数在区间$[-8,7]$上的图形，

并求函数的凹凸区间和拐点.

(4)分析利用泰勒展开式近似计算 sin 7 时，展开点 x_0 和阶数 n 对计算结果的影响.

(5)设 $h(x)=x^3-8x^2+19x-12$, $k(x)=\frac{1}{2}x^2-x-\frac{1}{8}$，求方程 $h(x)=k(x)$ 的近似根.

(6)设 $f(x)=e^{-\frac{x^2}{16}}\cos\frac{x}{\pi}$, $g(x)=\sin\sqrt{x^3}+\frac{5}{4}$. 作它们在区间 $[0,\pi]$ 上的图形. 并求方程 $f(x)=g(x)$ 在该区间内的近似根.

(7)作 $f(x)=x^5+x^4-4x^3+2x^2-3x-7$ 的图形. 用命令"Nsolve""NRoots"和"FindRoot"求方程 $f(x)=0$ 的近似根.

7.3　一元函数积分学

1. 上机目的

掌握用 Mathematica 计算不定积分与定积分的方法. 通过作图和观察，深入理解定积分的概念和思想方法;初步了解定积分的近似计算方法;理解变上限积分的概念;提高应用定积分解决各种问题的能力.

2. 基本命令

(1)计算不定积分与定积分的命令"Integrate".

求不定积分时，其基本格式为

```
Integrate[f[x],x]
```

例如,输入

```
Integrate[x^2+a,x]
```

则输出

$$ax+\frac{x^3}{3}$$

其中,a 是常数. 注意积分常数 C 被省略.

求定积分时，其基本格式为

```
Integrate[f[x],{x,a,b}]
```

其中,a 是积分下限; b 是积分上限. 例如,输入

```
Integrate[Sin[x],{x,0,Pi/2}]
```

则输出

1

注:Mathematica 有很多命令可以用相应的运算符号来代替. 例如,命令"Integrate"可用积分号"$\int$"代替，命令"Sum"可以用连加号"$\sum$"代替，命令"Product"可用连乘号"$\prod$"代替. 因此只要调出这些运算符号，就可以代替通过键盘输入命令. 调用这些命令,只要打开左上角的"File"菜单,点击"Palettes"中的"BasicCalculations"，再点击"Calculus"就可以得到不定积分号、定积分号、求和号、求偏导数号等. 为了行文方便，下面仍然使用键盘输入命令，但读者也可以尝试用这些数学符号直接计算.

(2)数值积分命令"NIntegrate".

用于求定积分的近似值. 其基本格式为

NIntegrate[f[x],{x,a,b}]

例如,输入　　　　　　NIntegrate[Sin[x^2],{x,0,1}]

则输出　　　　　　　　0.310268

(3)循环语句 For.

循环语句的基本形式是

For[循环变量的起始值，测试条件，增量，运算对象]

运行此命令时，将多次对后面的对象进行运算，直到循环变量不满足测试条件时为止. 这里必须用三个逗号分开这四个部分. 如果运算对象由多个命令组成，命令之间用分号隔开.

例如，输入

```
t=0;
For[j=1,j<=10,j++,t=t+j];
t
```

则循环变量 j 从取值 1 开始，到 10 结束. 每次增加 1. 执行结果，输出变量 t 的最终值

$$1+2+\cdots+10=55$$

注:For 语句中的 j++ 实际表示 j=j+1.

3. 上机举例

(1)用定义计算定积分.

当 $f(x)$ 在 $[a,b]$ 上连续时，有

$$\int_a^b f(x)\mathrm{d}x=\lim_{n\to\infty}\frac{b-a}{n}\sum_{k=0}^{n-1}f\left[a+k\frac{(b-a)}{n}\right]=\lim_{n\to\infty}\frac{b-a}{n}\sum_{k=1}^{n}f\left[a+k\frac{(b-a)}{n}\right]$$

因此可将

$$\frac{b-a}{n}\sum_{k=0}^{n-1}f\left[a+k\frac{(b-a)}{n}\right]$$

与

$$\frac{b-a}{n}\sum_{k=1}^{n}f\left[a+k\frac{(b-a)}{n}\right]$$

作为 $\int_a^b f(x)\mathrm{d}x$ 的近似值. 为了下面计算的方便，在例 1 中定义这两个近似值为 f,a,b 和 n 的函数.

例 1　计算 $\int_0^1 x^2\mathrm{d}x$ 的近似值.

输入

```
s1[f_,{a_,b_},n_]:=N[(b-a)/n*Sum[f[a+k*(b-a)/n],{k,0,n-1}]];
s2[f_,{a_,b_},n_]:=N[(b-a)/n*Sum[f[a+k*(b-a)/n],{k,1,n}]];
```

再输入

```
Clear[f];f[x_]=x^2;
js1=Table[{2^n,s1[f,{0,1},2^n],s2[f,{0,1},2^n]},{n,1,10}];
TableForm[js1,TableHeadings->{None,{ "n", "s1", "s2"}}]
```

则输出

n	s1	s2
2	0.125	0.625
4	0.21875	0.46875
8	0.273438	0.398438
16	0.302734	0.365234
32	0.317871	0.349121
64	0.325562	0.341187
128	0.329437	0.33725
256	0.331383	0.335289
512	0.332357	0.334311
1024	0.332845	0.333822

这是 $\int_0^1 x^2 \mathrm{d}x$ 的一系列近似值，且有 $s_1 < \int_0^1 x^2 \mathrm{d}x < s_2$.

(2)不定积分计算.

例 2　求 $\int x^2 (1-x^3)^5 \mathrm{d}x$.

输入

Integrate[x^2 * (1-x^3)^5, x]

则输出

$$\frac{x^3}{3}-\frac{5x^6}{6}+\frac{10x^9}{9}-\frac{5x^{12}}{6}+\frac{x^{15}}{3}-\frac{x^{18}}{18}$$

例 3　求 $\int x^2 \arctan x \mathrm{d}x$.

输入

Integrate[x^2 * ArcTan[x], x]

则输出

$$-\frac{x^2}{6}+\frac{1}{3}x^3 \mathrm{ArcTan}[x]+\frac{1}{6}\mathrm{Log}[1+x^2]$$

(3)定积分计算.

例 4　求 $\int_0^4 |x-2| \mathrm{d}x$.

输入

Integrate[Abs[x-2], {x,0,4}]

则输出

4

例 5　求 $\int_1^2 \sqrt{4-x^2} \mathrm{d}x$.

输入

Integrate[Sqrt[4-x^2], {x,1,2}]

则输出

$$\frac{1}{6}(-3\sqrt{3}-2\pi)+\pi$$

例 6　求 $\int_0^1 e^{-x^2}dx$.

输入

```
Integrate[Exp[-x^2],{x,0,1}]
```

则输出

$$\frac{1}{2}\sqrt{\pi}\,\mathrm{Erf}[1]$$

其中 Erf 是误差函数，它不是初等函数．改为求数值积分，输入

```
NIntegrate[Exp[-x^2],{x,0,1}]
```

则有结果

0.746824

(4)变上限积分.

例 7　求 $\frac{d}{dx}\int_0^{\cos^2 x} w(x)dx$.

输入

```
D[Integrate[w[x],{x,0,Cos[x]^2}],x]
```

则输出

$$-2\ \mathrm{Cos}[x]\ \mathrm{Sin}[x]w[\mathrm{Cos}[x]^2]$$

注意,这里使用了复合函数求导公式.

例 8　画出变上限函数 $\int_0^x t\sin t^2 dt$ 及其导函数的图形.

输入命令

```
f1[x_]:=Integrate[t*Sin[t^2],{t,0,x}];
f2[x_]:=Evaluate[D[f1[x],x]];
g1=Plot[f1[x],{x,0,3},PlotStyle->RGBColor[1,0,0]];
g2=Plot[f2[x],{x,0,3},PlotStyle->RGBColor[0,0,1]];
Show[g1,g2];
```

则输出如图 1 所示.

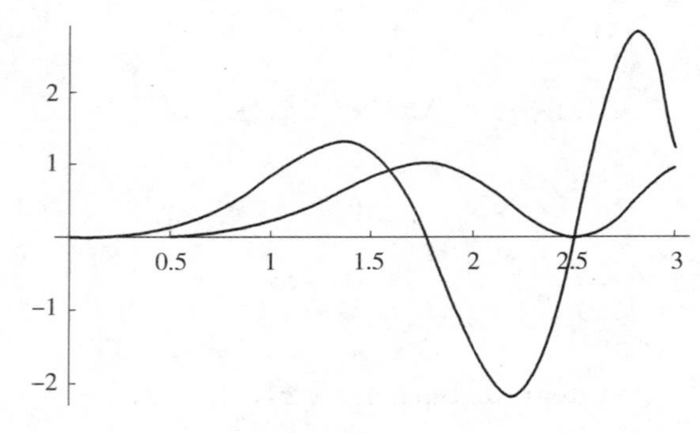

图 1

(5)求平面图形的面积.

例 9　设 $f(x)=\mathrm{e}^{-(x-2)^2\cos\pi x}$ 和 $g(x)=4\cos(x-2)$. 计算区间 [0,4] 上两曲线所围成的平面的面积.

输入命令

```
Clear[f,g];f[x_]=Exp[-(x-2)^2 Cos[Pi x]];g[x_]=4 Cos[x-2];
Plot[{f[x],g[x]},{x,0,4},PlotStyle->{RGBColor[1,0,0],
RGBColor[0,0,1]}];
FindRoot[f[x]==g[x],{x,1.06}]
FindRoot[f[x]==g[x],{x,2.93}]
NIntegrate[g[x]-f[x],{x,1.06258,2.93742}]
```

则输出两函数的图形如图 2 所示,所求面积 $S=4.174\ 13$.

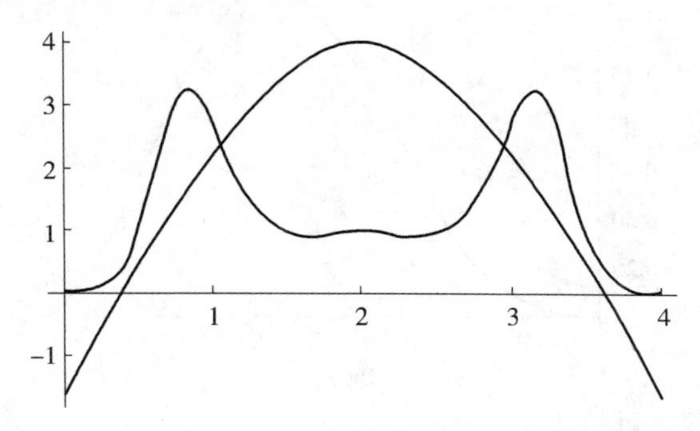

图 2

6. 求平面曲线的弧长

例 10　$f(x)=\sin(x+x\sin x)$, 计算 $(0,f(0))$ 与 $(2\pi,f(2\pi))$ 两点间曲线的弧长.

输入命令

```
Clear[f];f[x_]=Sin[x+x*Sin[x]];
Plot[f[x],{x,0,2Pi},PlotStyle->RGBColor[1,0,0]];
NIntegrate[Sqrt[1+f'[x]^2],{x,0,2Pi}]
```

则输出曲线的图形如图 3 所示,所求曲线的弧长为 12.056 4.

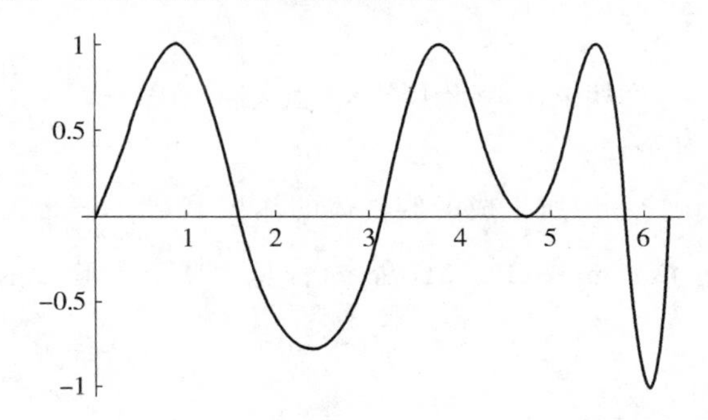

图 3

注：曲线 $y=f(x)$ 在区间$[0,2\pi]$上的弧长为 $s=\int_0^{2\pi}\sqrt{1+[f'(x)]^2}\,dx$.

(7)求旋转体的体积.

例 11　求曲线 $g(x)=x\sin^2 x(0\leqslant x\leqslant \pi)$ 与 x 轴所围成的图形分别绕 x 轴和 y 轴旋转所成的旋转体体积.

输入

```
Clear[g];
g[x_]=x*Sin[x]^2;
Plot[g[x],{x,0,Pi}]
```

则输出如图 4 所示.

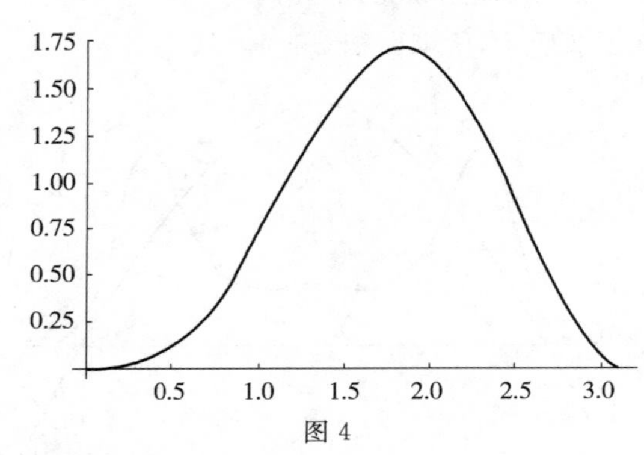

图 4

观察 $g(x)$ 的图形. 再输入

```
Integrate[Pi*g[x]^2,{x,0,Pi}]
```

得到输出

$$\pi\left(-\frac{15\pi}{64}+\frac{\pi^3}{8}\right)$$

又输入

```
Integrate[2 Pi*x*g[x],{x,0,Pi}]
```

得到输出

$$\pi\left(-\frac{\pi}{2}+\frac{\pi^3}{3}\right)$$

若输入

```
NIntegrate[2 Pi*x*g[x],{x,0,Pi}]
```

则得到体积的近似值为 27.534 9.

注：图 3 绕 y 轴旋转一周所生成的旋转体的体积 $V=\int_0^{\pi}2\pi x g(x)\,dx$.

此外，我们还可用 ParametricPlot3D 命令（详见本项目实验 2 的基本命令）作出这两个旋转体的图形.

输入

```
Clear[Ax,y,z,r,t];
x[Ar_,t_]=r;
y[Ar_,t_]=g[Ar]*Cos[At];
```

```
z[Ar_,t_]=g[Ar] * Sin[At];
ParametricPlot3D[A{x[Ar,t],y[Ar,t],z[Ar,t]},{r,0,Pi},{t,-Pi,Pi}]
```

则得到绕 x 轴旋转所得旋转体的图形(图 5).

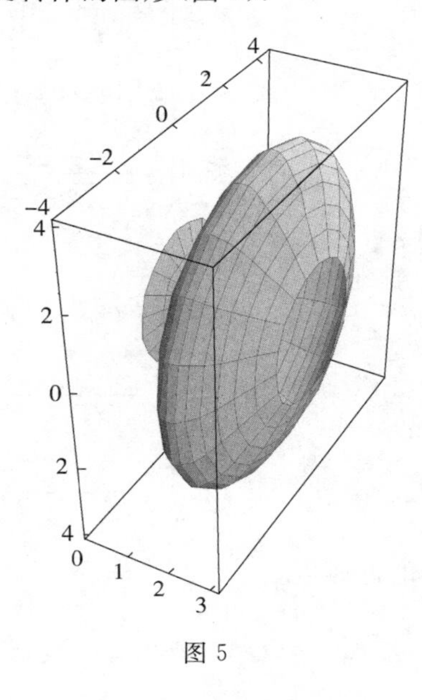

图 5

又输入

```
Clear[Ax,y,z];
x[Ar_,t_]=r * Cos[At];
y[Ar_,t_]=r * Sin[At];
z[Ar_,t_]=g[Ar];
ParametricPlot3D[A{x[Ar,t],y[Ar,t],z[Ar,t]},{r,0,Pi},{t,-Pi,Pi}]
```

则得到绕 y 轴旋转所得旋转体的图形(图 6).

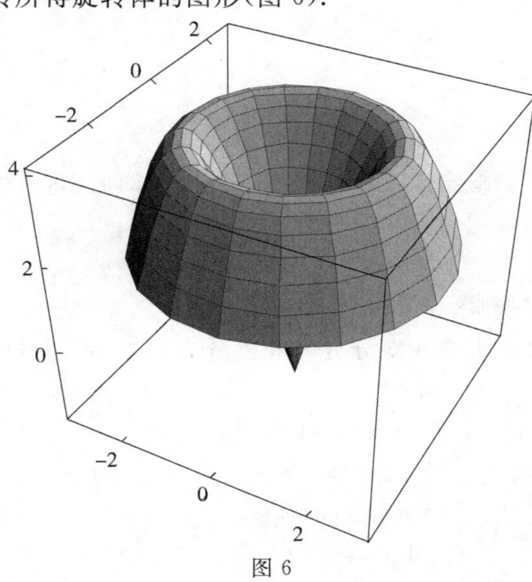

图 6

4. 上机习题

(1)求下列不定积分.

① $\int \frac{\cos x}{a^2+\sin^2 x}\mathrm{d}x$；　　② $\int \mathrm{e}^{-2x}\sin\frac{x}{2}\mathrm{d}x$；

③ $\int \frac{x^2-4x}{x^2-2x-3}\mathrm{d}x$；　　④ $\int x^3\ln^2 x\mathrm{d}x$；

⑤ $\int \frac{(2x-7)\mathrm{d}x}{4x^2+12x+25}$；　　⑥ $\int \frac{1-2x}{\sqrt{1-2x-x^2}}\mathrm{d}x$.

(2)求下列定积分.

① $\int_0^{\frac{\pi}{2}}(1-\cos\theta)\sin^2\theta\mathrm{d}\theta$；　　② $\int_0^1 x(2-x^2)^{12}\mathrm{d}x$；

③ $\int_0^a \frac{\mathrm{d}x}{x+\sqrt{a^2+x^2}}(a>0)$；　　④ $\int_1^3 \frac{\mathrm{d}x}{x\sqrt{x^2+5x}}$；

⑤ $\int_{-\pi}^{2\pi}\mathrm{e}^{2x}\sin^2 2x\mathrm{d}x.$；　　⑥ $\int_4^{10}\frac{\sqrt{4x^2-9}}{x^3}\mathrm{d}x$.

(3)求 $\int_0^{\pi}\mathrm{e}^{-x^2}\cos(x^3)\mathrm{d}x$ 的近似值.

(4)设 $g(x)=\frac{\sin x}{x}$,$h(x)=\int_{0.1}^{x}g(t)\mathrm{d}t$，作出 $g(x)$,$h(x)$ 的图形，并求 $\frac{\mathrm{d}}{\mathrm{d}x}h(x^2)$.

(5)画出变上限函数 $\int_0^x t\cdot \mathrm{e}^{t^2}\mathrm{d}t$ 及函数 $f_2(x)=x\mathrm{e}^{x^2}$ 的图形.

(6)设 $f(x)=\mathrm{e}^{-(x-3)^2}\cos 4(x-3)$,$1\leqslant x\leqslant 5$,求 $y=f(x)$,x 轴,$x=1$,$x=5$ 所围曲边梯形绕 x 轴旋转所成旋转体的体积 V，并作出该旋转体的图形.

7.4　微分方程

7.4.1　微分方程

1. 上机目的

理解常微分方程解的概念以及积分曲线和方向场的概念，掌握利用 Mathematica 求微分方程及方程组解的常用命令和方法.

2. 基本命令

(1)求微分方程的解的命令“Dsolve”.

对于可以用积分方法求解的微分方程和微分方程组，可用“Dsolve”命令来求其通解或特解.

例如，求方程 $y''+3y'+2y=0$ 的通解，输入

```
Dsolve[y″[x]+3y′[x]+2y[x]==0,y[x],x]
```

则输出含有两个任意常数 C[1]和 C[2]的通解为

```
{{y[x]→e^(-2x)C[1]+e^(-x)C[2]}}
```

注:在上述命令中,一阶导数符号“′”是通过键盘上的单引号“′”输入的,二阶导数符号“″”要输入两个单引号,而不能输入一个双引号.

又如,求解微分方程的初值问题

$$y''+4y'+3y=0, y|_{x=0}=6, y'|_{x=0}=10$$

输入

```
Dsolve[{y''[x]+4 y'[x]+3y[x]==0,y[0]==6, y'[0]==10},y[x],x]
(* 大括号把方程和初始条件放在一起 *)
```

则输出

$$\{\{y[x]\to e^{-3x}(-8+14e^{2x}\}\}$$

(2)求微分方程的数值解的命令“NDSolve”.

对于不可以用积分方法求解的微分方程初值问题,可以用“NDSolve”命令来求其特解. 例如,求方程

$$y'=y^2+x^3, y|_{x=0}=0.5$$

的近似解($0\leqslant x\leqslant 1.5$). 输入

```
NDSolve[{y'[x]==y[x]^2+x^3,y[0]==0.5},y[x],{x,0,1.5}]
(* 命令中的{x,0,1.5}表示相应的区间 *)
```

则输出

```
{{y->InterpolatingFunction[{{0.,1.5}},<>]}}
```

注:因为“NDSolve”命令得到的输出是解 $y=y(x)$ 的近似值. 首先在区间[0,1.5]内插入一系列点 $x_1,x_2,\cdots,x_n$,计算出在这些点上函数的近似值 $y_1,y_2,\cdots,y_n$,再通过插值方法得到 $y=y(x)$ 在区间上的近似解.

(3)一阶微分方程的方向场.

一般地,我们可把一阶微分方程写为

$$y'=f(x,y)$$

的形式,其中 $f(x,y)$ 是已知函数. 上述微分方程表明:未知函数 y 在点 x 处的斜率等于函数 f 在点 (x,y) 处的函数值. 因此,可在 xOy 平面上的每一点,作出过该点的以 $f(x,y)$ 为斜率的一条很短的直线(即未知函数 y 的切线). 这样得到的一个图形就是微分方程 $y'=f(x,y)$ 的方向场. 为了便于观察,实际上只要在 xOy 平面上取适当多的点,作出在这些点的函数的切线. 顺着斜率的走向画出符合初始条件的解,就可以得到方程 $y'=f(x,y)$ 的近似的积分曲线.

例如,画出 $\frac{\mathrm{d}y}{\mathrm{d}x}=1-y^2, y(0)=0$ 的方向场.

输入

```
<<Graphics'PlotField'
g1=PlotVectorField[{1,1-y^2},{x,-3,3},{y,-2,2}, Frame->True,
ScaleFunction->(1&),ScaleFactor->0.16,
HeadLength->0.01,PlotPoints->{20,25}];
```

则输出方向场的图形,从图中可以观察到,当初始条件为 $y_0=\frac{1}{2}$ 时,这个微分方程的解

介于 -1 和 1 之间，且当 x 趋向于 $-\infty$ 或 ∞ 时，$y(x)$ 分别趋向于 -1 或 1.

下面求解这个微分方程，并在同一坐标系中画出方程的解与方向场的图解. 输入

```
sol=DSolve[{y'[x]==1-y[x]^2,y[0]==0},y[x],x];
g2=Plot[sol[[1,1,2]],{x,-3,3},PlotStyle->{Hue[0.1],Thickness[0.005]}];
Show[g2,g1,Axes->None,Frame->True];
```

则输出微分方程的解 $y(x)=\dfrac{-1+e^{2x}}{1+e^{2x}}$，以及解曲线与方向场的图形. 从中可以看到，微分方程的解与方向场的箭头方向相吻合.

3. 上机内容

(1)用"Dsolve"命令求解微分方程.

例 1　求微分方程 $y'+2xy=xe^{-x^2}$ 的通解.

输入

```
Clear[x,y];
DSolve[y '[x]+2x * y[x]==x * Exp[-x^2],y[x],x]
```

或

```
DSolve[D[y[x],x]+2x * y[x]==x * Exp[-x^2],y[x],x]
```

则输出微分方程的通解为

$$\left\{\left\{y[x]\to\frac{1}{2}e^{-x^2}x^2+e^{-x^2}C[1]\right\}\right\}$$

其中,C[1]是任意常数.

例 2　求微分方程 $xy'+y-e^x=0$ 在初始条件 $y|_{x=1}=2e$ 下的特解.

输入

```
Clear[x,y];
DSolve[{x * y ' [x]+y[x]-Exp[x]==0,y[1]==2 E},y[x],x]
```

则输出所求特解为

$$\left\{\left\{y[x]\to\frac{e+e^x}{x}\right\}\right\}$$

例 3　求微分方程 $y''-2y'+5y=e^x\cos 2x$ 的通解.

输入

```
DSolve[y ''[x]-2y '[x]+5y[x]==Exp[x] * Cos[2 x],y[x],x]//Simplify
```

则输出所求通解为

$$\left\{\left\{y[x]\to\frac{1}{8}e^x((1+8c[2])Cos[2x]+2(x-4c[1])Sin[2x])\right\}\right\}$$

例 4　求解微分方程 $y''=2x+e^x$，并作出其积分曲线.

输入

```
g1=Table[Plot[E^x+x^3/3+c1+x * c2,{x,-5,5},
DisplayFunction->Identity],{c1,-10,10,5},{c2,-5,5,5}];
Show[g1,DisplayFunction-> $ DisplayFunction];
```

则输出积分曲线的图形.

例 5　求微分方程组 $\begin{cases}\dfrac{dx}{dt}+x+2y=e^t\\ \dfrac{dy}{dt}-x-y=0\end{cases}$ 在初始条件 $x|_{t=0}=1, y|_{t=0}=0$ 下的特解.

输入

```
Clear[x,y,t];
DSolve[{x' [t]+x[t]+2 y[t]==Exp[t], y'[t] -x[t]- y[t]==0,
x[0]==1,y[0]==0},{x[t],y[t]},t]
```

则输出所求特解为

$$\left\{\left\{x[t]\to Cos[t], y[t]\to \frac{1}{2}(e^t - Cos[t]+Sin[t])\right\}\right\}$$

例 6　求解微分方程 $\dfrac{dy}{dx}-\dfrac{2y}{x+1}=(x+1)^{\frac{5}{2}}$，并作出积分曲线.

输入

```
<<Graphics'PlotField'
DSolve[y' [x]-2y[x]/(x+1)==(x+1)^(5/2),y[x],x]
```

则输出所给积分方程的解为

$$\left\{\left\{y[x]\to \frac{2}{3}(1+x)^{7/2}+(1+x)^2 C[1]\right\}\right\}$$

下面在同一坐标系中作出这个微分方程的方向场和积分曲线(设 $C=-3,-2,-1,0,1,2,3$)，输入

```
t=Table[2(1+x)^(7/2)/3+(1+x)^2c,{c,-1,1}];
g1=Plot[Evaluate[t],{x,-1,1},PlotRange->{{-1,1},{-2,2}},
PlotStyle->RGBColor[1,0,0],DisplayFunction->Identity];
g2=PlotVectorField[{1,-2y/(x+1)+(x+1)^(5/2)},{x,-0.999,1},{y,-4,4},
Frame->True,ScaleFunction->(1&), ScaleFactor->0.16,
HeadLength->0.01, PlotPoints->{20,25},DisplayFunction->Identity];
Show[g1,g2,Axes->None,Frame->True ,DisplayFunction->$DisplayFunction];
```

则输出积分曲线的图形.

(2)用“NDSolve”命令求微积分方程的近似解.

例 7　求初值问题：$(1+xy)y+(1-xy)y'=0, y|_{x=1.2}=1$ 在区间[1.2,4]上的近似解并作图.

输入

```
fl=NDSolve[{(1+x * y[x]) * y[x]+(1-x * y[x]) * y'[x]==0,y[1.2]==1},
    y,{x,1.2,4}]
```

则输出为数值近似解(插值函数)的形式为

```
{{y->InterpolatingFunction[{{1.2,4.}},< >]}}
```

用“Plot”命令可以把它的图形画出来.不过还需要先使用强制求值命令 Evalu－ate，输入

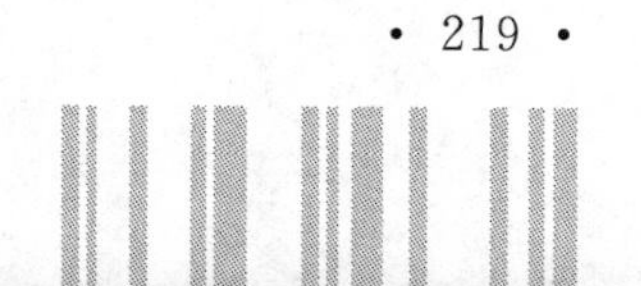

```
Plot[Evaluate[y[x]/. fl],{x,1.2,4}]
```

则输出近似解的图形.

如果要求区间[1.2,4]内某一点的函数的近似值，例如 $y|_{x=1.8}$，只要输入

```
y[1.8]/. fl
```

则输出所求结果

```
{3.8341}
```

例 8 求范德波尔(Van der Pel)方程

$$y''+(y^2-1)y'+y=0, y|_{x=0}=0, y'|_{x=0}=-0.5$$

在区间[0,20]上的近似解.

输入

```
Clear[x,y];
NDSolve [{y''[x]+(y[x]^2-1)*y'[x]+y[x]==0,y[0]==0,y'[0]==-0.5},
    y,{x,0,20}];
Plot[Evaluate[y[x]/. %],{x,0,20}]
```

可以观察到近似解的图形.

例 9 求出初值问题

$$\begin{cases} y''+y'\sin^2 x+y=\cos^2 x \\ y(0)=1, y'(0)=0 \end{cases}$$

的数值解，并作出数值解的图形.

输入

```
NDSolve[{y''[x]+Sin[x]^2*y'[x]+y[x]==Cos[x]^2,
y[0]==1,y'[0]==0},y[x],{x,0,10}]
Plot[Evaluate[y[x]/. %],{x,0,10}];
```

则输出所求微分方程的数值解及数值解的图形.

例 10 洛伦兹(Lorenz)方程组是由三个一阶微分方程组成的方程组. 这三个方程看似简单，也没有包含复杂的函数，但它的解却很有趣，耐人寻味. 试求解洛伦兹方程组

$$\begin{cases} x'(t)=16y(t)-16x(t) \\ y'(t)=-x(t)z(t)+45x(t)-y(t) \\ z'(t)=x(t)y(t)-4z(t) \\ x(0)=12, y(0)=4, z(0)=0 \end{cases}$$

并画出解曲线的图形.

输入

```
Clear[eq,x,y,z]
eq=Sequence[x'[t]==16*y[t]-16*x[t],
y'[t]==-x[t]*z[t]-y[t]+45x[t],z'[t]==x[t]*y[t]-4z[t]];
sol1=NDSolve[{eq,x[0]==12,y[0]==4,z[0]==0},
{x[t],y[t],z[t]},{t,0,16},MaxSteps->10000];
g1=ParametricPlot3D[Evaluate[{x[t],y[t],z[t]}/. sol1],{t,0,16},
```

```
PlotPoints－＞14400,Boxed－＞False,Axes－＞None];
```

则输出所求数值解的图形. 从图中可以看出洛伦兹微分方程组具有一个奇异吸引子，这个吸引子紧紧地把解的图形"吸"在一起. 有趣的是，无论把解的曲线画得多长，这些曲线也不相交.

改变初值为 $x(0)=6, y(0)=-10, z(0)=10$，输入

```
sol2=NDSolve[{eq,x[0]==6,y[0]==-10,z[0]==10},
{x[t],y[t],z[t]},{t,0,24},MaxSteps->10000];
g2=ParametricPlot3D[Evaluate[{x[t],y[t],z[t]}/.sol2],{t,0,24},
PlotPoints->14400,Boxed->False,Axes->None];
Show[GraphicsArray[{g1,g2}]];
```

则输出所求数值解的图形. 从图中可以看出奇异吸引子又出现了，它把解"吸"在某个区域内，使得所有的解好像是有规则地依某种模式缠绕.

4. 上机习题

(1)求下列微分方程的通解：

① $y''+6y'+13y=0$；

② $y^{(4)}+2y''+y=0$；

③ $y''-2y'+5y=e^{x}\sin 2x$；

④ $y''-6y'+9y=(x+1)e^{3x}$.

(2)求下列微分方程的特解：

① $y''+4y'+29y=0, y|_{x=0}=0, y'|_{x=0}=15$；

② $y''+y+\sin 2x=0, y|_{x=\pi}=1, y'|_{x=\pi}=1$.

(3)求微分方程 $(x^2-1)y'+2xy-\cos x=0$ 在初始条件 $y|_{x=0}=1$ 下的特解. 分别求精确解和数值解 $(0\leqslant x\leqslant 1)$ 并作图.

(4)求微分方程组 $\begin{cases}\dfrac{dx}{dt}+5x+y=e^{t}\\ \dfrac{dy}{dt}-x-3y=e^{2t}\end{cases}$ 的通解.

(5)求微分方程组 $\begin{cases}\dfrac{dx}{dt}+3x-y=0, x|_{t=0}=1\\ \dfrac{dy}{dt}-8x+y=0, y|_{t=0}=4\end{cases}$ 的特解.

(6)求欧拉方程组 $x^2y''+xy'-4y=x^3$ 的通解.

(7)求方程 $y''+xy'+y=0, y|_{x=1}=0, y'|_{x=1}=5$ 在区间[0,4]上的近似解.

7.4.2　抛射体的运动(综合上机实验)

1. 上机目的

通过微分方程建模和 Mathematica 软件，进一步研究在考虑空气阻力的情况下抛射体的运动.

2. 问题

根据侦察,发现离我军大炮阵地水平距离 10 km 的前方有一敌军的坦克群正以每小时 50 km 的速度向我军阵地驶来,现欲发射炮弹摧毁敌军坦克群. 为了在最短时间内有效地摧毁敌军坦克,要求每门大炮都能进行精射击,这样问题就可简化为单门大炮对移动坦克的精确射击问题. 假设炮弹发射速度可控制在 0.2～0.5 km/s,问应选择怎样的炮弹发射速度和怎样的发射角度才可以最有效地摧毁敌军坦克.

3. 说明

本节我们研究受到重力和空气阻力约束的抛射体的射程. 用 $(x(t),y(t))$ 记抛射体的位置,其中 x 轴是运动的水平方向,y 轴是垂直方向. 通过在 $y=0$ 的约束下最大化 x,可以计算出使抛射体的射程最大的发射角. 假设 $t=0$ 时抛射体(炮弹)在原点(0,0)以与水平线夹角为 α,初始速度为 v_0 发射出去. 它受到的空气阻力为

$$F_r=-kv=-k\left(\frac{\mathrm{d}x}{\mathrm{d}t},\frac{\mathrm{d}y}{\mathrm{d}t}\right) \tag{1}$$

重力为

$$F_g=(0,-mg) \tag{2}$$

在推导 $x(t)$ 和 $y(t)$ 所满足的微分方程之前,补充一点说明:虽然我们将位置变量 $x(t)$,$y(t)$ 仅写作 t 的函数,但实际上位置变量还依赖于几个其他的变量或参数. 特别是,x 和 y 也依赖于发射角 α、阻力系数 k、质量 m 及重力加速度 g 等.

为了推导 x 和 y 的方程,按照牛顿定律 $F=ma$,并结合重力的公式(2)和空气阻力的公式(1),得到微分方程

$$mx''(t)+kx'(t)=0 \tag{3}$$

$$my''(t)+ky'(t)+mg=0 \tag{4}$$

根据前面所述假设知,$x(t)$,$y(t)$ 满足下列初始条件

$$x(0)=0,y(0)=0\ ,\ x'(0)=v_0\cos\alpha,y'(0)=v_0\sin\alpha \tag{5}$$

先求解 $x(t)$,由方程(3),令 $v=x'$,可将其化为一阶微分方程

$$mv'+kv=0$$

易求出其通解为

$$v(t)=C\mathrm{e}^{-\frac{k}{m}t}$$

由 $v(0)=x'(0)=v_0\cos\alpha$,得 $C=v_0\cos\alpha$,所以

$$v(t)=v_0\cos\alpha\mathrm{e}^{-\frac{k}{m}t}$$

从 $v=x'$,通过积分得到 x,即

$$x(t)=-\left(\frac{m}{k}\right)v_0\cos\alpha\mathrm{e}^{-\frac{k}{m}t}+D$$

由 $x(0)=0$,得 $D=\left(\frac{m}{k}\right)v_0\cos\alpha$,所以

$$x(t)=\left(\frac{m}{k}\right)v_0\cos\alpha(1-\mathrm{e}^{-\frac{k}{m}t}) \tag{6}$$

类似地,可从方程(4)解出 y. 令 $v=y'$,方程化为一阶微分方程,两端除以 m,得

$$v' + \frac{k}{m}v = -g$$

再在上述方程两端乘以积分因子 $e^{\frac{k}{m}t}$，得

$$e^{\frac{k}{m}t}v' + \frac{k}{m}e^{\frac{k}{m}t}v = -ge^{\frac{k}{m}t}$$

即

$$\frac{d}{dt}(ve^{\frac{k}{m}t}) = -ge^{\frac{k}{m}t}$$

两端积分，得

$$ve^{\frac{k}{m}t} = -\frac{gm}{k}e^{\frac{k}{m}t} + C$$

所以

$$v = -\frac{gm}{k} + Ce^{-\frac{k}{m}t}$$

利用初始条件 $y'(0) = v(0) = v_0 \sin\alpha$ 确定其中的常数 C 后，积分 v 得到 y，再次利用初始条件 $y(0) = 0$ 确定任意常数后，则得

$$y = \frac{gm}{k}\left(\frac{m}{k} - t - \frac{m}{k}e^{-\frac{k}{m}t}\right) + \frac{m}{k}v_0(1 - e^{-\frac{k}{m}t})\sin\alpha \tag{7}$$

下面我们利用公式(6)与(7)来描绘炮弹运行的典型图形.

假定炮弹发射的初速度为 0.25 km/s，发射角为 55°，输入

```
Clear[a,t,x,y,g,m,k]
x[v_,a_,t_]:=(m/k)*v*Cos[a Pi/180]*(1-Exp[-(k/m)*t])
y[v_,a_,t_]:=(g*m/k)((m/k)-t-(m/k)*Exp[-(k/m)*t])+
(m/k)*v*Sin[a Pi/180]*(1-Exp[-(k/m)*t])
g=9.8;m=5.0;k=0.01;
```

炮弹飞行的时间由炮弹落地时的条件 $y=0$ 所确定. 输入

```
FindRoot[y[350,55,t]==0,{t,50}]
```

则输出炮弹飞行的时间为

```
{t->57.4124}
```

当发射角 $\alpha = 65°$ 时，输入

```
x[350,55, 57.4124]//N
```

则输出炮弹的最大射程为

```
10888.5
```

下面画出炮弹运行的典型轨迹. 输入

```
ParametricPlot[{x[350,55,t],y[350,55,t]},
{t,0,57.4124},PlotRange->{0,11000},AxesLabel->{x,y}]
```

则输出如图 1 所示.

4. 上机报告

在上述假设下，进一步研究下列问题：

(1) 选择一个初始速度和发射角，利用 Mathematica 画出炮弹运行的典型轨迹.

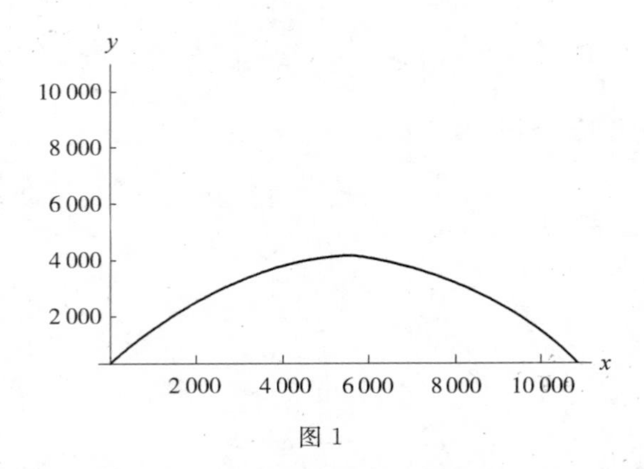

图 1

(2) 假定坦克在大炮前方 10 km 处静止不动，炮弹发射的初速度为 0.32 km/s，应选择什么样的发射角才能击中坦克？画出炮弹运行的几个轨迹图，通过实验数据和图形来说明你的结论的合理性.

(3) 假定坦克在大炮前方 10 km 处静止不动，探索降低或调高炮弹发射的初速度的情况下，应如何选择炮弹的发射角？从上述讨论中总结出最合理、有效的发射速度和发射角.

(4) 在上题结论的基础上，继续探索，假定坦克在大炮前方 10 km 处以每小时 50 km 向大炮方向前进，此时应如何制定迅速摧毁敌军坦克的方案？

注：在研究过程中，还要包括适当改变阻力系数 k 与炮弹的质量 m 所带来的变化.

7.4.3　综合上机实验

1. 上机目的

利用 Mathematica 软件，通过微分方程建模，研究蹦极跳运动.

2. 问题

在不考虑空气阻力和考虑空气阻力等情况下，研究在蹦极跳运动中，蹦极者与蹦极绳设计之间的各种关系.

3. 说明

蹦极绳相当于一根粗橡皮筋或有弹性的绳子. 当受到张力使之超过其自然长度时，绳子会产生一个线性回复力，即绳子会产生一个力使它恢复到自然长度，而这个力的大小与它被拉伸的长度成正比. 在一次完美的蹦极跳过程中，蹦极者爬上一座高桥或高的建筑物，把绳的一头系在自己身上，另一头系在一个固定物体(如桥栏杆)上，当他跳离桥时，激动人心的时刻就到来了. 这里要分析的是蹦极者从跳出桥一瞬间起他的运动规律.

首先要建立坐标系. 假设蹦极者的运动轨迹是垂直的，因此我们只要用一个坐标来确定他在时刻 t 的位置. 设 y 是垂直坐标轴，单位为英尺，正向朝下，选择 $y=0$ 为桥平面，时间 t 的单位为 s，蹦极者跳出的瞬间为 $t=0$，则 $y(t)$ 表示 t 时刻蹦极者的位置. 下面我们要求出 $y(t)$ 的表达式.

由牛顿第二定律，物体的质量乘以加速度等于物体所受的力. 我们假设蹦极者所受的力只有重力、空气阻力和蹦极绳产生的回复力. 当然，直到蹦极者降落的距离大于蹦极绳的自然长度时，蹦极绳才会产生回复力. 为简单起见，假设空气阻力的大小与速度成正比，比例系数为 1，蹦极绳回复力的比例系数为 0.4. 这些假设是合理的，所得到的数学结果与研究所做的蹦极实验非常吻合. 重力加速度 $g=32ft/s^2$.

现在我们来考虑一次具体的蹦极跳. 假设绳的自然长度为 $L=200ft$，蹦极者的体重为 160 lb[①]，则他的质量为 $m=160/32=5$ 斯[②]. 在他到达绳的自然长度(即 $y=-L=-200$) 前，蹦极者的坠落满足下列初值问题：

$$\frac{\mathrm{d}y}{\mathrm{d}t}=-g-\frac{1}{m}v,\ v(0)=0$$

利用 Mathematica 求解上述问题. 输入

```
g=32; m=5; L=200;
{{v1[At_],y1[At_]}}={v[At],y[At]}/.
    DSolve[A{v'[At]==-g-v[At]/m,y'[At]==v[At],v[A0]==0,y[A0]==0},
{v,y},t]
```

则输出

$$\{\{-160e^{-t/5}(-1+e^{t/5}),-160e^{-t/5}(5-5e^{t/5}+e^{t/5}t)\}\}$$

蹦极者坠落 L 英尺所用的时间为

```
t1=t/. FindRoot[Ay1[At]==-L,{t,2}]
4.00609
```

现在我们需要找到当蹦极绳产生回复力后的运动初始条件. 当 $t>t_1$ 时，蹦极者的坠落

满足方程

$$\frac{\mathrm{d}v}{\mathrm{d}t}=-g-\frac{1}{m}v-\frac{0.4}{m}(L+y)$$

初始条件为 $y(t1)=-L, v(t1)=v1(t1)$. 解初值问题：

```
{{v2[At_],y2[At_]}}={v[At],y[At]}/.
    DSolve[A{v'[At]==-g-v[At]/m-0.4*(L+y[At])/m,
        y'[At]==v[At],v[At1]==v1[At1],y[At1]==-L},{v,y},t]
```

则输出所求解，这个解是用复指数函数来表示的.

现在，蹦极者的位置由命令

```
bungeey[At_]=If[At<t1,y1[At],y2[At]]
```

给出，输入命令

```
Plot[Abungeey[At],{t,0,40},PlotRange->All]
```

则输出位置—时间图形，如图 2 所示.

从图 2 中可以看出，蹦极者大约在 13 s 内由桥面坠落 770 ft，然后弹回到桥面下 550 ft，上下振动几次，最终降落到桥面下大约 600 ft 处.

4. 上机报告

(1)在上述问题中($L=200, w=160$)，求出需要多长时间蹦极者才能到达他运动轨迹上的最低点，他能下降到桥面下多少英尺?

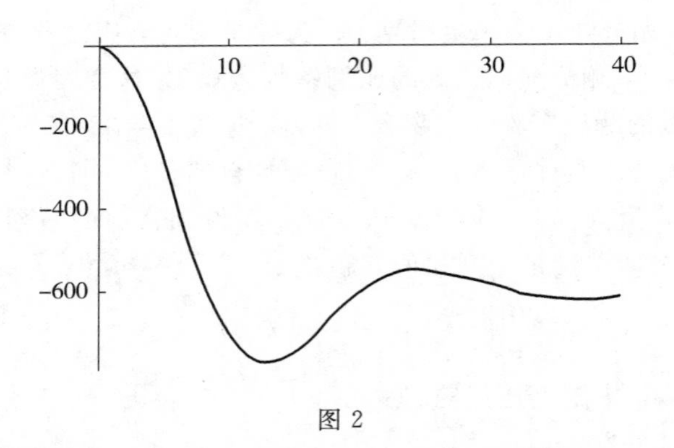

图 2

(2)用图描述一个体重为 195 lb，用 200 ft 长绳子的蹦极者的坠落. 在绳子对他产生力之前,他能做多长时间的“自由”降落?

(3)假设你有一根为 300 ft 长的蹦极索，在一组坐标轴上画出你所在实验组的全体成员的运动轨迹草图.

(4)一个 55 岁，体重为 185 lb 的蹦极者，用一根为 250 ft 长的蹦极索. 在降落过程中，他达到的最大速度是多少？当他最终停止运动时，他被挂在桥面下多少英尺？

(5)用不同的空气阻力系数和蹦极索常数做实验，确定一组合理的参数，使得在这组参数下，一个 160 lb 的蹦极者可以回弹到蹦极索的自然长度以上.

(6)科罗拉多的皇家乔治桥(它跨越皇家乔治峡谷)距谷底 1053 ft，一个 175 lb 的蹦极者希望能正好碰到谷底，则他应使用多长的绳子？

(7)假如上题中的蹦极者体重增加 10 lb，再用同样长的绳子从皇家乔治桥上跳下，则当他撞到乔治峡谷谷底时，他的坠落速度是多少？

习题答案

第1章

习题 1.1

1.(1)$x\neq\pm1$ 且 $x\geqslant-2$;(2)$(-\infty,-1)\cup(1,3)$;(3)$[1,4]$;(4)$[-\sqrt{2},\sqrt{2}]$.

2.(1) 不相同;(2) 不相同;(3) 不相同;(4) 相同.

3.(1) 奇函数;(2) 奇函数;(3) 偶函数;(4) 偶函数.

4.(1)$y=\mathrm{e}^{x-1}-2$;(2)$y=\log_2\left(\dfrac{x}{1-x}\right)$.

5.(1)$T=\pi$;(2)$T=2$.

6.(1) $\dfrac{x}{1-2x}$;(2) $\dfrac{x}{1-3x}$.

7.$f(x-1)=\begin{cases}1, & x\geqslant1\\0, & x<1\end{cases}$.

8.(1)$y=\sqrt{u}$,$u=\ln v$,$v=\sqrt{x}$;(2)$y=u^2$,$u=\lg v$,$v=\arccos w$,$w=x^3$;
(3)$y=a^u$,$u=v^2$,$v=\sin x$.

9.(1)$[-1,1]$;(2)$[1,\mathrm{e}]$.

10.$f(t)=5t+\dfrac{2}{t^2}$;$f(t^2+1)=5(t^2+1)+\dfrac{2}{(t^2+1)}$.

11.$f(x)=\begin{cases}0.15x, & 0<x\leqslant50\\7.5+0.25(x-50), & x>50\end{cases}$.

12.$y=5\pi r^2a+\dfrac{80\pi a}{r}(r>0)$.

习题 1.2

1.(1)2;(2)1;(3)0;(4) 不存在.

2.(1)0;(2)0;(3)1;(4) 不存在.

3.1.

4.不存在.

习题 1.3

1.(1) 无穷小;(2) 无穷大;(3) 无穷小;(4) 无穷大;(5) 无穷大;(6) 无穷小.

2.当 $x\to\infty$ 时,为无穷小,当 $x\to1$ 时,为无穷大.

3.(1)0;(2)0;(3)0.

习题 1.4

1. (1) -3; (2) 0; (3) $\frac{5}{3}$; (4) ∞; (5) $\frac{2}{3}$; (6) $\frac{1}{2}$; (7) -6; (8) ∞; (9) 0; (10) $\frac{2}{7}$; (11) 0; (12) ∞; (13) 0; (14) $\left(\frac{2}{5}\right)^{20}\left(\frac{3}{5}\right)^{30}$; (15) ∞; (16) $-\frac{1}{4}$.

2. $a=4$.

3. $a=1, b=-2$.

习题 1.5

1. (1) 7; (2) $\frac{2}{5}$; (3) $\frac{1}{2}$; (4) 3; (5) 9; (6) 0; (7) 0; (8) 2.

2. (1) e^5; (2) e^{-2}; (3) e^4; (4) e^{-2}; (5) $e^{-\frac{2}{3}}$; (6) e^{-2}; (7) e; (8) e^3.

3. 略.　4. 5.　5. $\ln 2$.　6. 6 640 元.　7. 15 059.71 元.

习题 1.6

1. $f(x)$ 在 $x=1$ 处连续，在 $x=3$ 处不连续.

2. 略.

3. (1) $(-1,+\infty)$; (2) $(-\infty,0)\cup(0,+\infty)$; (3) $(-\infty,+\infty)$.

4. $f(x)$ 在 $x=1$ 处不连续，在 $x=\frac{1}{2}, x=2$ 处连续.

5. (1) $x=-1$ 是无穷型间断点；(2) $x=0$ 是可去型间断点；(3) $x=1$ 是可去型间断点，$x=2$ 是无穷型间断点；(4) $x=0$ 是可去型间断点.

6. (1) $f(x)$ 在 $x=0$ 处不连续；(2) $f(x)$ 在 $x=0$ 处连续.

7. $a=2, b=1$.

8. $a=2, b=1$.

9. (1) $\sqrt{17}$; (2) $\tan 1$; (3) 0; (4) $\frac{1}{2}\ln 3$; (5) -2; (6) 5; (7) $\frac{2}{5}$.

10. 略.　11. 略.　12. 略.

第 2 章

习题 2.1

1. (1) $2f'(x_0)$; (2) $-f'(x_0)$; (3) $f'(x_0)$; (4) $-2f'(x_0)$.

2. $2x-y-1=0$

3. 0.

4. $f'_+(0)=0, f'_-(0)=-1, f'(0)$ 不存在.

5. $4y-x-4=0$, $y+4x-18=0$.

6. $a=b=1$.

7. 连续，不可导.

8. 连续，可导.

习题 2.2

1. (1) $3x^2-\frac{3}{x^4}$；(2) $\frac{1}{2}x^{-\frac{1}{2}}+\frac{1}{2}x^{-\frac{3}{2}}$；(3) $6x^2-10x$；(4) $3\cos x+\frac{2}{x}$；

(5) $-\sin x-2e^x-\csc x\cot x$；(6) $5x^4+5^x\ln 5$；(7) $2x\sin x+x^2\cos x$；

(8) $3x^2\ln x+x^2$；(9) $2\cos\varphi-\varphi\sin\varphi$；(10) $\sec x(1+x\tan x+\sec x)$；

(11) $\frac{2}{(x+1)^2}$；(12) $\frac{1-\ln x}{x^2}$；(13) $\frac{1}{\sqrt{x}\,(1-\sqrt{x})^2}$；(14) $\frac{1}{1+\cos x}$；

(15) $-\frac{2}{x\,(1+\ln x)^2}$；(16) $\frac{1+\sin x+\cos x}{(1+\cos x)^2}$；(17) $\ln x(\sin x+x\cos x)+\sin x$；

(18) $2e^x(\cos x-\sin x)$.

2. (1) $y'|_{x=0}=6, y'|_{x=1}=18$；(2) $\left.\frac{dy}{dx}\right|_{x=2}=4(3\ln 2+1)$.

3. $(-1,0)$ 和 $\left(\frac{1}{3},-\frac{32}{27}\right)$.

4. $b=\frac{9}{16}$.

5. $y=2x$ 和 $y=-2x+4$.

6. (1) $40x\,(2x^2+1)^9$；(2) $-\frac{1}{x^2}\sec^2\frac{1}{x}$；(3) $2x\left(\cos\frac{x^2}{2}+\sin x^2\right)$；

(4) $-3\sec(4-3x)\tan(4-3x)$；(5) $3\,(3x^2+x-1)^2(6x+1)$；(6) $\frac{2x}{(x^2+1)\ln 2}$；

(7) $4\csc 4x$；(8) $4x\sin 2x^2$；(9) $6(e^{2x}-\sin 3x)$；(10) $\frac{(1+2x)\sqrt{1+2x}-2}{(1+2x)^2}$；

(11) $-\frac{1}{3}\,(8-x)^{-\frac{2}{3}}$；(12) $\frac{3}{x\ln x\cdot\ln(\ln^3 x)}$；(13) $\frac{\sin 2x+2x\ln 3x\cos 2x}{x}$；

(14) $-\left(\frac{1}{2}\csc^2\frac{\varphi}{2}+3\csc 3\varphi\cot 3\varphi\right)$；(15) $\frac{e^{\sqrt{x}}}{2\sqrt{x}}+\frac{e^x}{2\sqrt{e^x}}$；(16) $\cos^2 2t-2(t+1)\sin 4t$；

(17) $2^{\sin x}\cos x\ln 2+2^x\ln 2\cos 2^x$；(18) $\csc x$；(19) $\frac{1}{2}\frac{a^2}{\sqrt{a^2-x^2}}$.

习题 2.3

1. (1) $\frac{2}{(1+x)^3}$；(2) $12\,(x+3)^2$；(3) $-(2\sin x+x\cos x)$；

(4) $4e^{2x}+2e(2e-1)\,x^{2e-2}$；(5) $-\frac{2(1+x^2)}{(1-x^2)^2}$；(6) $2\arctan x+\frac{2x}{1+x^2}$.

2. (1) $k^n e^{kx}$；(2) $y^{(n)}=(-1)^{n-1}\frac{(n-1)!}{(1+x)^n}$.

3. 207 360.

4. $\frac{f''(\ln x)-f'(\ln x)}{x^2}+\frac{f''(x)f(x)-[f'(x)]^2}{f^2(x)}$.

5. $f''(x)=\frac{x}{\sqrt{1-x^2}}$.　6. 略.

习题 2.4

1. (1) $-\dfrac{x^2+2y}{y^2+2x}$；(2) $\dfrac{e^{x+y}-y}{x-e^{x+y}}$；(3) $-\dfrac{e^y}{1+xe^y}$；(4) $\dfrac{\cos(x-y)-\cos y}{\cos(x-y)-x\sin y}$.

2. (1) $\left(\dfrac{x}{1+x}\right)^x\left(\ln\dfrac{x}{1+x}+\dfrac{1}{1+x}\right)$；(2) $x^{\cos x}\left(\dfrac{\cos x}{x}-\sin x\ln x\right)$；

(3) $(1+x)^x\left(\dfrac{x}{1+x}+\ln(1+x)\right)$；

(4) $\sqrt{\dfrac{(x+2)(3-x)}{x-4}}\left(\dfrac{1}{x+2}-\dfrac{1}{3-x}-\dfrac{1}{x-4}\right)$.

3. (1) $\dfrac{\sin(x+y)}{[\cos(x+y)-1]^3}$；(2) $-y^{-3}$.

4. (1) t^{-3}；(2) $\dfrac{\cos\theta-\theta\sin\theta}{1-\sin\theta-\theta\cos\theta}$.

5. (1) $-\dfrac{b}{a^2}\csc^3 t$；(2) $\dfrac{4}{9}e^{3t}$.

6. $\dfrac{3}{8}$ m/s.

7. $\dfrac{16}{25\pi}$ m/min.

8. $x-5y=9$ 或 $x+y=3$.

习题 2.5

1. (1) $\left(\dfrac{1}{2\sqrt{x}}-\dfrac{1}{x^2}\right)dx$；(2) $3(x^2-x+1)^2(2x-1)dx$；(3) $-3\sin 3x dx$；

(4) $\dfrac{4x}{1+2x^2}dx$；(5) $(\sin 2x+2x\cos 2x)dx$；(6) $(e^x-e^{-x})dx$；(7) $-2\sin 2x e^{\cos 2x}dx$；

(8) $(2x+2^x\ln 2)dx$；(9) $2\tan x\sec^2 x dx$；(10) $\dfrac{1}{2\sqrt{x-x^2}}dx$.

2. 当 $\Delta x=1$ 时，$\Delta y=18$，$dy=11$；当 $\Delta x=0.1$ 时，$\Delta y=1.161$，$dy=1.1$；当 $\Delta x=0.01$ 时，$\Delta y=0.1106$，$dy=0.11$.

3. $2\pi R_0 h$.

4. (1) -0.02；(2) 2.745；(3) 1.006；(4) 10.03.

第 3 章

习题 3.1

1. $\xi=2$.

2. $\xi=\dfrac{\pi}{2}$.

3. 在 $(1,2)$，$(2,3)$，$(3,4)$ 内有三个根.

4～9. 略.

习题 3.2

1. (1) $\frac{a}{b}$；(2) $\frac{m}{n}a^{m-n}$；(3)0；(4) $-\frac{1}{8}$；(5)0；(6)0；(7)0；(8)∞；(9)1；(10)0.

2. (1) $\frac{2}{\pi}$；(2)0；(3) $\frac{1}{2}$；(4)0.

3. (1)1；(2)1；(3)$e^{-\frac{1}{3}}$；(4) e^{-1}；(5)e^{3}.

4. 1.

5. $a=-3, b=\frac{9}{2}$.

习题 3.3

1. $\frac{1}{x}=-[1+(x+1)+(x+1)^2+\cdots+(x+1)^n]+$

$$(-1)^{n+1}\frac{(x+1)^{n+1}}{[-1+\theta(x+1)]^{n+2}}(0<\theta<1).$$

2. $x+\frac{2}{3!}\cdot\frac{1+2\sin^2(\theta x)x^3}{\cos^4(\theta x)}(0<\theta<1)$.

3. $\sqrt[3]{30}\approx 3.107\ 24, |R_3|<1.88\times 10^{-5}$.

4. (1) $\frac{1}{2}$；(2) $\frac{1}{3}$；(3) $\frac{1}{6}$.

5. 略.

习题 3.4

1. (1)$(-\infty,3)$ 单调递减，$(3,+\infty)$ 单调递增；(2) $\left(0,\frac{1}{2}\right)$ 单调递减，$\left(\frac{1}{2},+\infty\right)$ 单调递增；

(3) $(-\infty,-1)\cup(1,+\infty)$ 单调递减，$(-1,1)$ 单调递增；

(4) $(-\sqrt{2},\sqrt{2})$ 单调递减，$(-\infty,-\sqrt{2})\cup(\sqrt{2},+\infty)$ 单调递增；

(5) $(-\infty,-1)\cup\left(-1,\frac{1}{2}\right)$ 单调递减，$\left(\frac{1}{2},+\infty\right)$ 单调递增；

(6) $(-1,0)$ 单调递减，$(0,+\infty)$ 单调递增；

2. (1) 极小值 $f(2)=-3$，极大值 $f(-1)=\frac{3}{2}$；(2) 极大值 $f\left(\frac{3}{4}\right)=\frac{5}{4}$；(3) 极小值 $f(0)=0$，极大值 $f(2)=\frac{4}{e^2}$.

(4) $f(x)$ 在 $x_1=1$ 处取极小值 $f(1)=2$；在 $x_2=-1$ 处取极大值 $f(-1)=2$.

3. $a=2$.

4. 略.

5. 略.

习题 3.5

1. (1) 凸区间是$(-\infty,1)$，凹区间是$(1,+\infty)$，拐点是$(1,5)$；

(2) 凸区间是$\left(-\infty,-\frac{1}{2}\right)$，凹区间是$\left(-\frac{1}{2},+\infty\right)$，拐点是$\left(-\frac{1}{2},2\right)$；

(3) 凸区间是$(-\infty,-2)$,凹区间是$(-2,+\infty)$,拐点是$\left(-2,-\frac{2}{e^2}\right)$;

(4) 凸区间是$(-\infty,-1)\cup(1,+\infty)$,凹区间是$(-1,1)$,拐点是$(\pm 1,\ln 2)$;

(5) 当$x<0$时,曲线是凹的;当$x>0$时,曲线是凸的,$(0,0)$是曲线的拐点;

(6) 当$x<2$时,曲线是凸的;当$x>2$时,曲线是凹的.

2. $a=-\frac{3}{2},b=\frac{9}{2}$.

3. $a=-\frac{1}{2},b=\frac{3}{2},c=0,d=0$.

4. 略.

习题 3.6

1. (1) 水平渐进线$y=0$;(2) 水平渐进线$y=0$,垂直渐近线$x=-1$和$x=3$;

(3) 垂直渐近线为$x=-1$;(4) $y=x\pm\frac{\pi}{2}$为曲线的两条斜渐近线.

2. 略.

习题 3.7

1. $K=2$.

2. $K=2,\rho=\frac{1}{2}$.

3. $K=\left|\frac{2}{3a\sin 2t_0}\right|$.

4. $(\sqrt{2}/2,-\ln 2/2)$处曲率半径有最小值$3\sqrt{3}/2$.

习题 3.8

1. (1) 最大值$f(\pm 2)=13$,最小值$f(\pm 1)=4$;

(2) 最小值$f(0)=0$,最大值$f(1)=f\left(-\frac{1}{2}\right)=\frac{1}{2}$;

(3) 最大值$f(3)=18-\ln 3$,最小值$f\left(\frac{1}{3}\right)=\frac{2}{9}+\ln 3$.

2. 变长为 8 cm.

3. 长 6 dm,宽 3 dm,高 4 dm 是用料最省.

4. 矩形边长分别为$\frac{4\sqrt{5}}{5}R,\frac{\sqrt{5}}{5}R$.

5. 最短距离为$\frac{\sqrt{6}}{2}$.

第 4 章

习题 4.1

1. (1) $f(x)$;(2) $f(x)+C$;(3) $f(x)\mathrm{d}x$;(4) $f(x)+C$.

2. (1) $-\cos x+C$;(2) $2x^{-2}+C$;(3) $\frac{2}{3}x^{\frac{3}{2}}+C$;(4) $\frac{3^x}{\ln 3}+C$.

3. $y=\ln|x|+1$.

4. (1) $\frac{x^4}{4}+x^3+x+C$; (2) $\frac{2}{7}x^{\frac{7}{2}}+C$; (3) $\frac{2}{5}x^{\frac{5}{2}}+\frac{x^2}{2}+6\sqrt{x}+C$;

(4) $\frac{3}{10}x^{\frac{10}{3}}-\frac{15}{4}x^{\frac{4}{3}}+C$; (5) $x+\frac{\left(\frac{2}{3}\right)^x}{\ln 2-\ln 3}+C$; (6) $e^x-3\sin x+C$;

(7) $\frac{10^x}{\ln 10}-\cot x-x+C$; (8) $\tan x-\sec x+C$; (9) $e^{x-3}+C$;

(10) $\frac{80^x}{\ln 80}+C$; (11) $\ln|x|+\arctan x+C$; (12) $\sin x+\cos x+C$;

(13) $x-2\ln|x|-\frac{1}{x}+C$; (14) $\frac{x^3}{3}-x+\arctan x+C$

5. $f(x)=-\frac{1}{x\sqrt{1-x^2}}$.

6. $s=2\sin t+s_0$.

习题 4.2

1. (1)C; (2)C; (3)A.

2. (1) $\frac{1}{5}e^{5x+1}+C$;(2) $\frac{-1}{2(1+2x)}+C$;(3) $\sqrt{x^2+4}+C$;(4) $-\frac{3}{8}(1-2x)^{\frac{4}{3}}+C$;

(5) $\frac{\ln^5 x}{5}+C$;(6) $\frac{1}{2}\ln(x^2+5)+C$;(7) $-e^{\frac{1}{x}}+C$;(8) $\frac{1}{6}\arctan\frac{x}{6}+C$;

(9) $\frac{1}{3}\arcsin\frac{3}{2}x+C$;(10) $\ln|x^3-2x+1|+C$;(11) $2\sqrt{\sin x}+C$;(12) $-e^{\cos x}+C$.

3. (1) $6(\sqrt[6]{x}-\arctan\sqrt[6]{x})+C$;(2) $2\arcsin\frac{x}{2}-\frac{x}{2}\sqrt{4-x^2}+C$;

(3) $\frac{1}{2}\ln\left|\frac{\sqrt{x^2+4}-2}{x}\right|+C$;(4) $\sqrt{x^2-2}-\sqrt{2}\arccos\frac{\sqrt{2}}{x}+C$;

(5) $\frac{1}{2}\ln\left|\frac{\sqrt{4x^2+9}+2x}{3}\right|+C$;(6) $\ln\left|\frac{1-\sqrt{1-x^2}-2}{x}\right|+C$.

习题 4.3

1. (1) $-\frac{1}{2}x\cos 2x+\frac{1}{4}\sin 2x+C$;(2) $-xe^{-x}-e^{-x}+C$;

(3) $\frac{1}{2}\left[x^2\ln(x-1)-\frac{x^2}{2}-x-\ln|x-1|\right]+C$; (4) $x\arcsin x+\sqrt{1-x^2}+C$;

(5) $-\frac{1}{5}e^{-x}(\sin 2x+\cos 2x)+C$;(6) $\frac{1}{4}x^2+\frac{1}{4}x\sin 2x+\frac{1}{8}\cos 2x+C$;

(7) $\frac{1}{3}x^3\ln x-\frac{1}{9}x^3+C$;(8) $x\ln(1+x^2)-2x+2\arctan x+C$;

(9) $(x^2+2)\sin x+2x\cos x-2\sin x+C$;

(10) $\left(\frac{x^3}{3}+\frac{3}{2}x^2+x\right)\ln x-\frac{x^3}{9}-\frac{3}{4}x^2-x+C$；

(11) $-x\cos x+\sin x+C$；(12) $\frac{2}{9}(\sqrt[3]{x}-1)e^{\sqrt[3]{x}}+C$.

习题 4.4

1. (1) $\frac{x^3}{3}-\frac{3}{2}x+9x-27\ln|x+3|+C$；(2) $\ln|x|-\frac{1}{2}\ln(x^2+1)+C$；

(3) $\ln|x+1|-\frac{1}{2}\ln(x^2-x+1)+\sqrt{3}\arctan\frac{2x-1}{\sqrt{3}}+C$；

(4) $\int\left[\frac{1}{(x-1)^2}+\frac{2}{(x-1)^3}\right]dx=-\frac{1}{x-1}-\frac{1}{(x-1)^2}+C$；

(5) $2\ln|x|-2\ln|x+1|+\frac{2}{x+1}-\frac{1}{2(x+1)^2}+C$；

(6) $-2\ln|x+2|+2\ln|x+3|-\frac{3}{x+3}+C$；

(7) $\frac{1}{6}\ln\left(\frac{x^2+1}{x^2+4}\right)+C$；

(8) $\ln|x|-\frac{1}{4}\ln(x^2+1)-\frac{1}{2}\ln|x+1|-\frac{1}{2}\arctan x+C$.

2. (1) $\frac{1}{2\sqrt{3}}\arctan\frac{2\tan x}{\sqrt{3}}+C$；

(2) $\frac{1}{\sqrt{2}}\arctan\frac{\tan\frac{x}{2}}{\sqrt{2}}+C$.

3. $a\arcsin\frac{x}{a}-\sqrt{a^2-x^2}+C$.

第 5 章

习题 5.1

1. (1) 0；(2) $\frac{9\pi}{4}$.

3. (1) $\geqslant$；(2) $\geqslant$；(3) $\geqslant$.

4. (1) $[A1,2]$；(2) $\left[\frac{3\pi}{2},3\pi\right]$；(3) $\left[\frac{2}{e},2\right]$；(4) $\left[-\frac{\sqrt{2}\pi}{4},\frac{\sqrt{2}\pi}{4}\right]$.

5. 4.

习题 5.2

1. $y'(0)=0, y'\left(\frac{\pi}{4}\right)=\frac{\sqrt{2}}{2}$.

2. (1) $\frac{dy}{dx}=\sin^2 x$；(2) $\frac{dy}{dx}=2x\sqrt{1+x^4}$；(3) $\frac{3x^2}{\sqrt{1+x^{12}}}-\frac{2x}{\sqrt{1+x^8}}$；(4) $-e^{x^2}$；

(5) $\frac{2\sin x^2}{x}-\frac{\sin\sqrt{x}}{2x}$;(6) $-2x\arctan x^4$.

3.(1)1;(2) $\frac{1}{2}$.

4.(1)66;(2) $\frac{64}{3}$;(3)$1-\frac{\pi}{4}$;(4) $\frac{\pi}{2}$;(5) $\frac{3}{2}$;(6) $\frac{5}{2}$;(7)4;(8) $\frac{1}{2}(e-1)$;

(9) $\frac{1}{2}(25-\ln 26)$;(10)2;(11)$e-e^{\frac{1}{2}}$;(12) $\frac{\pi}{3}$.

6.最大值为 $F(0)=0$,最小值为 $F(4)=-\frac{32}{3}$.

7.略.

习题 5.3

1.(1)$4-2\ln 3$;(2)1;(3)$2\ln 2-\frac{3}{4}$;(4) $\frac{3}{2}+3\ln\frac{3}{2}$;(5)$2-\frac{\pi}{2}$;

(6) $\frac{\sqrt{3}}{2}+\frac{\pi}{3}$;(7) $\frac{\sqrt{3}}{3}\pi-\ln 2$;(8) $\frac{5\pi}{6}-\sqrt{3}+1$;(9) $\frac{4}{3}+\frac{1}{2}(e^6-e^2)$;(10) $\frac{8}{3}$.

2.(1)$1-2e^{-1}$;(2)1;(3)$2\ln 2-\frac{3}{4}$;(4)$\left(\frac{1}{4}-\frac{\sqrt{3}}{9}\right)\pi+\frac{1}{2}\ln\frac{3}{2}$;(5)$\ln 2-\frac{1}{2}$;

(6) $\frac{\sqrt{3}}{12}\pi+\frac{1}{2}$;(7) $\frac{\sqrt{3}}{3}\pi-\ln 2$;(8) $\frac{1}{5}(e^{\pi}-2)$;(9)$\ln\frac{2e}{1+e}$;(10) $\frac{1}{2}\ln 2+\frac{\pi^2}{32}$;

(11)$\ln 2-2+\frac{\pi}{2}$;(12) $\frac{\pi}{4}+\ln\frac{\sqrt{2}}{2}$.

3.(1)0;(2) $\frac{\pi^3}{324}$;(3)0;(4)0.

4.略.

习题 5.4

1.(1) 收敛,e^{-1};(2) 收敛,1;(3) 发散;(4) 收敛,π;(5) 收敛,1;(6) 发散;(7) 发散;

(8) 收敛,$2\ln 2-2$;(9) 收敛,$2-\frac{2}{e}$;(10) 收敛,1.

2.当 $k\leqslant 1$ 时,发散,当 $k>1$ 时,收敛,$\frac{1}{(k-1)(\ln 2)^{k-1}}$.

3.$c=\frac{5}{2}$.

习题 5.5

1.(1) $\frac{3}{2}-\ln 2$;(2)18;(3) $\frac{14}{3}$;(4) $\frac{32}{3}$;(5) $\frac{1}{12}$;(6) $\frac{7}{6}$.

2.(1)πa^2;(2)$18\pi a^2$;(3) $\frac{5\pi}{4}$;(4) $\frac{e^{\pi}-1}{8}$.

3.(1) $\frac{\pi}{2}$;(2) $\frac{27\pi}{40}$;(3) $\frac{44\pi}{15}$;(4) $\frac{\pi^2}{2}$;(5) $\frac{16\pi}{5}$.

4.(1)$v_x=\frac{128\pi}{7}$,$v_y=\frac{64\pi}{5}$;(2)$v_x=7.5\pi$,$v_y=24.8\pi$;

(3) $v_x=\frac{\pi^2}{4}, v_y=2\pi$;(4) $v_x=\pi(e-2), v_y=\frac{\pi}{2}(e^2+1)$.

5.(1) $\frac{10\sqrt{10}-8}{27}$;(2) $2\sqrt{3}-\frac{4}{3}$;(3) $\frac{61}{27}$;(4) 8;(5) $8a$.

6. $\frac{4}{3}$.

7. $v_y=\frac{8\pi}{3}$.

习题 5.6

1. 0.135 J.　2. 3.8 J.　3. $800\pi\ln 2$ J.　4. $\frac{27}{7}kc^{\frac{2}{3}}a^{\frac{7}{3}}$($k$ 为比例常数).

5. $(\sqrt{2}-1)$cm

6. $\frac{801}{4}\pi g$ kJ(水的密度为 1 000 kg/m^3)

7. $\frac{1}{2}\rho abg(2h+b\sin\delta)$.

8. $\frac{\pi a}{4}$.

9. 12.

第 6 章

习题 6.1

1. (1) 一阶;(2) 三阶;(3) 一阶.
2. (1) 是;(2) 是;(3) 是;(4) 否.
3. 略.
4. $C_1=0$, $C_2=1$.
5. $y'=x^2$.
6. $xy'+y=0$.

习题 6.2

1. (1) $e^y=\frac{e^{2x}}{2}+C$;(2) $(1+y)(1-x)=C$;

(3) $y=e^{Cx}$;(4) $3x^4+4(y+1)^3=C(C=12C_1)$;

(5) $(1+2y)(1+x^2)=C(C=C_1^{\ 2})$;(6) $(x-4)y^4=Cx(C=C_1^{\ 4})$.

2. (1) $\ln y=\csc x-\cot x$;(2) $x^2y=4$.

3. (1) $y+\sqrt{y^3-x^2}=Cx^2$;(2) $2x=(x-y)\ln(Cx)$;

(3) $x^3+3xy^2=C$;(4) $\ln\frac{y}{x}-1=Cx$.

4. (1) $y^2-x^2=y^3$;(2) $y+\sqrt{y^2+x^2}=x^2$.

5. (1) $y=e^{-\sin x}(x+C)$;(2) $y=\ln x(x^3+C)$;

(3) $y^{-\frac{1}{3}}=-\frac{3}{7}x^3+Cx^{\frac{2}{3}}$；(4) $y^{-1}=x\left(\frac{1}{2}\ln^2 x+C\right)$.

6. $y=2(e^x-x-1)$.

7. $\varphi(x)=\sin x+C\cos x$.

习题 6.3

1. (1) $y=x\arctan x-\frac{1}{2}\ln(1+x^2)+C_1x+C_2$；

(2) $y=xe^x-3e^x+\frac{C_1}{2}x^2+C_2x+C_3$；

(3) $y=\frac{x^3}{3}-x^2+2x-C_1e^{-x}+C_2$；(4) $y=-\ln|\cos(x+C_1)|+C_2$；

(5) $y=\frac{x^2}{2}+C_1\ln|x|+C_2$；(6) $y=C_1\left(x+\frac{1}{3}x^3\right)+C_2$.

2. (1) $y=\frac{1}{8}e^{2x}-\frac{e^2}{8}(2x^2-2x+1)$；(2) $y=\tan\left(x+\frac{\pi}{4}\right)$.

3. $y=\frac{1}{6}x^3+\frac{1}{2}x+1$.

习题 6.4

1. 略. 2. 略.

习题 6.5

1. (1) $y=C_1e^x+C_2e^{-2x}$；(2) $y=C_1+C_2e^{4x}$；

(3) $y=(C_1+C_2x)e^{-2x}$；(4) $y=e^{-2x}(C_1\cos x+C_2\sin x)$.

2. (1) $y=4e^x+2e^{3x}$；(2) $y=1+e^{-x}$.

3. (1) $y=Y+y^*=C_1e^x+C_2e^{-4x}+\frac{1}{36}(6x-7)e^{2x}$；

(2) $y=Y+y^*=C_1e^x+C_2e^{4x}+\frac{1}{32}(8x^2+12x+19)$；

(3) $y=Y+y^*=(C_1+C_2x)e^{3x}+\frac{x^2}{2}e^{3x}(\frac{x}{3}+1)$；

(4) $y=Y+y_1^*+y_2{}^*=C_1e^{-x}+C_2e^x+\frac{1}{2}(xe^x-\cos x)$.

4. (1) $y=e^x+x^2$；(2) $y=\frac{1}{4}[(x+1)e^{-x}+(x-1)e^x]$.

习题 6.6

1. (1) $Q=p^{-p}$；(2) 稳定.

2. (1) $p_e=\left(\frac{a}{b}\right)^{\frac{1}{3}}$；(2) $p=\left[\frac{a}{b}-\left(\frac{a}{b}-1\right)e^{-3kbt}\right]^{\frac{1}{3}}$；(3) p_e.

3. $B_0=240\ 000(1-e^{-1})$.

4. $D=\frac{1}{400}t^2+\frac{1}{4}t+0.1$.

5. 500 条.

6. 4.44 kg.

习题 6.7

1. (1) $y=y^{*}+Y=\frac{1}{2}+\mathrm{e}^{-2x}(C_1\cos 2x+C_2\mathrm{i}\sin 2x)$;

(2) $y=y^{*}+Y=\frac{4}{15}\mathrm{e}^{3x}+C_1+C_2\mathrm{e}^{-2x}$

(3) $y=y^{*}+Y=-9x\mathrm{e}^{-2x}+C_1\mathrm{e}^{-x}+C_2\mathrm{e}^{-2x}$.

(4) $y=y^{*}+Y=\frac{1}{17}\cos 2x-\frac{4}{17}\sin 2x+\mathrm{e}^{x}(C_1\cos 2x+C_2\mathrm{i}\sin 2x)$.

2. (1) $y^{*}=\frac{1}{L(2)}\mathrm{e}^{2x}=\frac{1}{21}\mathrm{e}^{2x}$.

(2) $y^{*}=y_1^{*}+y_2^{*}=\frac{3}{2}x+\frac{9}{4}+\frac{3}{4}\cos 2x-\frac{1}{4}\sin 2x$.

3. (1) $y=y_1^{*}+y_2^{*}+Y=\frac{1}{17}\mathrm{e}^{2x}+\frac{1}{5}-\mathrm{e}^{-2x}\left(\frac{22}{85}\cos x+\frac{54}{85}\sin x\right)$.

(2) $y=y_1^{*}+y_2^{*}+Y=-\frac{1}{20}\cos 2x+\frac{1}{10}\sin 2x-\frac{1}{32}\cos 4x+\frac{1}{32}\sin 4x+\frac{13}{160}\mathrm{e}^{-4x}$.

习题 6.8

1. (1) $\Delta^2 y_x=\Delta(\Delta y_x)=y_{x+2}-2y_{x+1}+y_x=12x+10$.

(2) $\Delta^2 y_x=\mathrm{e}^{3x}(\mathrm{e}^3-1)^2$.

2. (1) 三阶;(2) 六阶.

3. $a=2\mathrm{e}-\mathrm{e}^2$.

4. (1) $y_x=c\left(\frac{3}{2}\right)^x$;(2) $y_x=c(-1)^x$;(3) $y_x=c$.

5. (1) $y_x^{*}=3\left(-\frac{5}{2}\right)^x$;(2) $y_x^{*}=2$.

6. (1) $y=Y+y_x^{*}=c5^x-\frac{3}{4}$;(2) $y=Y+y_t^{*}=c\left(\frac{1}{2}\right)^t-\frac{2^{t+1}}{3}$.

7. 14 年.

附录　积分表

(一) 含有 $ax+b$ 的积分

1. $\int \frac{dx}{ax+b} = \frac{1}{a}\ln|ax+b| + C$

2. $\int (ax+b)^{\mu}dx = \frac{1}{a(\mu+1)}(ax+b)^{\mu+1} + C(\mu \neq -1)$

3. $\int \frac{x}{ax+b}dx = \frac{1}{a^2}(ax+b-b\ln|ax+b|) + C$

4. $\int \frac{x^2}{ax+b}dx = \frac{1}{a^3}\left[\frac{1}{2}(ax+b)^2 - 2b(ax+b) + b^2\ln|ax+b|\right] + C$

5. $\int \frac{dx}{x(ax+b)} = -\frac{1}{b}\ln\left|\frac{ax+b}{x}\right| + C$

6. $\int \frac{dx}{x^2(ax+b)} = -\frac{1}{bx} + \frac{a}{b^2}\ln\left|\frac{ax+b}{x}\right| + C$

7. $\int \frac{x}{(ax+b)^2}dx = \frac{1}{a^2}\left(\ln|ax+b| + \frac{b}{ax+b}\right) + C$

8. $\int \frac{x^2}{(ax+b)^2}dx = \frac{1}{a^3}\left(ax+b-2b\ln|ax+b| - \frac{b^2}{ax+b}\right) + C$

9. $\int \frac{dx}{x(ax+b)^2} = \frac{1}{b(ax+b)} - \frac{1}{b(ax+b)} - \frac{1}{b^2}\ln\left|\frac{ax+b}{x}\right| + C$

(二) 含有 $\sqrt{ax+b}$ 的积分

10. $\int \sqrt{ax+b}\,dx = \frac{2}{3a}\sqrt{(ax+b)^3} + C$

11. $\int x\sqrt{ax+b}\,dx = \frac{2}{15a^2}(3ax-2b)\sqrt{(ax+b)^3} + C$

12. $\int x^2\sqrt{ax+b}\,dx = \frac{2}{105a^3}(15a^2x^2 - 12abx + 8b^2)\sqrt{(ax+b)^3} + C$

13. $\int \frac{x}{\sqrt{ax+b}}dx = \frac{2}{3a^2}(ax-2b)\sqrt{ax+b} + C$

14. $\int \frac{x^2}{\sqrt{ax+b}}dx = \frac{2}{15a^3}(3a^2x^2 - 3abx + 8b^2)\sqrt{ax+b} + C$

15. $\displaystyle\int\frac{dx}{x\sqrt{ax+b}}=\begin{cases}\dfrac{1}{\sqrt{b}}\ln\left|\dfrac{\sqrt{ax+b}-\sqrt{b}}{\sqrt{ax+b}+\sqrt{b}}\right|+C & (b>0)\\ \dfrac{2}{\sqrt{-b}}\arctan\sqrt{\dfrac{ax+b}{-b}}+C & (b<0)\end{cases}$

16. $\displaystyle\int\frac{dx}{x^2\sqrt{ax+b}}=-\frac{\sqrt{ax+b}}{bx}-\frac{a}{2b}\int\frac{dx}{x\sqrt{ax+b}}$

17. $\displaystyle\int\frac{\sqrt{ax+b}}{x}dx=2\sqrt{ax+b}+b\int\frac{dx}{x\sqrt{ax+b}}$

18. $\displaystyle\int\frac{\sqrt{ax+b}}{x^2}dx=-\frac{\sqrt{ax+b}}{x}+\frac{a}{2}\int\frac{dx}{x\sqrt{ax+b}}$

(三) 含有 $x^2\pm a^2$ 的积分

19. $\displaystyle\int\frac{dx}{x^2+a^2}=\frac{1}{a}\arctan\frac{x}{a}+C$

20. $\displaystyle\int\frac{dx}{(x^2+a^2)^n}=\frac{x}{2(n-1)a^2(x^2+a^2)^{n-1}}+\frac{2n-3}{2(n-1)a^2}\int\frac{dx}{(x^2+a^2)^{n-1}}$

21. $\displaystyle\int\frac{dx}{x^2-a^2}=\frac{1}{2a}\ln\left|\frac{x-a}{x+a}\right|+C$

(四) 含有 $ax^2+b(a>0)$ 的积分

22. $\displaystyle\int\frac{dx}{ax^2+b}=\begin{cases}\dfrac{1}{\sqrt{ab}}\arctan\sqrt{\dfrac{a}{b}}x+C & (b>0)\\ \dfrac{1}{2\sqrt{-ab}}\ln\left|\dfrac{\sqrt{a}x-\sqrt{-b}}{\sqrt{a}x+\sqrt{-b}}\right|+C & (b<0)\end{cases}$

23. $\displaystyle\int\frac{x}{ax^2+b}dx=\frac{1}{2a}\ln|ax^2+b|+C$

24. $\displaystyle\int\frac{x^2}{ax^2+b}dx=\frac{x}{a}-\frac{b}{a}\int\frac{dx}{ax^2+b}$

25. $\displaystyle\int\frac{dx}{x(ax^2+b)}=\frac{1}{2b}\ln\frac{x^2}{|ax^2+b|}+C$

26. $\displaystyle\int\frac{dx}{x^2(ax^2+b)}=-\frac{1}{bx}-\frac{a}{b}\int\frac{dx}{ax^2+b}$

27. $\displaystyle\int\frac{dx}{x^3(ax^2+b)}=\frac{a}{2b^2}\ln\frac{|ax^2+b|}{x^2}-\frac{1}{2bx^2}+C$

28. $\displaystyle\int\frac{dx}{(ax^2+b)^2}=\frac{x}{2b(ax^2+b)}+\frac{1}{2b}\int\frac{dx}{ax^2+b}$

(五) 含有 $ax^2+bx+c(a>0)$ 的积分

29. $$\int\frac{\mathrm{d}x}{ax^2+bx+c}=\begin{cases}\dfrac{2}{\sqrt{4ac-b^2}}\arctan\dfrac{2ax+b}{\sqrt{4ac-b^2}}+C & (b^2<4ac)\\ \dfrac{1}{\sqrt{b^2-4ac}}\ln\left|\dfrac{2ax+b-\sqrt{b^2-4ac}}{2ax+b+\sqrt{b^2-4ac}}\right|+C & (b^2>4ac)\end{cases}$$

30. $$\int\frac{x}{ax^2+bx+c}\mathrm{d}x=\frac{1}{2a}\ln|ax^2+bx+c|-\frac{b}{2a}\int\frac{\mathrm{d}x}{ax^2+bx+c}$$

(六) 含有 $\sqrt{x^2+a^2}(a>0)$ 的积分

31. $$\int\frac{\mathrm{d}x}{\sqrt{x^2+a^2}}=\operatorname{arsh}\frac{x}{a}+C_1=\ln(x+\sqrt{x^2+a^2})+C$$

32. $$\int\frac{\mathrm{d}x}{\sqrt{(x^2+a^2)^3}}=\frac{x}{a^2\sqrt{x^2+a^2}}+C$$

33. $$\int\frac{x}{\sqrt{x^2+a^2}}\mathrm{d}x=\sqrt{x^2+a^2}+C$$

34. $$\int\frac{x}{\sqrt{(x^2+a^2)^3}}\mathrm{d}x=-\frac{1}{\sqrt{x^2+a^2}}+C$$

35. $$\int\frac{x^2}{\sqrt{x^2+a^2}}\mathrm{d}x=\frac{x}{2}\sqrt{x^2+a^2}-\frac{a^2}{2}\ln(x+\sqrt{x^2+a^2})+C$$

36. $$\int\frac{x^2}{\sqrt{(x^2+a^2)^3}}\mathrm{d}x=-\frac{x}{\sqrt{x^2+a^2}}+\ln(x+\sqrt{x^2+a^2})+C$$

37. $$\int\frac{\mathrm{d}x}{x\sqrt{x^2+a^2}}=\frac{1}{a}\ln\frac{\sqrt{x^2+a^2}-a}{|x|}+C$$

38. $$\int\frac{\mathrm{d}x}{x^2\sqrt{x^2+a^2}}=-\frac{\sqrt{x^2+a^2}}{a^2x}+C$$

39. $$\int\sqrt{x^2+a^2}\,\mathrm{d}x=\frac{x}{2}\sqrt{x^2+a^2}+\frac{a^2}{2}\ln(x+\sqrt{x^2+a^2})+C$$

40. $$\int\sqrt{(x^2+a^2)^3}\,\mathrm{d}x=\frac{x}{8}(2x^2+5a^2)\sqrt{x^2+a^2}+\frac{3}{8}a^4\ln(x+\sqrt{x^2+a^2})+C$$

41. $$\int x\sqrt{x^2+a^2}\,\mathrm{d}x=\frac{1}{3}\sqrt{(x^2+a^2)^3}+C$$

42. $$\int x^2\sqrt{x^2+a^2}\,\mathrm{d}x=\frac{x}{8}(2x^2+a^2)\sqrt{x^2+a^2}-\frac{a^4}{8}\ln(x+\sqrt{x^2+a^2})+C$$

43. $$\int\frac{\sqrt{x^2+a^2}}{x}\mathrm{d}x=\sqrt{x^2+a^2}+a\ln\frac{\sqrt{x^2+a^2}-a}{|x|}+C$$

44. $$\int\frac{\sqrt{x^2+a^2}}{x^2}\mathrm{d}x=-\frac{\sqrt{x^2+a^2}}{x}+\ln(x+\sqrt{x^2+a^2})+C$$

(七) 含有$\sqrt{x^2-a^2}\ (a>0)$的积分

45. $\int \frac{\mathrm{d}x}{\sqrt{x^2-a^2}}=\frac{x}{|x|}\operatorname{arch}\frac{|x|}{a}+C_1=\ln|x+\sqrt{x^2-a^2}|+C$

46. $\int \frac{\mathrm{d}x}{\sqrt{(x^2-a^2)^3}}=-\frac{x}{a^2\sqrt{x^2-a^2}}+C$

47. $\int \frac{x}{\sqrt{x^2-a^2}}\mathrm{d}x=\sqrt{x^2-a^2}+C$

48. $\int \frac{x}{\sqrt{(x^2-a^2)^3}}\mathrm{d}x=-\frac{1}{\sqrt{x^2-a^2}}+C$

49. $\int \frac{x^2}{\sqrt{x^2-a^2}}\mathrm{d}x=\frac{x}{2}\sqrt{x^2-a^2}+\frac{a^2}{2}\ln|x+\sqrt{x^2-a^2}|+C$

50. $\int \frac{x^2}{\sqrt{(x^2-a^2)^3}}\mathrm{d}x=-\frac{x}{\sqrt{x^2-a^2}}+\ln|x+\sqrt{x^2-a^2}|+C$

51. $\int \frac{\mathrm{d}x}{x\sqrt{x^2-a^2}}=\frac{1}{a}\arccos\frac{a}{|x|}+C$

52. $\int \frac{\mathrm{d}x}{x\sqrt{x^2-a^2}}=\frac{\sqrt{x^2-a^2}}{a^2x}+C$

53. $\int \sqrt{x^2-a^2}\,\mathrm{d}x=\frac{x}{2}\sqrt{x^2-a^2}-\frac{a^2}{2}\ln|x+\sqrt{x^2-a^2}|+C$

54. $\int \sqrt{(x^2-a^2)^3}\,\mathrm{d}x=\frac{x}{8}(2x^2-5a^2)\sqrt{x^2-a^2}+\frac{3}{8}a^4\ln|x+\sqrt{x^2-a^2}|+C$

55. $\int x\sqrt{x^2-a^2}\,\mathrm{d}x=\frac{1}{3}\sqrt{(x^2-a^2)^3}+C$

56. $\int x^2\sqrt{x^2-a^2}\,\mathrm{d}x=\frac{x}{8}(2x^2-a^2)\sqrt{x^2-a^2}-\frac{a^4}{8}\ln|x+\sqrt{x^2-a^2}|+C$

57. $\int \frac{\sqrt{x^2-a^2}}{x}\mathrm{d}x=\sqrt{x^2-a^2}-a\arccos\frac{a}{|x|}+C$

58. $\int \frac{\sqrt{x^2-a^2}}{x^2}\mathrm{d}x=-\frac{\sqrt{x^2-a^2}}{x}+\ln|x+\sqrt{x^2-a^2}|+C$

(八) 含有$\sqrt{a^2-x^2}\ (a>0)$的积分

59. $\int \frac{\mathrm{d}x}{\sqrt{a^2-x^2}}=\arcsin\frac{x}{a}+C$

60. $\int \frac{\mathrm{d}x}{\sqrt{(a^2-x^2)^3}}=\frac{x}{a^2\sqrt{a^2-x^2}}+C$

61. $\int \frac{x}{\sqrt{a^2-x^2}}\mathrm{d}x=-\sqrt{a^2-x^2}+C$

62. $\int \frac{x}{\sqrt{(a^2-x^2)^3}}\mathrm{d}x=\frac{1}{\sqrt{a^2-x^2}}+C$

63. $\int \frac{x^2}{\sqrt{a^2-x^2}}\mathrm{d}x=-\frac{x}{2}\sqrt{a^2-x^2}+\frac{a^2}{2}\arcsin\frac{x}{a}+C$

64. $\int \frac{x^2}{\sqrt{(a^2-x^2)^3}}\mathrm{d}x=\frac{x}{\sqrt{a^2-x^2}}-\arcsin\frac{x}{a}+C$

65. $\int \frac{x^2}{x\sqrt{a^2-x^2}}=\frac{1}{a}\ln\frac{a-\sqrt{a^2-x^2}}{|x|}+C$

66. $\int \frac{\mathrm{d}x}{x^2\sqrt{a^2-x^2}}=-\frac{\sqrt{a^2-x^2}}{a^2x}+C$

67. $\int \sqrt{a^2-x^2}\,\mathrm{d}x=\frac{x}{2}\sqrt{a^2-x^2}+\frac{a^2}{2}\arcsin\frac{x}{a}+C$

68. $\int \sqrt{(a^2-x^2)^3}\,\mathrm{d}x=\frac{x}{8}(5a^2-2x^2)\sqrt{a^2-x^2}+\frac{3}{8}a^4\arcsin\frac{x}{a}+C$

69. $\int x\sqrt{a^2-x^2}\,\mathrm{d}x=-\frac{1}{3}\sqrt{(a^2-x^2)^3}+C$

70. $\int x^2\sqrt{a^2-x^2}\,\mathrm{d}x=\frac{x}{8}(2x^2-a^2)\sqrt{a^2-x^2}+\frac{a^4}{8}\arcsin\frac{x}{a}+C$

71. $\int \frac{\sqrt{a^2-x^2}}{x}\mathrm{d}x=\sqrt{a^2-x^2}+a\ln\frac{a-\sqrt{a^2-x^2}}{|x|}+C$

72. $\int \frac{\sqrt{a^2-x^2}}{x^2}\mathrm{d}x=-\frac{\sqrt{a^2-x^2}}{x}-\arcsin\frac{x}{a}+C$

(九) 含有$\sqrt{\pm ax^2+bx+c}\,(a>0)$的积分

73. $\int \frac{\mathrm{d}x}{\sqrt{ax^2+bx+c}}=\frac{1}{\sqrt{a}}\ln|2ax+b+2\sqrt{a}\sqrt{ax^2+bx+c}|+C$

74. $\int \sqrt{ax^2+bx+c}\,\mathrm{d}x=\frac{2ax+b}{4a}\sqrt{ax^2+bx+c}+\frac{4ac-b^2}{8\sqrt{a^3}}\ln|2ax+b+$

$2\sqrt{a}\sqrt{ax^2+bx+c}|+C$

75. $\int \frac{x}{\sqrt{ax^2+bx+c}}\mathrm{d}x=\frac{1}{a}\sqrt{ax^2+bx+c}-\frac{b}{2\sqrt{a^3}}\ln|2ax+b+2\sqrt{a}\sqrt{ax^2+bx+c}|+C$

76. $\int \frac{\mathrm{d}x}{\sqrt{c+bx-ax^2}}=-\frac{1}{\sqrt{a}}\arcsin\frac{2ax-b}{\sqrt{b^2+4ac}}+C$

77. $\int \sqrt{c+bx-ax^2}\,\mathrm{d}x=\frac{2ax-b}{4a}\sqrt{c+bx-ax^2}+\frac{b^2+4ac}{8\sqrt{a^3}}\arcsin\frac{2ax-b}{\sqrt{b^2+4ac}}+C$

78. $\int \frac{x}{\sqrt{c+bx-ax^2}}\mathrm{d}x=-\frac{1}{a}\sqrt{c+bx-ax^2}+\frac{b}{2\sqrt{a^3}}\arcsin\frac{2ax-b}{\sqrt{b^2+4ac}}+C$

(十) 含有$\sqrt{\pm\frac{x-a}{x-b}}$或$\sqrt{(x-a)(b-x)}$的积分

79. $\int \sqrt{\frac{x-a}{x-b}}\,\mathrm{d}x=(x-b)\sqrt{\frac{x-a}{x-b}}+(b-a)\ln(\sqrt{|x-a|}+\sqrt{|x-b|})+C$

80. $\int\sqrt{\frac{x-a}{b-x}}\mathrm{d}x=(x-b)\sqrt{\frac{x-a}{b-x}}+(b-a)\arcsin\sqrt{\frac{x-a}{b-a}}+C$

81. $\int\frac{\mathrm{d}x}{\sqrt{(x-a)(b-x)}}=2\arcsin\sqrt{\frac{x-a}{b-a}}+C\quad(a<b)$

82. $\int\sqrt{(x-a)(b-x)}\mathrm{d}x=\frac{2x-a-b}{4}\sqrt{(x-a)(b-x)}+\frac{(b-a)^2}{4}\arcsin\sqrt{\frac{x-a}{b-a}}+C\quad(a<b)$

(十一) 含有三角函数的积分

83. $\int\sin x\mathrm{d}x=-\cos x+C$

84. $\int\cos x\mathrm{d}x=\sin x+C$

85. $\int\tan x\mathrm{d}x=-\ln|\cos x|+C$

86. $\int\cot x\mathrm{d}x=\ln|\sin x|+C$

87. $\int\sec x\mathrm{d}x=\ln\left|\tan\left(\frac{\pi}{4}+\frac{x}{2}\right)\right|+C=\ln|\sec x+\tan x|+C$

88. $\int\csc x\mathrm{d}x=\ln\left|\tan\frac{x}{2}\right|+C=\ln|\csc x-\cot x|+C$

89. $\int\sec^2 x\mathrm{d}x=\tan x+C$

90. $\int\csc^2 x\mathrm{d}x=-\cot x+C$

91. $\int\sec x\tan x\mathrm{d}x=\sec x+C$

92. $\int\csc x\cot x\mathrm{d}x=-\csc x+C$

93. $\int\sin^2 x\mathrm{d}x=\frac{x}{2}-\frac{1}{4}\sin 2x+C$

94. $\int\cos^2 x\mathrm{d}x=\frac{x}{2}+\frac{1}{4}\sin 2x+C$

95. $\int\sin^n x\mathrm{d}x=-\frac{1}{n}\sin^{n-1}x\cos x+\frac{n-1}{n}\int\sin^{n-2}\mathrm{d}x$

96. $\int\cos^n\mathrm{d}x=\frac{1}{n}\cos^{n-1}x\sin x+\frac{n-1}{n}\int\cos^{n-2}x\mathrm{d}x$

97. $\int\frac{\mathrm{d}x}{\sin^n x}=-\frac{1}{n-1}\cdot\frac{\cos x}{\sin^{n-1}x}+\frac{n-2}{n-1}\int\frac{\mathrm{d}x}{\sin^{n-2}x}$

98. $\int\frac{\mathrm{d}x}{\cos^n x}=\frac{1}{n-1}\cdot\frac{\sin x}{\cos^{n-1}x}+\frac{n-2}{n-1}\int\frac{\mathrm{d}x}{\cos^{n-2}x}$

99. $\int\cos^m x\sin^n x\mathrm{d}x=\frac{1}{m+n}\cos^{m-1}x\sin^{n+1}x+\frac{m-1}{m+n}\int\cos^{m-2}x\sin^n x\mathrm{d}x=$

$$-\frac{1}{m+n}\cos^{m+1}x\sin^{n-1}x+\frac{n-1}{m+n}\int\cos^m x\sin^{n-2}x\mathrm{d}x$$

100. $\int \sin ax\cos bx\,dx=-\frac{1}{2(a+b)}\cos(a+b)x-\frac{1}{2(a-b)}\cos(a-b)x+C$

101. $\int \sin ax\sin bx\,dx=-\frac{1}{2(a+b)}\sin(a+b)x+\frac{1}{2(a-b)}\sin(a-b)x+C$

102. $\int \cos ax\cos bx\,dx=\frac{1}{2(a+b)}\sin(a+b)x+\frac{1}{2(a-b)}\sin(a-b)x+C$

103. $\int \frac{dx}{a+b\sin x}=\frac{2}{\sqrt{a^2-b^2}}\arctan\frac{a\tan\frac{x}{2}+b}{\sqrt{a^2-b^2}}+C\quad(a^2>b^2)$

104. $\int \frac{dx}{a+b\sin x}=\frac{1}{\sqrt{b^2-a^2}}\ln\left|\frac{a\tan\frac{x}{2}+b-\sqrt{b^2-a^2}}{a\tan\frac{x}{2}+b+\sqrt{b^2-a^2}}\right|+C\quad(a^2<b^2)$

105. $\int \frac{dx}{a+b\cos x}=\frac{2}{a+b}\sqrt{\frac{a+b}{a-b}}\arctan\left(\sqrt{\frac{a-b}{a+b}}\tan\frac{x}{2}\right)+C\quad(a^2>b^2)$

106. $\int \frac{dx}{a+b\cos x}=\frac{1}{a+b}\sqrt{\frac{a+b}{b-a}}\ln\left|\frac{\tan\frac{x}{2}+\sqrt{\frac{a+b}{b-a}}}{\tan\frac{x}{2}-\sqrt{\frac{a+b}{b-a}}}\right|+C\quad(a^2<b^2)$

107. $\int \frac{dx}{a^2\cos^2x+b^2\sin^2x}=\frac{1}{ab}\arctan\left(\frac{b}{a}\tan x\right)+C$

108. $\int \frac{dx}{a^2\cos^2x-b^2\sin^2x}=\frac{1}{2ab}\ln\left|\frac{b\tan x+a}{b\tan x-a}\right|+C$

109. $\int x\sin ax\,dx=\frac{1}{a^2}\sin ax-\frac{1}{a}x\cos ax+C$

110. $\int x^2\sin ax\,dx=-\frac{1}{a}x^2\cos ax+\frac{2}{a^2}x^2\sin ax+\frac{2}{a^3}\cos ax+C$

111. $\int x\cos ax\,dx=\frac{1}{a^2}\cos ax+\frac{1}{a}x\sin ax+C$

112. $\int x^2\cos ax\,dx=\frac{1}{a}x^2\sin ax+\frac{2}{a^2}x\cos ax-\frac{2}{a^3}\sin ax+C$

(十二) 含有反三角函数的积分(其中 $a>0$)

113. $\int \arcsin\frac{x}{a}\,dx=x\arcsin\frac{x}{a}+\sqrt{a^2-x^2}+C$

114. $\int x\arcsin\frac{x}{a}\,dx=\left(\frac{x^2}{2}-\frac{a^2}{4}\right)\arcsin\frac{x}{a}+\frac{x}{4}\sqrt{a^2-x^2}+C$

115. $\int x^2\arcsin\frac{x}{a}\,dx=\frac{x^3}{3}\arcsin\frac{x}{a}+\frac{1}{9}(x^2+2a^2)\sqrt{a^2-x^2}+C$

116. $\int \arccos\frac{x}{a}\,dx=x\arccos\frac{x}{a}-\sqrt{a^2-x^2}+C$

117. $\int x\arccos\frac{x}{a}\,dx=\left(\frac{x^2}{2}-\frac{a^2}{4}\right)\arccos\frac{x}{a}-\frac{x}{4}\sqrt{a^2-x^2}+C$

118. $\int x^2\arccos\frac{x}{a}dx=\frac{x^3}{3}\arccos\frac{x}{a}-\frac{1}{9}(x^2+2a^2)\sqrt{a^2-x^2}+C$

119. $\int\arctan\frac{x}{a}dx=x\arctan\frac{x}{a}-\frac{a}{2}\ln(a^2+x^2)+C$

120. $\int x\arctan\frac{x}{a}dx=\frac{1}{2}(a^2+x^2)\arctan\frac{x}{a}-\frac{a}{2}x+C$

121. $\int x^2\arctan\frac{x}{a}dx=\frac{x^3}{3}\arctan\frac{x}{a}-\frac{a}{6}x^2+\frac{a^3}{6}\ln(a^2+x^2)+C$

（十三）含有指数函数的积分

122. $\int a^x dx=\frac{1}{\ln a}a^x+C$

123. $\int e^{ax}dx=\frac{1}{a}e^{ax}+C$

124. $\int xe^{ax}dx=\frac{1}{a^2}(ax-1)e^{ax}+C$

125. $\int x^n e^{ax}dx=\frac{1}{a}x^n e^{ax}-\frac{n}{a}\int x^{n-1}e^{ax}dx$

126. $\int xa^x dx=\frac{x}{\ln a}a^x-\frac{1}{(\ln a)^2}a^x+C$

127. $\int x^n a^x dx=\frac{1}{\ln a}x^n a^x-\frac{n}{\ln a}\int x^{n-1}a^x dx$

128. $\int e^{ax}\sin bx\,dx=\frac{1}{a^2+b^2}e^{ax}(a\sin bx-b\cos bx)+C$

129. $\int e^{ax}\cos bx\,dx=\frac{1}{a^2+b^2}e^{ax}(b\sin bx+a\cos bx)+C$

130. $\int e^{ax}\sin^n bx\,dx=\frac{1}{a^2+b^2n^2}e^{ax}\sin^{n-1}bx(a\sin bx-nb\cos bx)+\frac{n(n-1)b^2}{a^2+b^2n^2}\int e^{ax}\sin^{n-2}bx\,dx$

131. $\int e^{ax}\cos^n bx\,dx=\frac{1}{a^2+b^2n^2}e^{ax}\cos^{n-1}bx(a\cos bx+nb\sin bx)+\frac{n(n-1)b^2}{a^2+b^2n^2}\int e^{ax}\cos^{n-2}bx\,dx$

（十四）含有对数函数的积分

132. $\int\ln x\,dx=x\ln x-x+C$

133. $\int\frac{dx}{x\ln x}=\ln|\ln x|+C$

134. $\int x^n\ln x\,dx=\frac{1}{n+1}x^{n+1}\left(\ln x-\frac{1}{n+1}\right)+C$

135. $\int (\ln x)^n \mathrm{d}x = x(\ln x)^n - n\int (\ln x)^{n-1}\mathrm{d}x$

136. $\int x^m (\ln x)^n \mathrm{d}x = \frac{1}{m+1}x^{m+1}(\ln x)^n - \frac{n}{m+1}\int x^m (\ln x)^{n-1}\mathrm{d}x$

(十五) 含有双曲函数的积分

137. $\int \mathrm{sh}\, x\mathrm{d}x = \mathrm{ch}\, x + C$

138. $\int \mathrm{ch}\, x\mathrm{d}x = \mathrm{sh}\, x + C$

139. $\int \mathrm{th}\, x\mathrm{d}x = \ln \mathrm{ch}\, x + C$

140. $\int \mathrm{sh}^2 x\mathrm{d}x = -\frac{x}{2} + \frac{1}{4}\mathrm{sh}\, 2x + C$

141. $\int \mathrm{ch}^2 x\mathrm{d}x = \frac{x}{2} + \frac{1}{4}\mathrm{sh}\, 2x + C$

(十六) 定积分

142. $\int_{-\pi}^{\pi} \cos nx\mathrm{d}x = \int_{-\pi}^{\pi} \sin nx\mathrm{d}x = 0$

143. $\int_{-\pi}^{\pi} \cos mx \sin nx\mathrm{d}x = 0$

144. $\int_{-\pi}^{\pi} \cos mx \cos nx\mathrm{d}x = \begin{cases} 0 & (m \neq n) \\ \pi & (m = n) \end{cases}$

145. $\int_{-\pi}^{\pi} \sin mx \sin nx\mathrm{d}x = \begin{cases} 0 & (m \neq n) \\ \pi & (m = n) \end{cases}$

146. $\int_{0}^{\pi} \sin mx \sin nx\mathrm{d}x = \int_{0}^{\pi} \cos mx \cos nx\mathrm{d}x = \begin{cases} 0 & (m \neq n) \\ \frac{\pi}{2} & (m = n) \end{cases}$

147. $I_n = \int_0^{\frac{\pi}{2}} \sin^n x\mathrm{d}x = \int_0^{\frac{\pi}{2}} \cos^n x\mathrm{d}x$

$$I_n = \frac{n-1}{n}I_{n-2} = \begin{cases} \frac{n-1}{n} \cdot \frac{n-3}{n-2} \cdot \cdots \cdot \frac{4}{5} \cdot \frac{2}{3}(n\text{ 为大于 1 的正奇数}), I_1 = 1 \\ \frac{n-1}{n} \cdot \frac{n-3}{n-2} \cdot \cdots \cdot \frac{3}{4} \cdot \frac{1}{2} \cdot \frac{\pi}{2}(n\text{ 为正偶数}), I_0 = \frac{\pi}{2} \end{cases}$$

参考文献

[1]同济大学应用数学系．高等数学[M]．北京：高等教育出版社，2007.
[2]菲赫金哥尔茨 Γ M．微积分学教程[M].余家荣，译．北京：人民教育出版社，1978.
[3]孔繁亮．高等数学[M]．哈尔滨：哈尔滨工业大学出版社，1994.
[4]吴赣昌．高等数学多媒体学习系统[M]．海口：海南出版社，2005.
[5]章栋恩，许晓革．高等数学实验[M]．北京：高等教育出版社，2004.
[6]邓建松．Mathematica 使用指南[M].彭冉冉，译.北京：科学出版社，2002.